Frank Schmuck

Übersicht zur Herstellung und Materialauswahl von Verbundisolatoren, Aspekte des Korona- und Lichtbogenschutzes und die Zustandsbewertung nach der Entnahme aus dem Netz

TUD*press*

Frank Schmuck

Übersicht zur Herstellung und Materialauswahl von Verbundisolatoren, Aspekte des Korona- und Lichtbogenschutzes und die Zustandsbewertung nach der Entnahme aus dem Netz

TUDpress

2012

Die vorliegende Arbeit wurde von der Fakultät Elektrotechnik und Informationstechnik der Technischen Universität Dresden zur Erlangung des akademischen Grades Doktoringenieur habilitatus (Dr.-Ing. habil.) als Habilitation genehmigt. Der Vortrag mit Kolloqium fand am 11.06.2012 statt.

Vorsitzender der Habilitationskommission: Prof. Dr.-Ing. Peter Schegner

Gutachter: Prof. Dr.-Ing. Steffen Großmann
Prof. Dr.-Ing. Roland Bärsch
Prof. Dr.-Ing. Volker Hinrichsen

Bibliografische Information der Deutschen Nationalbibliothek
Die Deutsche Nationalbibliothek verzeichnet diese Publikation in der Deutschen Nationalbibliografie; detaillierte bibliografische Daten sind im Internet über http://dnb.d-nb.de abrufbar.

Bibliographic information published by the Deutsche Nationalbibliothek
The Deutsche Nationalbibliothek lists this publication in the Deutsche Nationalbibliografie; detailed bibliographic data are available in the Internet at http://dnb.d-nb.de.

ISBN 978-3-942710-92-3

Verlag der Wissenschaften GmbH
Bergstr. 70 | D-01069 Dresden
Tel.: 0351/47 96 97 20 | Fax: 0351/47 96 08 19
http://www.tudpress.de

Gesetzt vom Autor.
Printed in Germany.

TECHNISCHE UNIVERSITÄT DRESDEN

Übersicht zur Herstellung und Materialauswahl von Verbundisolatoren, Aspekte des Korona- und Lichtbogenschutzes und die Zustandsbewertung nach der Entnahme aus dem Netz

Dr.-Ing. Frank Schmuck

von der Fakultät Elektrotechnik und Informationstechnik
der Technischen Universität Dresden

zur Erlangung des akademischen Grades

Doktoringenieur habilitatus

(Dr.-Ing. habil.)

genehmigte Habilitation

Vorsitzender: Prof. Dr.-Ing. Peter Schegner

Gutachter: Prof. Dr.-Ing. Steffen Großmann

Prof. Dr.-Ing. Roland Bärsch

Prof. Dr.-Ing. Volker Hinrichsen

Vortrag mit Kolloquium: 11. Juni 2012

*Die vorliegende Arbeit ist als Dank meinen Eltern gewidmet,
die meine berufliche Entwicklung zu jeder Zeit aktiv
unterstützt haben und speziell im Andenken an meine Mutter,
welche leider den erfolgreichen Abschluss
nicht mehr miterleben durfte.*

Danksagung

Die vorliegende Arbeit entstand nach fast 25-jähriger Tätigkeit auf dem Gebiet von polymeren Isolierungen, im speziellen mit Verbundisolatoren für den Freilufteinsatz. Der Verfasser hatte das Glück, die an der TH Zittau im Jahr 1992 abgeschlossene wissenschaftliche Ausbildung als Entwickler im Beruf thematisch fortsetzen zu können. Der Eintritt in die Industrie und der weitere Werdegang wurden seit dem Jahr 1994 wesentlich durch den Standort Schweiz geprägt, wo mittelständische Unternehmen mit innovativen Pionierleistungen auf dem Gebiet der Verbundhohl- und Verbundvollkernisolatoren wichtige Beiträge für die Entwicklung dieser Produkte geleistet haben. Dazu zählte auch, dass die aktive Beteiligung in CIGRE-Arbeitsgruppen und Normungsgremien der IEC - speziell im Technischen Komitee TC 36 (Isolatoren) als Weg gesehen wurde, die Zuverlässigkeit dieser, im Vergleich zu Glas und Porzellan noch jungen Technologie, zu gewährleisten. Die Teilnahme des Verfassers in diesen Arbeitsgruppen war und ist eine spannende Aufgabe, fordert sie doch die Betrachtung der interdisziplinären Aspekte, die Bewertung vorliegender internationaler Betriebserfahrungen und die konsensorientierte Diskussion mit den Fachkollegen, die im operativen Tagesgeschäft oft zu den Mitbewerbern zählen.

Weiterhin reflektiert die vorliegende Arbeit auch die jahrelange enge Zusammenarbeit mit Fachkollegen, ohne deren Diskussion und Unterstützung der niedergeschriebene Stand nicht zu erreichen gewesen wäre. Stellvertretend sind mit einem herzlichen Dank zu nennen:

Hr. Dr. Claude de Tourreil, langjähriger Leiter der CIGRE-Arbeitsgruppe Isolatoren, welcher leider im März 2006 nach kurzer Krankheit verstarb und mit seiner Produktkenntnis und seinem Ethikverständnis ein wertvoller Fachkollege und Freund war.

Hr. Dr. Konstantin Papailiou, der als Vorgesetzter die Vision einer modernen Verbundisolatorfertigung in der Schweiz auf Grundlage der langjährigen Erfahrung erfolgreich umsetzte, als Fachkollege den Verbundisolator lange Zeit in der Entwicklung intensiv begleitet und die aktive Mitarbeit in den internationalen Arbeitsgruppen immer gefördert hat.

Hr. Prof. Dr. habil. Jürgen Pilling, welcher als ehemaliger Doktorvater und betreuender Hochschullehrer an der TH Zittau seinen „Zögling“ nie aus den Augen verlor und dankenswerterweise kurzfristig das Manuskript einer kritischen Lesung unterzog.

Hr. Prof. Dr. Roland Bärsch, mit welchem über viele Jahre eine enge Zusammenarbeit zur Materialprüfung etabliert werden konnte, auf deren Grundlage die Umstellung der Silikongummitechnik auf Flüssigsilikon im Unternehmen erfolgreich war.

Hr. Dipl.-Ing. Samuel Ansorge für die Unterstützung, um das Verfassen der Arbeit und das operative Tagesgeschäft kombinieren zu können sowie die fachlichen Diskussionen im Projekt „Nanodielectrics in High-Voltage-Applications“, das, unterstützt von der schweizerischen Förderagentur „Kommission für Technologie und Innovation (KTI)“, seit 2006 zu interessanten Ergebnissen führte.

Ein besonderer Dank gilt den Gutachtern der Arbeit, Hrn. Prof. Dr. Steffen Großmann von der Technischen Universität in Dresden, Hrn. Prof. Dr. Roland Bärsch von der Hochschule Zittau/Görlitz und Hrn. Prof. Dr. Volker Hinrichsen von der Technischen Universität in Darmstadt, welche mit ihren fachlichen und gestalterischen Hinweisen einen wichtigen Beitrag für die vorliegende Endfassung leisteten und der Fakultät Elektrotechnik und Informationstechnik der Technischen Universität Dresden für die Durchführung des Habilitationsverfahrens unter der Leitung des Vorsitzenden der Habilitationskommision, Hrn. Prof. Dr. Peter Schegner.

Wissen nutzt nicht viel, wenn es nicht in eine lesestimulierende Form gebracht wird. Meinem Vater herzlichen Dank für die Unterstützung, die Textbearbeitungssoftware von der erforderlichen Dokumentstruktur zu überzeugen.

Übersicht

Die Entwicklung von Materialien für polymere Isolatoren für den Freilufteinsatz als Alternative zu konventionellen Werkstoffen wie Glas und Porzellan beginnt etwa ab dem Jahr 1955. Standen zu Beginn noch Einstoffsysteme für die Mittelspannung und der Ersatz von Fetten durch Coatings im Fokus der Bewertungen, wurde in den 1960iger Jahren das Konzept des Verbundisolators entwickelt. Dieser beruht auf der Grundidee, unterschiedliche Materialien so zu kombinieren, dass sie gemäß ihren besonderen Stärken und Eigenschaften verschiedene Aufgaben in der Isolatorfunktion erfüllen. Im Mittelpunkt der Arbeit steht der Verbundisolator, der ja „einfach nur“ aus den drei Komponenten Endarmatur, Mantelwerkstoff und Trägermaterial hergestellt wird, und dessen Faszination für den Verfasser darin besteht, dass interdisziplinär Aspekte der Mechanik, Elektrotechnik, Chemie, Physik, Verfahrenstechnik bis hin zur Biologie in einem Produkt vereint werden.

Aus dieser Perspektive wurde die Arbeit verfasst, die sich auf aktuelle Themen der Herstellung und der zugehörigen Materialauswahl, des Korona- und Lichtbogenschutzes von Verbundisolatoren sowie der Bewertung von Verbundisolatoren nach einer bestimmten Betriebszeit bezieht. Bei der Bewertung der Aktualität wurde auch der Stand in den themenrelevanten Arbeitsgruppen der CIGRE und IEC berücksichtigt.

Materialauswahl und Herstellungsverfahren sind eng miteinander verknüpft. Sie können das Betriebsverhalten und die Zuverlässigkeit stark beeinflussen. Aufgrund der anerkannten Betriebsakzeptanz für Silikongummi und dessen weit verbreitetem Einsatz bis in die höchsten Spannungsebenen, wird sich auf dieses Material in den Darstellungen konzentriert. Betriebsrelevante Eigenschaften wie die Erosionsbeständigkeit, dynamische Aspekte im Hydrophobieverhalten und auch das wenig untersuchte Thema der Säurebeständigkeit stehen als Materialeigenschaften im Mittelpunkt. Es zeigt sich, dass zur Erzielung einer hohen Erosionsbeständigkeit nach einem Hydrophobieverlust bei kommerziell eingesetzten Silikongummis immer noch der Zusatz von Füllstoffen notwendig ist. Dieser Zusatz bestimmt ganz wesentlich die Materialviskosität und damit das einsetzbare Fertigungsverfahren für den Isoliermantel.

Der Korona- und Lichtbogenschutz ist weiterhin noch ein wichtiges Thema, da die Vielfalt der angebotenen Verbundisolatorendesigns eine Normung erschwert und individuelle Lösungen heute den Markt weitestgehend prägen. Der Kostendruck, fehlende Produktkenntnis im Vergleich zur Glas- und Porzellantechnik, bei großen Ausschreibungen der Trend, komplette Isolatorenketten als Handelsware zu vergeben, ohne die Kompatibilität zu prüfen und in Tests nachzuweisen, können dazu führen, dass Probleme im Betrieb auftreten. Diese sind dann aber nicht auf die mittlerweile ausgereifte Technik der Verbundisolatoren zurückzuführen. Aus diesem Grund wird der Kenntnisstand zum Korona- und Lichtbogenschutz in zwei Kapiteln ausführlich dargestellt und zusammengefasst. Im Koronakapitel werden aktuelle Beispiele von Fehlinstallationen und ihre möglichen Auswirkungen auf die Verbundisolatoren gezeigt. Zu deren Vermeidung z. B. bei Freileitungsisolatoren haben sich einzuhaltende Schritte etabliert, zu denen eine elektrische Feldsimulation, die Durchführung von Typprüfungen, das Beifügen von eindeutigen Isolatorketten-Zusammenbauzeichungen und eine Schulung der Installationsteams gehören. Systematische Untersuchungen zum Lichtbogenverhalten von Verbundisolatoren liegen kaum vor. Aufgrund des Langstabkonzeptes gelten viele Regeln wie für Porzellanlangstabisolatoren, die seit vielen Jahren zum Einsatz kommen. An Beispielen kann gezeigt werden, dass bei höheren Übertragungsspannungen eine Koordination von Korona- und Lichtbogenschutz für das sichere Kettenverhalten im Kurzschlussfall entscheidend ist.

Eine Thematik „Betriebserfahrung“ insbesondere aus Sicht des Fremdschichtüberschlags wurde ebenfalls in Erwägung gezogen. Die fehlende Systematik der verfügbaren Information und auch die fehlende Kenntnis von Designdetails der eingesetzten Produkte führten aber zu dem Entscheid, in den Beispielen des Kapitels zur Bewertung alter Verbundisolatoren wesentlich auf die Erfahrung mit den seit 30 Jahren eingesetzten PFISTERER-Verbundisolatoren zu fokussieren. Das Kapitel beginnt mit einer Zusammenstellung von Gründen, die eine Bewertung von Verbundisolatoren zur Folge haben kann und illustriert an Beispielen kritische Fälle einer Isolatorbeschädigung, die einen unmittelbaren Austausch erfordern würden. Eine direkte Verbindung gibt es zum Koronakapitel, da in diesem die elektrische Feldstärke simulativ auf der hochspannungseitigen Isolatoroberfläche (Isolatoren mit Lichtbogenschutzarmatur) der beiden bewerteten, verschiedenen Isolatortypen nach jeweils 10 Jahren im 420-kV-Netz bestimmt und mit heutigen Empfehlungen verglichen wird.

Wenn elektrische Aspekte betrachtet werden, erfolgt dies für Wechselspannungsbeanspruchungen. Dies vernachlässigt nicht den aktuellen Trend, Verbundisolatoren auch in Netzen mit hoher Gleichspannung einzusetzen. Diesbezügliche Ergebnisse lagen nur aus orientierend durchgeführten eigenen Untersuchungen ohne die erforderliche Systematik und statistische Sicherheit vor und wurden aus diesen Gründen nicht aufgeführt.

Referenzen werden, wo es möglich war, aufgeführt. Dies gilt für Veröffentlichungen von Fachkollegen aber auch für Ergebnisse des Verfassers, die bereits publiziert wurden. Ergebnisse und Darstellungen, die im Rahmen der Produkt- und Verfahrensentwicklung, der Durchführung von Anwenderseminaren usw. entstanden, sind entsprechend nicht referenziert.

Die in dieser Arbeit enthaltenen Kapitel, ergänzt um ein Kapitel „Zur Normung und zur Prüfung von Verbundisolatoren“ und um weitere fünf Kapitel zu mechanischen Aspekten von Verbundisolatoren, wurden im November 2011 als Fachbuch im deutschen Springer-Verlag unter dem Titel „Silikon-Verbundisolatoren“ der Autoren K. O. Papailiou und F. Schmuck veröffentlicht. Die englische Version ist im Herbst 2012 im gleichen Verlag erschienen.

Der Verfasser dankt den Lesern dieser Arbeit bzw. des Buches für Hinweise und Anregungen für die weitere Industrieforschung auf diesem Gebiet, in deren Ergebnis weiterhin innovative (isolierende) Produkte für die Hochspannungstechnik entstehen werden.

Abstract

The development of materials for polymeric outdoor insulators as an alternative to conventional materials such as glass and porcelain started about in the year 1955. While in the early days of this development, structural materials for one-material-systems and the replacement of grease by more stable coatings were the focus areas of the work, the concept of the composite insulator was developed in the 1960's. This concept consists of a combination of different materials, which perform different duties in the insulator functioning, relating to their particular strength and properties. The focus of this document is therefore the composite insulator, which consists "simply" of the three components, which are the metal end fittings as well as the housing and core materials. The fascination for the author is that interdisciplinary aspects of mechanics, electrical engineering, chemistry, physics, process engineering and even biology are combined in a single product.

From this perspective, the document was authored by taking into account, current-interest subjects relating to material selection and production methods of the insulator housing, the corona and power arc protection of composite insulators, as well as discussion on the evaluation of „old“ insulators from the network. The currentness of the topics was benchmarked with the status of work in the relevant working groups of CIGRE and IEC.

Material selection and production methods are closely interlinked in the case of composite insulators and may have a strong influence on their operational behaviour and reliability. Due to the acknowledged operational acceptance of silicone rubber and its widespread use in applications up to the highest voltage levels, this material is discussed in detail in the document. Focus areas are service-relevant properties such as the erosion resistance, the dynamic behaviour of the hydrophobicity and the acid resistance, which have not been investigated in much detail so far. It turns out that in the case of hydrophobicity loss, a high erosion resistance of commercially available silicone rubber grades is only achievable by the addition of fillers. This addition has a large impact on the material viscosity and so the process of the housing manufacture.

Corona and power arc protection is still an important topic, as the wide range of composite insulator designs makes it difficult to develop unified standardisation, and individual solutions dominate the market. Cost pressure, a lack of product knowledge compared to the glass and porcelain technology and in the case of large tenders, the tendency of inexperienced suppliers to offer complete insulator strings as a commodity product, without appropriate testing can lead and has led to problems in service. Important to note that these problems are then not to be attributed to composite insulator technology, which in the meantime has been fully developed. For this reason, the current state of knowledge on corona and power arc protection is presented in detail and is summarised in two chapters. In the corona chapter, recent examples of incorrect installations and their possible effects on composite insulators are shown. To prevent these situations, certain required steps have been established, which include an electrical field simulation, the execution of type tests, the supply of definite insulator set assembly drawings and the training of the installation teams. In regard to power arc protection, systematic investigations about the behaviour of composite insulators under power arc conditions are very limited. However, due to the longrod concept of a composite insulator, many rules are applied in the same way as for porcelain longrod insulators, which have been successfully used for many years. It can be shown by examples that for higher transmission voltage levels, the correct coordination of the corona protection and the power arc protection is decisive for a safe behaviour of the complete insulator string or set under power arc conditions.

A chapter about service experiences was intended to be included with special consideration to the field of pollution flashovers. However, the available data was not always consistent in terms of the systematic appearance and the design details of the insulators considered were not available in all relevant cases. For these reasons, the topic of the chapter on the evaluation of "old" composite insulators from the network is mainly based on PFISTERER products with more than 30 years field experience. The chapter opens with a collection of reasons as to why composite insulators should be evaluated. Critical cases are illustrated, which require an immediate insulator replacement. A direct link to the corona chapter exists, because there, the electrical field was determined for those composite insulator sets, which were investigated after a service time of 10 years in the 420 kV networks.

The consideration of electrical aspects is conducted for AC-stress situations. This does not neglect the current trend that composite insulators are installed in HVDC-networks. Corresponding test results were available only from indicative investigations without the statistical confidence required and were not documented for this reason.

Where it has been possible, literature references have been cited. This includes publications of other authors and the author's results as far as they have already been published. Results and presentations, which originated during product and process developments, seminar accomplishing etc. have no references.

The chapters of this document, extended by a chapter entitled „Overview of Standards and Tests Concerning Composite Insulators“ and by five more chapters on mechanical aspects of composite insulators were published in November 2011 as technical reference book named „Silicone Composite Insulators“ by Springer. The authors, K. O. Papailiou and F. Schmuck published the English book version in autum of the year 2012. The author would like to thank in advance any reader of this document or of the book for suggestions for the further industrial research in this field.

1 Materialauswahl und Herstellungsverfahren für Verbundisolatoren mit Silikongummimantel

1.1 Einleitung

In diesem Kapitel wird über den aktuellen Stand von Materialien und Fertigungsverfahren für Verbundisolatoren berichtet. Dies schließt auch einen Rückblick auf die Entwicklung von Stabmaterialien und damit verbundene Erfahrungen aus der eigenen Fertigung von glasfaserverstärkten Halbzeugen ein. Aufgrund der mehr als 30-jährigen Erfahrung bei PFISTERER SEFAG AG mit der Verarbeitung von niedrigviskosem Silikongummi (RTV = raumtemperaturvernetzend, später auch LSR = Flüssigsilikongummi) und hochviskosem Festsilikongummi (HTV = hochtemperaturvernetzend) sowie der anerkannten Bedeutung von Silikongummi als zuverlässiger Mantelwerkstoff wird auf die detaillierte Darstellung dieser Materialfamilie fokussiert. In den Abschnitten 1.2.3.3.2 und 1.2.3.3.3 werden für Vergleichszwecke auch Ergebnisse mit RTV-Coatings aufgeführt.

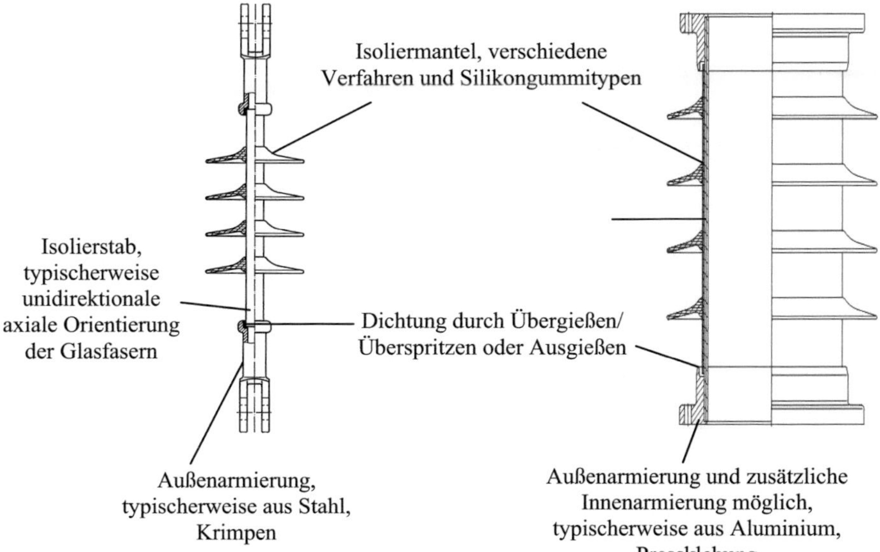

Bild 1-1: Prinzipieller Vergleich zwischen Vollkern- und Hohlisolator

RTV-Coatings gelten als eingeführte Maßnahme, insbesondere bei bereits existierenden Geräteisolierungen aus Porzellan, um das Fremdschichtverhalten zu verbessern. In wenigen Anwendungen kommen auch in Freileitungen Glaskappen-isolatoren mit Coating bei Neuinstallationen zum Einsatz.

Der Mantelwerkstoff kann aus verschiedenen Silikongummitypen hergestellt werden, entsprechend divergieren die Verfahren zur Aufbringung. Aufgrund der engen Wechselwirkung zwischen Materialformulierung, anwendbaren Herstellungsverfahren und betriebsrelevanten Eigenschaften werden ebenfalls Ergebnisse zu wichtigen Materialuntersuchungen dargestellt.

Verbundisolatoren können als Vollkern- oder Hohlisolatoren hergestellt werden. Beide haben Gemeinsamkeiten wie auch Unterschiede (Bild 1-1). Bei der kraftübertragenden Komponente ist der Stab typischerweise unidirektional mit Glasfasern verstärkt, das Rohr wird abhängig vom Verwendungszweck verschiedene Wickelwinkel aufweisen. Die Krafteinleitung auf den Stab erfolgt über eine gekrimpte Stahlarmatur. Beim Hohlisolator wird im Allgemeinen mit einer Pressklebung gearbeitet. Zur Erhöhung der mechanischen Festigkeit kann zusätzlich eine Innenarmatur vorgesehen werden. Werden beide noch miteinander verbunden (z. B. verstiftet), sind hohe Kräfte insbesondere auf Biegung erreichbar.

Ein spezifisches Charakteristikum von Verbundisolatoren sind deren vielfältige Interfacebereiche, die in mikroskopisch und makroskopisch unterschieden werden können und in den jeweils anwendbaren Prüfphilosophien entsprechend berücksichtigt werden müssen /1-1/ … /1-4/. Makroskopische Interfacebereiche werden z. B. zwischen Stab und Isoliermantel oder Stab und Endarmatur geformt. Mikroskopische Interfacebereiche bilden sich z. B. zwischen den Glasfasern, deren Schlichte und der Harzmatrix bei der Stabherstellung, den axialen und den radialen Vernetzungsstellen und der Polymermatrix und den Füllstoffen während der Herstellung des Isoliermantels aus. Alle Interfacebereiche sind für eine zuverlässige Funktion eines Verbundisolators entscheidend.

Da in diesem Kapitel auf betriebsrelevante Materialeigenschaften und Prüfverfahren zu deren Nachweis eingegangen wird, bietet sich die Referenz zur im Jahr 2007 erschienenen IEC 62039 /1-5/ an, die wichtige Materialeigenschaften und minimale Erfordernisse für polymere Isolierstoffe von Freiluftisolierungen erstmalig beschreibt. Diese Norm beruht auf dem Beitrag der CIGRE-Arbeitsgruppe D1.14, die die Technische Broschüre TB 255 /1-6/ im Jahr 2004 publizierte. Die Gegenüberstellung (Tabelle 1-1) beschränkt sich auf die Eigenschaften von Verbundisolatoren (die Norm beschreibt auch Eigenschaften von Materialien von Einstoffisoliersystemen) und verweist auf die zutreffenden Abschnitte des Kapitels dieser Arbeit, in denen die entsprechende Eigenschaft diskutiert wird.

Tabelle 1-1: Mindesteigenschaften von polymeren Isolierstoffen für den Freilufteinsatz /1-5/

Eigenschaft	Minimale Anforderung		Prüfnorm	Kapitelabschnitt	Bemerkung
	Mantelwerkstoff	Isolierkern			
Kriechstrom- und Erosionsbeständigkeit	1 A 3.5	-	IEC 60587 /1-7/	1.2.3.3.1	
Beständigkeit gegenüber Korona und Ozon	x	-	weiterführende Bearbeitung	2.5	z. B. IEC 60343 /1-8/, aber Bewertung weiterer Einflussparameter (z. B. Dehnung) erforderlich
chemische und physikalische Beständigkeit gegenüber Wasser	1-Minuten-Stehspannungsprüfung mit 12 kV_{rms} (AC) ohne Überschlag oder Durchschlag, Strom $\leq$ 1 mA		IEC 62217 /1-9/	-	Edition 2 erscheint 2012
	zusätzlich Messung des Verlustfaktors $\tan \delta$ nach 50 Tagen Wasserlagerung bei 50 °C - Grenzwert $\tan \delta < 0{,}2$		IEC 60250 /1-10/	-	
Reißfestigkeit	> 6 N/mm^2	-	ISO 34 /1-11/	-	DIN 53504 /1-12/ wird ebenfalls verwendet
spezifischer Volumenwiderstand	$> 10^{10}$ Ωm			-	IEC 60093 /1-13/
Durchschlagfestigkeit	10 kV/mm		IEC 60243-1 /1-14/	-	IEC 60243-3 /1-15/ für Impulsspannungsprüfung

Eigenschaft	Minimale Anforderung		Prüfnorm	Kapitelabschnitt	Bemerkung
	Mantelwerkstoff	Isolierkern			
chemische Beständigkeit		96-h-Test unter simultaner mechanischer (340 MPa) und chemischer (1 mol/l HNO_3) Belastung	IEC 62039	1.2.2.1.3 1.2.3.3.5	
Beständigkeit gegenüber Bewitterung und UV	x		IEC 62217, auf ISO 4892-2 /1-16/ und -3 /1-17/ referenzierend	-	in IEC 62217 Ed. 2 wird nur noch die Bestrahlung mit Xenon-Lampe enthalten sein (ISO 4892-2)
Flammbeständigkeit	x		IEC 62217, auf IEC 60695-11-10 /1-18/ referenzierend	3.5.1	V0, V1 bzw. HB40-25mm ist nachzuweisen, abhängig von der Anwendung und Nennspannung
Lichtbogenbeständigkeit	> 180 s		IEC 61621 /1-19/	-	
Glasübergangstemperatur		$T_g > T_{max} + 15$ K	IEC 61006 /1-20/	-	T_{max} = maximale Betriebstemperatur
Hydrophobiebeständigkeit, Hydrophobietransfer	x		weiterführende Bearbeitung	1.2.3.2.2 1.2.3.3.4	nur für die polymeren Mantelwerkstoffe anwendbar, die diese Eigenschaft aufweisen

Der aktuelle Stand der IEC-Normung für Verbundisolatoren und Gemeinsamkeiten im Vergleich zu konventionellen Isolatoren- und Isolatorketten sind im Anhang A1 am Ende dieses Kapitels dargestellt.

Zur Begriffsverwendung: Die Bezeichnungen *Alterung* oder *Schädigung* stehen für Veränderungen an der Oberfläche des Isolierstoffs oder im Isolierstoff. Es findet eine Reduktion des Isoliervermögens gegenüber dem Neuzustand des polymeren Materials statt, die aber im Gegensatz zu den bekannten Alterungsprozessen in Lebensdaueruntersuchungen nicht einen unmittelbaren Ausfall eines Betriebsmittels zur Folge haben muss, aber einen negativen Einfluss auf die Langzeitbeständigkeit haben kann. In /1-21/ wird wie folgt systematisiert: Irreversible Veränderungen von Oberflächen- und Volumeneigenschaften, z. B. durch chemische Prozesse (Oxidation, Hydrolyse u. a.) oder durch Bewitterung, sind dem Begriff der Alterung zuzuordnen, während eine Schädigung durch bestimmte Erscheinungen wie grabende Erosionen oder Kriechspurbildung, ausgelöst durch das Überschreiten bestimmter Grenzbelastungen (material- und geometrieabhängig), charakterisiert ist.

In der englischsprachigen Literatur werden die Begriffe verschiedenartig genutzt: Im Jahr 1990 definierte ein CIGRE-Report /1-22/, dass unter *Degradation* eine temporäre Eigenschaftsreduktion zu verstehen ist, die nach Aufhebung des/der Stressfaktors/en nicht mehr vorliegt und das ursprüngliche Eigenschaftsbild sich wieder einstellt. Im Gegensatz dazu liegt eine *Deterioration* vor, wenn die Eigenschaftsreduktion auch nach Entfernen der Ursache(n) dauerhaft ist. Oft wird der Begriff *Degradation* allgemein verwendet, um Alterungsmechanismen bzw. deren Ergebnis zu beschreiben /1-23/. In /1-24/ werden die Bezeichnungen *Deterioration* und *Damage* mit dem praktischen Bezug verwendet, dem Leitungsinspektor mittels visueller Beispiele den Entscheid über den Austausch von Isolatoren oder deren weitere Verwendung zu erleichtern.

Bild 1-2: Auskreidung (engl. *Chalking*) als Beispiel für Deterioration /1-24/

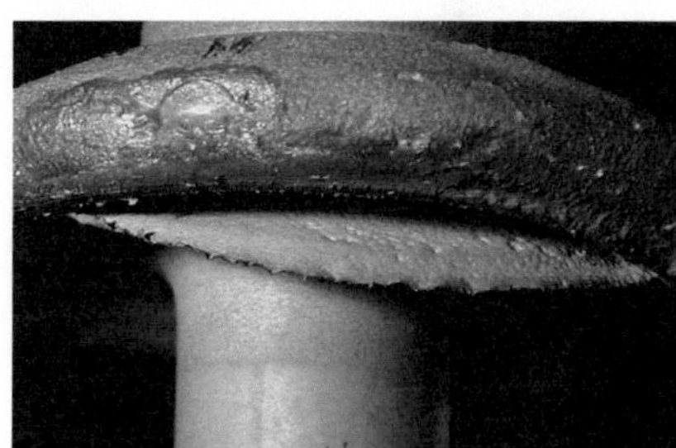

Bild 1-3: Ablösung (engl. *Peeling*) als Beispiel für Damage /1-24/

1.2 Komponenten/Halbzeuge für Verbundisolatoren

1.2.1 Armaturen

Für *Vollkernisolatoren* werden typischerweise Armaturen aus Stahl verwendet. Abhängig von der Anwendung und der Belastung sind Stahlguss (z. B. EN-GJS 400) oder Stahlschmieden (Ck 45, neue Bezeichnung C 45 E) die angewandten Verfahren. Für vorwiegend zugbelastete Isolatoren und Nennlasten > 70 kN ist die Verwendung von geschmiedetem Stahl eingeführter Stand der Technik.

Die Anschlussdimensionen für Verbundlangstabisolatoren basieren aufgrund der erforderlichen Substitutionskompatibilität auf den Normen von konventionellen Isolatoren und sind z. B. in den Normen IEC 60120 /1-25/, IEC 60471 /1-26/ oder IEC 61466 /1-27/, /1-28/ umfassend beschrieben.

Die Stahlarmaturen sind feuerverzinkt. Die Dicke der Zinkschicht wird gemäß den Empfehlungen der IEC 60383 /1-29/ eingestellt, als eingeführte Größe gilt > 85 μm. Größere Schichtdicken (z. B. 150 μm) für stark korrosive Einsatzbedingungen (Wüste, Tunneleinsatz, Trassenverlauf in Meeresnähe) oder Gleichstromanwendungen sind möglich. Mit zunehmender Schichtdicke ist zu berücksichtigen, dass es beim Krimpen nicht zu Ablösungserscheinungen durch partielle Brüche (Absplittern) kommt.

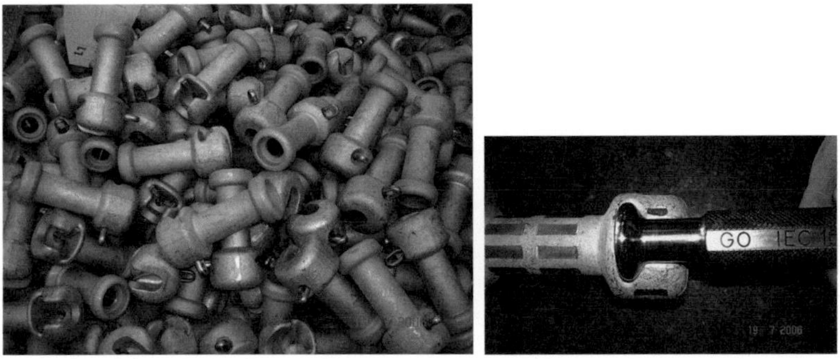

Bild 1-4: Stahlarmaturen als „Schüttgut" erfordern AQL-Methoden, rechts No-Go-Lehre

In speziellen Anwendungen, dazu zählen Fahrdrahtisolatoren der Bahn, wird oft hochfestes Kokillengussaluminium eingesetzt.

Wegen des hohen Standardisierungsgrades sind Lieferlose von 10000 Stück und mehr durchaus üblich (Bild 1-4). Die Qualitätssicherung erfolgt auf Grundlage der AQL-Philosophie (AQL = *Acceptable Quality Level*), einem Verfahren zur Ermittlung der erforderlichen Stichprobengröße im Qualitätsmanagement.

Wichtige zu prüfende Details der Armaturen sind (Tabelle 1-2):

Tabelle 1-2: Angewandte Verfahren zur Qualitätssicherung von Stahlarmaturen

Messgröße	Messmittel	Norm	zerstörend	zerstörungsfrei
Anschluss-dimensionen	Lehre Kraftmesser für Splinte	IEC 61466		x
Materialzusam-mensetzung	Spektroskopie		x	
Zinkschichtdicke	magnetische Messung	ISO 2178 /1-30/		x
Bohrungsdurch-messer und Innenkontur	Lehre	hersteller-spezifisch		x
Härte	Wirbelstrommessung, Eindringprüfung	 z. B. ISO 6506 /1-31/	 x	x

Bei *Hohlisolatoren* kommt in den meisten Fällen Aluminium zum Einsatz. Abhängig von der Standardisierung der Armatur wird Sand- oder Kokillenguss (Schwenkguss) bzw. das Bearbeiten von gezogenen oder gepressten Halbzeugen eingesetzt. Beim Gießen ist die Formierung von Lufteinschlüssen zu vermeiden, um die Dichtheit der Wandung bzw. Porenfreiheit im Bereich der O-Ringabdichtung(en) zu gewährleisten. Die Anschlussdimensionen sind praktisch nicht standardisiert, dies wird in der Praxis mit dem Gerätehersteller abgestimmt (Wandlerkopf, Presskopf für Kabelendverschluss usw.). Aufgrund der relativ geringen Stückzahlen und der funktionalen Relevanz der Koordination der Presssitzdurchmesser am Rohr außen und an der Armatur innen erfolgt eine Stückprüfung auf Maßhaltigkeit.

1.2.2 Innere Isolierung

1.2.2.1 Stab: Materialien und Verfahren

1.2.2.1.1 Glasfaser

Die Glasfasern für die für Isolatoren angewandten Pultrusionsverfahren (Strangziehverfahren) werden als einzelne Glasfilamente aus der Glasschmelze gezogen und ohne weiteren Zwischenschritt (Assemblieren) direkt parallel und ohne Verdrillen auf Spulen gewickelt. Diese Form wird als „Direct Roving" bezeichnet /1-32/. Es gibt zwei Lieferformen für die Spulen, die Rovings können außen oder innen abgezogen werden. Beim Außenabzug verdreht sich der Roving nicht um seine Längsachse, die Filamente sind alle gleichmäßig ausgerichtet. Allerdings erfordert dies auch eine Regelung der Fadenkraft. Solche Systeme mit Antrieb sind vergleichsweise kostenintensiv, das gilt auch für den Zeitaufwand der Umrüstung beim Spulenwechsel. Aus diesem Grund wird der Außenabzug nur für sehr präzise Laminateigenschaften mit geringer Toleranzabweichung eingesetzt. Der sogenannte Innenabzug dominiert in der Praxis, bei dem der Roving von der Spulenmitte entnommen wird. Dass sich der Roving pro Innenumfang dabei einmal um seine Längsachse dreht, kann für den Einsatz als Stab für Verbundisolatoren vernachlässigt werden.

Rovings für die Pultrusion von Stäben sind in verschiedenen *Faserdurchmessern*, *Schlichten* (Beschichtungen mit Schutzschichten oder kombinierten Schutzschichten mit Haftvermittlern), *Korrosionsbeständigkeiten* und sogenannten *Tex-Zahlen* erhältlich.

Der prinzipielle Einfluss des Faserdurchmessers einer Glasfaser auf deren Bruchdehnung ist in Bild 1-5 dargestellt. Die (Zug-)Festigkeit einer Struktur aus Glasfäden im Vergleich zu einem äquivalenten Vollglas ist immer höher, was auf folgende Effekte zurückgeführt wird:

- Beim Abziehen kühlt die Faser außen schneller ab als innen, es entstehen zugfestigkeitserhöhende Eigenspannungen in der Faser, die zum Bruch zusätzlich überwunden werden müssen. Dieses Prinzip wird z. B. auch für die Herstellung von Temperglas genutzt.
- Statistisch wird der Glasfaser eine geringere Fehlstellendichte zugeschrieben, welches ebenfalls die Zugfestigkeit erhöht.
- Beim Riss einer Faser erfolgt keine Rissausbreitung auf benachbarte Fasern.

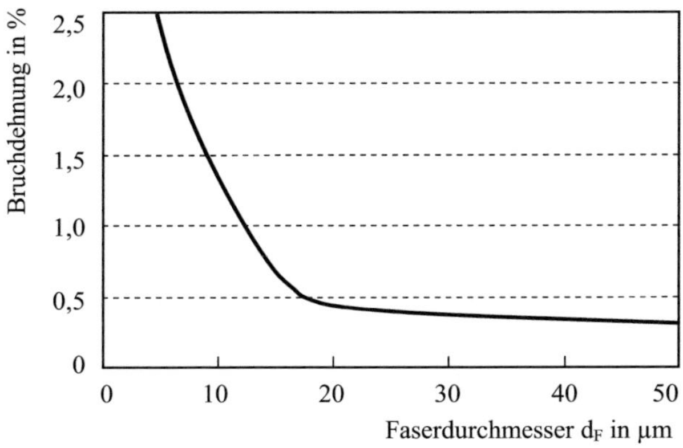

Bild 1-5: Bruchdehnung über Faserdurchmesser /1-32/

Die Direct Rovings werden oberflächenbeschichtet, diese sogenannte *Schlichte* hat die Doppelfunktion als Schutz und Haftvermittler:

- Schutz gegen Abrasion,
- erhöhte Gleitfähigkeit der Filamente zur Vermeidung von Knicken,
- Reduktion elektrostatischer Aufladungen,
- Verbesserung des Harz-Spreitungsverhaltens auf der Faseroberfläche im Imprägnierbad,
- definierte chemische Verbindung zwischen Harzmatrix und Glasfaser.

Die Schlichte besteht in den meisten Fällen aus Silanverbindungen, um eine gute chemische Verbindung zwischen der anorganischen Glasoberfläche und der angewendeten organischen Harzmatrix zu erzielen. Es gibt eine Reihe von Untersuchungen zum Einfluss dieses Interfaces zwischen Harzmatrix und Schlichte/Glasoberfläche, das eine Stärke von 200 nm haben kann. Diese relativ kleine Zahl ist aber mit dem kleinen Durchmesser der Glasfasern ins Verhältnis zu setzen, bei 10 µm Faserdurchmesser ergibt sich ein Anteil von ca. 8 % im gesamten Faserverbund. Bei unsachgemäßer Abstimmung des Harzsystems auf die Schlichte oder falscher Lagerung (UV-Strahlung usw.) können die Eigenschaften eines pultrierten Stabes erheblich reduziert werden, so z. B. die Längsdichtheit.

Bezüglich der *Korrosionsbeständigkeit*, speziell gegenüber Säuren, wird heute in zwei Arten von Glasfasern unterschieden, das bereits im Jahr 1938 entwickelte E-Glas und das korrosionsbeständigere E-CR-Glas. Dabei steht das „E“ des E-Glases für „Elektro (engl. *Electrical*)“, da es aufgrund niedriger Eigenleitfähigkeit ursprünglich vor allem in der Elektroindustrie eingesetzt wurde. Das „CR" des E-CR-Glases beschreibt, dass es sich um ein korrosionsbeständiges E-Glas handelt (CR = *Corrosion Resistant*). Beide Namen sind generisch, d. h. stehen für Produktfamilien, die gewisse Eigenschaften jeweils gemeinsam aufweisen, sich aber im Detail von Hersteller zu Hersteller unterscheiden können.

Hinsichtlich der Glasfasereigenschaften können folgende Unterschiede aufgezeigt werden (Tabelle 1-3) /1-33/ … /1-39/. Ein säurebeständiges E-CR-Glas wurde unter der Bezeichnung ECRGlas© zu Beginn der 1980iger Jahre patentiert /1-38/, /1-39/. Die Rezeptur des Glases entstand aus der kommerziellen Betrachtung, dass strengere Umweltauflagen eine Reduktion der Fluor- und Boremissionen während der Glasschmelze erforderten. Mit der Verfügbarkeit des ECRGlas© wurde eine höhere Beständigkeit in einem pH-Wertbereich von ≤ 3 nachgewiesen, im Bereich von pH 4 … 12 ist praktisch kein wesentlicher Unterschied zu E-Glas messbar /1-39/, /1-40/. Da Messungen nach Korona- bzw. Teilentladungen gezeigt haben, dass durchaus pH-Werte um 0 auftreten (s. a. Abschnitt 2.5.2), kann das Risiko für einen Sprödbruch (engl. *Brittle Fracture*) mit dem Einsatz korrosionsbeständiger Glasfasern verringert werden. Das E-CR-Glas der Anfangsjahre wies gegenüber dem E-Glas einen funktionellen Nachteil auf: Die modifizierte Rezeptur hatte zur Folge, dass sich erhöhte Mengen ungelöster Gase in der Schmelze ansammeln konnten. Erreichten diese Gasblasen aufgrund der Viskosität nicht die Oberfläche der Schmelze und wurden über die Spinndüsen mit ausgezogen, konnten die Filamente relativ lange Kapillaren enthalten (engl. Begriff *Seed*).

Bild 1-6 und Bild 1-7 /1-41/ zeigen rasterelektronenmikroskopische (REM) Aufnahmen von Stäben mit E- und E-CR-Glasfasern. Die Durchmesser der E-CR-Glasfasern sind größer und haben Hohlräume. Untersuchungen an Stäben, jeweils imprägniert mit identischem Harzsystem aber verstärkt mit E-Glas bzw. E-CR-Glas mit Kapillaren haben gezeigt, dass sich die Durchschlagfestigkeit bereits ohne weitere Beanspruchung (z. B. Wasserlagerung) signifikant reduziert, wenn Kapillaren vorliegen /1-42/. Beim Auftreten von Kapillarkondensation oder beim Kontakt mit Wasser wird dieser Effekt weiter verstärkt /1-36/, /1-43/.

Tabelle 1-3: Unterschiede zwischen E-Glas und E-CR-Glas /1-33/ … /1-39/

Zusammensetzung in %	E-Glas	E-CR Glas	Einfluss
SiO_2	53 … 57	54 … 62	Grundmatrix, Glasbildner, (Netzwerkbildner)
Al_2O_3	12 … 15	9 … 15	Verbesserung thermischer, mechanischer, chemischer Eigenschaften (amphoteres Oxid = Netzwerkbildner oder -wandler)
CaO + MgO	22 … 26	17 … 29	Stabilisatoren, CaO: reduziert Viskosität der Schmelze, aber Entglasungsförderer* MgO: wirkt Entglasung entgegen
B_2O_3	5 … 8	0	reduziert Sprödheit der Faser, erhöht chemische Beständigkeit und Temperaturwechselbeständigkeit, reduziert Säurebeständigkeit
F_2	0 … 0,6	-	reduziert Viskosität der Schmelze
$Na_2O + K_2O$	< 1	0 … 2	vereinfacht Verarbeitung, Schmelz-beschleuniger, Läuterungsmittel**
Fe_2O_3	0,5	0 … 0,8	mechanisch
ZnO	-	2 … 2,5	mechanisch (Erhöhung der Wärme-leitfähigkeit, Reduktion der Wärmedehnung)
TiO_2	-	0 … 4	Flussmittel, anstatt F_2 und B_2O_3
Eigenschaft			
Dichte in g/cm^3	2,6	2,72	
Zugfestigkeit in N/mm^2	3400	3400	
Bruchdehnung in %	2,2 … 2,5	4,8	
linearer Ausdehnungskoeffizient in 1/K	$5{,}3 \cdot 10^{-6}$	$5{,}9 \cdot 10^{-6}$	

Anmerkung:

* Entglasungsförderer: Glas wird auch als „eingefrorene unterkühlte Flüssigkeit" bezeichnet, die keine Kristallisation aufweist. Treten in der Schmelze Keime auf, kann das Glas kristallisieren. Dies wird auch als Entglasung bezeichnet.

** Läuterungsmittel: Sind Alkalioxide, die entgasend wirken. Sie zerfallen in der Glasschmelze unter Bildung von Gasblasen, die auf ihrem Weg zur Oberfläche sich mit anderen Gasblasen zu größeren vereinigen und damit schneller aufsteigen.

Bild 1-6: REM-Aufnahme von E-Glas /1-41/

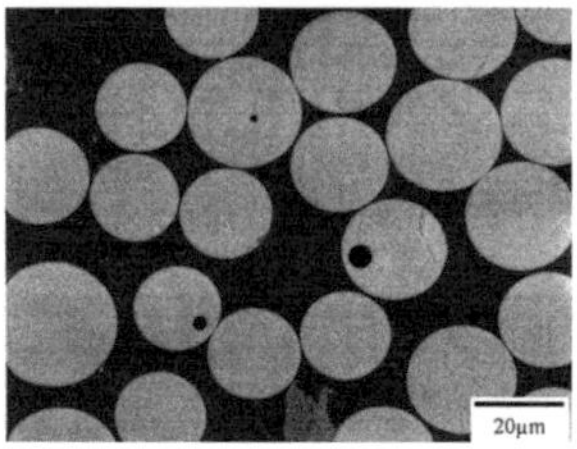

Bild 1-7: REM-Aufnahme von „normalem“ E-CR-Glas /1-41/

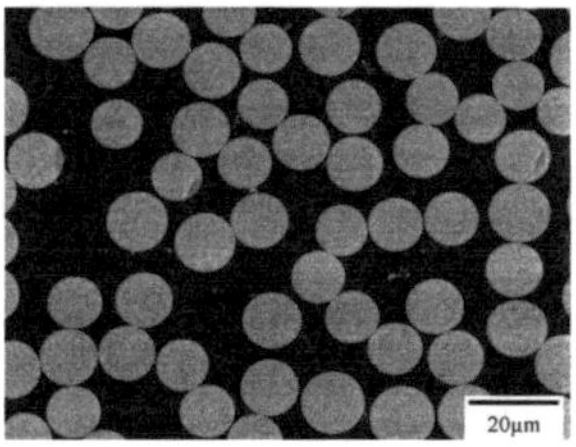

Bild 1-8: REM-Aufnahme von kapillarfreiem E-CR-Glas /1-41/

Aufgrund dieser Situation, die Säurebeständigkeit der Glasfaser zu erhöhen, dafür aber unter Umständen die elektrische Festigkeit des Stabes zu reduzieren, entstanden verschiedene Designphilosophien für die Konstruktion von Verbundisolatoren. Stäbe mit den E-CR-Glasfasern wurden nur von einem Hersteller eingesetzt /1-44/, /1-45/. Als Verfahren kam in diesem Fall die „Vertikale Imprägnierung unter Nutzung der Kapillarwirkung“ (s. a. Abschnitt 1.2.2.1.5) zum Einsatz. Dieses vergleichsweise langsame Verfahren hat offensichtlich zu einer Imprägniergüte geführt, die den Einfluss der unerwünschten Kapillarwirkung in der Einzelfaser im Betrieb reduzierte. Andere Hersteller haben ausschließlich Stäbe mit E-Glas verwendet und auf konstruktive Maßnahmen gesetzt, einen Feuchte- bzw. Säurezutritt zum Stab zu vermeiden. Beide Designphilosophien waren in der Vergangenheit erfolgreich, der Einfluss der jeweils verwendeten Harzsysteme und auch der Aufbau der Gesamtketten aus Sicht der Koronavermeidung sind weitere wichtige Einflussfaktoren.

Mit dem zunehmenden Bedarf von E-CR-Glasfasern und der wachsenden Akzeptanz von Verbundisolatoren im Markt wurden die Rezepturen und Prozesse der Glasschmelze weiter optimiert /1-46/ und es können heute korrosionsbeständige Glasfasern mit sehr geringem Kapillargehalt hergestellt werden. Sie werden auch als borfreie kapillararme E-Glasfasern bezeichnet (engl. *boron-free low seed E-glass* /1-47/). Bild 1-8 zeigt ein Beispiel. Interessanterweise ist festzustellen, dass der Durchmesser des kapillarfreien E-CR-Glases in der Größenordnung des E-Glases liegt.

Die *Tex-Zahl* ist wie die Filamentanzahl eine Maßeinheit für die Garnfeinheit und beschreibt das Längengewicht. Eine Tex-Zahl von 9600 bedeutet einen Roving mit einem Gewicht von 9,6 g/m. Tex-Zahlen von 4400 … 9600 sind für die Pultrusion von Stäben üblich.

1.2.2.1.2 Harz

Als Harzsysteme werden heute folgende Duroplaste verwendet, die ebenfalls als generische Bezeichnungen anzusehen sind:

- Epoxidharz,
- Vinylesterharz,
- ungesättigtes Polyesterharz,
- Mischungen (engl. *blends*) der genannten Harzsysteme.

Der Literatur kann folgender Vergleich entnommen werden (Tabelle 1-4) /1-49/:

Tabelle 1-4: Vergleich der Harzsysteme /1-49/

Harzsystem	Dichte in g/cm^3	Bruchdehnung in %	Verarbeitungstemperatur in °C	Dauergebrauchstemperatur in °C	Schwund in %	Lagerfähigkeit in Monaten	Preis
Epoxidharz	1,1 … 1,25	4 … 8	15 … 230	55 … 230	1 … 3	12	hoch
Vinylesterharz	1,07	4 … 8	15 … 70	100	1	6	mittel
Ungesättigtes Polyesterharz	1,12 … 1,25	< 3	15 … 180	50 … 160	6 … 10	3 … 6	niedrig

Epoxidharz härtet durch Polyaddition /1-50/, in der Isoliertechnik ist die Kombination aus Bisphenol-A-Harz und Anhydrid-Härter weit verbreitet. Polyesterharz und Vinylesterharz härten durch radikalische Polymerisation /1-50/.

Im Vergleich der drei Harzsysteme gilt Epoxidharz als das hochwertigste und weist die besten Eigenschaften hinsichtlich Festigkeit, Steifigkeit sowie Temperatur- und Chemikalienbeständigkeit auf.

Polyesterharz hat den niedrigsten Beschaffungspreis und ermöglicht im Pultrusionsverfahren höhere Abzugsgeschwindigkeiten. Beides führt zu einem kostenoptimierten Stab. Als negativ gelten bei Polyesterharz die geringere mechanische Festigkeit und die Gefahr, dass sich aufgrund des hohen Schwundes während des Härtens Risse bilden können. In vielen Spezifikationen für Verbundisolatoren ist daher Epoxidharz vorgeschrieben.

Den Harzsystemen werden weitere Additive zugesetzt, dazu gehören:

- Anorganische Füllstoffe
  Diese können aus funktionellen Gründen zugesetzt werden, um die Sprödheit zu reduzieren, die Zähigkeit und Wärmeleitfähigkeit zu erhöhen. Die Erhöhung der Harzviskosität ist zu berücksichtigen, sie kann die Benetzbarkeit der Fasern negativ beeinflussen. Als Beispiel für einen Füllstoff für elektrische Anwendungen kann Kalziumkarbonat genannt werden.
- Internes Entformungsmittel
  Dieses Additiv hat einen wichtigen Einfluss auf die Produktqualität. Aufgrund des geringen Schwundes von Epoxidharz während der Aushärtung reduziert das Entformungsmittel die Abzugskräfte und verbessert die Oberflächenglattheit. Die mechanischen Eigenschaften und die Glasübergangstemperatur können aber bei inadäquatem Mengenzusatz reduziert werden. Es gibt verschiedene Stoffe wie Zinkstearat oder komplexe Systeme aus synthetischen Harzen und Glyceriden. Es muss auch berücksichtigt werden, dass die spätere Haftung des Mantelwerkstoffes auf dem Stab nicht durch das Entformungsmittel behindert wird.
- Netzmittel
  Das Netzmittel reduziert die Oberflächenspannung des Harzes und verbessert die Spreitung auf der Glasfaser. Hinsichtlich zuzusetzender Menge sind ähnliche Auswirkungen wie beim Entformungsmittel zu beachten.
- Beschleuniger
  Ein Beschleuniger kann zugesetzt werden, um die Reaktionskinetik zu erhöhen. Dazu zählen Amine oder Imidazole.
- Pigmente
  Werden im Bedarfsfall zugesetzt, um z. B. verschiedene Materialqualitäten der fertigen Halbzeuge visuell unterscheiden zu können.

1.2.2.1.3 Wahl der Glasfaser und des Harzsystems

Wie bereits dargestellt, sind korrosionsbeständige Glasfasern mit geringem Kapillargehalt verfügbarer Stand der Technik und Epoxidharzsysteme die hochwertigste Art der Imprägnierung. Dies wird durch Betriebserfahrungen und systematische Untersuchungen bestätigt /1-41/, /1-51/ … /1-56/.

In den USA ereigneten sich zwischen 1992 und 2004 mehr als 30 Isolatorenausfälle durch Sprödbruch in den Spannungsebenen 69 kV … 500 kV /1-54/. Ca. 90 % dieser Ausfälle betrafen Stäbe aus E-Glas mit Polyesterharzimprägnierung. Dieser Trend konnte auch im Experiment bestätigt werden. Stäbe mit E-Glasfasern und den drei Harzsystemen (Polyester, Vinylester und Epoxid) imprägniert, wurden verschiedenen Konzentrationen von Salpetersäure (HNO_3) bei einer Belastung durch eine 4-Punkt-Biegung ausgesetzt (Bild 1-9). Im Gegensatz zu einer 3-Punkt-Biegung wird der Prüflingsbereiches zwischen den Krafteinleitungsstellen $F_D/2$ scherkraftfrei und gleichmäßig beansprucht.

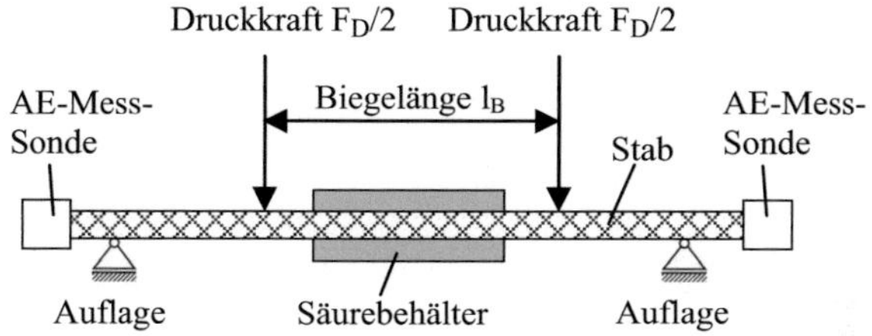

Bild 1-9: Angewandtes Prinzip der 4-Punkt-Biegung zur Bestimmung der Säurebeständigkeit

Dies gilt für Materialprüfungen allgemein und ist eine wichtige Voraussetzung für die Reproduzierbarkeit des Materialverhaltens bei simultaner mechanischer und chemischer Belastung. Die Prüfung der Stäbe erfolgte im Zustand ihrer Anlieferung ohne weitere konditionierende Veränderungen. Die gezeigten Ergebnisse gelten für die gewählte Art der Prozessparameter, der verwendeten E-Glasfaser und des entsprechenden Harzsystems. Als Messgröße wird die Anzahl der akustische Schallemissionen (AE) verwendet, die für die Zerstörung durch Sprödbruch ein bestimmtes Muster aufweist: Kleine Amplitude, geringe Energie und hohe Anzahl /1-57/.

Der Verlauf der AE-Messungen ist in Bild 1-10 dargestellt. Der Verbund aus E-Glas und Polyesterharz hat die stärksten Emissionen, d. h. die kürzeste Standzeit unter diesen Bedingungen, was den Ausfällen im Betrieb entspricht. Interessanterweise verhält sich die Materialpaarung E-Glas und Vinylesterharz besonders hochwertig unter diesen Prüfbedingungen - zum Zeitpunkt der Publikation im Jahr 2005 war kein Ausfall durch Sprödbruch mit diesem Verbund bekannt.

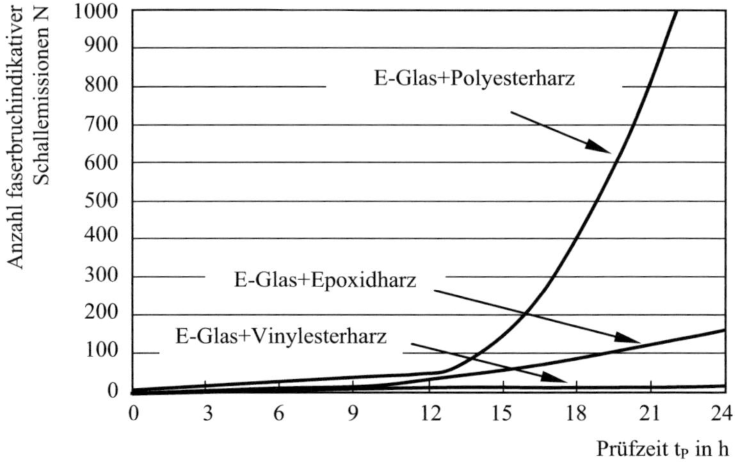

Bild 1-10: Glasfaserbrüche durch Säureangriff, gemessen mit AE /1-52/, /1-54/

Diese Prüfung wurde auch eingesetzt, um das Verhalten von E-CR-Glas mit verschiedenem Kapillargehalt zu bewerten (Bild 1-11). Vergleicht man den Verlauf der E-Glaskurven in Bild 1-10 und Bild 1-11, ergeben sich Unterschiede, die auch auf die Streuung der Prüflinge (z. B. unterschiedliche Glasschmelzen) zurückzuführen sind.

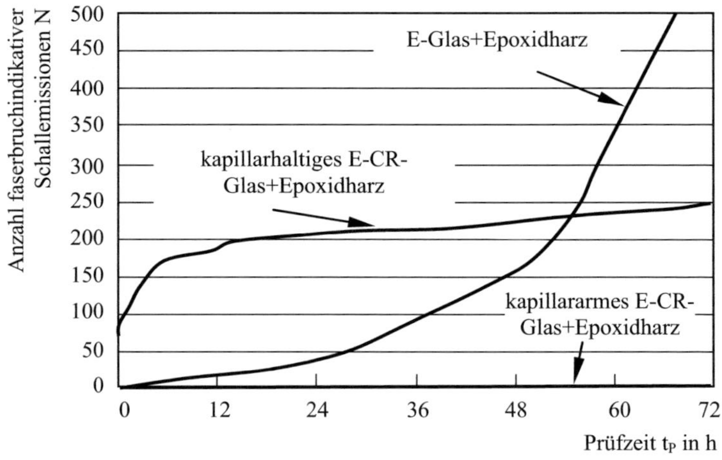

Bild 1-11: Glasfaserbrüche durch Säureangriff, gemessen mit AE /1-52/

Des Weiteren haben rasterelektronenmikroskopische Untersuchungen /1-52/ gezeigt, dass sich an der Staboberfläche nicht unbedingt eine Reinharzschicht ausbildet, sondern Fasern freigelegt sein können. Beide Verbunde aus E-CR-Glas versagten in der Prüfung nicht, allerdings waren beim kapillarhaltigen E-CR-Glas zu Beginn der Prüfung Sprödbrüche einzelner Fasern feststellbar, deren Anzahl sich nach ca. 12 h auf ein niedrigeres Niveau reduzierten. Das kapillararme E-CR-Glas zeigte praktisch keine Sprödbrüche unter diesen Prüfbedingungen.

Das zusammenfassende Ergebnis dieser Untersuchungen ist für die verschiedenen Verbunde in Tabelle 1-5 dargestellt. Mit der Verwendung von kapillararmen E-CR-Glas und Epoxidharz bzw. Vinylesterharz kann das Risiko eines Sprödbruchs erheblich reduziert werden. Der Einsatz von E-CR-Glas ist für zugbeanspruchte Verbundisolatoren mittlerweile in vielen Spezifikationen von Energieversorgungsunternehmen national und international als Stand der verfügbaren Technik vorgeschrieben.

Tabelle 1-5: Vergleich der Anzahl der AE verschiedener Stabsysteme bei Säurebelastung /1-52/

Verbund	Mittelwert der Anzahl von Schallemissionen nach 72 h	Anzahl von Prüflingen, getestet
E-Glas + Polyesterharz	44000	6
E-Glas + Epoxidharz	1500	5
E-Glas + Vinylesterharz	34	5
kapillarhaltiges E-CR-Glas + Polyesterharz	330	3
kapillarhaltiges E-CR-Glas + Epoxidharz	140	3
kapillarhaltiges E-CR-Glas + Vinylesterharz	170	3
kapillararmes E-CR-Glas + Epoxidharz	4	3
kapillararmes E-CR-Glas + Vinylesterharz	15	2

Die Ergebnisse der 4-Punkt-Biegung wurden mit den Ergebnissen des „klassischen“ Sprödbruchtests /1-44/ verglichen. Der Aufbau ist in Bild 1-12 gezeigt.

In diesem Test wird der Stab ohne Isoliermantel simultan mit einer Zugkraft (korrespondierend mit einer Zugspannung von 340 MPa) und 1-M-Salpetersäure (ca. 6,1%ig, pH-Wert = 0) beansprucht. Es zeigte sich, dass unter diesen Prüfbedingungen alle Verbunde mit E-Glasfasern unabhängig von der verwendeten Harzmatrix innerhalb von nur 2 h (!) ausfielen. Die Verbunde mit E-CR-Glas bestanden die Prüfung über 96 h, das kapillararme E-CR-Glas zeigte wieder die geringste Anzahl von Schallemissionen.

Bild 1-12: Klassischer Sprödbruchtest, Säureangriff und Zugbelastung simultan wirkend

Oft wird die Frage gestellt, ob Verbundisolatorstützer ebenfalls durch Sprödbruch gefährdet sind. In /1-53/ wird nur von einem bekannten Fall berichtet, der als kombinierter Ausfall aus mechanischem Versagen (schlechte Verpressung der Armatur) und möglichem Säureangriff in kleinen Teilflächen des Stabes eingestuft wird. Diese Feststellung ist dahingehend bemerkenswert, weil in den USA sehr viele Tragketten als Verbundisolatorstützer ausgeführt sind und sich eine Sprödbruchaffinität in einer ähnlich hohen Ausfallrate wie bei Verbundlangstäben äußern würde. Geometrisch führt der größere Durchmesser der Stützerarmatur zu einer reduzierten elektrischen Beanspruchung, die Eintrittswahrscheinlichkeit für Korona bzw. Wassertropfenkorona sinkt.

Des Weiteren wird ein auf Biegung belasteter Stützer kombiniert auf Zug und Druck belastet, was den Schadensmechanismus des Sprödbruches auf der Druckseite behindern dürfte. In /1-58/ wurde der Aufbau des klassischen Sprödbruchtests modifiziert und eine Biegebelastung auf einen 63-mm-E-Glasstab appliziert, die dem 1,1-fachen der maximal zulässigen Betriebslast entsprach (1,1 x MDCL). Die Prüfdauer betrug 96 h. Im ersten Versuch wurde die Reinharzschicht der Staboberfläche im Bereich des Säureangriffs nicht entfernt. Dies erfolgte in einem zweiten Versuch an einem neuen Prüfling. Beide Prüfungen wurden ohne Schädigung bestanden (Bild 1-13), die im Anschluss durchgeführte Grenzkraftprüfung lieferte ebenfalls vergleichbare Werte (16,2 bzw. 16,8 kN).

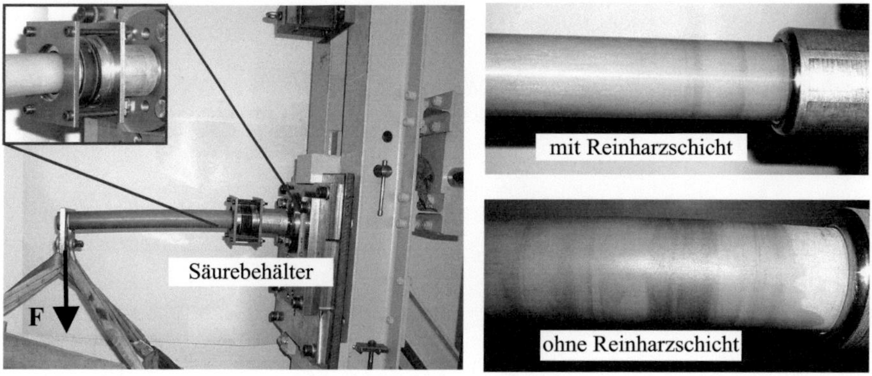

Bild 1-13: Modifizierter Sprödbruchtest für Biegebelastung /1-58/

Es bestätigte sich, dass das Risiko für einen Sprödbruch bei Verbundisolatorstützern vergleichsweise niedrig ist. Wie auch bei den oben gezeigten Untersuchungen, sind generelle qualitative Trends erkennbar, die unmittelbaren Ergebnisse gelten quantitativ nur für die geprüften Materialpaarungen.

In /1-52/, /1-57/ wurde auch der Einfluss von Sandstrahlen auf das Sprödbruchverhalten untersucht. Sandstrahlen wird oft verwendet, um interne Entformungsmittel zu entfernen und die Haftung im Interface zwischen Staboberfläche und Isoliermantel zu verbessern. Es wurde bestätigt, dass die Kombination aus E-CR-Glasfaser und Epoxid- bzw. Vinylesterharz keine Reduktion der Sprödbruchbeständigkeit erfährt. Bei der Verwendung von E-Glas wird empfohlen, die Rauhtiefe auf 5 µm zu begrenzen /1-57/.

Aufgrund der in den USA aufgetretenen Sprödbruchausfälle durch mangelhaftes Kettendesign bestimmter Hersteller ist teilweise eine gewisse Unsicherheit zu dieser Thematik entstanden. Es sei auf die im Jahr 2010 erschienene IEC 62662 /1-59/ verwiesen, die mittels Fehler-Möglichkeits- und Einflussanalyse (FMEA) isolatorrelevante Einflussgrößen beschreibt und bei der Risikobewertung unterstützen kann.

1.2.2.1.4 Eigenschaftskoordination zwischen Glasfaser und Harz

Nach der prinzipiellen Auswahl der Glasfaser und des Harzsystems sind folgende Eigenschaften zu koordinieren, die für faserverstärkte Kunststoffe Allgemeingültigkeit haben:

- Der E-Modul der Glasfaser muss größer sein als der der Epoxidharzmatrix.
- Die Zugfestigkeit der Glasfaser in Kraftwirkungsrichtung muss größer sein als die der Epoxidharzmatrix.
- Die Bruchdehnung der Epoxidharzmatrix muss größer sein als die der Glasfaser.

Vergleicht man die typischen Werte von Glasfasern und Epoxidharz, ergibt sich die Darstellung gemäß Tabelle 1-6.

Tabelle 1-6: Relevante Eigenschaften von Glasfaser und Harz hinsichtlich Kraftübertragung

Eigenschaft	Glasfaser	Epoxidharz
E-Modul in N/mm^2	72000	3000 … 4500
Zugfestigkeit in N/mm^2	3400	80
Bruchdehnung in %	2,2 … 4,8	4 … 8

Aufgrund der großen Unterschiede beim E-Modul und der Zugfestigkeit ist die Bruchdehnung zu koordinieren:

1. Ist die Bruchdehnung der Glasfaser und der Epoxidharzmatrix gleich, wird die Zugfestigkeit des Verbundes durch beide Materialien bestimmt.
2. Ist die Bruchdehnung des Epoxidharzes kleiner als die der Glasfaser, versagt der Verbund frühzeitig, die Zugfestigkeit der Glasfaser wird nicht genutzt.
3. Ist die Bruchdehnung des Harzes größer, bestimmt die Glasfaser die Zugfestigkeit des Verbundes.

Wie oben aufgeführt, wird nach der letztgenannten Kombination koordiniert. Der Beitrag der Harzmatrix zur Zugfestigkeit des Verbundes ist wegen dem geringeren intrinsischen Wert und einem Gewichtsanteil von ca. 25 % gering. Damit wird auch das Risiko minimiert, dass bei angestrebter gleicher Bruchdehnung aber aufgrund der Prozessstreuung der zweite Fall eintritt.

1.2.2.1.5 Verfahren zur Stabherstellung

Für die Herstellung von Stäben für Vollkernisolatoren werden unterschiedliche Verfahren eingesetzt:

- vertikale Imprägnierung unter Nutzung der Kapillarwirkung,
- Einlege-Pressverfahren,
- Pultrusionsverfahren,
- kombiniertes Pultrusions-Wickelverfahren.

Die meiste Verbreitung hat das Pultrusionsverfahren, da es wirtschaftlich ist und eine hohe Produktivität gewährleistet. Bild 1-14 zeigt einen Vergleich der erreichten Maximalspannungen und der Designgröße SML für verschiedene Materialien (Herstellverfahren) und bei Verwendung der Krimptechnik.

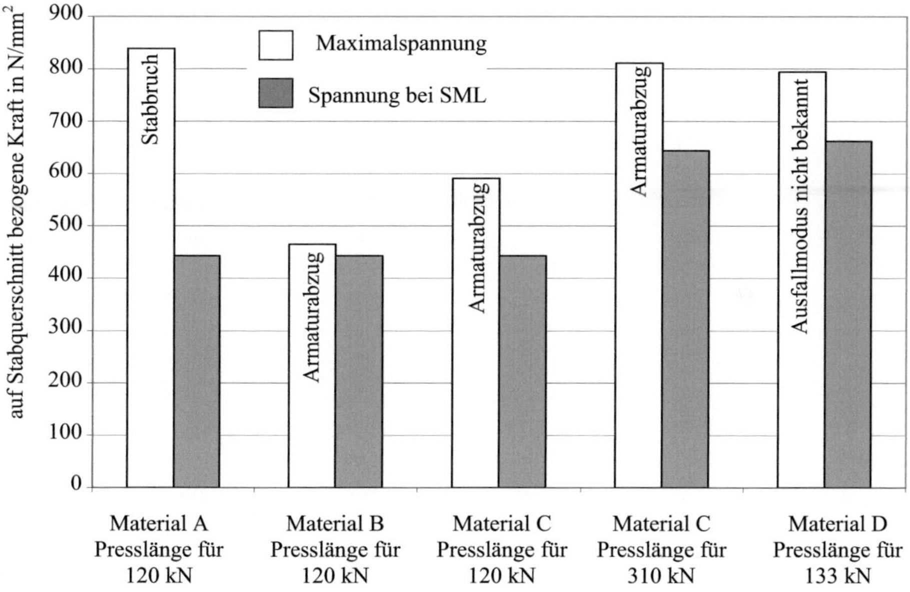

Bild 1-14: Einfluss der Herstellung auf die im Zugversuch ermittelte Maximalspannung

Material A wurde im Einlege-Pressverfahren hergestellt und hat den höchsten Glasgehalt. Es wird mit einer vergleichsweise kurzen Presslänge der Armatur eine hohe Maximalspannung erreicht. Allerdings ist der Ausfallmodus immer ein Stabbruch. Aufgrund der hohen Herstellkosten wird dieses Material nur für Spezialanwendungen verwendet. Material B ist ein im Pultrusionsverfahren hergestellter Stab, aufgrund der Sprödheit der Harzmatrix konnte der Verpressungsgrad im Krimpprozess nicht in der Weise eingestellt werden, dass eine ausreichende Kraftübertragung zwischen Stab und Armatur möglich war. Material C ist ebenfalls im Pultrusionsverfahren hergestellt, im Vergleich zu B mit einem optimierten Harzsystem, das neben hoher Festigkeit bei Raumtemperatur auch eine Glasübergangstemperatur von 160 °C hat. Mit größerer Presslänge sind höhere Kräfte erreichbar, ohne dass sich der Ausfallmodus von Armaturabzug zu Stabbruch ändert. Material D repräsentiert das Beispiel aus IEC 61109 /1-60/, ebenfalls im Pultrusionsverfahren hergestellt.

Aus dem Vergleich ist ersichtlich, dass Pultrusionsverfahren einen hohen Reifegrat erreicht haben und sehr hochwertige Halbzeuge hergestellt werden können. Für das Produkt „Verbundisolator" sind nicht nur die intrinsischen Eigenschaften des Stabes, sondern auch die komplexe wechselwirkende Auslegung der Armatur für die erreichbare Maximalkraft, deren Streuung und die Art des Ausfallmodus entscheidend.

Das Prinzip des Pultrusionsverfahrens wird in Bild 1-15 kurz beschrieben. Die Anzahl der Glasfaserspulen wird abhängig von deren Tex-Zahl und dem Stabdurchmesser festgelegt. Wie bereits ausgeführt, ist der sogenannte Innenabzug des Rovings von der Spule die häufigste Abzugsart. Wird z. B. eine 9600-tex-Faser für einen 63-mm-Stab eingesetzt, ergibt dies ca. 550 Glasspulen. Bei ca. jeweils 20 kg resultieren daraus 11 Tonnen Glas, die in den Regalen zu positionieren sind (Bild 1-15, unten links). Bei der Fadenführung ist zu beachten, dass keine Verwicklung der einzelnen Rovings, der, wie im Beispiel genannten, 550 individuellen Spulen auftritt.

Das Harzbad (Bild 1-15, oben links) ist typischerweise eine herstellerspezifische Lösung, da der Aufbau und die Temperatur sowie deren Verteilung an die jeweils verwendete Harzmischung anzupassen sind. Die Harzmischungen werden heute mit computerunterstützten Wägesystemen zusammengestellt und wegen der Rückverfolgbarkeit protokolliert. Nach dem Harzbad durchlaufen die getränkten Rovings den Voreinzug, wo eine Vororientierung für einen gleichmäßigen Einzug in die Heizstrecken und das Abstreifen überschüssigen Harzes erfolgt.

In der Heizstrecke (Bild 1-15, oben rechts) wird die exotherme Reaktion der Harzpolymerisation initiiert.

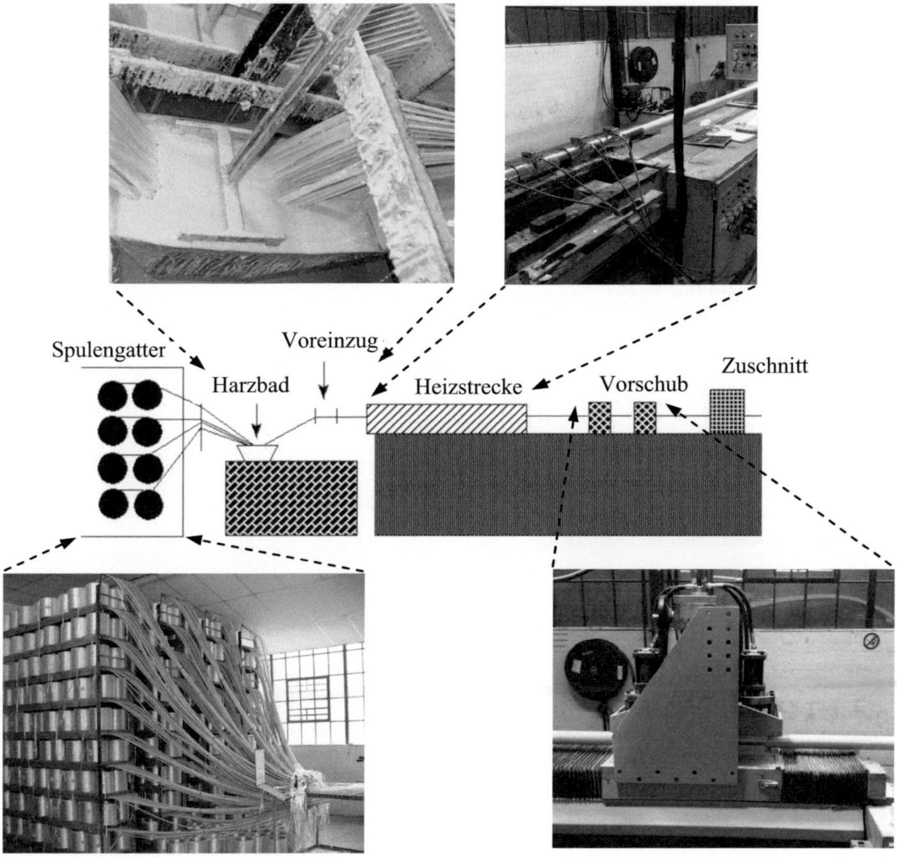

Bild 1-15: Kurzbeschreibung einer Stabpultrusion

Sie ist ebenfalls eine herstellerspezifische Lösung und kann mehrere Heizzonen unterschiedlicher Temperatur umfassen. Die Temperatur kann über Heizelemente oder auch über Mikrowellen bzw. kombiniert erzeugt werden. Der Vorteil der Mikrowellenheizung besteht darin, dass insbesondere bei Stäben größeren Durchmessers, die Wärme nicht über Wärmeleitung in den Stabkern zu transportieren ist. Da Epoxidharz wenig schrumpft, ist die Oberflächengüte der Heizstrecke für eine niedrige Abzugsreibung und kratzerarme Staboberflächen von Bedeutung. Die Pultrusionsgeschwindigkeit hängt stark vom Stabdurchmesser ab. Bild 1-16 zeigt das Beispiel für einen Pultrusionsprozess mit Epoxidharzimprägnierung und Einleitung der Wärme über Heizelemente. Die effektive

Pultrusionsgeschwindigkeit ist bei kleineren Durchmessern oft noch größer, da parallele Heizstrecken zur simultanen Fertigung von 3 oder mehr Stäben verwendet werden.

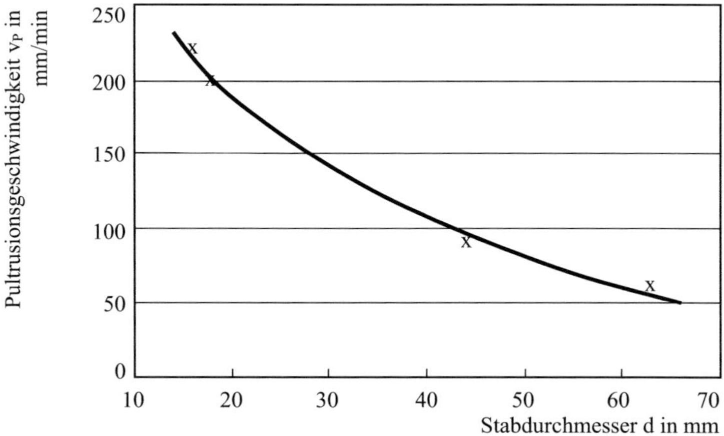

Bild 1-16: Pultrusionsgeschwindigkeit abhängig vom Stabdurchmesser (Heizelemente)

1.2.2.1.6 Qualitätskontrolle

Die Qualität der pultrierten Stäbe wird mit verschiedenen Verfahren kontrolliert. Dazu zählen die Bestimmung der Dichte, deren Wert mit dem Glasgehalt und dem E-Modul für eine „Stabrezeptur" korrespondiert und die Messung der Glasübergangstemperatur mittels Dynamischer Differenzkalorimetrie (DSC). Eine Glasübergangstemperatur (TG) von 160 °C, wie in Bild 1-14 gezeigt, ist nicht funktionsrelevant für den Betrieb bei einem Kettendesign, bei dem der Fehlerstrom des Lichtbogens nicht über die Isolatorarmatur fließt. Bei der Verwendung von hochtemperaturvernetzenden Silikonelastomeren ist ein hoher TG des Stabes von Vorteil, um Deformationen während des Aufbringens des Isoliermantels und somit eine Stabexzentrizität zu vermeiden. Der Umstand, dass Epoxidharzsysteme mit hohem TG zu einer gewissen Sprödigkeit neigen können, ist bei der Harzformulierung zu berücksichtigen.

Als sogenannte Bauartprüfung oder auch Designtest wird eine Farbeindringprüfung verwendet, die wegen ihrer Einfachheit auch als Routineprüfung eingesetzt wird. Es werden dabei die Kapillarkräfte genutzt, um feine Risse, Kapillaren und Poren im Material auf der Querschnittsoberfläche sichtbar zu machen. Die CIGRE-Arbeitsgruppe B2.21 hat nach der Durchführung von

Rundversuchen (engl. *Round-Robin-Tests*) Empfehlungen für die revidierte Version der IEC 62217 eingereicht /1-61/, da in der ersten Normfassung die Prüfschärfen wegen der Vielfalt von zugelassenen Chemikalien stark differierten. Die Prüfung wird zukünftig in der Form genormt, dass als Farbeindringmittel eine 1%ige Lösung aus Astrazon BR 200 und Methanol definiert ist. Diese Rezeptur ist im Vergleich zum Farbeindringmittel der IEC 61109 aus dem Jahr 1992 (0,99%ige Fuchsinlösung in Ethanol) etwas strenger. Im Vergleich zu dem Spreitungsverhalten eines Wassertropfens zeigt sich die Wirkungsweise des Farbeindringmittels in Bild 1-17: Auf eine hydrophobe Oberfläche wurden Wasser, Wasser mit 1 % Astrazon sowie Ethanol mit 1 % Astrazon in gleichen Tropfenvolumina aufgesetzt. Es ist ersichtlich, dass die Mischung aus Methanol/Ethanol und Astrazon aufgrund der benetzenden Wirkung immer zu einem Anstieg in Kapillaren führen wird, das Ziel dieser Prüfung.

Bild 1-17: Spreitungsverhalten der Prüflösungskomponenten der Farbeindringprüfung

Mit dieser einfachen Prüfung können Lieferlose auch nach statistischen Kriterien bewertet werden. Bei der Diagnose ist wie folgt zu unterscheiden:

- Penetrationen, die örtlich begrenzt wegen Hohlfasern und/oder fehlender Haftung zwischen Harzmatrix und Glasfaser auftreten (Bild 1-18),
- Penetration durch sogenannte Exothermierisse (Bild 1-19).

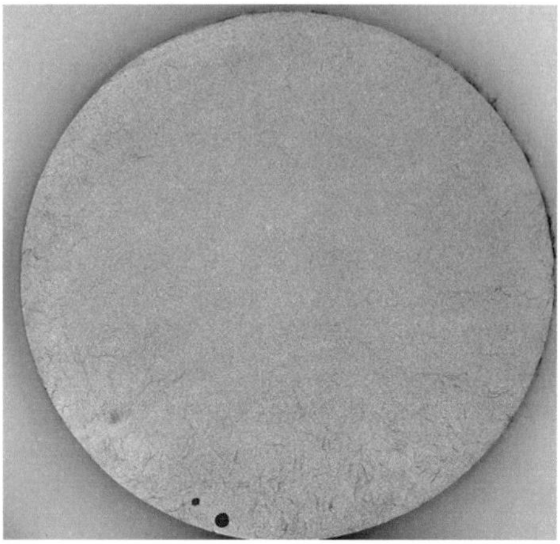

Bild 1-18: Partielle Penetration

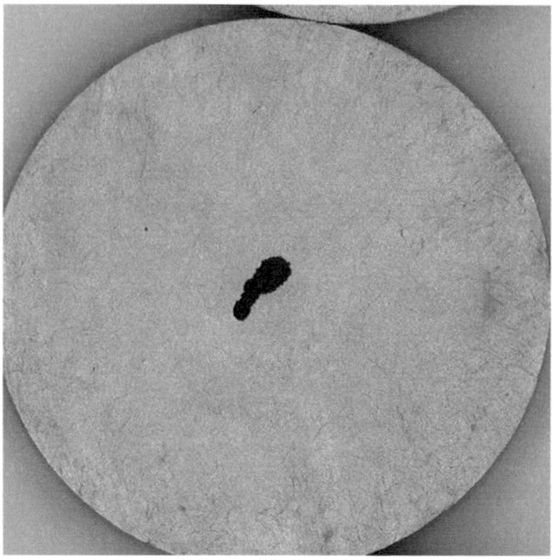

Bild 1-19: Penetration wegen Exothermieriss

Die Praxis hat gezeigt, dass das Prüfen weiterer sich an den Prüfling gemäß Bild 1-18 anschließender, aus dem Stab herausgetrennter Scheiben zu dem Ergebnis führt, dass keine Penetrationen mehr nachweisbar sind. Offensichtlich führt der Volumeneffekt, der gezeigte Stab mit 88 mm Durchmesser enthält ca. 20 Mio. Glasfasern, zu diesem Phänomen. Nicht tolerierbar sind die Exothermierisse (Bild 1-19), die aufgrund von Wärmespannungen entstehen. Diese können den gesamten Stab betreffen und sind aufgrund ihrer Größe oft auch ohne Farbeindringprüfung detektierbar. Allgemein gilt, dass das Auftreten von Exothermierissen eher bei größeren Stabdurchmessern (≥ 63 mm) auftritt, die heute verfügbaren Stabdurchmesser bis zu 130 mm (170 mm sind in der Testphase) erfordern ein entsprechendes Fertigungs-Know-how und die Wahl geeigneter Harzsysteme. Penetrationen durch Hohlfasern oder durch ungenügende Haftung im Interface zwischen Harzmatrix und Glasfaser hängen eher von der Qualität der eingesetzten Glasfaser ab und können praktisch bei allen Stabdurchmessern auftreten.

1.2.2.1.7 Anwendungsorientierte Kennzahlen

Das Pultrusionsverfahren ermöglicht prinzipiell die Herstellung von Stäben ohne Längenbegrenzung (Endlosverfahren). Stablängen werden heute im Allgemeinen nach laufenden Projekten (Isolatorlängen) oder nach der Transportlogistik (Containerabmessungen) optimiert.

Hinsichtlich der Stabdurchmesser gibt es eine direkte Korrelation zur Anwendung. Verbundisolatoren in Trag- oder Abspannlage sind als rein zugbeanspruchte Isolatoren ausgelegt. Das Zusammenspiel von Stabeigenschaften und dem später beschriebenen Krimpprozess bestimmt wesentlich die erreichbaren Zugkräfte. Dominierten in den Anfangsjahren der Verbundisolatortechnologie noch vergleichsweise große Durchmesser bzw. kleinere Quotienten aus Nennkraft zu Stabdurchmesser fehlerredundant die Anwendungen, sind heute gewisse Trends zur Kostenoptimierung unter Berücksichtigung mittlerweile langjähriger Erfahrungen (s. a. Abschnitt 2.6.1) erkennbar. Für diese kann eine typische Relation zwischen Stabdurchmesser und Nennkraft (SML) als „eingeführte" Lösungen wie in Tabelle 1-7 aufgeführt werden.

Tabelle 1-7: Stabdurchmesser und typische Nennkraft

Stabdurchmesser in mm	Nennkraft (SML) in kN
16 ... 18	70 ... 160
24	210 ... 320
32	500
50	1000

Bei den Anwendungen, in denen eine Stützerfunktion vom Verbundisolator zu erfüllen ist, bestimmen Biege- und Druckbeanspruchung die Wahl des Stabdurchmessers. Zu diesen Anwendungen gehören Leitungsstützer (als Alternative zum zugbeanspruchten Tragisolator), Stationsstützer und Isoliertraversen. Mit der Verfügbarkeit von Stabdurchmessern bis zu 130 mm Durchmesser (hergestellt im Pultrusionsverfahren) sind technische Lösungen mit Vollkernisolatoren möglich, die bisher nur mit Rohrlösungen und entsprechender Füllung des Rohrinnenraums realisierbar waren. Stützerlösungen bis in die 800-kV-DC-Spannungsebene sind im Einsatz /1-48/ und die Entwicklung von Isoliertraversen für die Spannungsebene 765 kV AC abgeschlossen.

1.2.2.2 Rohr: Materialien und Verfahren

Wegen bisher nicht berichteten Sprödbrüchen ist die Verwendung von E-Glas der Stand der Technik. Zur Imprägnierung wird Epoxidharz verwendet. Bei der Herstellung von Rohren von Freiluftisolatoren wird heute meistens das sogenannte Nasswickelverfahren eingesetzt.

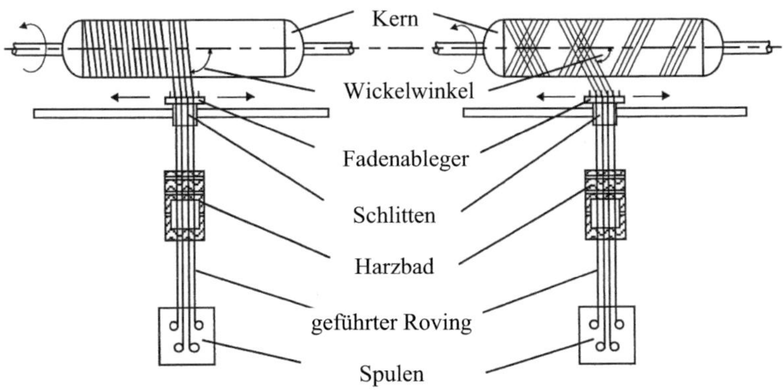

Bild 1-20: Prinzip des Parallel- bzw. Kreuzwickelns /1-49/

Das Verfahren ist ähnlich zur Pultrusion, allerdings werden die ebenfalls unter atmosphärischen Bedingungen getränkten Glasfasern auf einen Kern gewickelt, d. h. die Verdichtung der getränkten Fasern wie in der Heizstrecke des Pultrusionsverfahrens entfällt (Bild 1-20, /1-49/). Das Harzbad ist daher auch ein wichtiges Know-how-Element der Fertigung: Zusätzlich ist die Kontrolle der an den Fasern anhaftenden Harzmenge von Bedeutung, um das Verhältnis zwischen Glas und Harz reproduzierbar herstellen zu können (s. a. Funktion des Voreinzugs beim Pultrusionsverfahren). Das kann mit Rollen oder Walzen im Harzbad oder nach Bewicklung des Kerns oder kombiniert erfolgen.

Die Polymerisation der Harzmatrix erfolgt üblicherweise in mehreren Stufen in einem Heißluftofen.

Bis zum Überschreiten der Gelierphase ist der Kern langsam zu rotieren, um das gleichmäßige Abtropfen überschüssigen Harzes zu gewährleisten.

Zur Erhöhung der Produktivität können die Kerne von innen geheizt werden. Die Verwendung eines sogenannten Abreißgewebes (oder einer Folie) ist eine mögliche Option, den Verbund vor der Polymerisation weiter zu verdichten. Dieses wird im flüssigen oder angelierten Zustand auf die Außenoberfläche gewickelt und nach der Polymerisation wieder entfernt.

Das Trockenwickeln wird weniger für Freiluft-Isolatoren als für Komponenten in Isoliermedien wie Öl oder SF_6 verwendet. Die Fasern werden trocken auf den Kern appliziert und später in Formen oder in einem Autoklaven imprägniert. Das Imprägnieren erfolgt unter Vakuum oder mittels Druck. Dieser Herstellungsprozess ist kostenintensiver als das Nasswickeln, er führt aber auch zu einer Materialgüte, die in Medien mit einer höheren elektrischen Festigkeit als Luft zur Vermeidung von Teilentladungen (z. B. in Lufteinschlüssen) erforderlich ist.

Festigkeit bei		Trend	
Innendruck	hoch	←	niedrig
Biegung	niedrig	→	hoch
Steifigkeit	niedrig	→	hoch

Bild 1-21: Einfluss des Wickelwinkels auf das mechanische Rohr-Verhalten /1-62/, /1-63/

Als Fasermaterial für z. B. innen im Gerät genutzte Schalterkomponenten kommen auch Polyester- und Aramidfasern zum Einsatz. Dies führt zu einer Reduktion des Gewichts und der Korrosionsneigung beim Auftreten von Zersetzungsprodukten durch Lichtbogeneinwirkung gegenüber einer Glasfaserverstärkung. Des Weiteren hat speziell die Aramidfaser höherwertige mechanische Eigenschaften bei geringerem Gewicht, was zur Bauteiloptimierung angewendet wird (Beispiel: Längsverstärkung einer Schaltstange für Leistungsschalter).

Die mechanischen Eigenschaften des Rohres können über die Wahl der Wickelwinkel über einem weiten Bereich beeinflusst werden. Damit ändert sich das Verhalten tendenziell von einer maximalen Druckauslegung zur Biegeauslegung, wie in Bild 1-21 vereinfacht dargestellt wird /1-62/, /1-63/.

Mittels geeigneter FEM-Verfahren ist die Zusammenstellung optimaler Wickelwinkel möglich /1-64/. Da ein Rohr im Rahmen dieser Anwendungen immer aus mehreren Wickellagen bestehen wird, kann eine Kombination von unterschiedlichen Wickelwinkeln zielführend für die Beanspruchung der jeweiligen Anwendung sein. Am Beispiel von Bild 1-22 ist der Einfluss des Wickelaufbaus auf die Auslenkung als Maß für die Steifigkeit gezeigt /1-62/, /1-63/. Die Werte für M2 … M5 beziehen sich auf die Auslenkung von Material M1, das aufgrund des Wickelaufbaus von ± 53° den niedrigsten E-Modul hat. Das Material M3 hat aber die geringste Druckfestigkeit. M1, M2, M3 sind nassgewickelte Rohre, M4, M5 trockengewickelte und vakuumimprägnierte Rohre.

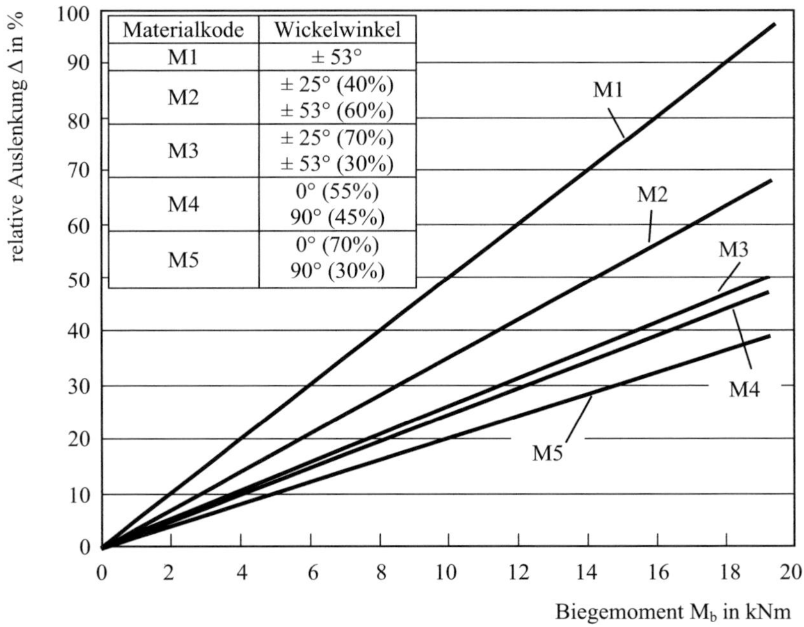

Bild 1-22: Vergleich der relativen Auslenkung verschiedener Rohraufbauten /1-62/, /1-63/

Für Anwendungen, in denen die Teilleitermittenabstände konstruktiv ein Problem sind (Bild 1-23 /1-64/) oder zur Volumenreduktion des inneren Isoliermediums werden auch konische Hohlisolatoren eingesetzt.

Bild 1-23: Konische Durchführung eines 3-phasigen Dead-Tank-Schalters /1-64/

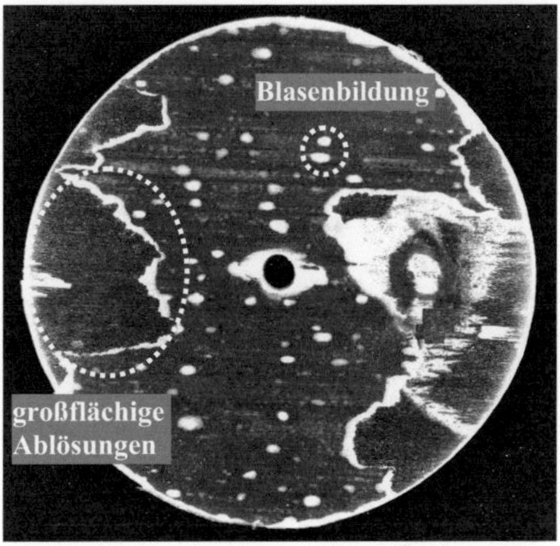

Bild 1-24: Wirkung von Flusssäure an der Rohrinnenwand nach wiederholten Schalthandlungen /1-62/, /1-63/

Bei Schalthandlungen unter SF_6 entsteht bei ausreichender Präsenz von Wassermolekülen Flusssäure HF /1-65/ … /1-67/, die zu einem Angriff auf das E-Glas der Innenwand des Rohres und zu delaminativen Zerstörungen führen kann (Bild 1-24 /1-62/, /1-63/). Die Wirkungen an der inneren Grenzfläche des GFK-Rohres lassen sich vereinfacht wie folgt darstellen:

Zersetzung des SF_6 beim Schaltvorgang

$$SF_6 + Me \longrightarrow SF_4 + MeF_2 \text{ (Me = zweiwertiges Metall)} \qquad (1\text{-}1)$$

Bildung gasförmiger HF mit hohem Penetrationsvermögen (Größe nur ca. 0,3 nm)

$$SF_4 + H_2O \longrightarrow 2\,HF + SOF_2 \qquad (1\text{-}2)$$

Angriff auf die Glasfaser

$$SiO_2 + 4\,HF \longrightarrow 2\,H_2O + SiF_4 \qquad (1\text{-}3)$$

Bildung leitfähigkeitserhöhender Elektrolyten im Schädigungsbereich

$$SiF_4 + 2\,HF \longrightarrow 2\,H^+ + SiF_6^- \qquad (1\text{-}4)$$

Es ist deutlich zu erkennen, dass die erste Schicht des Rohrsegments bereits zerstört ist. Geeignete Gegenmaßnahmen schützen die Glasfasern durch stoffliche Barrieren und bestehen z. B. im Zusatz von Metalloxid in das Harz der ersten

Wickellage, oder dem Einsatz von Polyesterfaden oder Polyestervlies als innerem Liner des Rohres /1-62/, /1-63/.

Im Jahr 2010 abgeschlossene Untersuchungen haben gezeigt, dass die in der Vergangenheit abgeschätzten niedrigen Eindringraten von Feuchtigkeit /1-62/, /1-63/ durch die Rohrwand auch nach zyklischen mechanischen Wechselbeanspruchungen bestätigt werden, wenn die Pressklebung korrekt ausgeführt wurde /1-68/.

Als weiterführende Literatur zum Einsatz von Verbundhohlisolatoren in Freiluftanwendungen sei auf die Technische Broschüre TB 455 der CIGRE verwiesen /1-69/.

1.2.2.2.1 Qualitätskontrolle

Die Qualitätskontrolle entspricht der einer Stabprüfung. Aufgrund des inneren Hohlraums kann die Rohrwand mittels optischer Verfahren einfach visuell bewertet werden.

1.2.2.2.2 Anwendungsorientierte Kennzahlen

Verbundhohlisolatoren werden heute bis zu einem Durchmesser von 1 m in Sonderfällen auch darüber hergestellt. Die Wandstärken des Rohres variieren von 6 mm bis zu 30 mm, da die mechanischen Eigenschaften mit den eingestellten Wickelwinkeln zu koordinieren sind. Wickelkerne mit Nutzlängen (abhängig vom Wickelwinkel) bis zu 10 m sind heute verfügbar, d. h. Verbundhohlisolatoren können im Gegensatz zu Porzellanhohlisolatoren technologisch ohne Klebestelle einteilig gefertigt werden. Im Fall von kleinen Stückzahlen größerer Längen kommen Fügetechniken (Schäften) zur Anwendung, in denen „kurze“ Rohre form- und stoffschlüssig mit einem Kleber verbunden, ein langes Rohr bilden. Beim Schäftungsformschluss gibt es verschiedene Designphilosophien, die Rechteckform und die Konusform. Letztere hat den Vorteil, dass bei genauer Bearbeitung der zu verfügenden Rohrenden kein Lufteinschluss stattfinden kann. Die Auswahl des Klebers richtet sich nach den auftretenden Scherkräften durch Biegung und Innendruck und auch ganz wesentlich nach den spezifizierten Betriebstemperaturen.

1.2.3 Äußere Isolierung - Silikongummitypen für den Isoliermantel

Die Unterscheidung von Silikongummitypen kann in vielfältiger Weise erfolgen. In der Praxis gab es wenige Fälle, in denen der Kenntnisstand des Anwenders genutzt wurde, um mit unterschiedlich angewandter Terminologie Nichtkonformitäten mit Spezifikationsvorgaben zu umgehen. Als Beispiel darf gelten, wenn Flüssigsilikongummi als hochtemperaturvernetzender Silikongummi angeboten wird, obwohl der Anwender einen mit Füllstoff vergleichsweise hoch angereicherten Festsilikongummi mit hoher Erosionsbeständigkeit erwartet. Der folgende Abschnitt stellt aus diesem Grund wesentliche Eigenschaften auch aus Sicht der Prozessrelevanz gegenüber.

1.2.3.1 Herstellung von Silikongummi

Silikongummi wird nach der direkten Müller-Rochow-Synthese hergestellt /1-70/. Dieser Name wird als Doppelname verwendet, weil der amerikanische Chemiker Eugene George Rochow und der deutsche Chemiker Richard Gustav Müller im Zeitraum von 1940 ... 1941 nahezu zeitgleich die katalytische Synthese von Methylchlorsilanen entdeckten. Die beiden vereinfachten Hauptgleichungen für diesen Prozess sind in Bild 1-25 /1-50/, /1-70/ dargestellt. Die Qualität der Reaktionsprodukte hängt stark von der Zusammensetzung und der Reinheit der Ausgangsstoffe ab. Das SiO_2 liegt pulverförmig mit einer Korngröße zwischen 45 bis 250 µm vor. Kupfer wirkt als Katalysator.

$$SiO_2 + 2\,C \longrightarrow Si + 2\,CO \qquad (1\text{-}5)$$

			Ausbeute	
$2CH_3Cl + Si \xrightarrow{\text{Kupfer}}$	CH_3SiCl_3	Methyltrichlorsilan	5 ... 10 %	(1-6)
	$(CH_3)_2SiCl_2$	Dimethyldichlorsilan	85 ... 90 %	
	$(CH_3)_3SiCl$	Trimethylchlorsilan	4 ... 5 %	
	$(CH_3)_2SiHCl_2$	Methylhydrogendichlorsilan	2 ... 3 %	
	+ weitere Silane		4 ... 5 %	

Bild 1-25: Silanherstellung als Vorstufe von Silikongummi /1-50/, /1-70/

Die Reaktion findet etwa bei 250 … 300 °C statt. Die erhaltene Silanmischung mit dem Hauptprodukt Dimethyldichlorsilan wird über Destillation getrennt und das Dimethyldichlorsilan über Hydrolyse in Polysiloxane umgewandelt (Bild 1-26), dem Vorprodukt von Silikongummi.

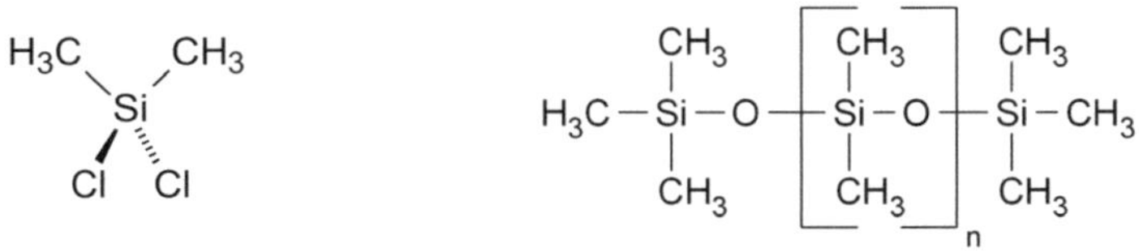

(1-7)

Bild 1-26: Dimethyldichlorsilan (links), Polydimethylsiloxan ((PDMS) - rechts)

Unter Zugabe von Kieselsäure, weiteren Füllstoffen, Additiven usw. und den zur Vernetzung notwendigen Peroxiden oder Katalysatoren usw. entstehen „Silikongummi-Halbzeuge“. Die möglichen Hauptbestandteile von Silikongummi sind:

- Polysiloxane mit verschiedenen funktionellen Gruppen (-OH, -C=CH_2, -H, andere),
- Füllstoffe (pyrogene oder gefällte Kieselsäure, Quarzmehl und andere),
- Vernetzer (Peroxide, H-Siloxane),
- Katalysatoren (Platin-, Zinnverbindungen und andere),
- Additive (Haftungsvermittler, Weichmacher, Pigmente, andere),
- Ruß (Pigment-, Leitfähigkeits-, Spezial-Typen),
- Aluminiumtrihydrat, Aluminiumhydroxid (ATH).

1.2.3.2 Bezeichnung, Kategorisierung von Silikongummi

Eine Übersicht zu den als Mantelwerkstoff eingesetzten Silikongummitypen kann gemäß Tabelle 1-8 zusammengestellt werden. Aufgrund dieser Eigenschaftszusammenstellung wird erkennbar, dass es einen wichtigen Unterschied in der Verarbeitung gibt - den erforderlichen Prozessdruck, um eine Werkzeugkavität mit einem Silikongummi einer bestimmten Viskosität füllen zu können.

Tabelle 1-8: Silikongummitypen, eingesetzt für Verbundisolatoren

	Silikongummi				
Eigenschaft	RTV-1	RTV-2	niedrig-viskoser LSR	pastöser LSR	HTV
Vernetzungs-temperatur in °C	20	20 … 100	80 … 130	100 … 200	100 … 200
Viskosität in mPa·s	10000 … 1000000 gießbar - standfest	1000 …. 100000, gießbar	30000 gießbar	1000000, pastös	5 … 20 · 10^6 fest
Anzahl der Komponenten, Mischungs-verhältnis	1	2/9 : 1	2/1 : 1	2/1 : 1	1
Vernetzungs-chemie	Kondensation	Addition, seltener Kondensation	Addition	Addition	peroxidisch, Addition
Topfzeit	abhängig von Luftfeuchtig-keit, wenige Minuten bis Stunden	Stunden, abhängig von der Temperatur	Tage	Tage	Monate
Verwendung*	Vulkanisation von vorgefer-tigten Elemen-ten, z. B. im Modularverfahren	Isoliermantel, Dichtungen	Isoliermantel, Vulkanisation von vorgefer-tigten Elemen-ten, z. B. im Modularverfahren	Isoliermantel	Isoliermantel
Verfahren*	Gießen, Streichen	Niederdruck-formbefüllen Gießen	Niederdruck-formbefüllen	Niederdruck-formbefüllen, Spritzguss	Extrusion, Pressen, Transfer-pressen, Spritzguss, Modular-verfahren

Anmerkung: * Auf die Verwendung und eingesetzten Verfahren wird im Abschnitt 1.3.2 noch detailliert eingegangen

Für Festsilikongummis werden dabei „klassische“ Verfahren aus der Gummiindustrie verwendet, die aufgrund des simultanen Vorliegens von hohem Druck (bis 1500 bar) und hoher Temperatur (ca. 200 °C bei Fertigung von Verbundisolatoren) prozesstechnisch als sehr anspruchsvoll gelten. Für niedrigviskose Silikongummis werden einfachere Misch- und Dosieranlagen im Niederdruckverfahren benutzt, die erfordern, dass eine von der Anlage vorgegebene Viskosität nicht überschritten wird. Dies bestimmt die Zusammensetzung des einsetzbaren Silikongummis in signifikanter Weise: Während Hochdruckspritzgussmaschinen mit gewissen Anpassungen auch Flüssigsilikone verarbeiten können, ist die Verarbeitung von Festsilikongummi auf Misch- und Dosieranlagen im Niederdruckverfahren nicht möglich. Mit dem Zusatz von sogenannten aktiven Füllstoffen kann die Alterungsbeständigkeit von Silikongummi gegenüber einer thermischen Zersetzung durch thermoionisierte Teilentladungen, z. B. fremdschichtstabilisierte Vorlichtbögen über Trockenzonen, erheblich erhöht werden (z. B. ATH-Zusatz /1-71/). Die dadurch entstehende Erhöhung der Viskosität ist bei der erforderlichen Menge aber nur mit Hochdruckspritzgussmaschinen zu realisieren, die auf eine Verarbeitung hochviskoser Materialien von vornherein ausgelegt sind.

In der Literatur auch als dualer Schutzmechanismus von Silikongummi bezeichnet /1-72/, sind die Hydrophobie und geringe Neigung zur Bildung leitfähiger Kriechspuren anerkannt. Bei Verlust der Hydrophobie und der Formation stabiler, fremdschichtgespeister Vorlichtbögen im mA-Bereich kann aber eine thermische Zersetzung von Silikongummi einsetzen, die oftmals das Schadbild einer grabenden Erosion hat /1-73/.

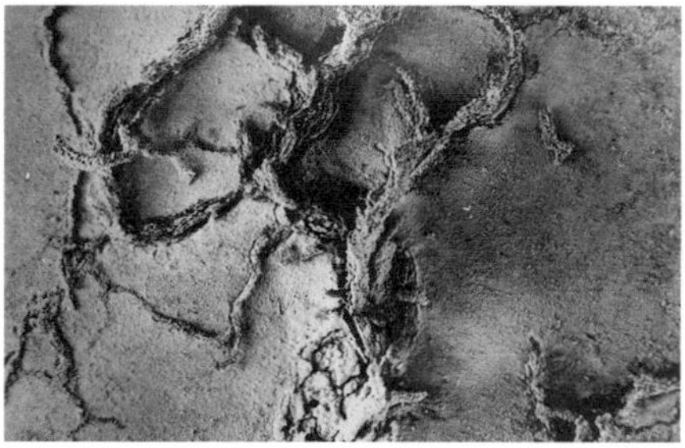

Bild 1-27: Zersetzungsprodukte auf einer Silikongummioberfläche /1-73/

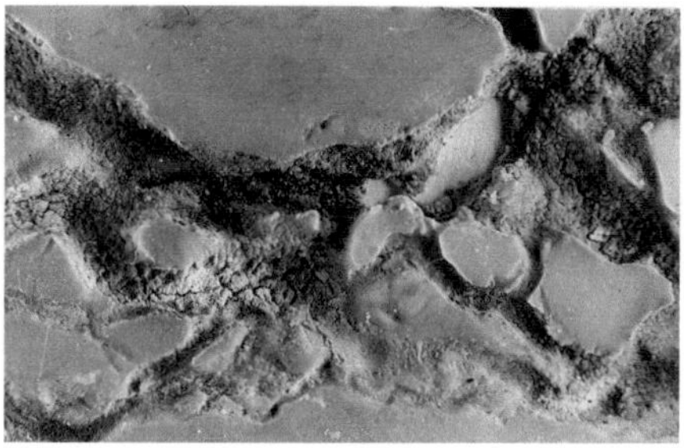

Bild 1-28: Schadbild einer grabenden Erosion /1-73/

Die Zersetzungsprodukte mit hohem SiO_2-Gehalt bilden eine brüchige Struktur (Bild 1-27), die sich von der Oberfläche des Isolierstoffs abhebt und bei mechanischer Einwirkung einfach ablöst. Der verbleibende „Graben" (Bild 1-28) kann zu einer bevorzugten Fremdschichtanlagerung bzw. in der nächsten Befeuchtungsphase zu einer größeren Fremdschichthöhe als auf der umliegenden glatten Oberfläche führen. Beides hat im ungünstigsten Fall eine weitere Schadensakkumulation zur Folge, die grabende Erosion wächst trotz geringer Eigenleitfähigkeit der unmittelbaren Zersetzungsprodukte weiter. Des Weiteren ist eine Freilegung des Kernmaterials (Stab, Rohr) möglich, dessen Oberfläche als nicht freiluftbeständig einzustufen ist.

Die Hydrophobie ist aus den genannten Gründen als Alleinstellungsmerkmal für einen Betrieb ohne intensive Schädigung der Silikongummioberfläche nicht ausreichend, insbesondere wenn die Umgebung eine hohe Verschmutzungsklasse aufweist, die oft von einem multiple auftretenden, temporären Verlust der Hydrophobie begleitet wird. Neben „klassischer" Verschmutzung können weitere Schweregrade der Umgebungsbedingungen den Hydrophobieverlust kritisch beschleunigen. Zu diesen zählen z. B. Schimmelbefall (insbesondere durch wachstumsstimulierende Lagerungsbedingungen), Algenbewuchs, hygroskopische Fremdschichten /1-74/ … /1-82/.

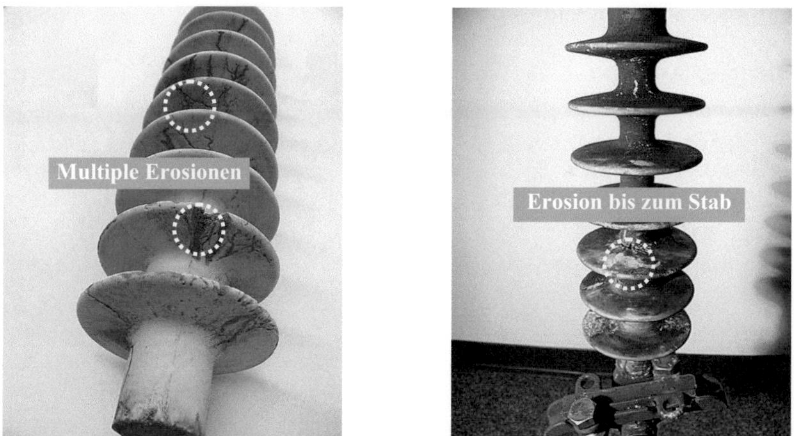

Bild 1-29: Erosionsspuren nach Tunnelbetrieb /1-83/

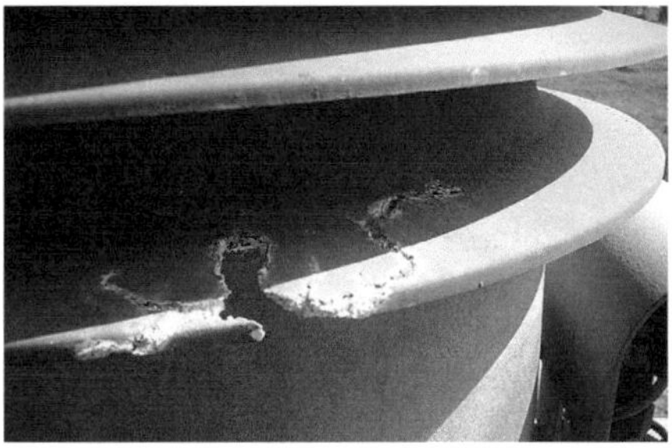

Bild 1-30: Schirmerosion an einem 420-kV-Stromwandler nach kurzer Betriebszeit

Das dokumentieren die folgenden Beispiele. Bild 1-29 zeigt zwei Verbundisolatoren mit RTV-Isoliermantel, die im 15-kV-Netz des Schweizer Bahnbetreibers BLS (Bern-Lötschberg-Simplon) als Trag- und Abspannisolatoren im Lötschberg-Scheiteltunnel eingesetzt wurden. Während sich diese Isolatoren mit einem Kriechweg von 680 mm im Freiluftbereich bewährt haben, kam es im Tunnel aufgrund der Fremdschichtakkumulation wegen fehlender Selbstreinigung zum Hydrophobieverlust und begünstigt durch die Eigenleitfähigkeit der Fremdschicht durch Brems- und Pantographabrieb, zur Bildung von Teilentladungen, die die Isolierstoffoberfläche thermisch angriffen. Diese Isolatoren wurden im Rahmen von Leitungsbegehungen als Einzelfälle identifiziert und im Labor hinsichtlich ihrer mechanischen Festigkeit geprüft. Die Maximalkraft wurde durch diese Erosionen nicht beeinträchtigt, der Stab wies in keinem Fall eine erosive Beschädigungen auf /1-83/. Die unter gleichen Bedingungen betriebenen Auslegerisolatoren mit RTV-Silikonmantel (Stützer s. a. Abschnitt 4.5.3) haben im Gegensatz dazu einen Kriechweg von 1115 mm und seit Beginn ihrer Installation im Jahr 1979 war keiner dieser ca. 4000 Isolatoren wegen eines ähnlichen Schadbildes auszutauschen.

Bild 1-30 zeigt das Gehäuse eines 420-kV-Stromwandlers, der in Meeresnähe nach nur 6-monatiger Betriebszeit erosive Zerstörungen zeigte. Offensichtlich hatten die Umgebungsbedingungen einen Schweregrad, der zu einem häufigen Hydrophobieverlust führte bzw. die Wiederkehr (Recovery) oder den Hydrophobie-Transfer verzögerte. Der verwendete LSR hat unter diesen Bedingungen eine zu geringe Erosionsbeständigkeit.

Dieser Unterschied kann auch im Labor mit zeitraffenden Alterungsprüfungen nachgewiesen werden (Bild 1-31, Bild 1-32 /1-84/). Beide Isolatoren wurden über 2000 h in einer Klarnebelprüfung (engl. *clean fog*) gealtert, bei gleichem Kriechweg aber leicht differierendem Schirmprofil ist der Prüfling aus HTV mit ATH-Füllung dem Prüfling aus LSR ohne ATH überlegen. Die Zerstörung entspricht der in Bild 1-28 dargestellten grabenden Erosion.

Es ist auch zu erwähnen, dass die Hydrophobie keinen Einfluss auf mögliche Designschwächen eines Verbundisolators hat, wenn z. B. das Dichtungssystem versagt und im Fall von Leitungsisolatoren kein säurebeständiges Glas für den Stab verwendet wurde.

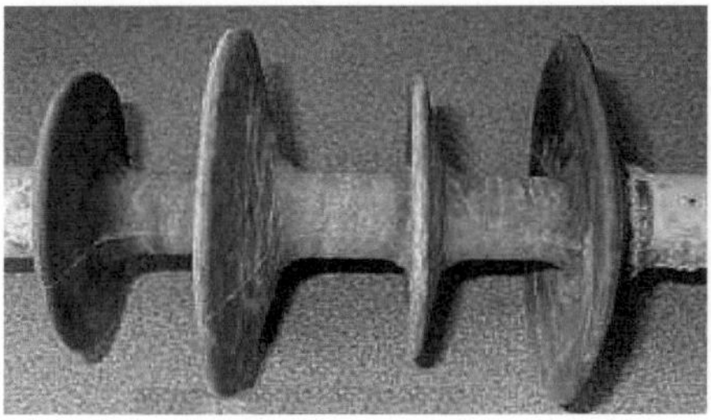

Bild 1-31: Ergebnis nach 2000 h Klarnebelprüfung - Isolator mit ATH-gefülltem HTV-Isoliermantel /1-84/

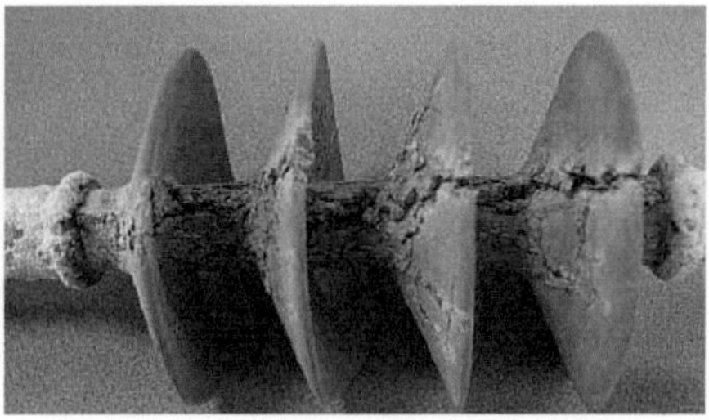

Bild 1-32: Ergebnis nach 2000 h Klarnebelprüfung - Isolator mit LSR-Isoliermantel /1-84/

Wie oben genannt, werden in Festsilikongummis aktiv wirkende Füllstoffe eingesetzt, um die Erosionsbeständigkeit zu erhöhen. Der bekannteste Füllstoff ist das Aluminiumtrihydrat (ATH), das weltweit zu den bedeutendsten mineralischen Flammschutzmitteln zählt und im Jahr 1909 von Fritz Hofmann das erste Mal patentiert wurde. Die Zersetzung des ATH kann als ein- oder zweistufige Reaktion erfolgen.

Einstufige Zersetzung

$$2\ Al(OH)_3 \longrightarrow Al_2O_3 + 3\ H_2O \qquad \text{ab } 180 \ldots 200\ °C \qquad (1\text{-}8)$$

Zweistufige Zersetzung

$$Al(OH_3) \longrightarrow AlO(OH) + H_2O \qquad \text{ab } 180 \ldots 200\ °C \qquad (1\text{-}9)$$

$$2\ AlO(OH) \longrightarrow Al_2O_3 + H_2O \qquad \text{ab } 450 \ldots 560\ °C \qquad (1\text{-}10)$$

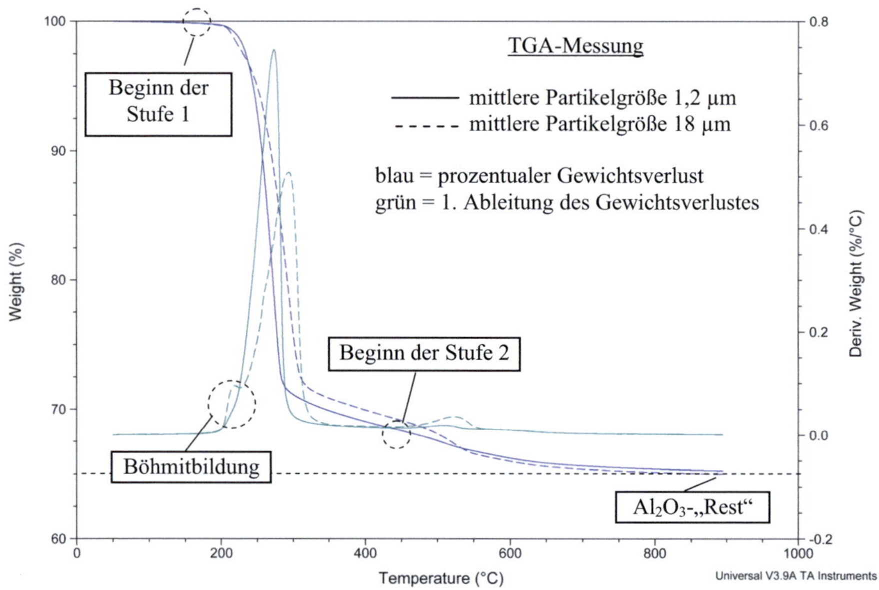

Bild 1-33: TGA der thermischen ATH-Zersetzung, zweistufig

Unter Normaldruck und ab ca. 180 … 200 °C wird ATH direkt in Al_2O_3 umgesetzt ohne die Zwischenstufe der Böhmitbildung AlO(OH) /1-85/ (einstufige Zersetzung). Eine zweistufige Zersetzung tritt dann ein, wenn hohe Temperatur und hoher Druck simultan auftreten. Dies kann bei der thermischen Zersetzung von Partikeln auftreten, wenn deren Oberfläche spontan in Al_2O_3 umgewandelt wird. Das im Inneren befindliche $Al(OH_3)$ erfährt dann Bedingungen zur Bildung von AlO(OH), das erst bei höheren Temperaturen in die zweite Zersetzungsstufe geht. Die Partikelgröße spielt für den Anteil des gebildeten Böhmits eine Rolle, größere Partikel haben mehr eingeschlossenes Volumen, kleinere Partikel eine größere Oberfläche im Verhältnis zum Volumen. D. h., größere Partikel bilden mehr Böhmit.

Diese Stufen sind auch in einer thermogravimetrischen Analyse (TGA) nachweisbar. In Bild 1-33 wurde nur ATH verschiedener Partikelgrößen ohne Silikongummi untersucht. Der Beginn der beiden Stufen ist bei beiden ATHs gut ersichtlich, die Wasserabgabe ist ab der 1. Stufe immer höher als der Beitrag nach Erreichen der 2. Stufe. Die Zwischenstufe der Böhmitbildung ist bei der kleinen Partikelgröße sehr gering ausgeprägt, was mit dem kleinen Anteil der Wasserabgabe in der zweiten Zersetzungsstufe korrespondiert. Das gefundene Verhalten entspricht dem eines feinstgefällten ATH. Das ATH mit der größeren Partikelgröße hat eine deutlich sichtbare Schulter in der 1. Ableitung. Das mehr gebildete Böhmit im Vergleich zur kleinen Partikelgröße bewirkt eine zweite ausgeprägte Schulter in der 1. Ableitung bei ca. 450 °C. Die spätere Wasserabgabe ist auch am prozentualen Gewichtsverlust erkennbar, das ATH mit größerer Partikelgröße erreicht den Verlauf des Gewichtsverlusts des ATH mit kleinerer Partikelgröße erst nach der Böhmitzersetzung.

Betrachtet man die Bruttoreaktion des ATH, ergibt sich ein Gewichtsverlust von ca. 34 %, der in Bild 1-33 asymptotisch erreicht wird.

$$100\ g\ Al(OH)_3 \longrightarrow 65{,}4\ g\ Al_2O_3 + 34{,}6\ g\ H_2O \qquad (1\text{-}11)$$

Der Effekt der Brandhemmung als Flammschutzmittel zur Erhöhung der Widerstandsfähigkeit gegenüber Teilentladungen oder Leistungslichtbogen im gefüllten Elastomer ist komplexer. Folgende Mechanismen werden wirksam /1-86/ … /1-88/:

- Substitution von Polymer als thermisch zersetzbarer Materialanteil,
- Erhöhung der Wärmekapazität durch ATH, d. h. es muss mehr Wärme zur thermischen Zersetzung des Polymers zugeführt werden,
- endotherme ATH-Zersetzung, d. h. Energieabfuhr von der Oberfläche,
- Kühlung der Oberfläche durch freiwerdenden Wasserdampf,
- „Verdünnung“ brennbarer Gase durch Wasserdampf,
- Verdrängung von zur Oxidation erforderlichem Sauerstoff durch Wasserdampf,
- Reduktion der Bildung von brennbaren zyklischen Oligomeren mit niedrigem Flammpunkt (z. B. $(SiO(CH_3)_2)_3$ – Flammpunkt 135 °C) im Silikongummi /1-86/.

Der oben genannte Einfluss der Partikelgröße führt bei kleineren Größen zu einer intensiveren H_2O-Abgabe, der Isolierstoff wird bei niedrigeren Temperaturen bereits durch die zugehörigen Prozesse geschützt. Dieses Verhalten korreliert mit dem in der Literatur beschriebenen Einfluss zur ATH-Partikelgröße /1-89/, /1-90/.

Des Weiteren ist der Effekt der erhöhten Wärmeleitfähigkeit durch den ATH-Zusatz nicht zu vernachlässigen: Ein kommerziell verfügbares ATH-gefülltes HTV-System (mit ca. 50 Gew.-% ATH) hat eine Wärmeleitfähigkeit von 0,5 W/mK, ein nicht mit ATH angereichertes RTV-System nur 0,2 W/mK. Diese Eigenschaft ist aus Sicht der Alterung relevant, um die Temperaturerhöhung an TE-Fußpunkten abzuführen /1-91/, /1-92/.

Aufgrund des bewährten Einsatzes von ATH zur Erhöhung der Erosionsbeständigkeit wird im Folgenden dessen Einfluss auf folgende betriebsrelevante Eigenschaften bewertet:

- Erhöhung der Erosions- und Kriechspurbeständigkeit,
- Hydrophobiebeständigkeit,
- Hydrophobie-Recovery-Verhalten,
- Hydrophobie-Transfer-Verhalten,
- Säurebeständigkeit.

Die gezeigten Ergebnisse sind eine ausgewählte Zusammenstellung aus der Literatur und eigenen Untersuchungen, zeigen qualitativ den Entwicklungstrend einer bestimmten Materialmodifikation und gelten quantitativ nur für die jeweils gewählten Prüfbedingungen und Prüfkörper. Wie sich in den Ergebnissen auch bestätigt, ist der alleinige Zusatz einer bestimmten Menge ATH nicht zielführend, es ist das Gesamtsystem aus Polymer, Füllstoff, Füllstoffbehandlung usw. /1-91/ … /1-93/ entsprechend „balanciert“ zu optimieren.

Die in diesem Kapitel dargestellten Ergebnisse resultieren weitestgehend aus Materialuntersuchungen. Aus Sicht einer Isolierung wird deren Langzeitverhalten aber aus der komplexeren Wechselwirkung der verwendeten Werkstoffe, der geometrischen Gestaltung des Isoliermantels (z. B. Schirmabstände und Schirmausladung) sowie auch durch das Herstellungsverfahren (Formtrenn- oder Gießnaht) bestimmt. Der Einsatz geeigneter, für den Anwendungszweck optimierter Materialien ist damit eine notwendige, aber keinesfalls ausreichende Bedingung für ein zuverlässiges Betriebshalten. Dies wird in der sogenannten „Kärner-Matrix“ verdeutlicht /1-94/, /1-95/, die in ihrer grundsätzlichen Aussage dem Kapitelthema angepasst wurde (Tabelle 1-9). Als weiterführende Literatur für komplette Isolierungen kann auf Labor- und Freilufterfahrungen von Mittelspannungskabelendverschlüssen mit verschiedenen Materialien und Geometrie /1-96/ … /1-98/ und auf systematische Untersuchungen mit HTV-Silikongummi als dezidiertem Mantelwerkstoff unter Labor- und Freiluftbedingungen aber bei unterschiedlicher Geometrie (Variationen alle normkonform zu IEC 60815-3) in /1-21/, /1-99/ … /1-101/ verwiesen werden.

Tabelle 1-9: Angepasste „Kärner-Matrix“ zum Zusammenhang zwischen Werkstoffen und daraus hergestellten Isolatoren

Material aus Sicht der Freiluftbeständigkeit	Isolatorgeometrie* fördert Alterung/Schädigung	Isolatorgeometrie* trägt nicht zur Alterung/Schädigung bei
mangelhaft	Ausfallwahrscheinlichkeit sehr hoch	zuverlässiges Langzeitverhalten nicht erreichbar
geeignet, optimiert	Ausfallwahrscheinlichkeit reduziert, aber häufige Diagnose empfohlen, Langzeitverhalten kritisch	zuverlässig - nach fast 40 Jahren Freilufterfahrung mit verschiedenen Silikongummitypen bestätigt

* bei Betriebsspannungen, die externe Feldsteuerung durch Koronaringe erfordern, ist das Ketten- bzw. Gerätedesign entsprechend zu berücksichtigen

1.2.3.3 Einsatz von ATH als Füllstoff

1.2.3.3.1 Erhöhung der Erosions- und Kriechspurbeständigkeit

Die Erhöhung der Erosions- und Kriechspurbeständigkeit ist die am meisten untersuchte Eigenschaft, da z. B. mit dem Schiefe-Ebene-Test /1-7/, Salznebeltest /1-9/ oder Radtest /1-102/ vergleichsweise einfach durchzuführende Verfahren verfügbar sind. Der als Isolierstoffprüfverfahren bekannte Lichtbogentest (Hochspannungs-Lichtbogenbeständigkeit /1-103/) wird hier nicht weiter verfolgt, da in dieser Prüfung eine mögliche Wechselwirkung zum Elektrolyten fehlt und wegen der kurzen Prüfzeit Unterschiede insbesondere bei hochgefüllten Materialien oft nur schwer quantifizierbar sind. Bei AC-Beanspruchung liefern der Schiefe-Ebene-Test und der Lichtbogentest vergleichbare Ergebnistendenzen in Versuchen /1-104/.

Aufgrund des erforderlichen Hochdruckverfahrens für die Verarbeitung eines HTV-Festsilikongummis kann für Isolatormantelwerkstoffe praktisch immer ATH in der notwendigen, von der Formulierung abhängigen Menge, zugesetzt werden. Im Schiefe-Ebene-Test zeigen sich dann auch Unterschiede (Bild 1-34 /1-105/, /1-106/).

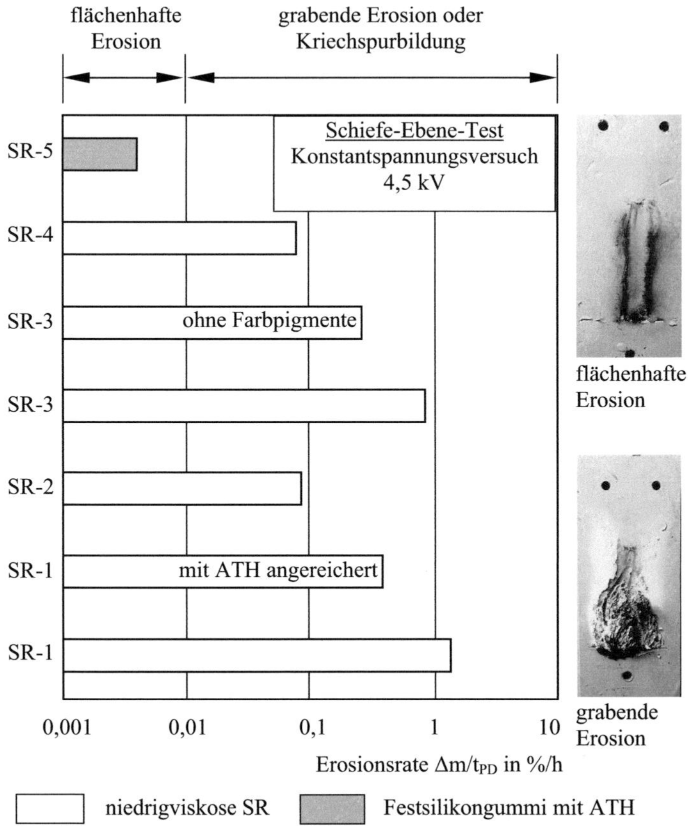

Bild 1-34: Erosionsrate verschiedener Silikongummis im SE-Test /1-105/, /1-106/

Die Erosionsrate berechnet sich aus dem Masseverlust durch Erosion (gegf. korrigiert um eine mögliche Massezunahme durch Wasseraufnahme während der Prüfung), der auf die reale Teilentladungsdauer des jeweiligen Prüflings bezogen wird. Als Teilentladungsdauer wird definiert, dass morning stars oder Trockenbandentladungen zünden. Diese Vorgehensweise berücksichtigt, dass bei einer Ablenkung der Elektrolytspur, d. h. es kommt zu keiner ohmschen Verbindung zwischen den beiden Elektroden durch den Elektrolyten und somit zu einer Unterbrechung, keine Teilentladungen zünden können und der Prüfling gar nicht beansprucht wird. Für SR-1 (RTV-Typ) kann eine Verringerung der Erosionsrate mit dem Zusatz von ATH erreicht werden, allerdings wird das Material so hochviskos, dass eine Verarbeitung im Niederdruckformbefüllen nicht mehr möglich ist. SR-3 ist ein LSR-Typ und verdeutlicht ein Beispiel, dass über den

Zusatz eines ungeeigneten Farbpigments die Erosionsrate steigen kann. SR-2 (RTV-Typ) und SR-4 (LSR-Typ) sind kommerziell verfügbare Systeme, die ohne den Zusatz von ATH gießfähig sind und mit geeigneter Formulierung eine niedrigere Erosionsrate erreichen als z. B. der SR-1 mit ATH. Dies kann z. B. über den Zusatz geeigneter Additive wie TiO_2 oder überschüssigen Platinkatalysator erfolgen. Die niedrige Erosionsrate des SR-5, eines kommerziell verfügbaren HTV mit ca. 48 % ATH, wird mit den geprüften niedrigviskosen Systemen unter diesen Bedingungen nicht erreicht.

Die erforderliche Menge ATH zur Entfaltung der alterungshemmenden Wirkung ist immer auf den Mantelwerkstoff abzustimmen und mit dem Beitrag, den andere Additive bringen, zu koordinieren. In Bild 1-35 /1-107/ wird ein HTV-System mit unterschiedlichen ATH-Gehalten im Lichtbogentest und Schiefe-Ebene-Test (24 h) bewertet. Für dieses System wird festgestellt, dass ab einer Beifügung von 56 Gew.-% ATH eine signifikante Erhöhung der Erosionsfestigkeit nachweisbar ist.

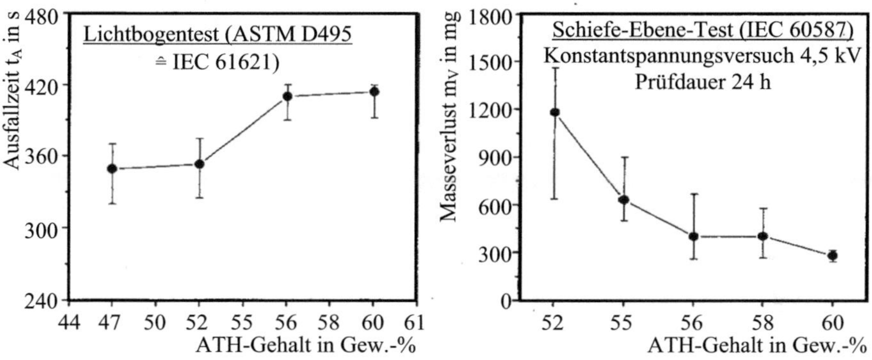

Bild 1-35: Erhöhung der Erosionsbeständigkeit durch ATH-Zusatz, SR-System 1 /1-107/

Der Einfluss des Polymers wird in Bild 1-36 tendenziell bestätigt /1-86/. Der Schiefe-Ebene-Test wird mit vier verschiedenen Spannungsstufen und konstanter Fließrate des Elektrolyten durchgeführt, der ATH-Gehalt variiert. Abhängig von der Spannungsstufe wird die Erosionsbeständigkeit ab 40 Gew.-% erhöht, für ein sicheres Bestehen sind im Gegensatz zu den Ergebnissen aus Bild 1-35 nur 50 Gew.-% erforderlich. Die Prüfung wurde jeweils nach 360 min beendet, mittels einer Wahrscheinlichkeitsbewertung aufgrund des Schädigungsgrades eine erwartete Ausfallzeit abgeleitet /1-109/. So ergeben sich die Kurvenabschnitte bei 1000 min. Interessant ist, dass für 3,5 kV und 4,5 kV unter den Prüfbedingungen ein ATH-Gehalt von 40 Gew.-% nicht ausreichend ist. Die Verweildauer der

Entladungen ist höher als bei 3,0 bzw. 5,0 kV und kann den Isolierstoff entsprechend intensiver schädigen /1-73/, /1-108/.

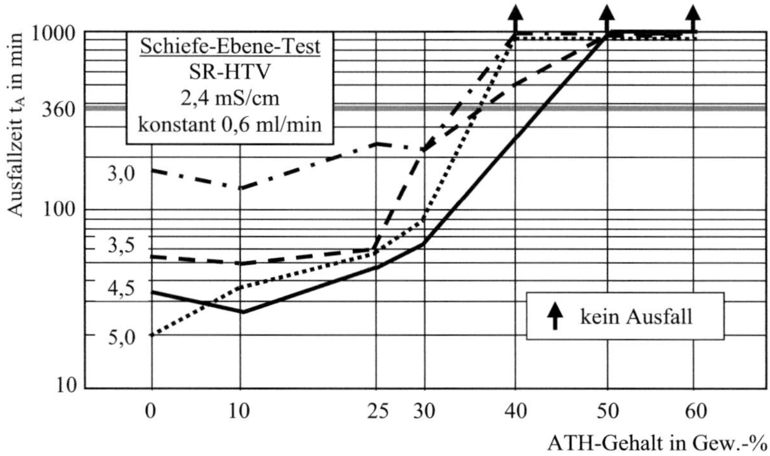

Bild 1-36: Erhöhung der Erosionsbeständigkeit durch ATH-Zusatz, SR-System 2 /1-86/

Aufgrund kontinuierlicher Materialentwicklungen und steigender Forderungen nach höherer Erosionsfestigkeit (z. B. 6,0 kV als Prüfspannungsstufe im Schiefe-Ebene-Test), wurden systematische Untersuchungen zur Erhöhung der Erosionsfestigkeit bei simultaner Reduktion der Verarbeitungsviskosität durchgeführt /1-90/, /1-110/ - ein kombiniertes Ziel, das nicht ausschließlich über die Erhöhung des ATH-Gehaltes erreichbar ist. Als Referenzspannung im Schiefe-Ebene-Test wurde 6,0 kV gewählt. Es ist bekannt, dass sich mit Erhöhung der Prüfspannung nicht zwingend die Prüfschärfe erhöht /1-110/, /1-111/, was auf die gegenläufigen Tendenzen (Strom und Verweildauer der thermoionisierten Vorlichtbögen) zurückzuführen ist /1-73/, /1-108/. Unter den gewählten Prüfbedingungen, der eingesetzten Prüftechnik und den bewerteten Materialien konnte aber keine intensivere Schädigung bei niedrigeren Spannungen festgestellt werden. Dies steht nicht im Widerspruch zu Bild 1-36 oder /1-100/ /1-111/ sondern zeigt, dass für eine optimale Wahl der Prüfparameter weitere Untersuchungen zur Dynamik und Interpretation der stattfindenden Alterungsprozesse erforderlich sind. Oft werden bei Grundsatzuntersuchungen daher mehrere Spannungsstufen und ein höherer Stichprobenumfang, als in der Norm definiert (5 Prüflinge), verwendet /1-90/.

Die Basisformulierung (Bild 1-37), bestehend aus zwei verschiedenen Basismischungen mit Kieselsäure und peroxidischem Vernetzer, wird mit unterschiedlichem ATH-Gehalt geprüft.

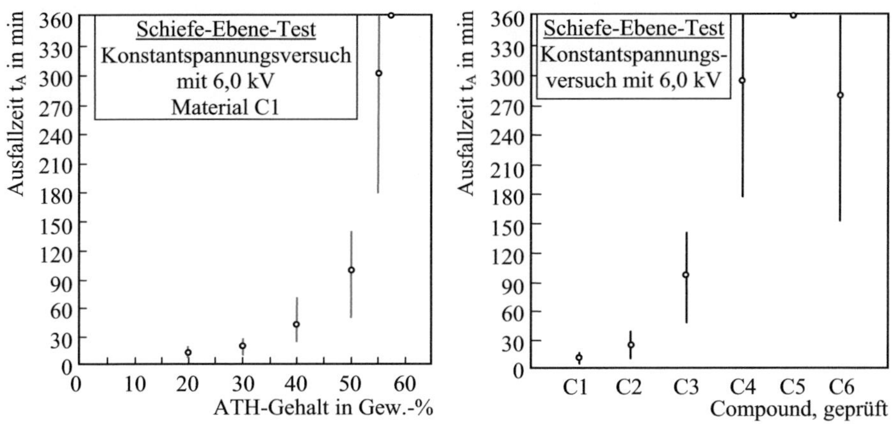

Kode	Material	Kode	Material
C1	Basisformulierung	C4	C1 + 55 Gew.-% modifiziertes ATH
C2	C1 + 50 Gew.-% unmodifiziertes ATH	C5	C1 + 57 Gew.-% modifiziertes ATH
C3	C1 + 50 Gew.-% modifiziertes ATH	C6	C1 + 57 Gew.-% modifizierte Kieselsäure

Bild 1-37: Einfluss von ATH-Gehalt und -Modifizierung im SE-Test, SR-System 3 /1-90/, /1-110/

Wie erwartet, steigt die Zeit bis zum Erreichen der Ausfallzeit mit zunehmenden ATH-Gehalt, zwischen 40 … 55 % ist die Streuung hoch, die Erhöhung der Erosionsbeständigkeit nicht stabil. Erst mit 57 % ATH-Gehalt besteht das HTV-System die Prüfspannungsstufe 6,0 kV sicher. Des Weiteren wurde der Einfluss der Füllstoffbehandlung untersucht (Bild 1-37 - rechts). Unter „modifiziert“ wird im Allgemeinen verstanden, dass die Oberfläche des ATH mit bestimmten Gruppen angereichert wird, um z. B. durch Silanisierung die Verteilung und Einbettung im Silikongummi (hier Basisformulierung) zu verbessern. Der positive Effekt der Modifizierung wird im Vergleich C2 und C3 sichtbar. Aufgrund des gesamthaft zu niedrigen ATH-Gehaltes wird die Prüfung aber mit beiden Systemen nicht bestanden. In der Literatur werden Ergebnisse präsentiert, dass mit dem kombinierten oder alleinigen Zusatz anderer Füllstoffe als ATH ebenfalls eine hohe Erosionsbeständigkeit erreichbar ist /1-91/ … /1-93/. Aus diesem Grund wurde für C6 nur modifizierte Kieselsäure in der Menge zugesetzt, mit der die Basisformulierung und ATH (C5) die Prüfung besteht. Die Erosionsbeständigkeit gegenüber C1 … C3 steigt ebenfalls, erreicht aber nicht den stabilen Wert der 57%igen ATH-Füllung.

Aus den gezeigten Ergebnissen ist ableitbar, dass mit dem gezielten Zusatz von ATH eine signifikante Erhöhung der Erosionsbeständigkeit auch bis 6,0 kV im

Schiefe-Ebene-Test erreichbar ist. Die erforderliche Menge, die Partikelgröße und auch die Oberflächenbehandlung des ATH hängen von der Formulierung des Gesamtsystems ab und sind vorzugsweise durch systematische Versuche mit ausreichendem Stichprobenumfang zu bestimmen /1-90/. Die Modifikation des ATH hat einen positiven Effekt auf die Erosionsbeständigkeit.

1.2.3.3.2 Einfluss auf die Hydrophobiebeständigkeit

Ein bewährtes Verfahren zur Bewertung der Hydrophobiebeständigkeit ist der Radtest (Bild 1-38 /1-112/ ... /1-118/). Im Gegensatz zu seiner Verwendung als Verfahren zur Bewertung der Erosions- und Kriechspurbeständigkeit /1-119/, /1-120/ werden die Prüfparameter so gewählt, dass eine Unterscheidung der Alterungsfrühphasen der verschiedenen Materialien möglich ist. Aus diesem Grund wurde auch der Begriff modifiziertes Rad-Tauchverfahren (engl. *Modified Rotating Wheel Dip (MRWD) Test*) eingeführt /1-114/. Die im Allgemeinen zylindrischen oder rotationssymmetrischen Prüflinge sind so herzustellen, dass keine (axial verlaufende) Gießnaht entsteht. Diese kann als „mechanischer Wasserträger“ wirken und die Zeit bis zum Ausfall verkürzen. Werden verschiedene Materialien vergleichend geprüft, muss deren Oberflächenstruktur (Rauheit) identisch sein, da die Hydrophobie als Grenzflächeneigenschaft von der intrinsischen Hydrophobie und der Oberflächengüte abhängt /1-115/ ... /1-117/.

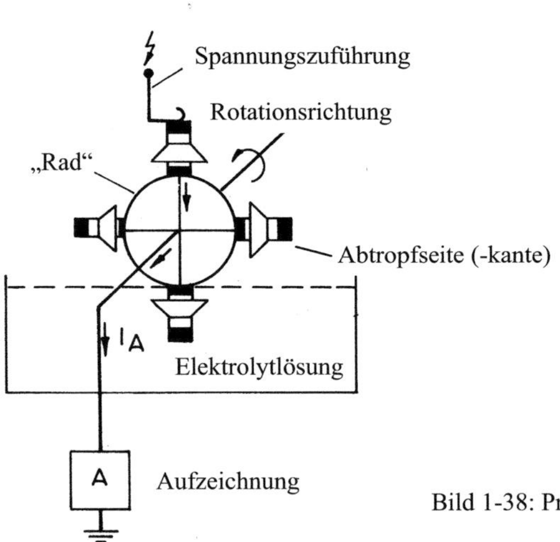

Bild 1-38: Prinzip des Radtests (MRWD) /1-73/

Als Kriterium für den Hydrophobieverlust wurde unter diesen Prüfbedingungen das stabile Auftreten eines Ableitstromes von 1 mA definiert. Die Anzahl der Prüflinge sollte mindestens zwischen 4 ... 8 Stück liegen. Des Weiteren ist die Prüflösung mit geeigneten Maßnahmen gegen einen mikrobiellen Befall zu schützen, da die Hydrophobie durch eine biogene Besiedlung auch ohne elektrische Beanspruchung verloren gehen kann /1-73/ ... /1-75/, die Prüfung wird dann nicht reproduzierbar. Dies ist in der bisherigen Normung nicht beschrieben, sollte aber abhängig von den in-situ-Bedingungen (Wasserqualität, Laborbedingungen usw.) berücksichtigt werden. Der Radtest als Prüfverfahren ist als Designtest oder zur vergleichenden Materialbewertung insbesondere aus Sicht der Hydrophobiebeständigkeit (Alterungsfrühphase) einsetzbar.

Bei den Ergebnissen zeigen sich interessante Trends (Bild 1-39 /1-112/). M1, M2, M6 sind kommerziell verfügbare niedrigviskose Silikongummitypen ohne ATH. M3, M4, M5 - grau ausgefüllt - sind kommerziell verfügbare HTV mit und ohne ATH-Modifizierung. M7 ist ein LSR-Labormuster ohne ATH. M8, M9, M10 sind verschiedene RTV-1-Coatings. Vergleicht man die Resultate von M1, M2, M6 mit M3 zeigt sich, dass mit einer Silanisierung des ATH eine vergleichbar hohe Hydrophobiebeständigkeit wie mit Systemen ohne ATH erreicht werden kann. M3 und M4 unterscheiden sich trotz der größeren Materialdicke von M4, die Prüfkörper wurden allerdings mittels verschiedener Verfahren hergestellt. Bei den Coatings M8, M9 gibt es einen starken Einfluss der Materialdicke in dem untersuchten Bereich. Kleine Schichtdicken haben eine sehr niedrige Hydrophobiebeständigkeit und sind im Einsatz auch mechanisch empfindlich. Der Vergleich M9, M10 ist nicht eindeutig zu führen, es gibt einen Materialwechsel bei gleicher Schichtdicke. Es war aufgrund weiterer Untersuchungen /1-112/ davon auszugehen, dass der Einfluss der Rauheit unter diesen Prüfbedingungen dominierte.

Wie schon bei der Erosionsbeständigkeit hat eine ATH-Modifizierung einen positiven Effekt.

Der Radtest als Verfahren zur Hydrophobiebeständigkeitsbewertung hat bei einer unidirektionalen Rotationsrichtung eine Tropfkante (Bild 1-38). Fällt diese Tropfkante mit statistisch verteilten erhöhten Rauheiten zusammen, ergibt sich eine stärkere Streuung der Messergebnisse.

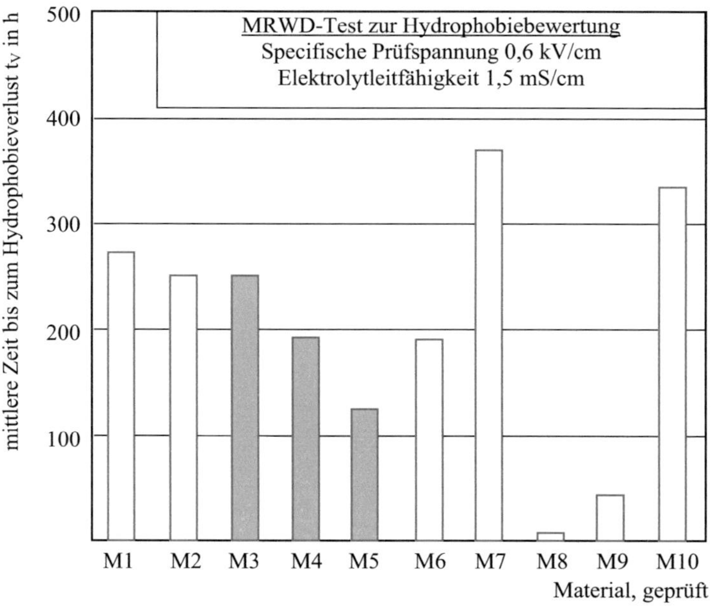

Kode	Material/Dicke
M1	RTV-2, 10 mm
M2	RTV-2, 5 mm
M3	HTV mit silanisiertem ATH, 3 mm
M4	HTV mit silanisiertem ATH, 10 mm
M5	HTV mit unsilanisiertem ATH, 10 mm
M6	LSR-1, 10 mm
M7	LSR-2, 10 mm
M8	RTV-1-Coating-1 0,1 mm
M9	RTV-1-Coating-1 0,3 mm, R_z = 8,8 µm
M10	RTV-1-Coating-2 0,3 mm, R_z = 3,7 µm

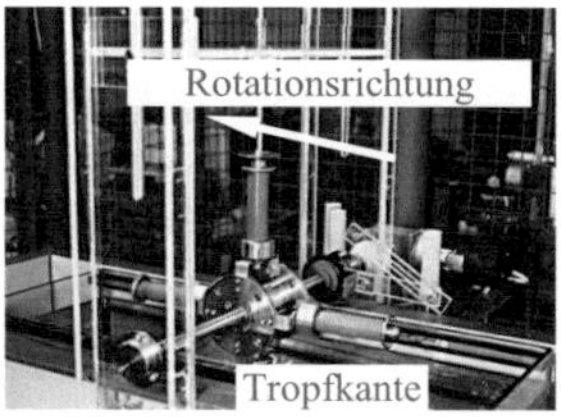

Bild 1-39: Hydrophobieverlust verschiedener Silikongummi-Materialien im Radtest /1-112/

Um geometrisch einfachere Prüflinge zu verwenden und auch die Prüfung im Rahmen von Qualitätskontrollen automatisiert durchführen zu können, wurde ein Prüfverfahren mit dem Namen Dynamisches Tropfen-Prüfverfahren (DTPV) /1-121/ … /1-124/ vorgeschlagen, das z. B. in den Aufbau des Schiefe-Ebene-Test-Gerätes integrierbar ist und als reiner Materialtest fungiert (Bild 1-40).

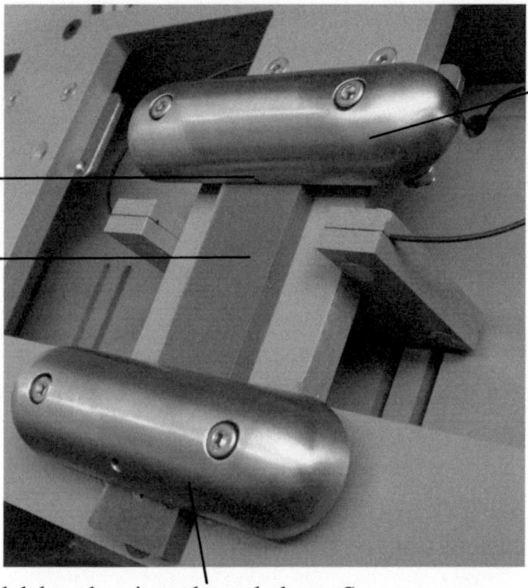

Bild 1-40: Aufbau des Dynamischen Tropfentests zur Hydrophobiebeständigkeitsbewertung

Die Prüfparameter für die vorliegenden Ergebnisse /1-90/, /1-110/ mit den ausgewählten Materialien aus dem Schiefe-Ebene-Test (Cx) wurden mit einer Prüfkörperneigung von 45°, einer Fließrate des Elektrolyten von 1 ml/min, einer Elektrolytleitfähigkeit von 1,5 mS/cm und einer Prüfspannung von 5,5 kV aufgrund von systematischen Vorversuchen festgelegt (im Weiteren als Dynamischer Tropfentest bezeichnet).

Die Ergebnisse zeigen, dass mit diesem Verfahren eine interessante Alternative für den Relativvergleich verschiedener Materialien verfügbar ist (Bild 1-41). Für Kalibrierzwecke und als Referenz aufgeführt, wird eine Glasplatte verwendet. Das Basispolymer C0 besteht aus Polydimethylsiloxanen verschiedener Dichte sowie dem peroxidischen Vernetzer und enthält keine Kieselsäure. Das Material hat praktisch keine Erosionsbeständigkeit, zeigt aber die höchste Hydrophobiebeständigkeit. Das Material C1 entspricht der Basisformulierung aus den Erosionsversuchen in Bild 1-37. Die niedrige Hydrophobiebeständigkeit im Vergleich zu den mit ATH-gefüllten Systemen bedarf zur Klärung noch weiterer Versuche. Die Ergebnisse zu C2, C3 und C4 bestätigen, dass der Einfluss einer ATH-Modifizierung größer ist als der ATH-Gehalt im untersuchten Bereich (50 … 55 %). Der Unterschied C4 und C7 ist durch die Rauheit zu erklären, die Prüfkörper wurden in verschiedenen Werkzeugen hergestellt.

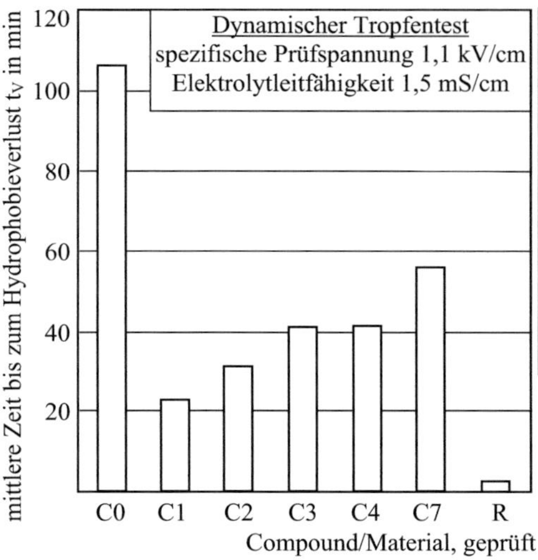

Kode	Material
C0	Basispolymer (Gum)
C1	Basisformulierung
C2	C1 + 50 Gew.-% unmodifiziertes ATH
C3	C1 + 50 Gew.-% modifiziertes ATH
C4	C1 + 55 Gew.-% modifiziertes ATH
C7	RTV-2
R	Glasplatte

Bild 1-41: Ergebnisse aus dem Dynamischen Tropfentest /1-90/, /1-110/

1.2.3.3.3 Einfluss auf das Recovery-Verhalten

Die dynamischen Prozesse der Hydrophobie werden oft über die sogenannte Randwinkelmessung beschrieben. Ein Tropfen auf einer Isolierstoffoberfläche ist modellhaft über die wirkenden Grenzflächenspannungen (auch als Oberflächenspannungen bei Gas-Flüssigkeitssystemen bezeichnet) im Gleichgewicht, das über die Young`sche Gleichung

$$\gamma_{Feststoff\text{-}Luft} - \gamma_{Feststoff\text{-}Elektrolyt} = \gamma_{Luft\text{-}Elektrolyt} \cdot \cos\Theta \qquad (1\text{-}12)$$

für einen ideale glatte Oberfläche beschrieben werden kann (Bild 1-42).

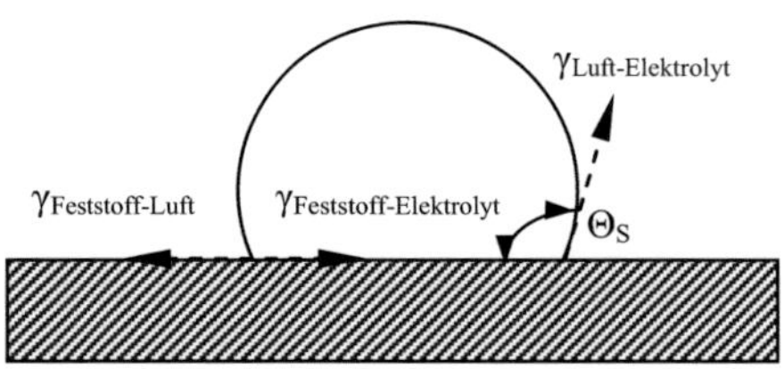

Bild 1-42: Modelldarstellung der verschiedenen Grenzflächenspannungen

Zur Bestimmung der Oberflächenspannung gibt es verschiedene Methoden, für Isolierstoffe werden diese in IEC 62073 /1-125/ beschrieben (Randwinkelmessung, Spreitungsmessung mit Referenzflüssigkeiten bestehend aus Ethylenglycolmonoethylether und Formamid in verschiedenen Mischungsverhältnissen, Sprühmethode mit visuellem Referenzvergleich). Bei der Randwinkelmessung wird ein (Wasser-) Tropfen einer definierten Größe auf die Isolierstoffoberfläche gegeben und, abhängig vom Verfahren, der statische oder die dynamischen Randwinkel mit einem Goniometer oder mit einem digitalen Videosystem gemessen. Die Messung kann in vielfältiger Weise erfolgen, am einfachsten ist das Tangentenverfahren, während bei der Young-Lapace-Methode die Deformation des Tropfens durch sein Eigengewicht bei der Bestimmung des Randwinkels berücksichtigt wird /1-126/, /1-127/. Die Angabe im Prüfprotokoll ist hilfreich, mit welcher Auswertemethode der Randwinkel bestimmt wurde, wenn verschiedene Messungen vergleichend interpretiert werden sollen, da Unterschiede in den Werten möglich sind.

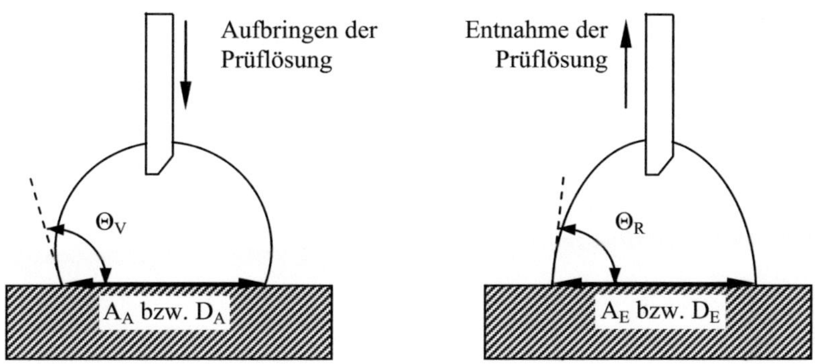

Bild 1-43: Dynamische Randwinkelmessung

Der statische Winkel entspricht dem Winkel Θ_S in Bild 1-42. Die Definition der dynamischen Winkel kann der Darstellung in Bild 1-43 entnommen werden: Das Aufbringen der Prüflösung erfolgt über eine Kanüle, die zur Verbesserung der Messreproduzierbarkeit während des Aufbringens und der Entnahme im Tropfen verbleiben sollte. Wichtig ist für die Messung, dass zwischen den dynamischen Vorgängen der Volumenveränderung die Flächen A_A und A_E bzw. in zweidimensionaler Betrachtung die Durchmesser D_A und D_E konstant bleiben. Beim Aufbringen der Prüflösung bildet sich der Vorrückwinkel Θ_V zwischen dem Tropfen und der Isolierstoffoberfläche aus, bei der Entnahme der Rückzugswinkel Θ_R. Allgemein gilt als Relation zwischen den Winkeln $\Theta_R < \Theta_S < \Theta_V$. Es können verschiedene Faktoren die Messung beeinflussen (z. B. Oberflächenrauheit, Sauberkeit der Oberfläche, Tropfenvolumen usw.), daher ist die Durchführung von mehreren Messungen abhängig von der Streuung der Einzelmesswerte an verschiedenen Stellen der Isolierstoffoberfläche zu empfehlen.

Die Aussagekraft des jeweils gemessenen Winkels zur Quantifizierung der wirksamen Hydrophobie kann dem Beispiel in Bild 1-44 /1-112/ entnommen werden. Die beschriebene dynamische Randwinkelmessung wurde an Prüflingen des Radtests durchgeführt und mit dem Anstieg des Ableitstromes an diesen Prüflingen verglichen.

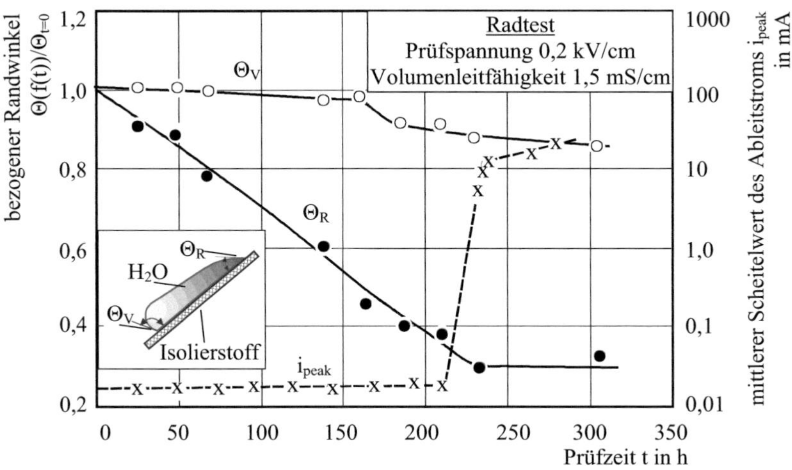

Bild 1-44: Zusammenhang zwischen bezogenem dynamischen Randwinkel und mittlerem Ableitstrom im Radtest (MRWD) /1-112/

Es zeigt sich, dass der den Hydrophobieverlust kennzeichnende Anstieg des Ableitstromes von wenigen µA in den mA-Bereich mit einer starken Reduktion des dynamischen Rückzugswinkels einhergeht. Der dynamische Vorrückwinkel erfährt nur eine geringe Reduktion. Eine Bewertung der Hydrophobiewirksamkeit über den dynamischen Rückzugswinkel ist demzufolge präziser. Diese Aussage wird unterstützt, wenn die Vorgänge unter realen Betriebsbedingungen betrachtet werden: Erreicht die sich auf der Oberfläche von Isolatoren befindliche Wassermenge ihre Fliessgrenze, werden immer auch Rückzugswinkel ausgebildet werden, mit der Folge, dass bei reduziertem hydrophoben Verhalten die Isolierstoffoberfläche benetzt und sich Ableitströme im mA-Bereich ausbilden können.

Unter Recovery-Verhalten wird verstanden, dass sich hydrophob wirkende Gruppen im Isolierstoff wieder zur Oberfläche orientieren und der Hydrophobieverlust nach z. B. Koronabehandlung entsprechend ausgeglichen wird. Das Recovery kann auch durch die Desorption von H_2O-Molekülen oder die Migration von niedermolekularen Silikonbestandteilen an die Oberfläche beschleunigt werden /1-112/, /1-114/, /1-128/.

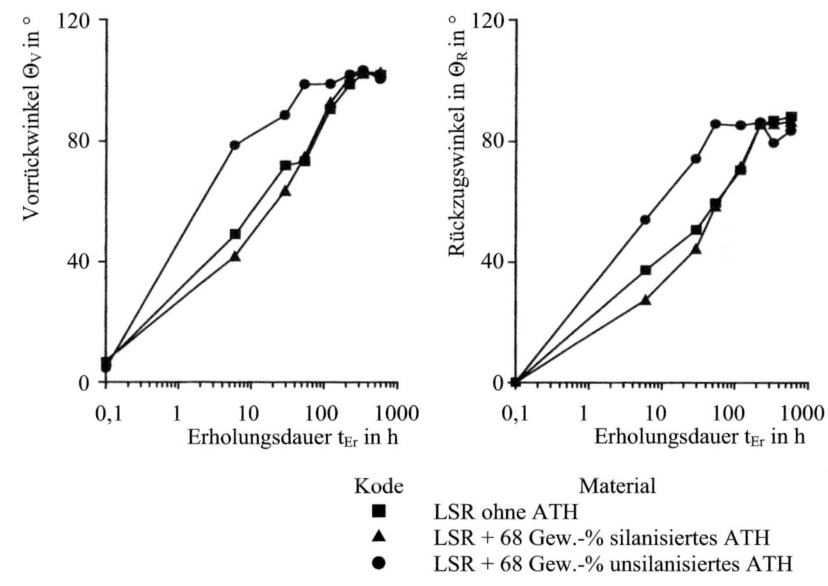

Bild 1-45: Anstieg der dynamischen Randwinkel nach Koronabehandlung /1-104/

Systematische Untersuchungen zum Recovery-Verhalten bei verschiedenen ATH-Gehalten sind in der Literatur nicht umfassend dokumentiert. Dies ist auch darauf zurückzuführen, dass für Mantelwerkstoffe mit hydrophoben Eigenschaften die Eigenschaft des Hydrophobie-Transfers betriebsrelevanter ist, um kostenintensive Reinigungen zu vermeiden. In /1-104/ wurden Untersuchungen an einem LSR mit verschiedenen ATH-Gehalten nach 30-minütiger Koronabehandlungen durchgeführt (Bild 1-45). Es zeigt sich bei der Bewertung dynamischer Randwinkel, dass nach langer Erholungsdauer sehr hohe Vorrück- und Rückzugswinkel wieder erreicht werden. Die Schädigung der Isolierstoffoberfläche ist anscheinend geringer als bei den Belastungen in Bild 2-28 … Bild 2-30 (s. a. Abschnitt 2.5.2 /1-129/). Die Unterschiede zwischen den untersuchten Materialien sind jedoch nicht signifikant und zeigen keinen eindeutigen Trend. Es kann daher geschlussfolgert werden, dass der Zusatz von ATH das Recovery-Verhalten nicht negativ, „im Sinne von verzögert“, beeinflusst.

Für RTV-Coatings gibt es diesbezüglich wenig publizierte Ergebnisse. Aus diesem Grund werden die Ergebnisse aus Publikationen des Jahres 1990 /1-130/ und 2008 /1-131/ dargestellt. Die Messung statischer Randwinkel an horizontal angeordneten Prüflingsoberflächen mit RTV-Coating und unterschiedlichem ATH-Gehalt scheint den Trend zu bestätigen, dass ATH das Recovery-Verhalten nicht verzögert (Bild 1-46).

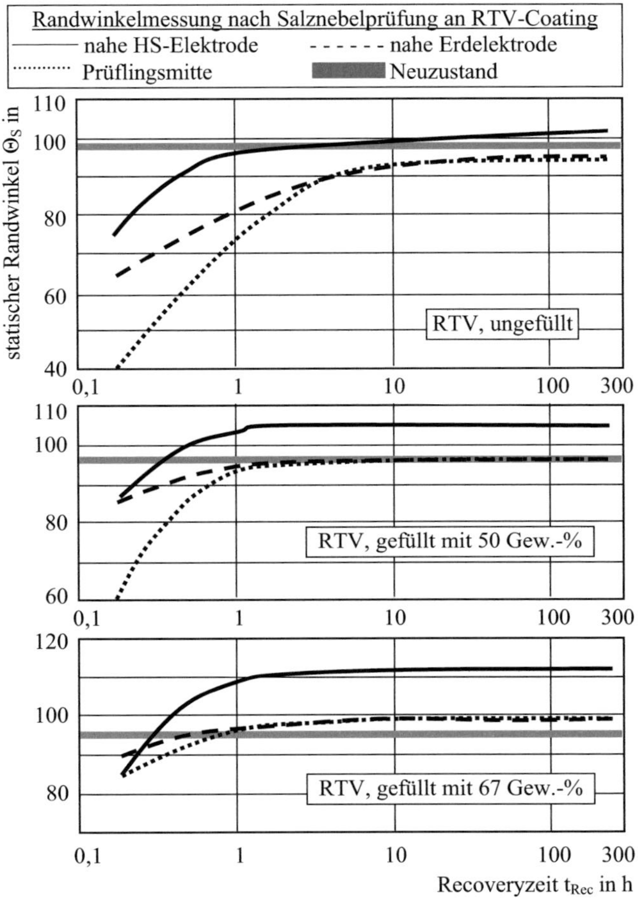

Bild 1-46: Anstieg des statischen Randwinkels von RTV-Coating nach Salznebelprüfung /1-130/

Es gilt wieder zu berücksichtigen, dass der statische Randwinkel eine gewisse Korrelation zum Vorrückwinkel zeigen kann, zum Rückzugswinkel im Allgemeinen nicht.

Die dargestellten Werte lassen also keinen direkten Rückschluss auf die Wirksamkeit der Hydrophobie zu, zeigen aber den Trend, dass ein Recovery stattfindet. Auf den Einfluss der Isolierstoffdicken wurde in der Diskussion zu Bild 1-38 bereits hingewiesen, die Prüflinge in diesen Untersuchungen haben eine Isolierstoffdicke von 0,7 ± 0,08 mm.

Die Belastung der zylindrischen Prüflinge erfolgte in einem Salznebeltest. Nach der Reinigung wurden die Randwinkel gemessen. Der unterschiedliche Anstieg der Randwinkel an verschiedenen Positionen (HS-Elektrode, Prüflingsmitte und nahe Erdelektrode) wird nicht mit der visuellen Beobachtung einer Ausbildung von Trockenzonen korreliert und kann aus diesem Grund nicht weiter interpretiert werden.

In /1-131/ wird das Recovery-Verhalten von verschiedenartig gefüllten RTV-Coatings nicht direkt mit einer Randwinkelmessung sondern über eine intermittierende Salznebelprüfung bewertet. Es werden acht Testzyklen gefahren, je mit 16 h Salznebel, gefolgt von 8 h ohne Salznebel. Die Prüfspannung blieb über 24 h konstant. Die spezifische Prüfspannung betrug 0,54 kV/cm, die Nebelleitfähigkeit 1 mS/cm. Die Zusammensetzung der drei Coatings wird in Tabelle 1-10 beschrieben.

Tabelle 1-10: Materialbeschreibung der geprüften Coatings /1-131/

	Charakteristika der Coatings			
Coating	RTV-Material	Füllstoff	mittlere Partikelgröße des Füllstoffs	Füllstoffmenge in Gew.-%
A	identisch für alle Coatings	ATH (silanisiert)	20 µm	32
B		ATH (silanisiert)	3,8 µm	40
C		SiO_2	keine Angabe	30

Werden die Ergebnisse in Bild 1-47 … Bild 1-49 verglichen, zeigt Coating A die niedrigsten Werte des Ableitstromes. Das Material hat demzufolge die höchste Hydrophobiebeständigkeit unter diesen Prüfbedingungen, die in der nebelfreien Zeit durch ein schnelles Recovery unterstützt wird. Interessant ist die Einordnung des Coatings C mit dem niedrigsten Füllstoffgehalt. Dieses Material hat die geringste Hydrophobiebeständigkeit und zeigt wegen der höchsten Ableitströme und der geringeren Schutzwirkung der Kieselsäure im Vergleich zum ATH (Wasserabscheidung bei thermischer ATH-Zersetzung) nach der Prüfung starke Erosionserscheinungen.

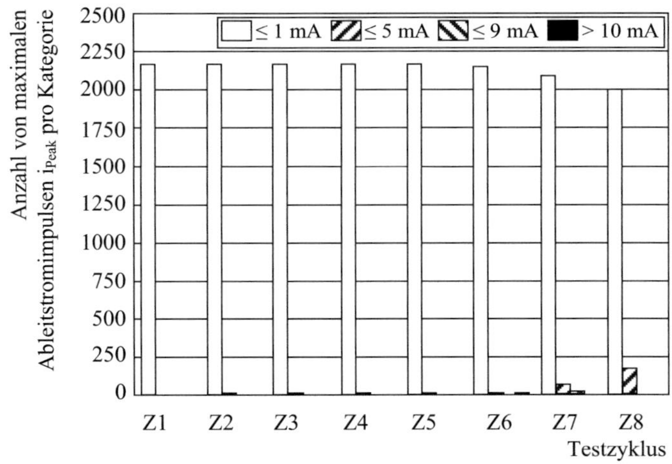

Bild 1-47: Anstieg des Ableitstroms des Coatings A /1-131/

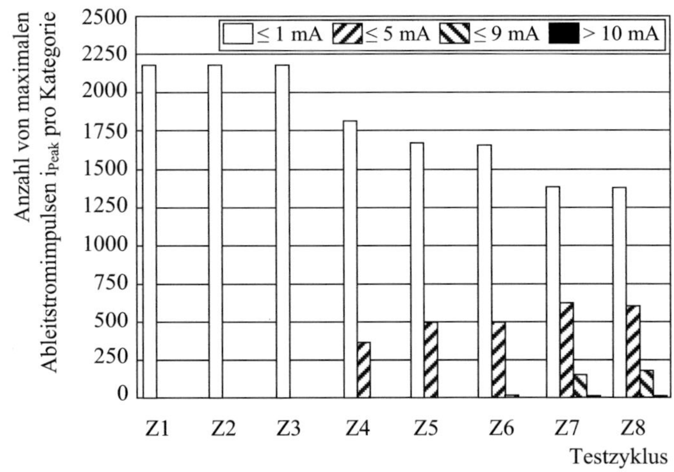

Bild 1-48: Anstieg des Ableitstroms des Coatings B /1-131/

Es bestätigt sich, dass speziell mit dem Zusatz von silanisiertem bzw. äquivalent behandeltem ATH keine Reduktion des Recovery-Verhaltens auftritt.

Aufgrund der unterschiedlichen ATH-Partikelgrösse der Coatings A und B ist eine eindeutige Einflusstrennung auf das Hydrophobieverhalten in dieser Prüfung nicht möglich. Bei der Verwendung kleinerer Partikel kann es bei Dispersionsproblemen zur Füllstoffagglomeratbildung kommen, die einen negativen Einfluss auf das Recovery-Vehalten hat (z. B. lokal reduzierte Anzahl von Methylgruppen).

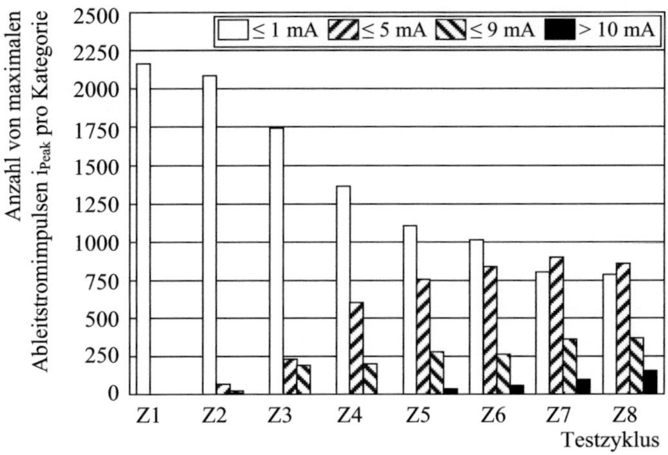

Bild 1-49: Anstieg des Ableitstroms des Coatings C /1-131/

Der Trend im Ableitstromverhalten der geprüften Coatings wird durch Messungen des statischen Randwinkels bestätigt (Bild 1-50). Coating C zeigt die stärkste Reduktion, was die Erosionserscheinungen bestätigt.

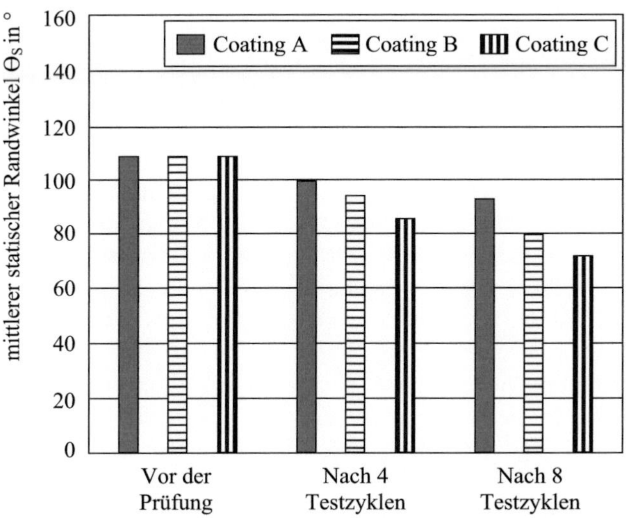

Bild 1-50: Reduktion der statischen Randwinkel der geprüften Coatings A … C /1-131/

1.2.3.3.4 Einfluss auf den Hydrophobie-Transfer

Die Hydrophobierung von Fremdschichten auf der Isolierstoffoberfläche ist ein betriebsrelevantes nachgewiesenes Alleinstellungsmerkmal von Verbundisolatoren mit Silikongummimantel und auf die Migration von niedermolekularen Silikonbestandteilen (im englischen Sprachgebrauch als *LMW - low molecular weight chains* bezeichnet) zurückzuführen. Diese Eigenschaft wurde gemäß /1-132/ bereits im Jahr 1981 als mögliche Erklärung für die Rückkehr der Hydrophobie beschrieben /1-133/, wobei zu dieser Zeit noch nicht in Recovery durch Reorientierung von Methylgruppen und LMW-Transfer unterschieden wurde. In den folgenden Jahren wurde diese Eigenschaft gezielt untersucht, u. a. unter Nutzung der Fotoelektronenspektroskopie für Chemische Analyse (engl. *ESCA - Electron Spectroscopy for Chemical Analysis* /1-134/, /1-135/) mit dem Ergebnis, dass nach Alterungsversuchen und einer gewissen Erholungsphase sich der Silikonanteil in den zu Diagnosezwecken aufgebrachten Fremdschichten aus Kohlenstoff wieder erhöhte. Diese Eigenschaft wurde auch für RTV-Coatings umfassend untersucht /1-136/.

Der Hydrophobie-Transfer führt einerseits zu einer stärkeren Haftung der Fremdschicht an der Silikongummioberfläche, kann dieser im Idealfall aber eine bessere Hydrophobie verleihen als die Oberfläche ohne Fremdschicht aufweist /1-3/. Im Betrieb, wenn der Hydrophobie-Transfer wirksam werden kann, entfällt die Reinigung der Isolatoren auch unter kritischen Einsatzbedingungen wie in Tunneln /1-137/ oder unter Wüstenbedingungen /1-138/, /1-139/. Erste systematische Untersuchungen zu diesem Phänomen mit laborativen Fremdschichten unterschiedlicher Dicke wurden 1989 veröffentlicht /1-140/. Es zeigte sich, dass das reproduzierbare Aufbringen einer künstlichen Fremdschicht auf hydrophobe und gummielastische Oberflächen das Einhalten gewisser Regeln erfordert, die in der Technischen Broschüre der CIGRE TB 442 /1-123/ aus dem Jahr 2010 nach mehrjähriger Arbeit zusammengestellt sind.

Die Intensität und die Geschwindigkeit des Hydrophobie-Transfers werden vom Material selbst, aber auch von der Umgebung beeinflusst. Beim Material sind das Basispolymer und der Gehalt sowie die Art des Füllstoffs entscheidend /1-104/. Die niedermolekularen Bestandteile liegen im Silikongummi als lineare und zyklische diffusionsfähige Teile vor, bei Silikongummi für Mantelwerkstoffe typischerweise bei 3 … 5 Gew.-% /1-104/, /1-141/. Da es sich um Migrationsprozesse handelt, können die linearen Teile zu einem schnelleren Hydrophobie-Transfer betragen /1-142/.

Die Umgebung beeinflusst den Hydrophobie-Transfer über den Gehalt hygroskopischer Salze in der Fremdschicht /1-112/, die Temperatur /1-104/ und die Dauer von Befeuchtungsphasen. Niedrige Temperaturen, hygroskopische Salze und lange Befeuchtungsphasen verlangsamen den Hydrophobie-Transfer. Ein Hydrophobie-Transfer kann auch ausbleiben, wenn sich organische Fremdschichten auf der Oberfläche ausbilden, die eine hygroskopische Oberflächenwirkung haben und wegen des permanenten Feuchtigkeitsgehaltes die Migration erschweren bzw. behindern /1-81/, /1-143/ … /1-145/. Beeinflusst der Zusatz von ATH den Hydrophobie-Transfer negativ? Aufgrund vorliegender Untersuchungen mit kommerziell verfügbaren und langjährig eingesetzten Silikongummitypen kann das verneint werden. Dazu exemplarisch zwei Beispiele.

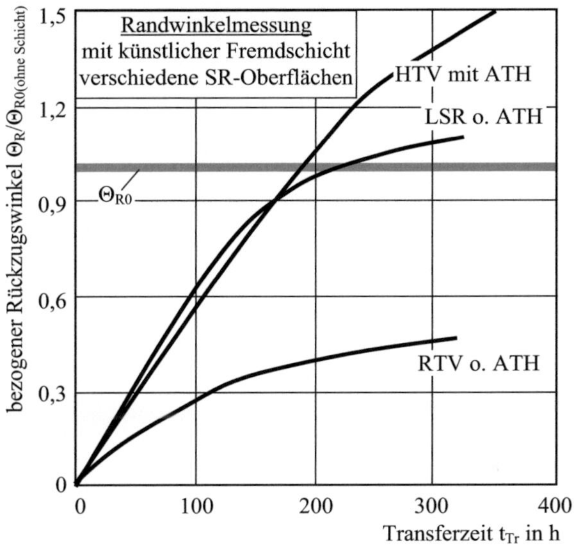

Bild 1-51: Anstieg des bezogenen Rückzugswinkels (verschiedene SR-Typen) /1-106/, /1-146/

Plattenförmige Silikonprüflinge wurden in eine wässrige Lösung mit 5 % unsilanisierter Kieselsäure getaucht und die Fremdschicht unter Raumklima getrocknet. Der dynamische Rückzugswinkel wurde als Messgröße verwendet (Bild 1-51 /1-106/, /1-146/), da er nicht nur den stattgefundenen Hydrophobie-Transfer zeigt sondern auch eine gute Korrelation zum Verhalten bei simultaner Befeuchtung und elektrischer Beanspruchung hat /1-128/. Es überrascht, dass das Material mit ATH einen schnellen Anstieg aufweist und die ungefüllten Materialien hinsichtlich des erreichten Endwerts signifikant übertrifft. Dieses Ergebnis ist insofern von Bedeutung, da niedrigviskose Silikongummitypen einen schnellen Hydrophobie-Transfer als Eigenschaftsbild haben sollten, um ihre niedrigere Erosionsbeständigkeit (gegenüber ATH-angereicherten HTV-Typen) bei kritischen Einsatzbedingungen „kompensieren“ zu können. Es ist anzunehmen, dass der langsame Hydrophobie-Transfer und die niedrige Erosionsbeständigkeit des RTV zu dem Schadensbild in Bild 1-29 geführt haben.

In /1-104/ wurde der Einfluss des ATH-Gehaltes auf den Hydrophobie-Transfer mit verschiedenen Flüssigsilikonen (LSR) untersucht. Die Ergebnisse werden als Vorrück- und Rückzugswinkel dargestellt (Bild 1-52). Da der Vorrückwinkel stärker auf die Rauheit der künstlichen Fremdschicht reagiert, ergeben sich die prinzipiellen Verlaufsunterschiede. Es zeigt sich auch in dieser Untersuchung der Trend, dass eine Anreicherung mit ATH scheinbar zu einem beschleunigten Hydrophobie-Transferverlauf führt. Die geringfügigen Unterschiede zwischen den angereicherten Materialien sind nicht signifikant und auch nicht eindeutig aus Sicht der Wirkung des ATH-Gehaltes und der ATH-Modifizierung. Die Ursachen für den positiven ATH-Einfluss sind bisher noch nicht vollständig geklärt.

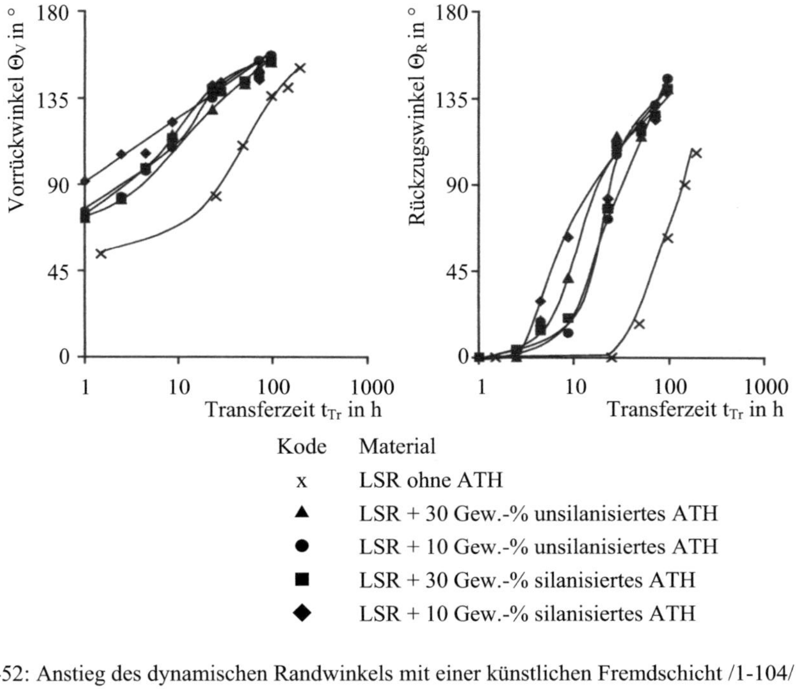

Bild 1-52: Anstieg des dynamischen Randwinkels mit einer künstlichen Fremdschicht /1-104/

Wie auch beim Recovery-Verhalten, kann beim Hydrophobie-Transfer kein negativer Einfluss einer ATH-Anreicherung nachgewiesen werden. Vielmehr scheint der Zusatz von ATH den Hydrophobie-Transfer zu beschleunigen.

1.2.3.3.5 Einfluss auf die Säurebeständigkeit

Die Beständigkeit von polymeren Mantelwerkstoffen gegenüber Säuren ist im Zusammenhang mit der Säurebildung durch Koronaentladungen ein wichtiges Thema, präventiv wird die Vermeidung kontinuierlicher Koronaentladungen an Hardwarekomponenten und die Einhaltung von Grenzwerten der elektrischen Feldstärke am Isolatorstrunk empfohlen (s. a. Abschnitt 2.7). In bestimmten Gebieten können durch Industrieverschmutzung, Autoabgase usw. Säurekonzentrationen entstehen, die bei fehlendem Regen aber auftretender Betauung zu niedrigen pH-Werten führen. Geht die Hydrophobie des Mantelwerkstoffs verloren und kommt es mit Koronaaktivitäten zu weiterer Säurebildung, können bestimmte Füllstoffe mit der in den meisten Fällen gebildeten Salpetersäure HNO_3 reagieren und den Mantelwerkstoff verspröden. Als Beispiele dienen $CaCO_3$ /1-147/ oder nicht silanisiertes ATH /1-84/, die aus Kostengründen z. T. eingesetzt werden.

Eine Norm zur Prüfung der Säurebeständigkeit von polymeren Mantelwerkstoffen gibt es nicht, die CIGRE-Arbeitsgruppe D1.27 befasst sich momentan mit dieser Thematik. Aus diesem Grund wurde der folgende orientierende Versuch durchgeführt /1-110/, /1-148/. Verschiedene Prüflinge mit den Zusammensetzungen aus den Versuchen zur Erosionsbeständigkeit wurden in einer Lösung aus 1-M-Salpetersäure (entspricht pH = 0) für 7 Tage getrennt gelagert. Das Säurevolumen betrug jeweils 500 ml, um einer Neutralisation vorzubeugen (der pH-Wert stieg nur um 0,1 während der Lagerung). Der Masseverlust nach der Lagerung wurde durch Wägung bestimmt (Bild 1-53).

Der Vergleich C0, C1 und C7 zeigt den geringsten Verlust für C7. Der Unterschied zwischen C0 und C1 besteht in der fehlenden Kieselsäure bei C1, beide enthalten peroxidischen Vernetzer. Dies ist der wesentliche Unterschied zwischen C1 und C7, letzteres ist ein platinkatalysiertes Vernetzungssystem. Diese Unterschiede im Masseverlust wurden in diesem orientierenden Versuch nicht weiter untersucht, entscheidend ist der Säureangriff auf das alkalisch wirkende ATH. Wird diese wie im Fall C2 nicht mit einer Silanisierung geschützt, erfolgt unter diesen harten Prüfbedingungen eine erhebliche ATH-Neutralisation, die eine Versprödung zur Folge haben kann.

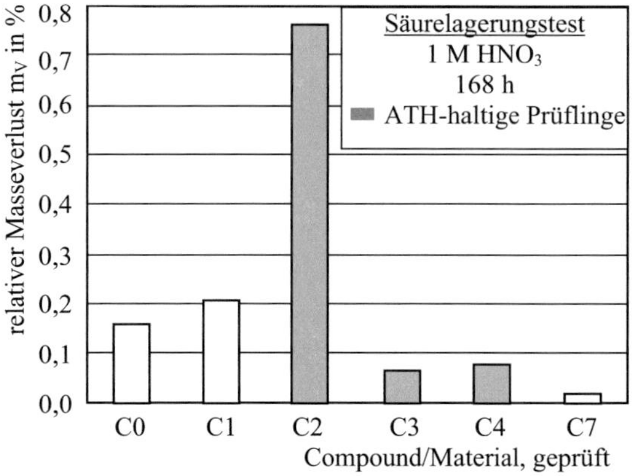

Kode	Material
C0	Basispolymer (Gum)
C1	Basismischung
C2	C1 + 50 Gew.-% unmodifiziertes ATH
C3	C1 + 50 Gew.-% modifiziertes ATH
C4	C1 + 55 Gew.-% modifiziertes ATH
C7	RTV-2

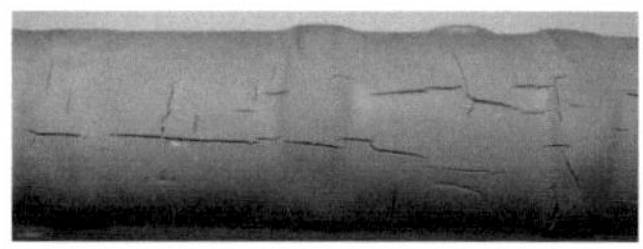

Bild 1-53: Relativer Masseverlust verschiedener Materialien nach Lagerung in 1 M Salpetersäure /1-110/, /1-148/

Eine mögliche Reaktion ist wie folgt (1-13), es entsteht das gut wasserlösliche Aluminiumnitrat als Salz:

$$3\ HNO_3 + Al(OH)_3 \longrightarrow Al(NO_3)_3 + 3\ H_2O \qquad (1\text{-}13)$$

Bild 1-53, unten rechts, zeigt den Strunkabschnitt eines Isolators mit einem HTV-SR und silanisiertem ATH nach ca. 5-monatiger Lagerung (!) in 1 M Salpetersäure. Trotz dieser unrealistisch harten Prüfung hatten die Risse den Stab noch nicht erreicht.

Die chemische Beständigkeit gegenüber starken Säuren ist eine geforderte Eigenschaft, die sich auf wenige Einsatzfälle beschränkt. Das alkalische Verhalten des ATH kann zu einer Neutralisationsreaktion führen, die eine Versprödung des Mantelwerkstoffs zur Folge hat. Die Silanisierung des ATH ist ein Weg, den Säureangriff so zu verzögern, dass aufgrund der Säureverdünnung durch Regen unter Freiluftbedingungen kein chemischer Angriff stattfindet.

1.2.3.4 Zusammenfassende Gegenüberstellung

Die Eigenschaften lassen sich wie folgt gegenüberstellen (Bild 1-54):

Eigenschaft	HTV-Silikongummi	RTV/LSR-Silikongummi
Viskosität	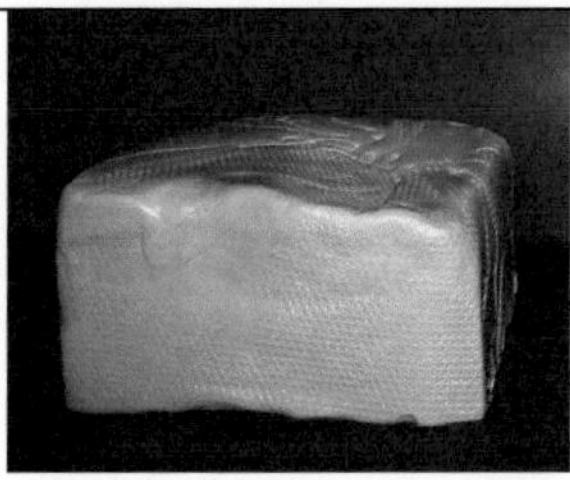 5 … 20 · 10^6 mPa·s (standfest)	 10000 … 30000 mPa·s
Alterungsbeständigkeit		
Tracking/Erosion	hoch	geringer
UV-Beständigkeit	hoch	hoch
Entflammungsbeständigkeit	hoch	geringer … hoch
Säurebeständigkeit	geringer	hoch
Hydrophobie		
Recovery	schnell	schnell
Hydrophobie-Transfer	schnell	schnell

Bild 1-54: Systemvergleich der Silikongummitypen

1.3 Herstellungsverfahren für Verbundisolatoren

Nach der Materialdiskussion der drei Komponenten eines Verbundisolators - Armatur, Stab/Rohr und Silikongummi - wird im Folgenden zu den Verfahren für das Aufbringen der Armatur, die Herstellung des Isoliermantels und der Dichtung zwischen Armatur, Isoliermantel und Stab ein Überblick vermittelt. Dieser Überblick ist gemäß Bild 1-55 strukturiert.

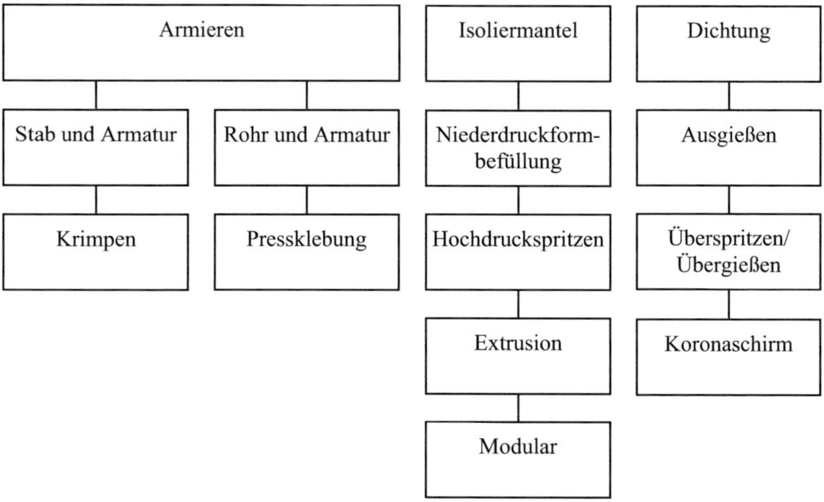

Bild 1-55: Struktur des Verfahrensüberblicks

1.3.1 Armieren

1.3.1.1 Stabarmieren

Das Stabarmieren ist ein komplexer Prozess, der für die Kraftübertragung von der Armatur auf den Stab entscheidend ist. Heute ist das Krimpen eingeführter Stand der Technik. Bei diesem Fügeverfahren werden der Stab und die Armatur durch plastische Verformung der Armatur miteinander verbunden.

1.3.1.1.1 Vorgang

Geregelte Krimpmaschinen mit z. B. acht Pressbacken (Bild 1-56) sind heute kommerziell verfügbar. Die Kraftübertragung auf die Pressbacken kann einzeln oder zentral erfolgen. Üblich sind zwei unabhängig voneinander funktionierende, integrierte Kontrollmechanismen:

- Pressdruck,
- Bewegungsdistanz der Pressbacken.

Für jede Metallsorte (Stahl, Aluminium, usw.), den Stabtyp (Glasgehalt, Harzmatrix) und jede Kombination von Endarmatur und Stabdurchmesser kommt ein empirisch ermitteltes Feld von Krimpparametern zur Anwendung. Werden neue Krimpmaschinen in Betrieb genommen, oder nach der Revision bestehender Krimpmaschinen, ist eine Kalibrierung erforderlich, um die Verwendbarkeit der über lange Jahre eingeführten, empirisch ermittelten Krimpparameter zu gewährleisten.

Bild 1-56: Blick auf eine Krimpmaschine mit 8 Pressbacken, die Presseinsätze mit Identifikationszahl

Das Verpressungsmuster, die Krafteinleitung zum offenen Armaturenende hin usw. sind das spezielle Know-how der Isolatorenhersteller. Beispiele für verschiedene Krimpmuster sind in Bild 1-57 dargestellt. Es ist wichtig anzumerken, dass über das Verpressungsmuster nicht auf das mechanische Verhalten geschlossen werden kann. In jedem Fall ist mit einem Designtest (Bauartprüfung) über 96 h der Nachweis der Eignung zu führen. Ein wichtiges Kriterium für die Stabilität der gewählten Pressparameter, Materialkoordination von Stab und Armatur, Armaturenform usw. ist die Streuung der Maximalkraft. Vorzugsweise soll der Ausfallmodus ein Abziehen der Armatur vom Stab ohne Stabbruch sein. Es hat sich als praktikable Regel erwiesen, dass der kleinste Wert der Maximalkraft (z. B. für die 3-fache Standardabweichung 3 s = 99,7 %) mindestens 20 % über der Nennkraft liegen sollte.

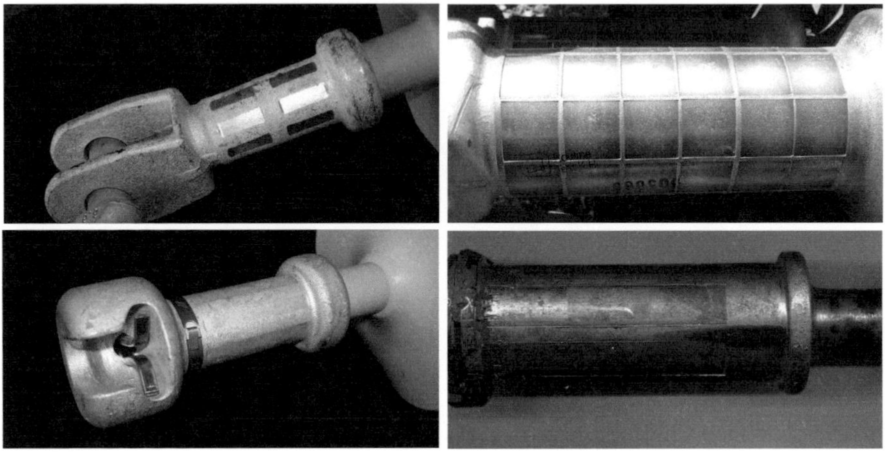

Bild 1-57: Verschiedene Verpressungsmuster auf Stahlarmaturen

1.3.1.1.2 Qualitätssicherung – Akustische Emissionsanalyse (AE)

Für Verbundlangstabisolatoren ist eine Stückprüfung mit mindestens dem 50-%-Wert der Nennkraft vorgeschrieben /1-60/. Aus historischen Gründen wird wie beim Porzellanlangstab eine Stückprüfkraft von 80 % der Nennkraft von einigen Energieversorgungsunternehmen spezifiziert - eine Forderung, die durchaus ihre Berechtigung haben kann. In /1-84/ wurde ein Fall simuliert, dass während des Krimpvorganges relativ weit im Armaturinneren ein durchgehender Bruch der Harzmatrix auftrat. Dies ist mit unsachgemäßem Krimpen einfach nachzustellen (Bild 1-58). Der 50-%-Wert der Nennkraft wurde aber in beiden Fällen gehalten.

Bild 1-58: Beispiel für einen Stabbruch durch Überpressung, die 50-%-Routineprüfung wurde bestanden

Aus diesem Grund ist die akustische Emissionsanalyse (AE) ein interessantes Werkzeug, diese verdeckten Stabbrüche zu detektieren. Für die Nutzung der AE gibt es zwei grundsätzliche Anwendungsfelder:

- Nutzung des Kaiser- und Felicity-Effekts /1-149/ zur Bewertung von zyklischen oder definiert steigenden Beanspruchungen /1-64/,
- Qualitätskontrolle durch Vergleich mit Referenzmessungen.

Der Kaiser-Effekt (J. Kaiser 1950) postuliert für strukturierte, also auch glasfaserverstärkte Kunststoffe: Kein Schallemissionsbild ist an demselben, strukturierten Objekt mit gleicher Beanspruchung wiederholbar /1-150/.

Bild 1-59 zeigt am Beispiel einer Druckbelastung, dass die allererste Belastung zu einem hohen AE-Pegel führt, der charakteristisch für den Aufbau des zu untersuchenden Formteils ist. Erst wenn der Wert dieser ersten Belastung überschritten wird oder sich ein anderer Schadensmechanismus einstellt, werden wieder AE-Signale einer bestimmten Höhe erzeugt /1-150/. Diese allererste Belastung wird bei der AE zur Kontrolle des Krimpvorganges verwendet.

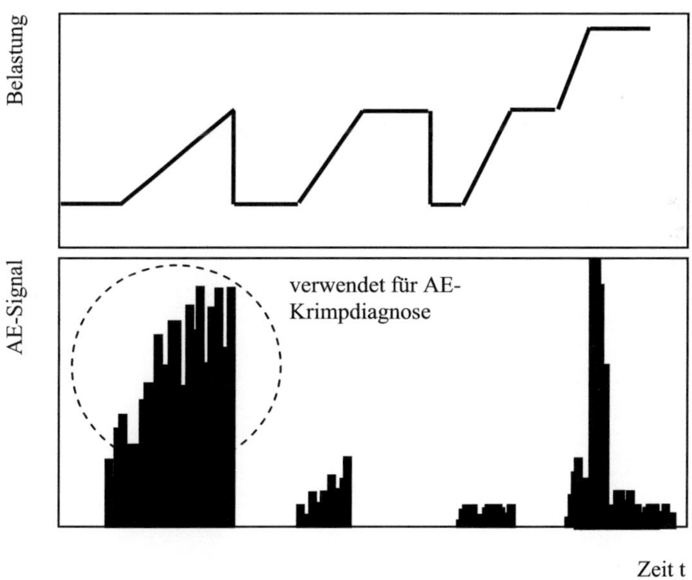

Bild 1-59: Vereinfachte Darstellung des Kaiser-Effekts /1-150/

Ein Beispiel für die Funktionsweise des AE-Prinzips (verwendet für die Messungen in Bild 1-63 … Bild 1-69) wird in Bild 1-60 /1-151/ beschrieben. Das AE-Signal wird über einen piezoelektrischen *AE-Sensor* erfasst, der aus dem akustischen ein elektrisches Signal erzeugt. Die Detektionsaufgabe bestimmt ganz wesentlich die Auswahlkriterien für den AE-Sensor, zu denen der Frequenzbereich, die Anstiegszeit, das Rauschverhalten und die Einsatztemperatur zählen. Das Signal wird im *Vorverstärker* rauscharm angehoben und im *Filter* von unerwünschten Frequenzen befreit. Im *Log.-Conv.* erfolgt das Gleichrichten und das Logarithmieren des AE-Signals. Dieses wird parallel an einen *Tiefpass* und einen *Peak Recorder* (auch Peak Stretcher genannt) ausgegeben. Diese erzeugen die Ausgabe des mittleren Signalpegels (eng. *ASL = Average Signal Level*) und des Signalspitzenwertes (engl. *APK = AE Peak Amplitude*). Beide Signale können mit einem voreingestellten Schwellenwert verglichen werden, bei dessen Überschreitung ein Alarm, Krimpstop usw. ausgelöst werden kann.

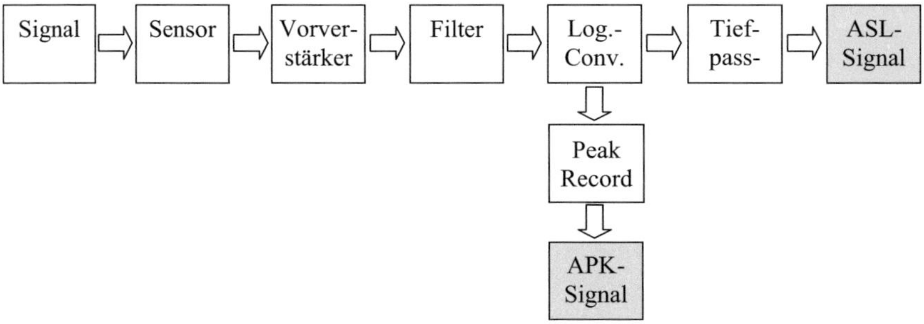

Bild 1-60: Beispiel für AE-Funktionsweise beim Verkrimpen von Isolatoren /1-151/

In /1-152/ wird an einem Beispiel für die Qualitätskontrolle gezeigt, wie die AE für ein spezifisches System angewandt werden kann (Bild 1-61, Bild 1-62, alle Darstellungen über der Versuchszeit in s, Signal in dB). Die Beschreibung der Bereiche I-III ist wie folgt:

Bereich I:	Bewegung der Pressbacken
Bereich II:	Berührung der Armatur durch die Pressbacken
Bereich III:	Krimpprozess

Es zeigt sich, dass es einen erlaubten Bereich der AE-Signale gibt, in dem die Verpressung korrekt ausgeführt wird. Wichtig ist, dass die Erfassungsfrequenz des Messsystems hoch genug ist, die einen Bruch charakterisierenden Spitzen zu erfassen.

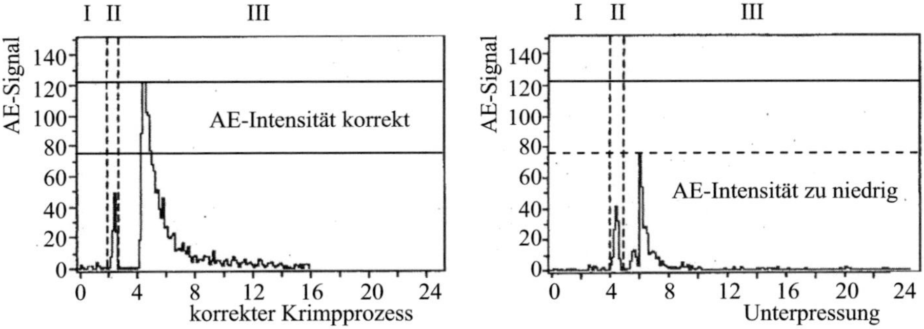

Bild 1-61: AE-Diagnose zur Feststellung von Unterpressung (rechts) /1-152/

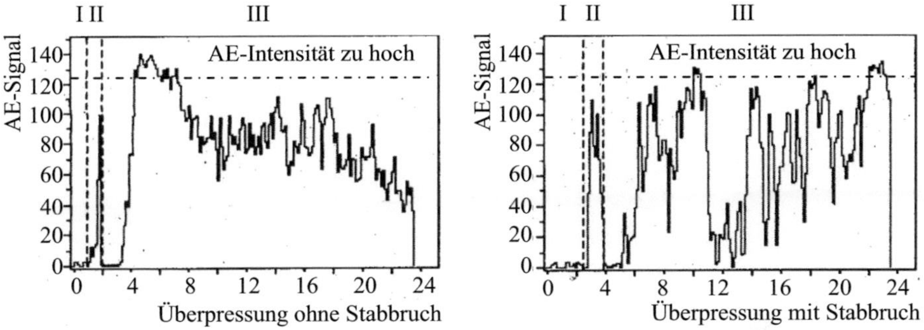

Bild 1-62: AE-Diagnose zur Feststellung von Überpressung /1-152/

Unter spezifisch ist zu verstehen, dass der Zusammenhang zwischen den eingesetzten Materialien, der verwendeten Krimpmaschine und der Messtechnik jeweils zu bestimmen ist. In der Praxis hat sich die Vorgehensweise bewährt, wie sie in Bild 1-63 … Bild 1-69 beschrieben wird.

Die Messeinrichtung wird mit einem reproduzierbaren Krimpvorgang kalibriert. Zu diesem Zweck wird beispielsweise die Stahlarmatur auf einen Stahlstab gekrimpt (Bild 1-63). Wie beschrieben, gibt das eingesetzte Messsystem den Spitzenwert und den Mittelwert des AE-Signals aus.

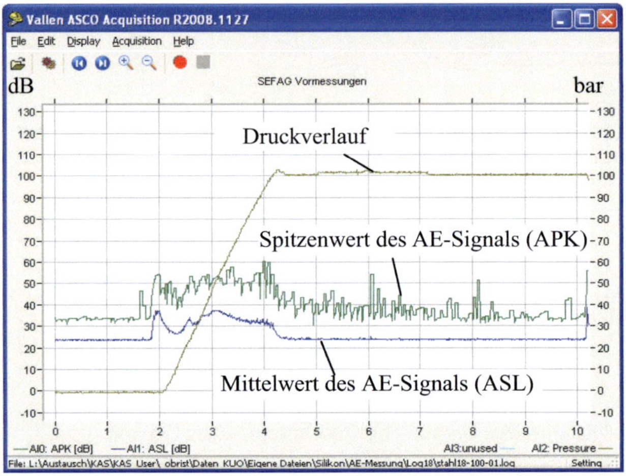

Bild 1-63: AE-Signalverlauf für Verpressung von Stahl auf Stahl

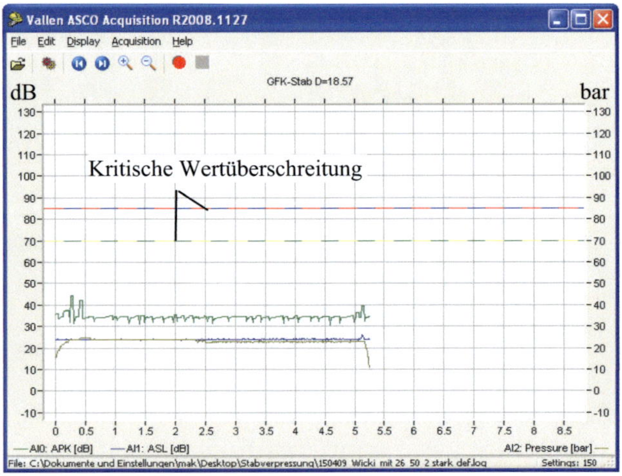

Bild 1-64: AE-Signalverlauf für direkte Verpressung auf GFK-Stab, Verpressung #1

Die Mittelwertbildung erfolgt als Tiefpassfilterung, d. h. mit kleiner werdender Frequenz des AE-Signals erhöht sich die Differenz zwischen beiden Wertdarstellungen /1-152/. Für die Qualität der Krimpung wird der Spitzenwert verwendet, der Mittelwert aber ebenfalls aufgezeichnet. Die Spitzenwerte vor dem

Druckanstieg sind auf die Prozessgeräusche zurückzuführen. Der Pressvorgang bleibt bei Werten ≤ 60 dB.

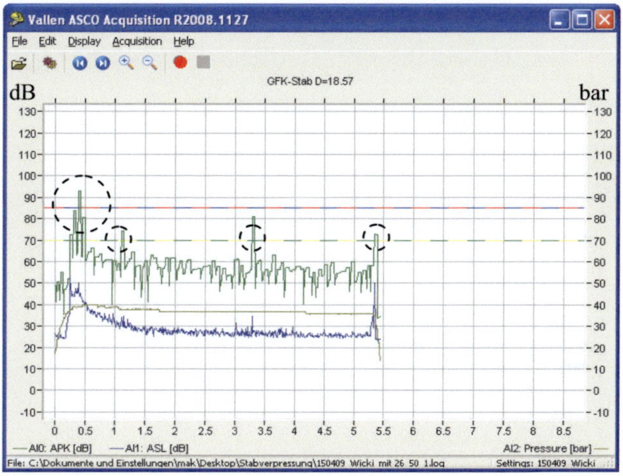

Bild 1-65: AE-Signalverlauf für direkte Verpressung auf GFK-Stab, Verpressung #2

In einem weiteren Schritt kann das spezifische Verhalten des Stabes mit einer direkten Verpressung auf seine Oberfläche geprüft werden (Bild 1-64 … Bild 1-66). Für die Vereinfachung der Auswertung durch den Bediener werden zwei kritische Bereiche eingeführt, die gelb bzw. rot markiert sind. Überschreitet der AE-Pegel des Spitzenwertes den gelben Bereich, sind die Einstellungen durch den Bediener zu prüfen. Wird der rote Bereich erreicht, ist das Krimpen zur Detailuntersuchung abzubrechen. Wird eine geringfügige Verletzung der Harzmatrix vorgenommen (Verpressung #1), ergeben sich Spitzenwerte bis 45 dB. Eine Delamination von Glasfasern ist im verletzten Bereich nicht erkennbar. Wird der Druck erhöht (Verpressung #2), gibt es die ersten Glasfaserbrüche und die kritischen Bereiche bei 70 bzw. 85 dB werden nachweislich überschritten.

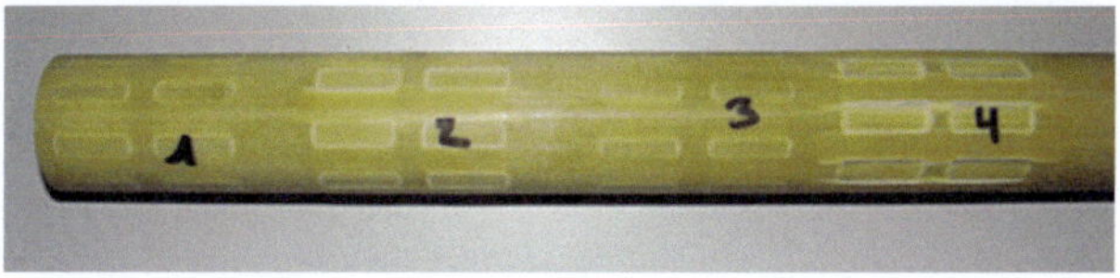

Bild 1-66: Schadensbilder bei direkter Verpressung auf GFK

Für die jeweilige Materialpaarung des Stabes und der Armatur sowie deren Formgebung ist der Druck zu bestimmen, bei dem die ersten Stabbrüche auftreten. Dies erfolgt iterativ, für das Beispiel (Bild 1-67 … Bild 1-69) wurde ein Druck von 105 bar ermittelt.

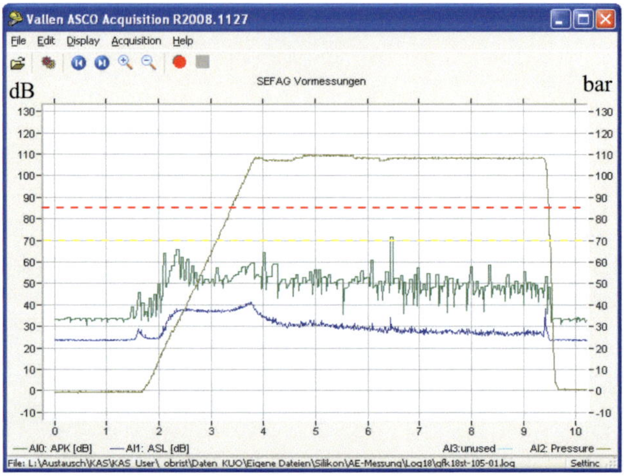

Bild 1-67: Verpressung der Stahlarmatur auf GFK-Stab, Druck: 105 bar, kein Stabbruch

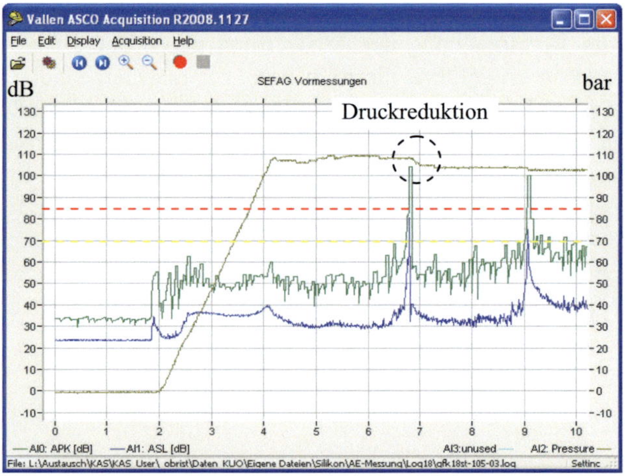

Bild 1-68: Verpressung der Stahlarmatur auf GFK-Stab, gleiche Materialchargen, Druck: 105 bar, Beispiel 1 für Stabbruch

Dessen „Grenzwertigkeit“ wird durch die Ergebnisse bestätigt, das Krimpen kann ohne (Bild 1-67) und mit Stabbruch (Bild 1-68, Bild 1-69) durchgeführt werden. Interessant ist auch das unterschiedliche AE-Signal beider Stabbrüche in Bild 1-68 und Bild 1-69. Während in Beispiel 2 eine intensive Emission mit vielen Überschreitungen des roten Bereiches stattfindet, sind es im Beispiel 1 nur zwei. Die Reduktion des Drucks ist ein weiteres Merkmal für eine Überpressung, die Auswertung dieses Verlaufs als zusätzliches Qualitätsmerkmal wird noch statistisch geprüft.

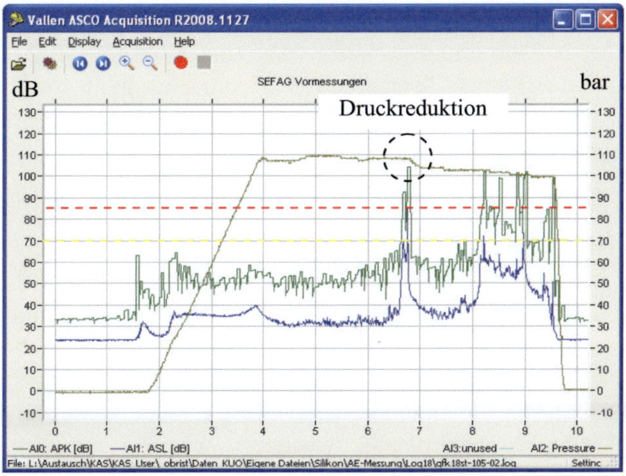

Bild 1-69: Verpressung der Stahlarmatur auf GFK-Stab, gleiche Materialchargen, Druck: 105 bar, Beispiel 2 für Stabbruch

Der Grundstörpegel der Krimpmaschine wird oft herausgefiltert. Bei der Verwendung von AE-Sensoren, die in einem bestimmten Frequenzbereich messen, können beide Signale - Krimpvorgang und Krimpmaschinenemission ohne gegenseitige störende Überlagerung - aufgezeichnet werden. Diese duale Erfassung hat den Vorteil, dass allfällige Änderungen der Maschinenemission z. B. auf Reibungsverluste, Ölerwärmungen usw. hindeuten, die einen Einfluss auf die Qualität der Krimpung haben können.

1.3.1.2 Rohrarmieren

1.3.1.2.1 Vorgang

Wurden in der Anfangszeit noch Spaltklebungen oder Gewindeklebungen eingesetzt, erfolgt die Verbindung zwischen Aluminiumflansch und Rohr heute form- und stoffschlüssig über eine Pressklebung. Die Krafteinleitung des Flansches wird über einen Radius an der rohrzugewandten Seite eingestellt und ist dem über den Wickelwinkel des Rohres eingestellten E-Modul anzupassen. Die Pressklebung erfolgt mit Heißklebern, und die unterschiedlichen Ausdehnungskoeffizienten von Aluminium ($\alpha = 23{,}8 \cdot 10^{-6}$) und Rohr ($\alpha = 8 \ldots 16 \cdot 10^{-6}$) werden genutzt, um bei erhöhter Temperatur die Aufziehreibung zu reduzieren. Beim Aushärten des Klebers ist die Glasübergangstemperatur des Rohres zu berücksichtigen, um Deformationen zu vermeiden.

1.3.1.2.2 Qualitätssicherung

IEC 61462 /1-153/ beschreibt die durchzuführenden Routineprüfungen. Bei Isolatoranwendungen mit Gasdruck ist eine Dichtheitsprüfung bei Betriebsdruck durchzuführen. Die Prüfung ist als kumulative Messung durchzuführen (IEC 60068-2-17, Test Qm, Prüfmethode 1 /1-154/). Die Verwendung der Heliumlecksuche hat sich als praktikabel erwiesen, die im Vakuumverfahren eine Empfindlichkeit bis 10^{-11} mbar l/s haben kann /1-155/. Bei Verwendung im Beisein von atmosphärischer Luft verringert sich die Empfindlichkeit auf $2 \cdot 10^{-6}$ mbar l/s, weil die 5 ppm Helium, die in der Luft vorhanden sind, als „Grundrauschen" stören /1-156/.

1.3.2 Aufbringen des Isoliermantels

1.3.2.1 Verfahrensüberblick für den Isoliermantel

1.3.2.1.1 Niederdruckformbefüllungsverfahren für RTV-2 und LSR

Das Niederdruckformbefüllen wurde bereits in den 1970iger Jahren beim Verarbeiten von RTV-2-Silikongummi eingesetzt. Aufgrund einer fehlenden Standardisierung und der schwierig voraussagbaren Etablierung der neuen Produktfamilie „Verbundisolator" galt es, einen Kompromiss zwischen hoher Flexibilität und vergleichsweise niedrigen Investitionskosten zu finden. Dies führte zum Einsatz des Niederdruck- oder Gravitationsgießens. Schirme und Strunkabschnitte wurden schrittweise auf das Trägerrohr vulkanisiert (RTV-Steppen - Bild 1-70). Dabei wurde die Eigenschaft von Silikongummi genutzt, dass sich zwischen einem bereits fertigen Vulkanisat und dem nachfolgenden Anguss des Isoliermantels eine vollständige homogene Vernetzung über die Verbindung von Kieselsäuregruppen in Vulkanisat und Anguss ausbildet (s. a. Bild 1-84), ohne die Bildung eines makroskopischen Interfaces. Die Produktivität konnte mittels simultanen Beschirmens (Bild 1-70) mehrerer Verbundhohlisolatoren auf ein Niveau gehoben werden, das dem Stückzahlbedarf dieser Zeit entsprach. Die überwiegende Anzahl dieser Verbundhohlisolatoren wurde in Kabelendverschlüssen eingesetzt (Bild 1-71).

Bild 1-70: Atmosphärisches Einzelschirmangießen mit RTV

Bild 1-71: 123-kV-Kabelendverschlüsse, installiert seit 1975

Mit dem zunehmenden Einsatz von Verbundhohlisolatoren, ein wichtiger Meilenstein dürfte auch die Entwicklung von gasisolierten Durchführungen für 525 kV zu Beginn der 1990iger Jahre gewesen sein, wuchs der Bedarf an produktiveren Methoden. Mit der Verfügbarkeit von niedrigviskosen LSR-Systemen, die im technisch genutzten Temperaturbereich der RTV-2-Systeme vernetzen und in einem fehlertoleranteren 1:1-Mischungsverhältnis zu verarbeiten waren, wurde eine neue Generation der Misch- und Dosieranlagen zur Niederdruckbefüllung (NMDA) entwickelt /1-63/, /1-146/, /1-157/. Sie erlauben heute mit niederviskosen LSR-Typen individuelle Schussvolumen bis etwa 130 l (Bild 1-72, Bild 1-73).

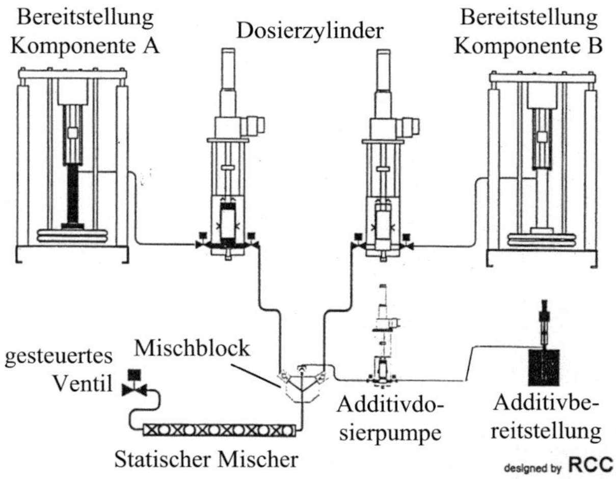

Bild 1-72: Prinzip einer Niederdruck-Misch- und Dosieranlage /1-63/, /1-146/, /1-157/

Bild 1-73: Blick in eine Gießform für einen Rohrdurchmesser von 610 mm /1-63/

Mit den NMDA ist ein kontinuierliches, volumengenaues Dosieren und Formbefüllen in einem Arbeitsgang möglich (Bild 1-72). Es werden keine Schnecken oder Booster benötigt. Die Anlage arbeitet ohne Vakuum, allerdings kann abhängig von der Historie (z. B. intensive Bewegung während des Transports) des Materials eine Vakuumierung der einzelnen Komponenten erforderlich sein. Das gewünschte Volumen der Komponenten wird in den Dosierzylindern unter definiertem Druck vorgepresst und dann kontinuierlich mit dem gewählten Volumen je Zeiteinheit über das gesteuerte Ventil in die Gießform gefüllt.

Eine wichtige Funktion haben der Mischkopf und der Statische Mischer, die hinsichtlich Viskosität, Mischungsverhältnis, Dosierventil (manuell, pneumatisch) und Fließrate anzupassen sind. Speziell im Statischen Mischer mit seiner Innenstruktur erfolgt eine Scherung der Komponenten, die bei thixotropen Materialien eine Reduktion der Mischviskosität bewirkt und die Befüllung der Gießform ohne Lufteinschlüsse beschleunigt. Bei kleinvolumigen Teilen oder Teilen relativ geringer Wandstärke kann abhängig vom Vernetzungssystem (Peroxid, Addition, UV usw.) beim Passieren des Statischen Mischers der Vernetzungsprozess oder eine seiner Vorstufen angestoßen werden.

Der Einsatz dieses Prinzips der Niederdruckformbefüllung für RTV-2 und LSR ist heute überwiegend auf die Herstellung des Isoliermantels von Hohlisolatoren beschränkt. Für Freileitungsisolatoren, speziell bei den Übertragungsspannungen $U_m \geq 123$ kV, ist seit Mitte der 1970iger Jahre /1-45/ die HTV-Technik etabliert. Der Anteil der Verbundisolatoren in HTV-Technik wird auf 90 % bei den Übertragungsspannungen ≥ 123 kV geschätzt. Dieser Wechsel von RTV-2 auf HTV hatte zwei wesentliche Ursachen:

- Die geringere Erosions- und Kriechspurbeständigkeit von niedrigviskosen Systemen fällt mit einer Einbausituation in den Höhen der Hochspannungsmasten zusammen, in denen eine Diagnose des Isolators schwierig ist. Aus diesem Grund ist das alterungsredundantere Material HTV mit ATH in vielen Spezifikationen mittlerweile vorgeschrieben.
- Die mechanischen Eigenschaften der frühen RTV-Systeme waren ungenügend. Bereits beim Einbau konnten Beschädigungen des Strunks zu einer Freilegung des Stabs führen oder es konnten Schirmabrisse auftreten.

Bild 1-74 zeigt Beispiele dieser ersten Generation von Silikonverbundisolatoren, die im 420-kV-Netz und in einer Zone sehr niedriger Verschmutzung eingesetzt waren. Das Lebensdauerende dieser Isolatoren ist definitiv erreicht, da an einigen Stellen bereits die Bildung von Kriechspuren in der Harzmatrix zu diagnostizieren war.

Bild 1-74: Schadensbilder an RTV-Isolatoren der 1. Generation

Das Thema „Formtrenn- oder Gießnaht" ist im Zusammenhang mit Spritzgussverfahren zu nennen, da sie bei axialem Verlauf entlang des Isolators kritische Wirkungen haben kann. Diese Wirkungen und Maßnahmen zu deren Vermeidung können wie folgt zusammengefasst werden (Bild 1-75):

Wirkung einer Gießnaht	Vermeidung
physisches Hindernis auf glatter Oberfläche, führt zur besserer Fremdschichtanlagerung	Gießnahthöhe sollte ≤ 1 mm sein
Einfluss auf axiale Feldverteilung bei verbesserter Fremdschichtanlagerung	Versatz der Gießnaht bei Spannungen > 145 kV
Anfälligkeit für Erosion im Fall dünner Materialhäutchen	Vermeidung bzw. Entfernung in der Stückprüfung
Anfälligkeit für Erosion, wenn eine Entmischung zur Reduktion von Füllstoff führte	Kontrolle der Einspritzparameter und Dichtheit des Werkzeugs

Bild 1-75: Wirkungen einer Gießnaht und Vermeidungsmaßnahmen

1.3.2.1.2 Hochdruckverfahren für HTV

❑ *Traditionelle Verfahren*

Die traditionellen Verfahren für die Verarbeitung von Silikongummi für Isolator-Mantelwerkstoffe lassen sich wie folgt zusammenfassen:

- Pressen,
- Transferpressen,
- Spritzgießen.

Mischformen, z. B. Transferpressen mit Spritzgussinjektion sind möglich, ebenso die Verwendung von Kaltkanälen zur Reduktion von Abfall und zur Vermeidung von Vorvernetzungen in komplexen Werkzeugen. Bild 1-76 zeigt die Funktionsprinzipien der genannten Verfahren. Im Vergleich zur Niederdruckformbefüllung für RTV-2 und LSR wird beim HTV die fertig compoundierte Mischung des Festsilikongummis (i. d. R. HTV mit ATH) zugesetzt. Dieser scheinbaren Prozessvereinfachung stehen mit den auftretenden Einspritzdrücken bis 1500 bar und Werkzeugtemperaturen bis 200 °C neue Herausforderungen gegenüber.

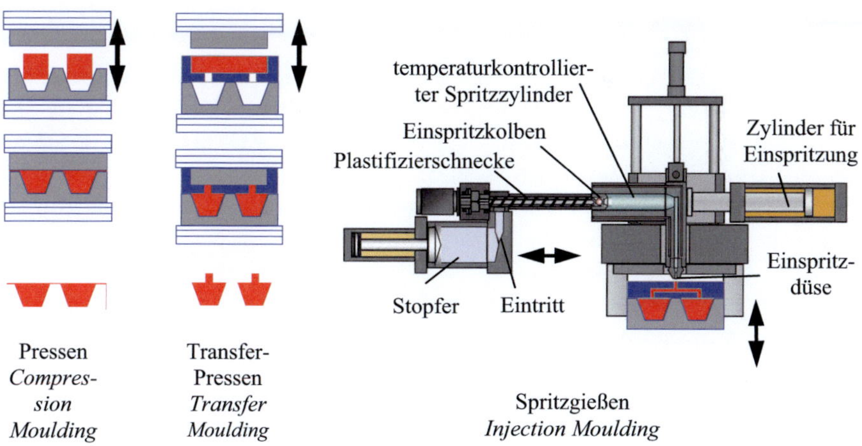

Bild 1-76: Übersicht zu den traditionellen Hochdruckverfahren

Dazu zählen die Prozessparameter:

- Werkzeugtemperatur,
- Temperatur der Spritzeinheit,
- Plastifizierprofil und Staudruck,
- Einspritzgeschwindigkeit und -druck,
- Formbefüllung,
- Nachdruck,
- Massetemperatur im Einspritzkolben,
- Vulkanisationszeit,
- Anlagezeit der Spritzeinheit,
- Geschwindigkeitsprofil an der Schließeinheit,
- Werkzeugschließkraft.

Das Pressen wird heute für Mittelspannungsisolatoren bzw. von einem Hersteller auch für Isolatoren der Übertragungsebene eingesetzt. Es gilt als das „älteste“ Verfahren mit „geringem“ Prozess-Know-how. Die Werkzeugkosten können bei langen Isolatoren hoch sein, sodass die Flexibilität in der Schirmform der gefertigten Isolatoren von der Investitionsstrategie abhängt. Die Kosten der Serienfertigung hängen von der erforderlichen Nacharbeit ab.

Das Transferpressen hat heute das Pressen für Mittelspannungsisolatoren weitestgehend abgelöst.

Das Spritzgussverfahren ist das am meisten entwickelte Verfahren für Verbundisolatoren. Das gezeigte Beispiel im rechten Bild 1-76 /1-158/ ist eine Spritzeinheit, die nach dem First-In-First-Out-Prinzip (FIFO) arbeitet. Der Stopfer wird mit dem Festsilikongummi bestückt. Die Plastifizierschnecke befüllt den Spritzzylinder, der zur Verkürzung der Prozesszeiten beheizt sein kann. Mit der Vorwärtsbewegung des Einspritzkolbens (im Bild 1-76 nach rechts) wird immer das zuerst plastifizierte Material ins Werkzeug eingespritzt. Dadurch wird eine gleichmäßige Verweildauer der Mischung in der Spritzeinheit bei konstantem Massedruck erreicht. Während der Vernetzung des Isoliermantels im Werkzeug kann ein neuer Plastifiziervorgang durchgeführt werden.

Aufgrund der hohen Vernetzungstemperatur und der auftretenden Prozessdrücke ist auf die Zentrierung des Stabs zu achten. Abhängig von der Werkzeuglänge können bei einseitiger oder asymmetrischer Anspritzung auch Stäbe mit einem vergleichsweise großen Durchmesser ($\geq$ 63 mm) unzulässig deformiert werden.

Bild 1-77: HTV-Stepp-Spritzguss eines 420-kV-Langstabisolators

Der HTV-Spritzguss ist neben dem später besprochenen Modularverfahren eines der wichtigen Verfahren zur Herstellung von Verbundisolatoren. Das sogenannte HTV-Steppen wurde bereits in den 1990iger Jahren für lange Isolatoren erfolgreich angewandt (Bild 1-77) und gilt heute als eingeführte und sichere Technologie. Im Abschnitt 4.5.1 ist die Bewertung von Isolatoren, die mit diesem Verfahren hergestellt wurden, nach deren 10-jährigem Betriebseinsatz im 420-kV-Netz beschrieben.

Die Nutzung des HTV-Spritzguss für Hohlisolatoren ist wegen des Einflusses der simultan wirkenden Prozessparameter Druck und Temperatur auf das Rohr nochmals anspruchvoller. Oft wird bei großen Durchmessern das Rohr von innen gestützt, um Delaminationen (Bild 1-78) zu vermeiden. Die Toleranzen zwischen Rohrinnendurchmesser und Stützrohraußendurchmesser sind als Passung auszuführen. Bei der Verwendung von Aluminium als Material für Stützrohre kann dieses aufgrund des größeren Ausdehnungskoeffizienten beim (vorgängigen) Aufheizen einen inneren Gegendruck aufbauen. Die Anzahl der möglichen Verfahrensparameter ist hoch, um den HTV-Spritzguss für Rohre erfolgreich zu realisieren (Bild 1-79).

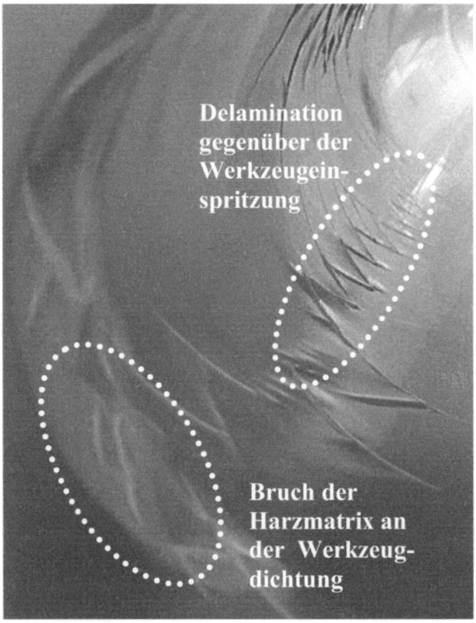

Bild 1-78: „Anspruchsvolles“ Rohrummanteln (thermisch und durch Außendruck verursachte Risse im Rohrinneren)

Bild 1-79: Erfolgreiche Anwendung nach Prozesstuning

❑ *Automatisiertes kontinuierliches Spritzgießen (ACIM)*

Das automatisierte kontinuierliche Spritzgießen (engl. *Automated Continuous Injection Moulding – ACIM*) /1-159/ ist ein weiterentwickeltes Verfahren zur Herstellung von Verbundisolatoren mit HTV-Silikongummimantel. Eine wichtige Grundlage war die langjährige Erfahrung mit dem HTV-Steppen seit den 1990iger Jahren. Es galt, die bewährten und durch den Freilufteinsatz bestätigten Erfahrungen mit einem erhöhten Automatisierungsgrad und einer hohen Flexibilität zu verknüpfen.

Das vereinfachte Prinzip ist in Bild 1-80 dargestellt: Es beinhaltet 4 Grundkomponenten. Das Schirmwerkzeug bestimmt die Geometrie des Isoliermantels; dessen Länge kann durch Wahl einer geeigneten Anzahl von Stepps in vordefinierten Schritten verkürzt oder verlängert werden. Die Spritztechnik besteht aus der Spritzgussmaschine mit adaptierter Steuerung und einer automatisierten Anspritzung. Die Stabzuführung kann abhängig vom Durchmesser bis zu 3 Stäbe simultan aufnehmen. Der quer zur Stabzuführungsrichtung fahrbare Verschiebetisch nimmt die unterschiedlichen Schirmwerkzeuge auf (z. B. für die unterschiedlich zu formenden Schirmabschnitte am Anfang, in der Mitte und am Ende des Isolators) und positioniert sie vollautomatisch, entsprechend der jeweiligen Stepps (wieder Anfang, Mitte oder Ende) am Isolator.

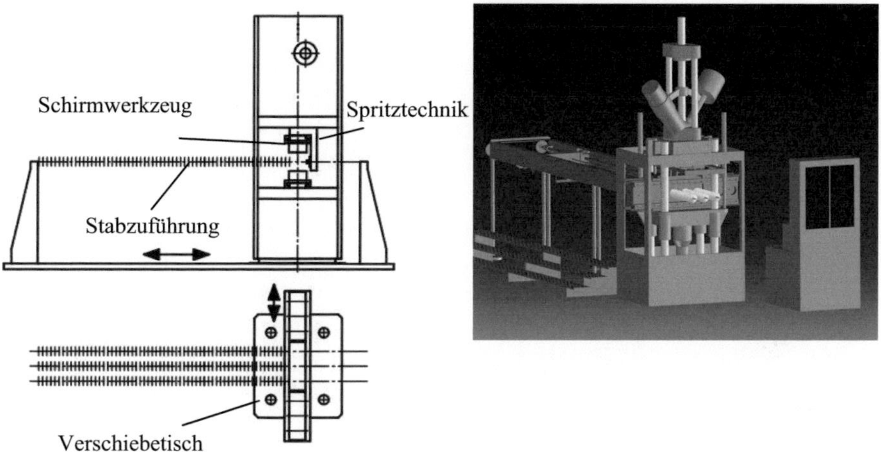

Bild 1-80: Prinzip der ACIM-Technologie

Die Vorteile des Verfahrens lassen sich wie folgt zusammenfassen:

- Kombination einer hohen Flexibilität bei relativ niedrigen Werkzeugkosten mit einem hohen Automatisierungsgrad,
- hoher Automatisierungsgrad = geringe Bediener-Fehlerwahrscheinlichkeit,
- seit den 1990iger Jahren, bewährte und ausgeprüfte Fertigungstechnologie,
- Verarbeitung von HTV-Silikongummi, (ATH-gefüllt) mit weltweit umfassender positiver Freilufterfahrung seit mehr als 30 Jahren,
- Versatz der Formtrennnaht durch das mögliche Drehen des Isolators nach jedem Stepp zur Erhöhung der Zuverlässigkeit unter erhöhten Verschmutzungsbedingungen durch Vermeidung einer axial durchgängigen Naht (s. a. Bild 1-75),
- praktisch keine Längenbegrenzung,
- einsetzbar auch für Stützer und Hohlisolatoren.

1.3.2.1.3 Extrusionsverfahren

Bei der Extrusion spielen heute zwei Verfahren eine wichtige Rolle. Das Auflegen eines extrudierten Schirmprofils im rechten Winkel zur Oberfläche von Rohren und das konzentrisch-axiale Extrudieren eines zylindrischen (schirmlosen) Isoliermantels für das Modularverfahren (letzteres unter Abschnitt 1.3.2.1.4). Für die Rohrumhüllung bedarf es zwischen dem Extruderkopf und dem Rohr einer axialen Relativbewegung, der Isoliermantel wird mit geeigneten Walzen angedrückt /1-160/, /1-161/ und hat eine Spiralform (Bild 1-81). Aufgrund der erforderlichen Biegesteifigkeit und der drucklosen Vernetzung (keine Außenform) sind spezielle HTV-Formulierungen notwendig. Das Verfahren hat den großen Vorteil der Flexibilität: Die Kosten für ein neues Extruderwerkzeug sind vergleichweise gering und bei einer Änderung des Rohrdurchmessers fallen keine neuen Kosten an. Es wurden zwei Nachteile des Verfahrens festgestellt: Bei kleinen Rohrdurchmessern ist die Krümmung am äußeren Schirmumfang hoch, d. h. die Entstehung von Rissen in diesen peripheren Bereichen ist mit geeigneten Maßnahmen zu vermeiden. Des Weiteren, wie auch schon von frühen spiralförmigen Isolatoren konventioneller Materialien bekannt, ist bei Verlust der Hydrophobie die Spiralform im Fremdschichtverhalten einer Nichtspiralform in den meisten Fällen unterlegen /1-162/ … /1-164/.

Das Extrudieren von Verbundlangstabisolatoren ist verschiedentlich patentiert (/1-165/, /1-166/), hat aber bisher keine nennenswerte Verbreitung erfahren.

Bild 1-81: Unterschied zwischen Einzelschirm und Spiralschirm

1.3.2.1.4 Modular-Verfahren

Das Modularverfahren ist unter den Verfahren zur Isoliermantel-Fertigung das mit der höchsten Flexibilität (Bild 1-82). Für eine gegebene Länge des Vollkern- oder Hohlisolators kann jeder technisch sinnvolle Kriechweg eingestellt werden. Der zylindrische Isoliermantel wird frei von jeglicher Gießnaht konzentrisch auf den Stab extrudiert. Aufgrund der Prozesseinfachheit können dafür auch spezielle, hoch alterungsbeständige HTV mit hohem ATH-Gehalt verwendet werden. Diese Koordination mit dem für die Schirme verwendeten Material ist insofern sinnvoll, da primär der Strunk typischerweise durch Teilentladungen beschädigt werden kann.

Bild 1-82: Nach dem Modularverfahren hergestellte Langstab- und Hohlisolatoren

Die Fertigung der Schirme erfolgt separat in Werkzeugen mit mehreren Kavitäten, die Produktivität wird durch die Wahl des Vernetzungssystems und die erforderliche Nacharbeit wesentlich bestimmt. Die Schirme können unterschiedliche Durchmesser oder auch Unterrippen aufweisen und werden in einem weiteren Schritt auf den zylindrischen Mantel appliziert.

Bild 1-83: Produktionsschritte beim Modularverfahren, Extrudieren der Rohr-/Stabhülle (links), Aufsetzen der Schirme (rechts)

Die Verwendung von Unterrippen /1-167/ führt zu einem größeren Kriechweganteil pro Schirm, woraus sich zwei Anwendungsphilosophien ergeben:

- Bei gegebenem Kriechweg reduziert sich die Anzahl der Schirme gegenüber einem flachen Profil ohne Unterrippen, die Schirmabstände werden vergrößert. Bei dieser kostenoptimierten Variante ist zu berücksichtigen, dass jeder Schirm auch einen geschützten Kriechweg des Strunks zur Folge hat. Bei weniger Schirmen ergibt sich daher weniger geschützter Kriechweg und die Hydrophobie kann, entsprechende Einsatzbedingungen vorausgesetzt, eher verloren gehen.
- Die Isolatorlänge ist limitiert und ein gewisser Kriechweg wird gefordert. In diesen Fällen konnte der Einsatz von Unterrippenschirmen als technischer Kompromiss bisher erfolgreich umgesetzt werden /1-168/.

Das Aufbringen der Schirme auf den Stab mit extrudiertem Silikongummimantel erfolgt über Spannformen oder auf Automaten (Bild 1-83). Es hat sich als vorteilhaft erwiesen, den Innendurchmesser der Schirme kleiner als den Außendurchmesser des extrudierten Silikongummimantels einzustellen. Die sich ergebende Presspassung stabilisiert die Schirmposition bis zur vollständigen Vernetzung des oft als „Kleber“ bezeichneten Silikongummis für die stoffschlüssige Verbindung von Schirm und Strunk. Für die Sicherheit des Interfaces zwischen zwei bereits vernetzten Silikonelastomeren wird die spezifische Eigenschaft von Silikongummi genutzt, bei Verwendung eines weiteren Silikonelastomers eine chemische Vernetzung der drei physisch selbstständigen Komponenten zu erreichen. In Bild 1-84 ist die „Chemie“ für ein Acetat-System

(RTV-1) gezeigt, das unter Abgabe von Essigsäure reagiert. Eine wichtige Rolle spielt dabei die hochdisperse Kieselsäure (HDK) im Silikongummi: Während der Vernetzung der Schirme und des Strunkmaterials reagieren nicht alle Hydroxylgruppen der HDK, sie stehen also für nachfolgende Reaktionen zur Verfügung. Der an der Stelle des Schirms oder großflächig über dem Strunk aufgetragene Silikonkleber (RTV-1- oder RTV-2-Systeme) reagiert mit der HDK und es ergibt sich ein stoffschlüssiger Verbund. Es werden auch Verbindungen ohne die direkte Präsenz von Wasser aufgebaut /1-169/. Zu Diagnosezwecken wurde das in diesem Fall eingesetzte RTV-1 mit einem Farbmittel vor dem Auftrag versetzt. Es zeigt sich, dass bei einem mechanischen Trennen und Ablösen der Schirme der Bruch des Interfaces im Extrudat erfolgt. An den Ablösungsstellen ist kein Farbstoff erkennbar.

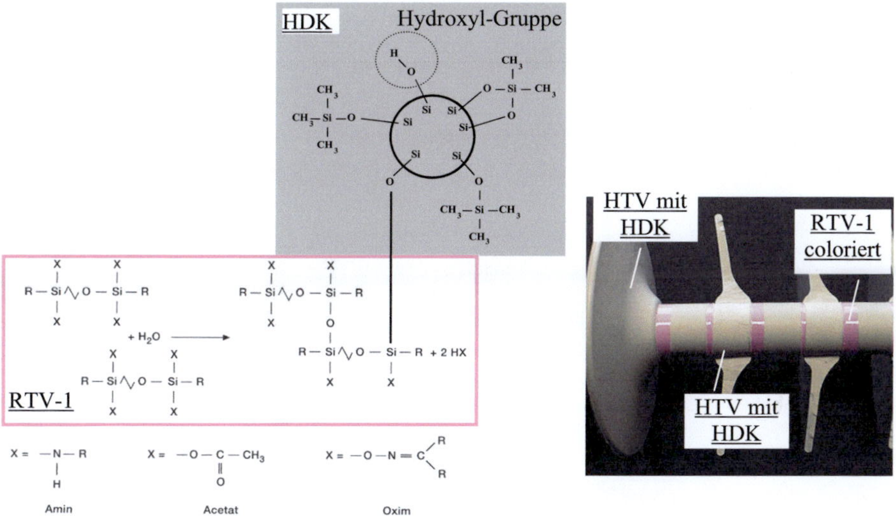

Bild 1-84: Chemie der Vernetzung vorgefertigter HTV-Halbzeuge mit einem acetatvernetzendem RTV-1

Das Isoliervermögen dieses wichtigen Interfaces wurde auch mit einem gegenüber der Normung (maximal 100 h) verschärften Kochtest geprüft /1-146/. Einfache Isolatorprüflinge mit einem Schirm wurden hinsichtlich des Verhältnisses zwischen Kriechweg zu Schlagweite so ausgelegt, dass sie eher durchschlag- als überschlaggefährdet im Interface Strunk-Schirm sind. Dann erfolgte die Spannungsmessung unter Öl. In Bild 1-85 ist das Ergebnis von drei Prüflingen exemplarisch gezeigt: Der Prüfling „vernetzt“ hat eine Presspassung zwischen

Schirm und Strunk und ist mit RTV-1 eine chemische Vernetzung zwischen beiden eingegangen. Der Schirm des Prüflings „unvernetzt" ist nur mit Presspassung auf den Strunk geschoben. Nur der vernetzte Prüfling zeigte unter Öl einen Schirmüberschlag, der Prüfling mit unvernetztem Interface hatte einen Durchschlag. Zum Nachweis der „Diagnosefähigkeit" dieses einfachen Verfahrens wurde ein Prüfling mit einem leitfähigen Einschluss (Kupferdraht) präpariert. Dieser fällt erwartungsgemäß bei einem niedrigeren Wert und auch mit einem Interfacedurchschlag aus.

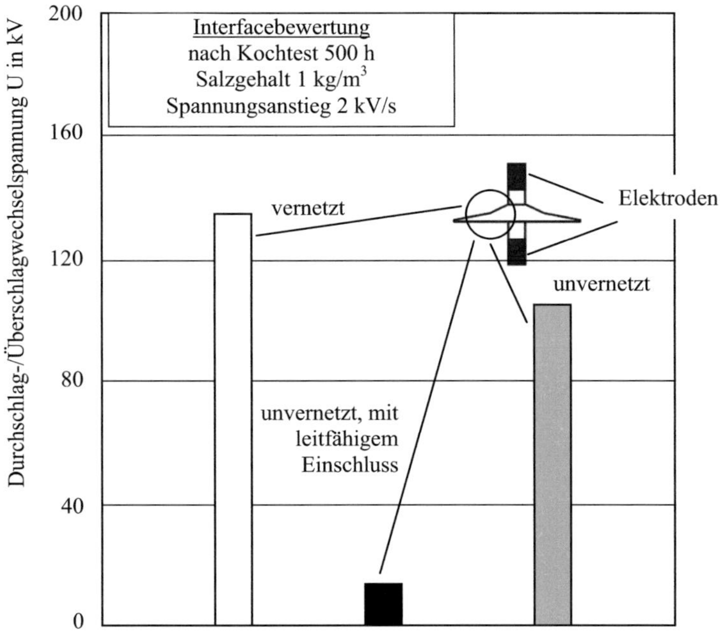

Bild 1-85: Interfaceverhalten nach Kochtest /1-146/

Mit dieser Prüfung kann der Nachweis geführt werden, dass die gewählte Materialpaarung aus HTV- und RTV-1-Silikongummi und die Koordination der Durchmesserpassungen nicht zu einem Durchschlag unter atmosphärischen Bedingungen führen werden.

Die Wahl und das Applizieren des „Silikonklebers“ ist noch ein wichtiges betriebsrelevantes Detail. Die verwendeten Silikonelastomere haben gegenüber dem verwendeten Strunkmaterial im Allgemeinen eine geringere Erosions- und Kriechspurbeständigkeit. Systematische Untersuchungen haben gezeigt, dass bei einem überschüssigen Auftrag ungeeigneter Materialien im Schiefe-Ebene-Test eine intensive thermische Zersetzung des Silikonklebers stattfindet. Die auftretenden Temperaturen können zur Folge haben, dass auch hochbeständige Silikongummiformulierungen mit hohem ATH-Anteil, die sich unterhalb des Silikonklebers befinden, ausfallen (Bild 1-86).

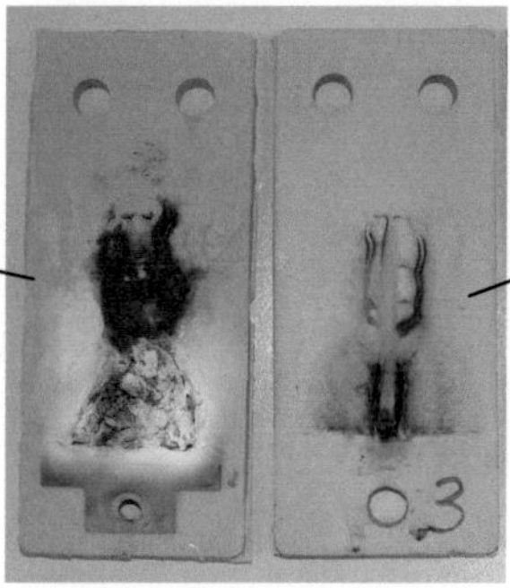

Bild 1-86: Einfluss der „Silikonkleber“-Schichtdicke auf das Erosionsverhalten

1.3.2.1.5 Zusammenfassender Überblick zu den Verfahren

Eine Gegenüberstellung der einzelnen Verfahren ist zusammenfassend wie folgt möglich (Tabelle 1-11, Tabelle 1-12).

❑ *Vollkernisolatoren*

Tabelle 1-11: Verfahrensunterschiede für Vollkernisolatoren

Verfahren	Silikon-gummi Typ	Dichtung an den Armaturen*	Vorteile	Nachteile	Investition/ erforderliches Prozess-know-how
Pressen, Transferpressen, Spritzguss 1-Schüsser	HTV mit ATH	Ausgießen oder Überspritzen	kosteneffektiv	axiale Gießnaht, existierende Gieß-formen wenig flexibel, Stab ist bei langen Gießformen abzustützen	hoch/hoch
Pressen, Transferpressen, Spritzguss Mehr-Schüsser	HTV mit ATH	Ausgießen oder Überspritzen	Gießnaht kann versetzt werden, kosteneffektiv	Prozessparameter wegen Steppen enger	hoch/hoch
ACIM Mehr-Schüsser (Steppen)	HTV mit ATH	Ausgießen oder Überspritzen	Gießnaht wird axial versetzt, kosteneffektiv geringe Stab-belastung, hoher Automatisierungsgrad	Prozessparameter wegen Steppen enger	hoch/hoch
Niederdruck-formbefüllen 1-Schüsser	LSR ohne ATH	Ausgießen oder Überspritzen	einfache Gießformtechnik, kosteneffektiv	axiale Gießnaht, existierende Gieß-formen wenig flexibel	mittel/gering
Niederdruck-formbefüllen Mehr-Schüsser (Steppen)	LSR ohne ATH	Ausgießen oder Überspritzen	einfache Gießformtechnik, Gießnaht kann axial versetzt werden, kosteneffektiv	Steppübergang aufgrund des geringeren Drucks bzw. der Temperatur kritischer	mittel/gering
Modularverfah-ren	HTV mit ATH	Ausgießen	keine Gießnaht, sehr flexibel	Herstellkosten, wegen getrennter „Modulherstellung“	hoch/hoch

Anmerkung:
* Der Koronaschirm als innovative „Hybridlösung“ wird im Abschnitt 1.3.3 vorgestellt.

❑ *Hohlisolatoren*

Tabelle 1-12: Verfahrensunterschiede für Hohlisolatoren

Verfahren	Silikon-gummi Typ	Dichtung an den Armaturen	Vorteile	Nachteile	Investition/ erforderliches Prozess-know-how
Spritzguss 1-Schüsser	HTV mit ATH	Ausgießen oder Überspritzen	kosteneffektiv	axiale Gießnaht, existierende Gieß-formen wenig flexibel, Gefahr der Rohrdelamination bei großen Durchmessern	hoch/hoch
Spritzguss Mehr-Schüsser	HTV mit ATH	Ausgießen oder Überspritzen	Gießnaht kann axial versetzt werden, kosteneffektiv	Prozessparameter wegen Steppen enger, Gefahr der Rohrdelamination bei großen Durchmessern	hoch/hoch
ACIM Mehr-Schüsser (Steppen)	HTV mit ATH	Ausgießen oder Überspritzen	Gießnaht wird gedreht, Kosten-effektiv, geringere Rohrbelastung, hoher Automatisierungsgrad	Prozessparameter wegen Steppen enger, Gefahr der Rohrdelamination bei großen Durchmessern	hoch/hoch
Niederdruck-formbefüllen 1-Schüsser	LSR ohne ATH	Ausgießen oder Überspritzen	einfache Gießformtechnik, kosteneffektiv	axiale Gießnaht, existierende Gieß-formen wenig flexibel	mittel/gering
Niederdruck-formbefüllen Mehr-Schüsser (Steppen)	LSR ohne ATH	Ausgießen oder Überspritzen	einfache Gießformtechnik, Gießnaht kann axial versetzt werden, kosteneffektiv	aufgrund des geringeren Drucks bzw. der Temperatur Steppübergang kritischer, axiale Gießnaht, wenn große Rohre nicht gedreht werden	mittel/gering

Verfahren	Silikon-gummi Typ	Dichtung an den Armaturen	Vorteile	Nachteile	Investition/ erforderliches Prozess-know-how
Modularverfahren	HTV mit ATH	Ausgießen	keine Gießnaht, sehr flexibel	Herstellkosten, wegen getrennter „Modulherstellung“	hoch/hoch
Extrusionsverfahren	HTV mit ATH	Ausgießen oder Überspritzen	sehr flexibel, keine axiale Gießnaht	Krümmungsstress an der Schirmaussenkante bei kleinen Rohrdurchmessern	niedrig/hoch

1.3.3 Dichtungssysteme

1.3.3.1 Verfahrensabhängigkeit

❑ *Prinzipielle Dichtungssysteme*

Mit langjährigen Erfahrungen werden heute die prinzipiellen Dichtungssysteme „Ausgießen“ (Bild 1-87) z. B. für das HTV-Modularverfahren, das „Überspritzen“ (Bild 1-88) für HTV-Spritzguss bzw. das „Übergießen“ für das Niederdruckformbefüllen eingesetzt.

Beide prinzipiellen Dichtungssysteme funktionieren im Betrieb zuverlässig, wenn bestimmte Designregeln eingehalten werden (inklusive Koronafreiheit der Isolatorkette). Der in den USA berichtete Ausfall von Verbundisolatoren durch Eindringen von Säure (s. a. Abschnitt 1.2.2.1.3) hat zu weiteren Entwicklungen geführt, sodass heute verschiedene Dichtungssysteme für das Ausgießen angeboten werden.

Es kann wie folgt unterschieden werden:

- 1-fach /1-170/ mit einer Dichtmasse,
- 2-fach /1-159/ Dichtmasse und Deckschicht,
- 3-fach /1-171/ Dichtmasse und Verpressen des Isoliermantels,
- 4-fach /1-172/ Dichtmasse und mehrfaches Verpressen des Isoliermantels.

Beim Abdichten durch Überspritzen wird der Mantelwerkstoff stoffschlüssig mit der Armatur verbunden. Die „Chemie“ dieser Abdichtung ist anspruchsvoller als beim Ausgießen, da die Zusammensetzung der Zinkschicht auf der Stahlarmatur wesentlich die Haftung bestimmt.

Bild 1-87: (Nachträgliches) Ausgießen

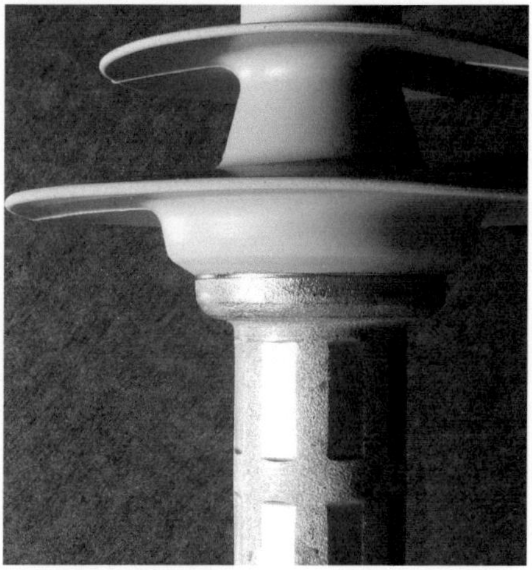

Bild 1-88: Überspritzen

Vorteilhaft ist dafür das HTV-Spritzgießen, weil empirisch festgestellt wurde, dass die höheren Prozessdrücke zu einer besseren Haftung mit größerer Fehlerredundanz führen als das Niederdruckformbefüllen (Übergießen). Der Nachweis eines sicheren Designs wird gemäß Normen mit einer Steilstoßspannungsprüfung nach verschiedenen Vorbelastungen inklusive Kochen (Interfaceprüfungen) geführt.

❑ *Koronaschirm als innovative flexible Dichtungslösung*

Wie im Abschnitt 2.6.2 noch gezeigt werden wird, kann beim Ausgießen aufgrund der nicht eingebetteten Armatur am Tripelpunkt eine höhere Feldstärke als beim Überspritzen auftreten. Gleichzeitig haben die verwendeten Dichtungsmaterialen wegen der erforderlichen Elastizität eine geringe Erosions- und Kriechspurbeständigkeit. Diese Kombination ist ungünstig. Die Schnittdarstellung der beiden Dichtungssysteme (Bild 1-89) zeigt diese Problematik. Im linken Bild ist das 2-fache Ausgießen gezeigt. Die primäre Dichtungsfunktion wird von einem dauerhaft niedrigviskosen Silikongel wahrgenommen. Seine gelartige Konsistenz und dauerhafte Adhäsion machen es erforderlich, einen Schutz gegen Verschmutzungsanlagerung und Partikeleinbettung vorzusehen. Diese Funktion wird von einer Deckschicht erfüllt, die auch aus Silikongummi besteht. Die Vernetzungssysteme des Silikongels und der Deckschicht sind so aufeinander abgestimmt, dass sich zwischen beiden eine gute Haftung aufbaut.

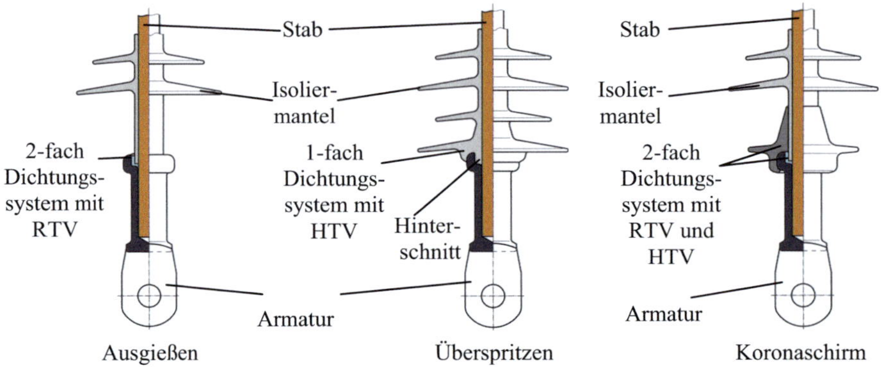

Bild 1-89: Vergleich der drei prinzipiellen Dichtungskonzepte

Die Erosions- und Kriechspurbeständigkeit der Deckschicht (wie auch vom Silikongel) ist gering. Und es gab auch schon Beispiele, dass „interessierte" Leitungsmonteure das Dichtungssystem zerstörend inspizierten.

Diese Gefahr besteht beim Überspritzen nicht. Die Dicke des Isoliermantels ist so auszulegen, dass beim Isolatorüberschlag keine Durchschläge durch die Abdeckung auftreten. Der im mittleren Bild gezeigte Hinterschnitt wird ebenfalls luftfrei mit HTV gefüllt. Dies führt zu einem Materialvolumen, das die Vernetzungszeit wesentlich bestimmt, um Lufteinschlüsse zu vermeiden und eine sichere Haftung zu gewährleisten.

Mit der Entwicklung des Koronaschirms /1-173/ wurde eine Lösung ausgeprüft und eingeführt, die die Erfahrungen mit Ausgießen und Überspritzen kombinierend nutzt:

- Das bewährte Primärdichtungssystem (Silikongel) bleibt erhalten.
- Das Einbetten der Armatur reduziert die elektrische Feldstärke.
- Die konische Form bewirkt ebenfalls eine geringere Feldstärke im ersten Strunkbereich.
- Das sensible aber betriebsrelevante Dichtungsinterface wird durch einen HTV-Silikongummi geschützt, der aus dem Mantelwerkstoff mit der bekannten Erosions- und Kriechspurbeständigkeit besteht.
- Das Abdichten gegenüber dem Strunk und der Armatur erfolgt form- und stoffschlüssig, um den Langzeitschutz des Primärdichtungssystems zu gewährleisten.

Mit dieser Lösung, bisher bis 765 kV AC erfolgreich eingesetzt, kann die Zuverlässigkeit von Verbundisolatoren weiter erhöht werden.

1.3.3.2 Feldbetrachtungen

Die drei Dichtungsvarianten wurden hinsichtlich des elektrischen Feldverlaufs bewertet, auch um das Thema Wassertropfenkorona (s. a. Kapitel 2) zu berücksichtigen. Die Simulationen wurden zweidimensional für identische rotationssymmetrische Isolatorabmessungen durchgeführt: Länge 1,5 m, Wechselspannung 100 kV (Effektivwert), keine Modellierung von Nachbarphasen, Lichtbogenschutzarmaturen, Koronaringen usw. Das Ergebnis in Bild 1-90 zeigt den Betrag der maximalen elektrische Feldstärke auf der Oberfläche der Metallarmatur und des Isoliermantels.

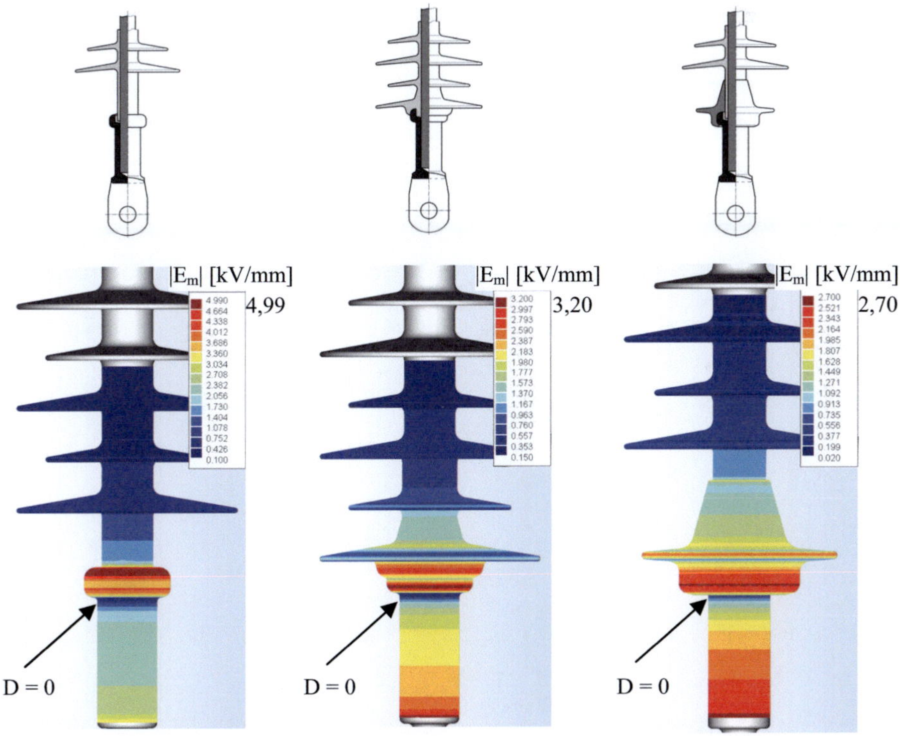

Bild 1-90: Ergebnis der Feldsimulationen der drei Dichtungssysteme, D = 0 als Startpunkt der Feldanalyse, Maximalwert der Oberflächenfeldstärke jeweils rechts in kV/mm

Es wird das Ergebnis der Simulationen im Abschnitt 2.6.2 bestätigt, dass die Feldstärke beim Ausgießen am höchsten ist. Der Unterschied zwischen Überspritzen und Koronaschirm ist neben den verschiedenen äußeren Konturen auf die größere Wandstärke des Koronaschirms zurückzuführen. Diese wurde gewählt, um einen Materialdurchschlag zu vermeiden. Ursprünglich war zusätzlich vorgesehen, die Innenfläche des Koronaschirms im Berührungsbereich mit der Armatur mit einer leitfähigen Schicht zu versehen. Dies hätte zur Folge gehabt, dass das elektrische Feld im Material immer gleich ist und bei Hohlräumen durch die Rauheit der Galvanisierungsschicht sich keine Entladung ausbilden kann. Umfassende Versuche mit vorgängigem Kochen und folgender Steilstoßspannungsprüfung haben aber gezeigt, dass das Verhalten ohne und mit leitfähiger Schicht identisch ist. Es erfolgte immer ein Außenüberschlag.

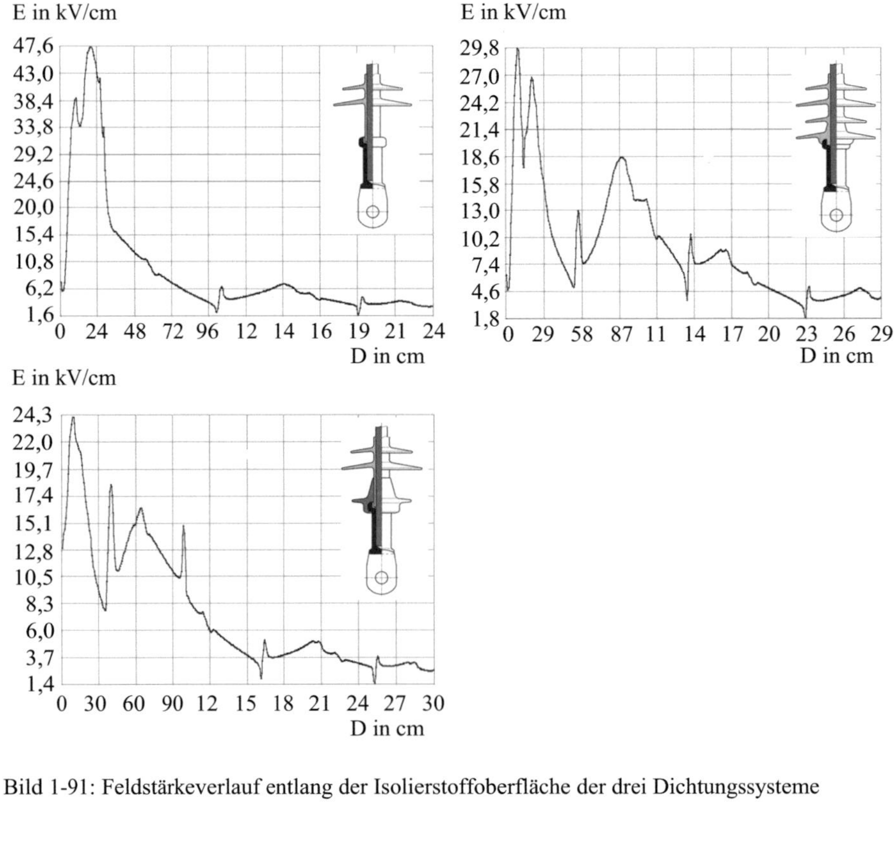

Bild 1-91: Feldstärkeverlauf entlang der Isolierstoffoberfläche der drei Dichtungssysteme

Zur Abschätzung der Feldstärke für den Einsatz der Wassertropfenkorona wird oft der Feldverlauf parallel zur Isolatorachse ausgewertet, die Feldstärke an den Strunkabschnitten ist für die Deformation der Tropfen und die Zündung von Korona entscheidend /1-174/.

Die Vorgehensweise war für diese Simulation nicht möglich, da die konischen Teile des überspritzten Mantels bzw. des Koronaschirms nicht achsenparallel verlaufen. Aus diesem Grund wurde vom Startpunkt D = 0 (Bild 67) die maximale Feldstärke entlang der Oberfläche in axialer Richtung ausgewertet, d. h. die 2-D-Kontur des Isolators abgefahren (Bild 1-91). Es zeigt sich für das Ausgießen, dass am Tripelpunkt, d. h. am Übergang von der Armatur auf das Dichtungsmaterial eine sehr hohe Feldstärke auftritt, die stetig abnimmt. Der gesamte erste Strunkabschnitt hätte unter diesen Bedingungen eine Feldstärke, die über der empfohlenen Grenze von 4,5 kV/cm liegt (/1-175/). Im Vergleich sind die Strunkabschnitte der beiden anderen Dichtungssysteme weniger beansprucht.

Interessant ist noch die Wirkung der Felderhöhung aus der Simulation bei D = 15 mm beim Überspritzen und beim Koronaschirm: Nach der Durchführung von Salznebelprüfungen als Alterungsversuch (1000 h nach IEC 62217) war festzustellen, dass dieser Bereich praktisch keine Entladungsaktivität hatte und vollständig hydrophob war (Bild 1-92). Eine intensive Trockenzonenbildung war dagegen am Strunk feststellbar. Der konische Teil des Koronaschirms zeigte ebenfalls Teilentladungsspuren, die Graufärbung der Schicht lässt auf die Bildung von SiO_x schließen.

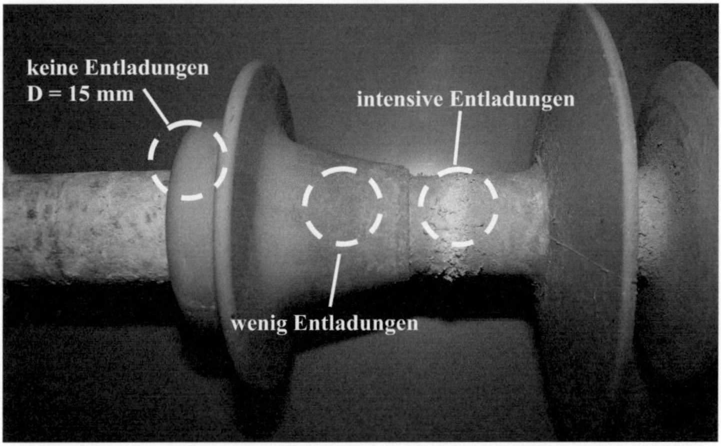

Bild 1-92: Koronaschirm nach Salznebelprüfung

Es ist bekannt, dass die Prüfschärfe der genormten Alterungsprüfverfahren zu einem schnellen Hydrophobieverlust führt und dann die Fremdschicht die Feldverteilung bestimmt. Entscheidend ist für die Interpretation der Alterungsprüfung, dass mit dem Koronaschirm aus HTV-Silikongummi ein wirksamer Schutz des Dichtungssystems gegen einen erosiven Angriff eingeführt werden konnte.

1.3.4 Qualitätssicherung

Die Qualitätssicherungsmaßnahmen für das Aufbringen des Isoliermantels und der Dichtung sind vielfältig und lassen sich als Beispiel wie folgt strukturieren:

- Überprüfung charakteristischer Eigenschaften der Halbzeuge, z. B.
    - Rauheit der Stäbe,
    - Primertest,
    - Dichte,
    - TGA,
    - Viskosität,
    - Vernetzungsverhalten,
    - Erosionsbeständigkeit des Silikongummis.

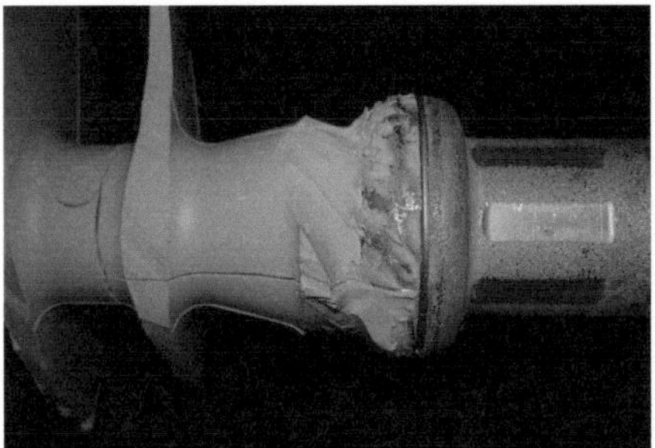

Bild 1-93: Beispiel für einen Haftungsversuch an überspritzter Armatur mit Abschälen

Bild 1-94: Visuelle Bewertung der Stab-Konzentrizität

- Prozesskontrolle
    - Temperaturerfassung und Protokollierung,
    - Rückstellmuster bei Lieferloswechsel (Batch),
    - Shore A-Härtemessung,
    - Haftungsversuche (Bild 1-93),
    - Konzentrizitätstest (Bild 1-94).

Als wichtige Maßnahme darf die Gewährleistung der Rückverfolgbarkeit genannt werden, wodurch gesichert wird, dass einem bestimmten Isolatorenlos die jeweiligen Chargen der Halbzeuge zugeordnet werden kann.

Für den kompletten Verbundisolator schreiben die anwendbaren Produktnormen wie z. B. IEC 61109 Stichproben- und Routineprüfungen für die Fertigungslose vor. Für die Stichprobenprüfung ist der folgende Stichprobenumfang gemäß Norm vorgegeben (Tabelle 1-13):

Tabelle 1-13: Stichprobenumfang abhängig von der Losgröße

Losgröße N	Stichprobenumfang	
	E1	E2
≤ 300	nach Vereinbarung	
$300 < N \leq 2000$	4	3
$2000 < N \leq 5000$	8	4
$5000 < N \leq 10000$	12	6

Die Stichprobenprüfungen gemäß Tabelle 1-14 sind für den jeweiligen Stichprobenumfang durchzuführen.

Tabelle 1-14: Stichprobenprüfungen und zugehöriger Stichprobenumfang

Beschreibung	Stichprobenumfang
Maßprüfung	E1 + E2
Überprüfung des Verrieglungssystems	E2
Nachweis der Dichtheit zwischen Endarmaturen und Schirmhülle	E2
Nachweis der Nennlast, SML	E1
Verzinkungsprüfung	E2

Wird eine Prüfung an *einem* Isolator nicht bestanden, ist die Prüfung, bei der der Ausfall auftrat, mit der doppelten Anzahl des Stichprobenumfangs zu wiederholen.

Wird eine Prüfung an *zwei* oder *mehreren* Isolatoren nicht bestanden, gilt das Isolatorenlos als nicht normkonform. Ist die genaue Versagensursache bekannt und nur bestimmte Isolatoren innerhalb des Loses betroffen, ist eine Gruppierung der individuellen Isolatoren zulässig. An der dann als normkonform eingestuften Gruppe wird neu mit der dreifachen Anzahl des ursprünglichen Stichprobenumfangs die Prüfung, bei der der Ausfall auftrat, wiederholt.

Für die Routineprüfung hat sich ein typischer Bereich von 50 … 80 % der SML etabliert.

Die Ergebnisse aus Stichproben- und Routineprüfung werden im Rahmen der Forderungen des QS-Systems für 10 Jahre aufbewahrt.

In speziellen Fällen, z. B. bei Produkten für das „Arbeiten unter Spannung“ wird ein elektrischer Routinetest verlangt. Typischerweise wird dieser Test bei Leiter-Erde-Spannung oder erhöhter Leiter-Erde-Spannung durchgeführt. Ziel dieser Prüfung ist es, versteckte elektrisch relevante Fehler auszuschließen.

1.4 Zusammenfassung

Das Kapitel zur Fertigung von Verbundisolatoren hat den interdisziplinären Charakter dieses Themas gezeigt - Mechanik, Hochspannungstechnik, Chemie und Verfahrenstechnik sind sehr eng und abhängig voneinander verknüpft. Für den Anwender von Verbundisolatoren ist die Information wichtig, dass nach mehr als dreißigjähriger Betriebszeit ein interaktiver Informationsaustausch von Erfahrungen zwischen Energieversorgungsunternehmen und Herstellern sowie die Einbindung von universitären Einrichtungen wichtige Beiträge für den heute erreichten Grad der Produktreife geleistet haben. Dies gilt insbesondere für die langjährigen Hersteller, deren aktive Teilnahme bei der Erstellung von Produktstandards und -normen auch zu „genormten“ Bauteilen geführt hat, die die als minimal definierten Erfordernisse erfüllen müssen.

Beim Einsatz von Verbundisolatoren in höheren Spannungsebenen ist zu berücksichtigen, dass ein Verbundisolator, hergestellt aus den „besten“ Halbzeugen versagen würde, wenn der Aufbau der Isolatorkette nicht den Erfordernissen entspricht. Aufgrund der Vielfalt von Einsatzbedingungen sind diese Erfordernisse schwer zu standardisieren und erfordern das Know-how des Herstellers.

1.5 Anhang A1: Übersicht zur Normung und zur Prüfung von Verbundisolatoren

Dieser Abschnitt vermittelt ergänzend einen komprimierten Überblick zur Normung von Verbundisolatoren. Es werden wichtige IEC-Normen aufgeführt, nach denen Verbundisolatoren geprüft und ausgelegt werden. Bei der Betrachtung von Isolatorenketten ergeben sich viele Gemeinsamkeiten mit konventionellen Isolatoren, sodass die entsprechenden Normen ebenfalls zum Vergleich erwähnt werden.

Die Notwendigkeit von Prüfungen kann beispielhaft wie in Bild 1-95 gezeigt werden. Prüfungen zur Materialbewertung dienen der gezielten Quantifizierung bestimmter Eigenschaften, z. B. der Erosionsbeständigkeit, des Hydrophobieverhaltens usw. Oft werden einfache Geometrien der Prüfkörper eingesetzt, um die Überlagerung von Materialeigenschaften mit der Formgebung des Prüflings zu vermeiden. Diese Prüfungen werden zur Neuentwicklung von Materialien und wegen ihrer Einfachheit und dem erzielbaren hohen Automatisierungsgrad auch als produktionsbegleitende Verfahren zur Qualitätssicherung eingesetzt.

Bei den Prüfungen zur Produktqualifikation kann gemäß der geltenden Normung in Bauartprüfung (engl. *Design* oder *Prototype Test*) und Typprüfung unterschieden werden. Stichprobenprüfungen sind auch eine Form der Produktqualifikation, allerdings gilt es in diesen, die Konformität eines Lieferloses nachzuweisen, die Bauart- und Typprüfungen sind zu diesem Zeitpunkt im Allgemeinen abgeschlossen. Im Vergleich zur Materialbewertung ist die Bauartprüfung komplexer, werden in ihr doch vergleichsweise kurze aber funktional komplette Verbundisolatoren bewertet.

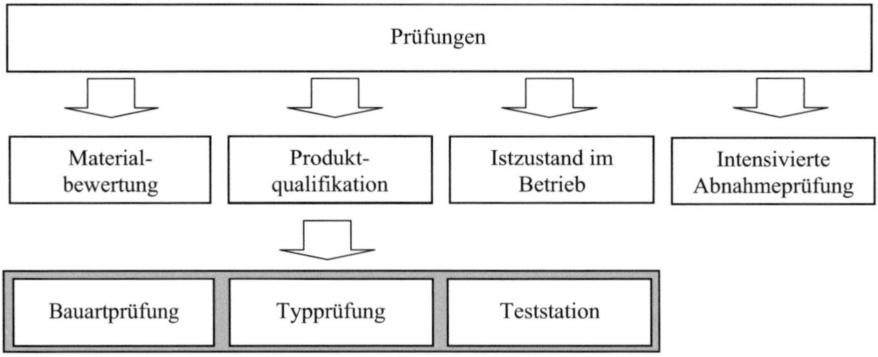

Bild 1-95: Beispiel für Prüfungen von Verbundisolatoren

Die Typprüfung wird üblicherweise an Verbundisolatoren in Originalgröße durchgeführt, bestimmte Prüfungen müssen bereits mit Kettenelementen (z. B. Koronaring) durchgeführt werden. In der aktuellen Fassung der IEC 61109 /1-60/ wird auch ein Interpolieren der Werte der Stehblitzstoßspannung, der Stehschaltstoßspannung und Stehwechselspannung zugelassen, wenn die Schlagweiten, der den Interpolationsbereich beschreibenden Isolatoren einen Faktor von 1,5 nicht überschreiten.

Teststationen /1-176/ oder Versuchsmaste /1-177/ werden von einigen Energieversorgungsunternehmen verwendet, um die Ergebnisse aus zeitraffenden Alterungsprüfungen im Labor mit den Ergebnissen einer natürlichen Bewitterung und simultanen Spannungsbeanspruchung zu korrelieren. Oft entstehen diese Sonderinstallationen an Orten, die durch eine hohe Fremdschichtbelastung eine Alterungsbeschleunigung erzielen.

Wie im Kapitel 4 methodisch und an Beispielen beschrieben wird, kann eine detaillierte Bewertung von Verbundisolatoren im Betrieb erforderlich sein, die über eine visuelle Bewertung hinausgeht.

Intensivierte Abnahmeprüfungen werden eingesetzt, wenn es Unsicherheiten zur Konformität eines Lieferloses zur Auftragsspezifikation gibt /1-178/. Es werden Prüfungen durchgeführt, die über das normale Maß einer Stichprobenprüfung hinausgehen und eher auf die zusätzliche Bewertung von spezifischen Materialeigenschaften abzielen.

Im folgenden Abschnitt wird eine Übersicht zur IEC-Normung vermittelt. Auf den Unterschied zwischen den Begriffen Norm und Standard sei noch kurz eingegangen, da der englische Begriff „Standard" für Norm und Standard gelten kann: Eine Norm entsteht üblicherweise durch ein geregeltes Normungsverfahren und dem Konsens aller an dem Verfahren beteiligten (z. B. die Abstimmung der Mitglieder bei IEC-Normen). Sie reflektiert den Stand von Wissenschaft und Technik. Die Nutzung einer Norm ist freiwillig, oft wird deren Anwendung aber verbindlich, z. B. bei der Nennung in Verträgen. Ein Standard beschreibt dagegen „nur" eine vereinheitlichende Empfehlung und kann oft als Vorstufe für eine Norm interpretiert werden.

1.5.1 Stand der IEC-Normung von Verbundisolatoren und Gemeinsamkeiten im Vergleich zu konventionellen Isolatoren und Isolatorenketten

Mit dem zunehmenden Einsatz von Verbundisolatoren entstand auch der Bedarf für Normen, um die Produktqualität und speziell auch die Substituierbarkeit gegenüber der bekannten konventionellen Technik (Kappen- oder Langstabisolator, Glas oder Porzellan) zu gewährleisten. Einen wichtigen Beitrag leistete die CIGRE diesbezüglich, deren Arbeitsgruppe 22.10 im Jahr 1982 in Form einer umfassenden Studie die minimalen Erfordernisse für Verbundisolatoren formulierte /1-179/. Auf der Grundlage dieses Dokuments entstand die Produktnorm IEC (6)1109 /1-180/, die im Jahr 1992 erschien und deren Prüfphilosophien in den folgenden Normen weitergeführt wurden. Mittlerweile liegen auch langjährige Betriebserfahrungen mit Verbundisolatoren vor, die nach dieser ersten Norm qualifiziert wurden und damit deren Gültigkeit erfolgreich nachgewiesen haben. Wie bei vielen Normen und Standards gilt aber, dass minimal einzuhaltende Erfordernisse beschrieben werden, die in-situ-Bedingungen durchaus strengere spezifische Regeln nach sich ziehen können.

Die Gegenüberstellung von Normen für Verbundisolatoren und konventionelle Isolatoren beginnt mit Verfahren zur Materialauswahl (Bild 1-96). Die im Jahr 2007 erschienene IEC 62039 beruht auf dem Beitrag der CIGRE-Arbeitsgruppe D1.14, die die Technische Broschüre TB 255 (/1-6/, s. a. Tabelle 1-1) publizierte.

Da Verbundisolatoren auch bei verschiedener Endanwendung als Leitungs-, Geräte- oder Stationsisolator Gemeinsamkeiten haben, sind zwei „common clause“-Normen verfügbar (IEC 62217 und IEC 62730), die bestimmte nachzuweisende Prüfungen gesamtheitlich beschreiben.

Über die jeweiligen Produktnormen geht es weiter zu allgemeinen Regeln für die Auslegung von Isolatoren. Im speziellen sind die Teile der IEC 60815 zu nennen, die das unterschiedliche Verhalten von konventionellen Isolatoren und Verbundisolatoren unter Verschmutzungsbedingungen bei der Kriechwegauslegung berücksichtigten.

Bei der Prüfung von Isolatorenketten wird nicht mehr in konventionelle Isolatoren und Verbundisolatoren unterschieden. Hier gilt es, das Verhalten des Gesamtsystems aus Isolator(en) und Kettenelementen zu bewerten.

Gesamthaft ist festzustellen, dass die Normung von Verbundisolatoren einen Stand erreicht hat, der als äquivalent zur Technik konventioneller Isolatoren gelten darf und dabei die Unterschiede beider Techniken (z. B. Interfacebereiche beim Verbundisolator) im Detail berücksichtigt.

Im Bild 1-96 und Bild 1-97 werden Isolatorennormen aufgezeigt, zu den Materialprüfverfahren können ergänzend folgende Normen genannt werden: Neben dem Schiefe-Ebene-Test (IEC 60587) existieren noch weitere Prüfverfahren, um die Erosionsbeständigkeit zu bewerten. Dazu zählen ein weiterer Radtest (IEC 61302 /1-102/) und die Prüfung mit trockener Entladung, die Hochspannungslichtbogenfestigkeit (IEC 61621 /1-19/).

Materialauswahl für Verbundisolatoren
IEC 62039 /1-5/

↓

Gemeinsame Bauartprüfungen
IEC 62217 /1-9/
Alterungsprüfung
IEC 62730 /1-119/

↓

Produktstandards für polymere Isolatoren

- Verbund-Langstabisolator IEC 61109 /1-60/
- Verbund-Leitungsstützer IEC 61952 /1-181/
- Dimensionen von Verbund-Leitungsstützern IEC 62609-1 /1-182/
- Verbund-Hohlisolator IEC 61462 /1-153/
- Verbund-Stationsstützer IEC 62231 /1-183/
- Dimensionen von Verbund-Stationsstützern IEC 62231-1 /1-184/
- Innenraum-Polymer-Stützer IEC 60660 /1-185/
- Bahnisolatoren IEC 62621 /1-186/

↓

Auslegung von Verbundisolatoren

- Festigkeitsklassen und Endarmaturen von Leitungsisolatoren IEC 61466-1 /1-188/
- Maße und elektrische Kenngrößen von Leitungsisolatoren IEC 61466-2 /1-188/
- Kriechwegfestlegung IEC 60815-1 /1-189/, -3 /1-190/ (AC), -4 /1-191/ (DC)
- Isolationskoordination IEC 60071-1 /1-192/, und -2 /1-193/

↓

Isolatorenketten

- Prüfverfahren, Annahmekriterien IEC 60383-2 /1-194/
- Prüfung der Kettenelemente IEC 61284 /1-195/
- Radiostörspannung IEC 60437 /1-196/
- Leistungslichtbogenprüfung IEC 61467 /1-197/

Materialbewertung → Bauartbewertung → Produktstandard → Auslegung → Kettenauslegung

Bild 1-96: Übersicht zu IEC-Prüfungen von Verbundisolatoren und daraus erstellten Isolatorenketten

Materialbewertung ⇩

Materialauswahl für Glas- und Porzellanisolatoren
IEC 60672-1, -2, -3

⇩

Produktstandard ⇩

Produktstandards für Glas- und Porzellanisolatoren

- Porzellan-Langstabisolator IEC 60433 /1-201/
- Porzellan/Glaskappenisolator IEC 60305 /1-202/
- Restfestigkeit von Kappenisolatoren nach Beschädigung des Isolierstoffs IEC 60797 /1-203/
- Porzellan-Leitungsstützer IEC 60720 /1-204/
- Thermo-mechanische Prüfungen für Leitungsisolatoren IEC 60575 /1-205/
- Prüfungen für Freileitungsisolatoren IEC 60383-1 /1-206/
- Porzellan-Hohlisolator IEC 62371 /1-207/
- Prüfungen für Porzellan-Hohlisolator IEC 62155 /1-208/
- Stationsstützer IEC 60273 /1-209/
- Prüfungen für Stationsstützer IEC 60168 /1-210/
- Isolatoren für Gleichspannungsanwendungen IEC 61325 /1-211/

⇩

Auslegung ⇩

Auslegung von Glas- und Porzellanisolatoren

- Endarmaturen von Leitungsisolatoren IEC 60120 /1-212/ und IEC 60471 /1-213/
- Kriechwegfestlegung IEC 60815-1, -2 /1-214/ (AC), -4 (DC)
- Isolationskoordination IEC 60071-1, und -2

⇩

Kettenauslegung

Isolatorenketten

- Prüfverfahren, Annahmekriterien IEC 60383-2
- Prüfung der Kettenelemente IEC 61284
- Radiostörspannung IEC 60437
- Leistungslichtbogenprüfung IEC 61467

Bild 1-97: Übersicht zu IEC-Prüfungen von konventionellen Isolatoren und daraus erstellten Isolatorenketten

Der Niederspannungskriechstromversuch gemäß IEC 60112 /1-215/ wird oft noch in Spezifikationen erwähnt. Die Alterungsbeständigkeit der heute eingesetzten Isolierstoffe kann mit diesem Verfahren oft nicht mehr ausreichend differenziert werden /1-216/. Eine Prüfung zur Beständigkeit von Polymeroberflächen gegenüber Koronaentladungen ist mit IEC 60343 /1-217/ verfügbar. Allerdings ist die Bewertung weiterer Einflussparameter (z. B. simultane Dehnungsbeanspruchung) wünschenswert /1-218/.

Hinsichtlich Fremdschichtprüfungen sind die IEC 60507 /1-219/ und die IEC 61245 /1-220/ zu nennen, die für konventionelle Isolatoren für AC- bzw. DC-Prüfungen zur Anwendung kommen. Beide werden z. T. auch für die Prüfung von Verbundisolatoren eingesetzt. Die Ergebnisse können dann wegen der hydrophoben Wirkung aber stark differieren. Aus diesem Grund ist die CIGRE-Arbeitsgruppe C4.03.03 an der Ausarbeitung einer Prüfmethode, die auch für Verbundisolatoren anwendbar ist /1-221/.

1.5.2 Material- bzw. Bauartprüfungen zur Bewertung von bestimmten Materialeigenschaften des Isoliermantels

Bei den zu bewertenden Materialeigenschaften ist z. B. in fertigungstechnische und betriebsrelevante Eigenschaften zu unterscheiden. Als wichtige fertigungstechnische Eigenschaften eines Silikongummis können genannt werden:

- Viskosität (bei Festsilikonen in Mooney gemessen /1-227/),
- Warmdehnungsverhalten bzw. Warmreißfestigkeit /1-228/,
- Anspringtemperatur /1-229/,
- Vernetzungstemperatur /1-229/,
- Vernetzungskinetik /1-229/.

Diese Eigenschaften bestimmen die Produktqualität (Vollständigkeit der Formbefüllung, Lufteinschlüsse, Haftung am Isolierstab, Stabdeformation im Werkzeug usw.) und die Produktivität. Die Viskosität wird mit Mooney-Viskosimetern gemessen. Ein Rotor schert das Material und das erforderliche Drehmoment korrespondiert proportional mit der Viskosität. Die Messung erfolgt im Allgemeinen bei Raumtemperatur, die Schergeschwindigkeit kann variiert werden. Das Warmdehnungsverhalten bzw. die Warmreißfestigkeit sind wichtige Größen, um das Reißen von Material beim Öffnen der betriebswarmen Spritzgussform zu vermeiden. Die Anspringtemperatur, die Vernetzungstemperatur sowie die Vernetzungskinetik werden wesentlich über das eingesetzte Vernetzungssystem aber auch die Wärmeleitfähigkeit des Materials bestimmt. Deren Messung kann integral beispielsweise über ein Rheometer erfolgen. Das

Funktionsprinzip ist vergleichbar zu dem des Viskosimeters, allerdings wird jetzt eine Temperatur eingestellt, bei der die Materialvernetzung ausgelöst wird. Ein Beispiel wird in Bild 1-98 gezeigt. Als Vergleichkennzahl wird oft der Wert t_{90} verwendet. Dieser entspricht der Zeit, in der unter den eingestellten Versuchsbedingungen die Vernetzung zu 90 % abgeschlossen ist und gilt bei der Verarbeitung von Silikonelastomeren als minimale Vernetzungszeit, nach der eine Entnahme aus dem Werkzeug erfolgen kann. Die Materialdicken und die Verwendung von Trägerwerkstoffen, auf die der Silikongummi aufvulkansiert wird, sind beim Upscaling auf die realen Produktionsbedingungen zu berücksichtigen. Im gezeigten Beispiel benötigt das Material C die längste Vernetzungszeit, was auf den verwendeten (langsamen) Vernetzer und den geringeren Füllstoffanteil (reduzierte Wärmeleitfähigkeit) im Vergleich zu den Materialien A und B zurückzuführen ist.

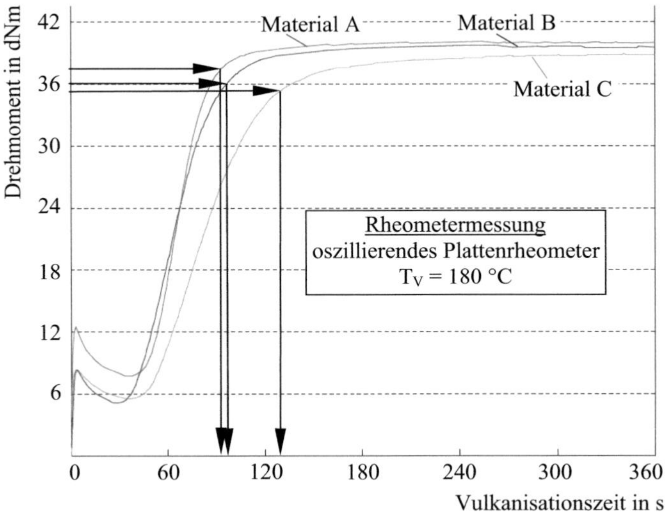

Bild 1-98: Ermittlung von t_{90}-Werten verschiedener Silikongummis im Rheometerversuch

Wichtige betriebsrelevante Eigenschaften aus Sicht des Alterungs- und des Fremdschichtverhaltens wurden bereits in Tabelle 1-1 und im Abschnitt 1.2.3.3 vorgestellt. Eine zusammenfassende Übersicht zu elektrischen Prüfungen ist, wie in Tabelle 1-15 gezeigt, möglich.

Tabelle 1-15: Betriebsrelevante Materialeigenschaften und anwendbare Prüfverfahren

	Verfahren						
	Schiefe-Ebene-Test	Nadeltest	Radtest		Nebelprüfung		Tropfen-test (DTPV)
Norm, Referenzen	IEC 60587	IEC 62126	IEC 61302 IEC 62730	MRWDT /1-114/	IEC 62217		/1-121/ ... /1-124/, /1-230
Eigenschaft							
Erosions-beständigkeit	X	X	X		X		
Hydrophobie-Beständigkeit				X		X	X
Hydrophobie-Recovery				X		X	X
Hydrophobie-Transfer							X

Neben den erwähnten Eigenschaften gibt es solche, die nicht unbedingt funktional sind, aber zur Beschreibung von Materialien oder deren Veränderungen verwendet werden können. Dieses sogenannte Finger-Printing wird momentan in der CIGRE-Arbeitsgruppe D1.27 intensiv untersucht. Ein Ziel dieser Arbeit ist die Bewertung von analytischen Methoden zur eindeutigen Identifizierung von polymeren Werkstoffen und dafür aus der Vielzahl von eingeführten Methoden geeignete Verfahren auszuwählen. Ist dieses Thema eher akademisch oder notwendig? Initiiert wurde es vorwiegend von Anwendern, die Verbundisolatoren in ihren Netzen einsetzen. Des Weiteren dient es Herstellern, den Qualitätsnachweis für ihre Produkte zu erbringen. Die Notwendigkeit für definierte Verfahren und Prüfkriterien kann aus den folgenden Überlegungen abgeleitet werden:

- Bisher gibt es nur wenige verbindliche Kriterien, ob die nach Zulassungs- oder Bauartprüfungen freigegebenen Materialien und Designs zum Einsatz kommen oder wegen des Kostendrucks oder des Wegfalls von Halbzeuglieferanten alternative Materialien mit geringerer Qualität oder mit fehlender Langzeiterfahrung unter den Einsatzbedingungen des Anwenders beim Hersteller verarbeitet werden.
- Des Weiteren kann es durch pauschale unspezifische Materialbeschreibungen in Ausschreibungen zu „Fehlinterpretationen“ kommen. Als Beispiel dafür darf gelten, dass niedrigviskose Flüssigsilikone aufgrund ihrer typischen

Vernetzungstemperatur von 100 … 120 °C als HTV-Silikongummi „verkauft" wurden.

- Im Fall von Beschädigungen durch irreversible Alterungserscheinungen können die kritischen Materialveränderungen im Vergleich zu Rückstellmustern des gleichen Materialbatches analytisch untersucht werden.
- Die Verfahren haben ein interessantes Potential, zur produktionsbegleitenden Qualitätssicherung eingesetzt zu werden.

Auch im deutschen Sprachraum werden mittlerweile die Kurzbezeichnungen der Methoden umgangssprachlich und in Testreports verwendet. Eine kurze Übersicht der gegenwärtig eingesetzten Verfahren zeigt Tabelle 1-16.

Tabelle 1-16: Anwendbare Verfahren für Material-Fingerprints

Methode	Analyse	Haupteigenschaft, bewertet
Dichtemessung /1-231/	physikalisch	
Härtemessung /1-232/	physikalisch	
Dynamische Differenz-kalorimetrie (DSC engl. *Differential Scanning Calorimetry*) /1-233/	thermisch	Temperatur von: • Glasübergang • Kristallisation • Schmelzen
Thermogravimetrische Analyse (TGA engl. *Thermal Gravimetric Analysis*) /1-234/	thermisch	Masseänderung
Fourier-Transform-Infrarot-Spektroskopie (FTIR engl. *Fourier Transform Infrared Spectroscopy*)	spektroskopisch	Art und Quantität bestimmter chemischern Bindungen
maschinelle Materialprüfung /1-228/	mechanisch	• Ausdehnungskoeffizient • Elastizitätsmodul • Zugfestigkeit • Reißdehnung • Weiterreißfestigkeit

1.5.3 Spezialprüfungen für die Flammbeständigkeit

Die nachzuweisende Flammbeständigkeit von Freiluftisolatoren wird später noch im Kapitel 3 dargestellt. Für spezielle Anwendungen sind aber weitere Nachweise zu führen. Dazu zählen Anwendungen im Bahnbereich - Festinstallationen und Fahrzeuge. Da die Anwendung von Kabelnormen für Verbundisolatoren nicht sinnvoll ist, wurde z. B. in der Norm pR CEN/TS 45545-2 /1-222/ nach Isolatoren im Innen- und Außenraum unterschieden. Die Prüfschärfe ist für den Innenraum höher. In beiden Fällen sind festgelegte Grenzwerte in den folgenden Prüfungen einzuhalten:

- Bestimmung des Brennverhaltens durch den Sauerstoffindex (EN ISO 4589-2 /1-223/),
- Rauchentwicklung: Bestimmung der optischen Dichte durch Einkammerprüfung (EN ISO 5659-2 /1-224/),
- Prüfungen des Brandverhaltens, Analyse der Rauchgase (NF-X 70-100-1 /1-225/ und -2 /1-226/).

1.6 Formelzeichen und Abkürzungen

A_A	Fläche beim Aufbringen der Prüflösung
A_E	Fläche beim Entnehmen der Prüflösung
AC	Wechselspannung
ACIM	automatisiertes kontinuierliches Spritzgießen (engl. *Automated Continuous Injection Moulding*)
AE	Akustische Emission (engl. *Acoustic Emission*)
AQL	Annehmbare Qualitätsgrenzlage (engl. *Acceptable Quality Level*)
ATH	Aluminiumtrihydrat, Aluminiumhydroxid
C0…..C7	Bezeichnung für Silikoncompounds
CIGRE	Forum auf dem Gebiet der elektrischen Energieerzeugung, -übertragung und -verteilung (franz. *Conseil International des Grands Reseaux Électriques*)
D	Startpunkt einer Laufvariablen
D_A	Durchmesser beim Aufbringen der Prüflösung
D_E	Durchmesser beim Entnehmen der Prüflösung
DSC	Dynamischer Differenzkalorimetrie
DTPV	Dynamisches Tropfen-Prüfverfahren
d	Stabdurchmesser
d_F	Faserdurchmesser
E	elektrische Feldstärke
E1, E2	Stichprobenumfang
E-CR/ECR-Glas	korrosionsbeständige Glasfaser für elektrotechnische Anwendungen
E-Glas	Glasfaser für elektrotechnische Anwendungen
ESCA	Fotoelektronenspektroskopie für Chemische Analyse (engl. *Electron Spectroscopy for Chemical Analysis*)
FMEA	Fehler-Möglichkeits- und Einflussanalyse (engl. *Failure Mode and Effects Analysis*)
FIFO	First-In-First-Out-Prinzip
FTIR	Fourier-Transform-Infrarot-Spektroskopie
GFK	glasfaserverstärkter Kunststoff
HDK	hochdisperse Kieselsäure
HS	Hochspannung
HTV	hochtemperaturvernetzend
IEC	Internationale Elektrotechnische Kommission (engl. *International Electrotechnical Commission*)
i_{peak}	Stromscheitelwert

LMW	niedermolekulare diffusionsfähige Silikonbestandteile (engl. *low molecular weight (chains)*)
LSR	Flüssigsilikongummi
M1…MX	kodierte Materialbezeichnung
M_b	Biegemoment
NMDA	Niederdruck-Misch- und Dosieranlage
MRWD	modifizierter Radtest (engl. *Modified Rotating Wheel Dip (MRWD) Test*)
m_V	Masseverlust
N	Anzahl
RCC	Firmenbezeichnung
REM	Rasterelektronenmikroskopie
RTV	raumtemperaturvernetzend
RTV-1	raumtemperaturvernetzendes Einkomponentensystem
RTV-2	raumtemperaturvernetzendes Zweikomponentensystem
SML	Nennkraft (engl. *Specified Mechanical Load*)
SR	Silikongummi
tex	Tex-Zahl (Längengewicht einer Faser)
T_V	Vernetzungstemperatur
TG	Glasübergangstemperatur
TGA	Thermogravimetrische Analyse
t_A	Zeit bis zum Ausfall
t_{Er}	Erholungsdauer
t_P	Prüfzeit
t_{Rec}	Recovery-Zeit
t_{Tr}	Transferzeit
t_V	Zeit bis zum Verlust einer bestimmten Eigenschaft
v_P	Pultrusionsgeschwindigkeit
α	thermischer Ausdehnungskoeffizient
Δ	relative Auslenkung
γ	Oberflächenspannung
Θ	Randwinkel
Θ_R	Rückzugswinkel
Θ_S	statischer Randwinkel
Θ_V	Vorrückwinkel

1.7 Literatur

/1-1/ S. M. Gubanski, A. Derfalk, J. Andersson and H. Hillborg: Diagnostic Methods for Outdoor Polymeric Insulators, IEEE Transactions on Dielectrics and Electrical Insulation, Vol. 14, No. 5, October 2007

/1-2/ K. O. Papailiou: Grenzflächen bei Silikon-Verbundisolatoren, Bulletin SEV/VSE 21/1999

/1-3/ S. Ansorge, A. Camendzind, S. E. Pratsinis, M. Ammann, F. Schmuck, K. O. Papailiou: Evaluation of Silicone Rubber Housing Interfaces after Service Exposure and Performance Improvements by Nanofillers enriched Silicone Rubbers. Paper B2-208, CIGRE 2008

/1-4/ M. Ammann, K.O. Papailiou, S. Ansorge, F. Schmuck: Zur Bewertung von Verbundisolatoren und deren relevanten Interfacebereichen nach Freilufteinsatz. ETG Fachtagung „Grenzflächen in elektrischen Isoliersystemen", September 2008

/1-5/ IEC TR 62039 Ed. 1: 2007: Selection guide for polymeric materials for outdoor use under HV stress

/1-6/ CIGRE Working Group D1.14: Material properties for non-ceramic outdoor insulation: State of the art. Technical Brochure 255, 2004

/1-7/ IEC 60587 Ed. 3: 2007: Electrical insulating materials used under severe ambient conditions – Test methods for evaluating resistance to tracking and erosion.

/1-8/ IEC 60343 Ed. 2: 1991: Recommended test methods for determining the relative resistance of insulating materials to breakdown by surface discharges

/1-9/ IEC 62217 Ed 1: 2005: Polymeric insulators for indoor and outdoor use with a nominal voltage > 1 000 V - General definitions, test methods and acceptance criteria

/1-10/ IEC 60250 Ed. 1: 1969: Recommended methods for the determination of the permittivity and dielectric dissipation factor of electrical insulating materials at power, audio and radio frequencies including metre wavelengths

/1-11/ ISO 34-1 2010: Rubber, vulcanized or thermoplastic -- Determination of tear strength -- Part 1: Trouser, angle and crescent test pieces

/1-12/ DIN 53504 2009: Prüfung von Kautschuk und Elastomeren - Bestimmung von Reißfestigkeit, Zugfestigkeit, Reißdehnung und Spannungswerten im Zugversuch

/1-13/ IEC 60093 Ed. 2: 1980: Methods of test for volume resistivity and surface resistivity of solid electrical insulating materials

/1-14/ IEC 60243-1 Ed. 2: 1998: Electrical strength of insulating materials -

Test methods - Part 1: Tests at power frequencies.

/1-15/ IEC 60243-3 Ed 2: 2001: Electric strength of insulating materials - Test methods - Part 3: Additional requirements for 1,2/50 µs impulse tests

/1-16/ ISO 4892-2 2010: Kunststoffe - Künstliches Bestrahlen oder Bewittern in Geräten - Teil 2: Xenonbogenlampen (ISO 4892-2:2006/Amd 1:2009); Änderung A1

/1-17/ ISO 4892-3 2006: Kunststoffe - Künstliches Bestrahlen oder Bewittern in Geräten - Teil 3: UV-Leuchtstofflampen (ISO 4892-3:2006)

/1-18/ IEC 60695-11-10 Ed. 1.1: 2003: Fire hazard testing - Part 11-10: Test flames - 50 W horizontal and vertical flame test methods

/1-19/ IEC 61621 Ed. 1: 1997: Dry, solid insulating materials - Resistance test to high-voltage, low-current arc discharges

/1-20/ P-IEC 61006 Ed. 2: 2004: Electrical insulating materials - Methods of test for the determination of the glass transition temperature

/1-21/ J. Kindersberger, R. Bärsch: Grenzfläche Feststoff-Gas – Beanspruchungen, Wechselwirkungen, Design, Prüfverfahren, Lebensdauer. ETG Fachtagung „Grenzflächen in elektrischen Isoliersystemen" März 2005, Hanau, ETG-Fachbericht 99,VDE-Verlag GmbH Berlin Offenbach, S. 7-26

/1-22/ State of the Art Report On behalf of Study Committees 15 and 33 presented by Working Group 33/15.08: Dielectric diagnosis of electrical equipment for AC applications and its effects on insulation coordination. CIGRE Technical Brochure 059. 1990

/1-23/ A. Haas, J. Kindersberger: Determination of Ageing of Polymeric Insulating Materials by Thermal Analysis Methods. Proceedings of the 16th International Symposium on High Voltage Engineering, 2009 SAIEE, Innes House, Johannesburg, RSA

/1-24/ I. Gutman: STRI Guidelines for Diagnostics of Composite Insulators, for Visual Inspections; for Hydrophobicity; for IR Helicopter Inspections. International Conference onSuspension and Post Composite Insulators: Manufacturing, technical Requirements, Test Methods, Service Experience, Diagnostics, St. Petersburg October 2004

/1-25/ IEC 60120 Ed 3: 1984: Dimensions of ball and socket couplings of string insulator units

/1-26/ IEC 60471 Ed. 2: 1977 und Amendment 1: 1980: Dimensions of clevis and tongue couplings of string insulator units

/1-27/ IEC 61466-1 Ed 1: 1997: Composite string insulator units for overhead lines with a nominal voltage greater than 1000 V - Part 1: Standard strength classes and end fittings

/1-28/ IEC 61466-2 Ed 1.1: 2002: Composite string insulator units for overhead lines with a nominal voltage greater than 1 000 V - Part 2: Dimensional and electrical characteristics

/1-29/ IEC 60383-1 Ed 4: 1993: Insulators for overhead lines with a nominal voltage above 1000 V - Part 1: Ceramic or glass insulator units for a.c. systems - Definitions, test methods and acceptance criteria

/1-30/ DIN EN ISO 2178: 1995: Nichtmagnetische Überzüge auf magnetischen Grundmetallen - Messen der Schichtdicke - Magnetverfahren

/1-31/ DIN EN ISO 6506-1: 2005: Metallische Werkstoffe - Härteprüfung nach Brinell - Teil 1: Prüfverfahren

/1-32/ H. Schürmann: Konstruieren mit Faser-Kunststoff-Verbunden. Springerverlag 2007, ISBN 978-3-540-72189-5

/1-33/ Culimeta: Isolier- und Abschirmtechnik. Factbook, 9/2010

/1-34/ C. de Tourreil, F. Schmuck on behalf of CIGRE Working Group (WG) B2.03: Brittle Fractures of Composite Insulators - Field Experience, Occurrence and Risk Assessment. ELECTRA No. 214 June 2004

/1-35/ C. de Tourreil, F. Schmuck on behalf of CIGRE WG B2.03: Brittle Fractures of Composite Insulators – Failure Mode Chemistry, Influence of Resin Variations and Search for a Simple Insulator Core Evaluation Test Method. ELECTRA No. 215 August 2004

/1-36/ C. Schijver: Optimierung der elektrischen Eigenschaften glasfaserverstärkter Kunststoffe. Dissertation 1998, Shaker Verlag 1998, ISBN 3-8265-3842-0

/1-37/ J. Lange: Rohstoffe der Glasindustrie. Deutscher Verlag für Grundstoffindustrie, Leipzig 1993, ISBN 3-342-00663-3

/1-38/ Patent US 000004199364A: Glass Composition, 22. April 1980

/1-39/ Owens/Corning Fiberglass: ECRGLAS – Technical Status: 1991

/1-40/ B. C. Bunker, G. W. Arnold, D. E. Day, P. J. Bray: The effect of molecular Structure on Borosilicate Leaching. Journal of Non-Crystalline Solids 87, 1986

/1-41/ D. Armentrout, M. Kumosa, L. Kumosa: Water Diffusion into and Electrical Testing of Composite Insulator GRP Rods. IEEE Transactions on Dielectrics and Electrical Insulation Vol. 11, No. 3; June 2004

/1-42/ PPG Industries Fiber Glass: E-Glass and ECR-Glass Pultrusions Dielectric Breakdown Voltage. Firmenreport, 1995

/1-43/ J. Schramm: Über den Einfluss von Mikrohohlräumen auf die elektrische Festigkeit glasfaserverstärkter Epoxidharzformstoffe. Dissertation 1985

/1-44/ M. Kuhl: FRP Rods for Brittle Fracture Resistant Composite Insulators. IEEE Transactions on Dielectrics and Electrical Insulation Vol. 8 No. 2, April 2001

/1-45/ A. Schütz: The history of Rodurflex – quite a long story covering more than 3 decades. LAPP Firmenbroschüre, publiziert im Jahr 2000

/1-46/ Patent US 000004542106A: Glass Composition, 17. September 1985

/1-47/ T. S. McQuarrie: Improved dielectric and brittle Fracture resistant Core Rods for Non-ceramic Insulators. INMR Congress, Barcelona, 1999

/1-48/ K. O. Papailiou, S. Thaddey, F. Schmuck, C. Armschat, J. C. Stankewitz: Development of an 800kV HVDC station post design based on the long-term experience with composite line post insulators. CIGRE Session 2010, Paper B3_101_2010

/1-49/ M. Neitzel, U. Breuer: Die Verarbeitungstechnik der Faser-Kunststoff-Verbunde. Hanser Verlag 1997, ISBN 3-446-19012-0

/1-50/ H. Domininghaus, P, Elsner, P. Eyerer, T. Hirth: Kunststoffe, Springer Verlag, 2008, ISBN 978-3-540-72400-1

/1-51/ A. Phillips, F. Bologna, T. Shaw: Application of Corona Rings at 115kV and 138kV. EPRI-Document 1015917 2008, CIGRE WG B2.21 IWD 063-2009

/1-52/ L. S. Kumosa, M. S. Kumosa, D. L. Armentrout: Resistance to Brittle Fracture of Glass Reinforced Polymer Composites Used in Composite (Nonceramic) Insulators. IEEE Transactions on Power Delivery, Vol. 20, No. 4, October 2005

/1-53/ M. Kumosa, L. Kumosa, D. Armentrout: Failure Analyses of Nonceramic Insulators Part 1: Brittle Fracture Characteristics. IEEE Electrical Insulation Magazine, May/June 2005, Vol. 21, No. 3

/1-54/ M. Kumosa, L. Kumosa, D. Armentrout: Failure Analyses of Nonceramic Insulators: Part II—The Brittle Fracture Model and Failure Prevention. IEEE Electrical Insulation Magazine July/August 2005 , Vol. 21, No. 4

/1-55/ A. R. Chughtai, D. M. Smith, L. S. Kumosa, M. Kumosa: FTIR Analysis of Non-ceramic Compos-ite Insulators. IEEE Transactions on Dielectrics and Electrical Insulation Vol. 11, No. 4; August 2004

/1-56/ X. Liang, J. Wang, J. Dai: Surface Micro-crack Initiated Brittle Fracture in Fiber Reinforced Plastic Rod of Composite Insulator. IEEE Transactions on Dielectrics and Electrical Insulation Vol. 17, No. 2; April 2010

/1-57/ X. Liang, J. Fan, L. Chen: Research on the Brittle Fracture of FRP Rods and Its Acoustic Emission Detection. IEEE PES 2000WM, Paper 16-19-01, January 2000

/1-58/ W. Huiber, K. O. Papailiou, M. Peter, F. Schmuck: Increased Installation Performance and Application Solutions using Composite Insulators – A Manufacturerer`s Philosophy. INMR World Insulator Congress 2001 Shanghai

/1-59/ IEC TR 62662 Ed. 1: 2010: Guidance for production, testing and diagnostics of polymer insulators with respect to brittle fracture of core materials

/1-60/ IEC 61109 Ed. 2: 2008: Composite suspension and tension insulators for a.c. overhead lines with a nominal voltage greater than 1 000 V - Definitions, test methods and acceptance criteria

/1-61/ B. Hill, V. Sklenicka, F. Schmuck on behalf of CIGRE WG B2.21: Investigation of different liquid Solutions for Dye Penetration Tests used in Standard IEC 62217 for Design and Routine Testing. ELEKTRA 251_1. 2010

/1-62/ H. Büchner, F. Schmuck, A. Zanetti: Cellpack' s Cevosil – 10 Years of technical and marketing Experience. 3. Symposium on Non-Ceramic Insulators in Miami 1997

/1-63/ F. Schmuck: Cevosil Composite Hollow Insulator – Facts, History, State of the Art and Design Basics. Factbook 1998, Cellpack AG

/1-64/ G. Rocchetti, E. Moal: Computer-simulated Design of high Performance Hollow Core Insulators for specialized Applications. INMR Congress 2005, Hong-Kong

/1-65/ F. Y. Chu: SF_6 Decomposition in Gas-Insulated Equipment. IEEE Transactions on Electrical Insulation 1986

/1-66/ M. Piemontesi, L. Niemeyer: Surface reactions of SF6 decomposition products. CEIDP S. Francisco 1996.

/1-67/ A. Eidinger, R. Schaumann: Schwefelhexaflourid. Brown Boveri Mitteilungen 4-79, 1979

/1-68/ V. Hinrichsen, N. Möhring, T. Wietoska, H. Haupt, A. Bockenheimer, C. Heinemann, C. Berger, I. Gottschalk, N. Kurda, N. Mikli, F. Schmuck, J. Seifert: Resistance to vapour permeation of factory new and of mechanically stressed composite hollow insulators. CIGRE Session Paris 2010, A3-304_2010

/1-69/ CIGRE WG A3.21: Aspects for the application of composite insulators to high voltage ($\geq$ 72kV) apparatus. Technical Brochure 455 April 2011

/1-70/ A. Tomanek: Silicones & Industry. Hanser Verlag, 1991, ISBN 3-446-17264-5

/1-71/ Patent DE 2650363 C2: Verbundisolator für Hochspannungsfreiluft-Anwendungen. 3. 11. 1976

/1-72/ E. A. Cherney, J. T. Burnham, R. S. Gorur; Outdoor Insulators. 1999, ISBN 0967761107

/1-73/ F. Schmuck: Zur zeitraffenden Alterungsprüfung von Silikongummi-Oberflächen unter Fremdschichtbelastung und simultaner 50-Hz-Spannungsbeanspruchung. Dissertation 1992, HTWS Zittau, Germany

/1-74/ F. Schmuck, R. Bärsch: Electrochemical and Microbiological Phenomena during Accelerating Ageing Tests of Polymeric Insulators. 8. ISH Yokohama, 1993

/1-75/ F. Schmuck, W. Ramm: Zum Einfluss einer biologischen Wechselwirkung zwischen polymerem Isolierstoff und Prüfmilieu während zeitraffender Alterungsprüfungen mit fließenden Fremdschichten. Elektrie 11/1991

/1-76/ HJ. Winter, R. Bärsch: Oberflächenverhalten von Siliconelastomeren unter Feuchte- und biogenen Belastungen. RCC Konferenz, Berlin 2006

/1-77/ C. Neumann: Betriebsverhalten von Verbundisolatoren, ETG-Fachbericht 93, VDE-Verlag 2003

/1-78/ S. Gubanski, A. Derfalk, S. Wallström, S. Karlsson: Biological Contamination of Insulators: Influence on Performance and Diagnostic Techniques to Assess the Problem. INMR World Insulator Congress 2005 Hongkong

/1-79/ M. A. R. M. Fernando, S. M. Gubanski: Ageing of Silicone Rubber Insulators in Coastal and Inland Tropical Environment. IEEE Transactions on Dielectrics and Electrical Insulation Vol. 17, No. 2; April 2010

/1-80/ M. A. R. M. Fernando, H. Rajamantri, S. M. Gubanski: Performance of Silicone Rubber Composite Insulators in Sri Lanka. First International Conference on Industrial and Information Systems, ICIIS 2006, 8 - 11 August 2006, Sri Lanka

/1-81/ S. M. Gubanski, S. Karlsson and M. A. R. M. Fernando: Performance of Biologically Contaminated High Voltage Insulators. ICIIS 2006, 8 - 11 August 2006, Sri Lanka

/1-82/ R. Bärsch, M. Kuhl: Betriebserfahrungen und Untersuchungen an Kunststoffisolatoren in eine 20 kV-Leitung auf der Insel Nordstrand. ETG-Fachbericht 76, 1999

/1-83/ K. O. Papailiou, M. Peter, W. Fluri, F. Schmuck: A Review of Material Development, recent 420 kV Braced Line Post Designs and Long-term Evaluation of Composite Insulators in Silicone Rubber Technology. INMR Insulator Symposium 2003 Marbella

/1-84/ J.-M. George: Review of Polymer Materials and Design Considerations Based on Field Experience and Laboratory Testing. INMR Congress 2009, Kreta

/1-85/ Korrespondenz mit HJ. Winter, Wacker Chemie AG, Burghausen, Germany: Thermisches Verhalten von ATH

/1-86/ S. Kumagai, N. Yoshimura: Tracking and Erosion of HTV Silicone Rubber and Suppression Mechanism of ATH. IEEE Transactions on

Dielectrics and Electrical Insulation Vol. 8 No. 2, April 2001

/1-87/ L. E. Schmidt, X. Kornmann, A. Krivda, H. Hillborg: Tracking and Erosion Resistance of High Temperature Vulcanizing ATH-free Silicone Rubber. IEEE Transactions on Dielectrics and Electrical Insulation Vol. 17, No. 2; April 2010,

/1-88/ Kautschuk Gummi Kunststoffe 10/2006

/1-89/ L. H. Meyer, S. H. Jayaram, E. A. Cherney: A novel technique to evaluate the erosion resistance of silicone rubber composites for high voltage outdoor insulation using infrared laser erosion. IEEE Transactions on Dielectrics and Electrical Insulation, Vol. 12, 2005

/1-90/ S. Ansorge, F. Schmuck, K. O. Papailiou: Improved Silicone Rubbers for the Use as Housing Material in Composite Insulators. IEEE Transactions on Dielectrics and Electrical Insulation, Volume 19, No. 1, February 2012

/1-91/ L. Meyer, S. Jayaram, E. A. Cherney: Thermal Conductivity of Filled Silicone Rubber and its Relationship to Erosion Resistance in the Inclined Plane Test. IEEE Transactions on Dielectrics and Electrical Insulation Vol. 11, No. 4; August 2004

/1-92/ L. H. Meyer, E. A. Cherney, S. H. Jayaram: The Role of Inorganic Fillers in Silicone Rubber for Outdoor Insulation—Alumina Tri-Hydrate or Silica. IEEE Electrical Insulation Magazine July/August 2004 — Vol. 20, No. 4

/1-93/ R. J. Chang, L. Mazeika: Electrical Activities associated with Inclined-Plane Tracking and Erosion Test. CEIDP San Francisco 1996

/1-94/ H. Kärner: Research at Braunschweig - Studies of interfacial Phenomena in Composite Insulators. Insulator News & Market Report, Vol.3, No.3, May/June 1995, S. 9-11

/1-95/ J. Kindersberger: Stand und Tendenzen der Prüfung von Kunststoffen für Freiluftisolierungen HIGHVOLT Kolloquium, Mai 2003, Dresden, Beitrag 4.2, S. 121-131

/1-96/ R. S. Gorur, E. A. Cherney, R. Hackam: Polymer Insulator Profiles Evaluated In A Fog Chamber. IEEE Transactions on Power Delivery, Vol. *5,* No. 2, April 1990

/1-97/ R. S. Gorur, B. S. Bernstein: Field and Laboratory Aging of polymeric. Distribution Cable Terminations: Part 1-Field Aging. IEEE Transactions on Power Delivery, Vol. 13, No. 2, April 1998

/1-98/ R. S. Gorur, B. S. Bernstein: Field and Laboratory Aging of polymeric Cable Terminations: Part 2 - Laboratory Aging. IEEE Transactions on Power Delivery, Vol. 13, No. 2, April 1998

/1-99/ J. Seifert, R. Bärsch: Design Evaluation of Silicone Rubber Composite lnsulators under the Aspect of Surface Pollution Stress, 15. International Symposium on High Voltage Engineering, Ljubljana, Slovenia, August 2007

/1-100/ J. M. Seifert, R, Bärsch, W. L. Vosloo: Dimensioning of the Housing Profile of Silicone Rubber Composite lnsulators for Harsh Marine Pollution Conditions, CIGRE Session 2008, Paris, Paper Dl - 303

/1-101/ R. Bärsch: Polymere lsolier- und Funktionswerkstoffe für Hochspannungsisolatoren und Kabelgarnituren - Beanspruchungen, anwendungsspezifische Eigenschaften und Prüfverfahren, RCC-Fachtagung "Werkstoffe- Forschung und Entwicklung neuer Technologien zur Anwendung in der elektrischen Energietechnik, Berlin Mai 2009, Tagungsband S. 1-54

/1-102/ IEC 61302 Ed. 1: 1995: Electrical insulating materials - Method to evaluate the resistance to tracking and erosion - Rotating wheel dip test

/1-103/ IEC 61621 Ed. 1: 1997: Dry, solid insulating materials - Resistance test to high-voltage, low-current arc discharges

/1-104/ H. Jahn: Zur Bewertung stofflicher und herstellungsbedingter Einflussgrößen auf das Hydrophobie- und Erosionsverhalten von Silikonelastomeroberflächen. Dissertation, TU Dresden 2003, Shaker Verlag ISBN 3-8322-1963-3

/1-105/ H. Büchner, F. Schmuck, A. Zanetti, A. Zingg, R. Bärsch, H. Jahn: Description of a complex Test Programme for the Evaluation of Outdoor Aging Relevant Properties of Silicone Rubber. 7. IEE Conference in Bath, 1996

/1-106/ H. Büchner, F. Schmuck, A. Zanetti, R. Bärsch, H. Jahn, J. Lambrecht: A comprehensive Programme for the Evaluation of essential Material Properties of Silicone Rubber for Outdoor High Voltage Applications. Lokale CIGRE in Cairo 1997

/1-107/ D. H. Han, H. G. Cho, S. W. Han: Effects of Alumina Trihydrate on the Electrical Insulation Properties of HTV Silicone Rubber. Proceedings of the 7th lnternational Conference on Properties and Applications of Dielectric Materials June 1-5 2003 Nagoya

/1-108/ F. Schmuck, R. Barsch, J. Pilling: About an improved evaluation of results by the standardized salt-fog procedure for composite insulators. European Transaction Electrical Power, Vol. 6, pp. 237-243, 1996.

/1-109/ S. Kumagai, N. Yoshimura: Influences Single and Multiple Environmental Stresses on Tracking and Erosion of RTV Silicone Rubber. IEEE Transactions on Dielectrics and Electrical Insulation, Vol. 6, No. 2, pp. 211-225, 1999

/1-110/ S. Ansorge, F. Schmuck, S. Aitken, K. O. Papailiou: Improved

Performance of Silicone Rubbers for the Use in Composite Insulators. CIGRE Session 2010

/1-111/ A. Krivda, L. E. Schmidt, X. Kornmann, H. Ghorbani, A. Ghorbandaeipour, M. Eriksson, H. Hillborg: Inclined-Plane Tracking and Erosion Test according to the IEC 60587 Standard. IEEE Electrical Insulation Magazine November/December 2009 — Vol. 25, No. 6

/1-112/ J. Lambrecht: Über Verfahren zur Bewertung der Hydrophobieeigenschaften von Silikonelastomer-Formstoffen. Dissertation, TU Dresden 2001, Shaker Verlag ISBN 3-8265-9129-1

/1-113/ R. Barsch, H. Jahn, J. Lambrecht, F. Schmuck: Test methods for polymeric insulating materials for outdoor HV insulation. IEEE Transactions on Dielectrics and Electrical Insulation Volume: 6, Issue: 5. 1999

/1-114/ R. Bärsch, J. Lambrecht, H.-J. Winter: On the Valuation of the Early Aging Period of Polymer Insulator Surfaces During Accelerated Aging Tests, 9th ISH, Proceedings, Volume 3, Pollution Phenomena, Paper 3023, Graz, 1995

/1-115/ R. Bärsch, J. Lambrecht, H. Jahn: On the Evaluation of the Hydrophobicity of Composite Insulator Surfaces. IEEE- Conference on Electrical Insulation and Dielectric Phenomena IEEE CEIDP 1996, San Francisco, pp. No. 5A-19

/1-116/ R. Bärsch, J. Lambrecht, HJ. Winter: On the Evaluation of Influences on the Hydrophobicity of Silicon-Rubber-Surfaces. 10th ISH Montreal (1997), Proceedings Vol. 3, pp. 13-16

/1-117/ U. Kaltenborn, J. Kindersberger, R. Bärsch, H. Jahn: On the Electrical Performance of Different Insulating Materials in a Rotating-Wheel-Dip-Test. IEEE CEIDP Minneapolis Oktober1997, paper 5A-1 0

/1-118/ H. Jahn, R. Bärsch, U. Kaltenborn, J. Kindersberger: The Evaluation of the Early Aging Period of Castings Made of Epoxy and PUR resins. IEEE CEIDP Atlanta, October 1998, paper 6B-7

/1-119/ IEC 62730 TR Ed. 1: HV polymeric insulators for indoor and outdoor use - Tracking and erosion testing by wheel test and 5000h test (expected for 2012)

/1-120/ ANSI C29.18: 2003: Insulators composite - distribution line post type

/1-121/ R. Bärsch: Bewertung der Hydrophobie sowie des Kriechstromverhaltens von Silikonelastomeren für Hochspannungs-Freiluftisolatoren. ETG-Fachbericht 93 (2003), S. 97-108

/1-122/ R. Cervinka, R. Bärsch, F. Exl, J. Kindersberger, H.-J. Winter: Untersuchungen zur Beständigkeit der Hydrophobie von polymeren Isolierstoffoberflächen und ihrer Wiederkehr mit dem Dynamischen

Tropfen-Prüfverfahren, ETG-Fachtagung „Grenzflächen in elektrischen Isoliersystemen“ Würzburg 2008

/1-123/ CIGRE WG D1.14: Evaluation of Dynamic Hydrophobicity Properties of Polymeric Materials for Non-Ceramic Outdoor Insulation – Retention and Transfer of Hydrophobicity. Technical Brochure 442, December 2010

/1-124/ A. Hergert, J. Kindersberger, C. Bär, R. Cervinka, R. Bärsch: Hydrophobiebeständigkeit polymerer Isolierwerkstoffe mit dem Dynamischen Tropfen-Prüfverfahren – Vergleich zwischen AC- und DC-Beanspruchungen. RCC Polymertechnik GmbH Fachtagung: 3.- 4. Mai 2012 Berlin

/1-125/ IEC TS 62073 Ed. 1: 2003: Guidance on the measurement of wettability of insulator surfaces.

/1-126/ KRUESS: Messung des Kontaktwinkels. Online-Dokumentation http://www.kruss.de/de/theorie/messungen/kontaktwinkel/messung-des-kontaktwinkels.html

/1-127/ A. Kopczynska: Oberflächenspannungsphänomene bei Kunststoffen - Bestimmung und Anwendung. Diss. Technische Fakultät der Universität Erlangen-Nürnberg, 2008

/1-128/ J. Kindersberger, R. Bärsch: Grenzfläche Feststoff-Gas - Beanspruchungen, Wechselwirkungen, Design, Prüfverfahren, Lebensdauer. Übersichtsvortrag der ETG-Fachtagung „Grenzflächen in elektrischen Isoliersystemen“ 2005 in Hanau, Deutschland

/1-129/ X. Liang; C. R. Li, L. Ding: Study on the Hydrophobicity of HTV SIR Treated by Different Corona Intensity. Power and Energy Engineering Conference, APPEEC 2009. Asia-Pacific

/1-130/ S. H. Kim, E. A. Cherney, R. Hackam: The Loss and Recovery of Hydrophobicity of RTV Silicone Rubber Insulator Coating. Transactions on Power Delivery, Vol. 5, No. 3, July 1990

/1-131/ K. Siderakis, D. Agoris, S. M. Gubanski: Salt Fog Evaluation of RTV SIR Coatings With Different Fillers. Transactions on Power Delivery, Vol. 23, No. 4, October 2008

/1-132/ R. Hackam: Outdoor HV Composite Polymeric Insulators. IEEE Transactions on Dielectrics and Electrical Insulation Vol. 6 No. 5, October 1999

/1-133/ C. L. Lee, G. R. Homan: Silicone Elastomer Protective Coatings for HV Insulators. IEEE-CEIDP, 1981

/1-134/ R. S. Gorur, E. A. Cherney, R. Hackam: Factors Influencing the Performance of Polymeric lnsulating Materials in Contaminated Environments. IEEE-CEIDP, 1986

/1-135/ R. S. Gorur, E. A. Cherney, R. Hackam, T. Orbeck: The Electrical Performance of Polymeric Insulating Materials Under Accelerated Aging in Fog Chamber. IEEE Transaction on Power Delivery, Vol. 3, 1988

/1-136/ S. H. Kim, E. A. Cherney, R. Hackam: Effects of Filler Level in RTV Silicone Rubber Coatings Used in HV Insulators IEEE Transactions on Electrical Insulation Vol. 27 No. 6, December 1982

/1-137/ M. Kocher: Experience with Silicone Composite Insulators in the Tunnels of BLS Lötschberg. Railway Technology 1993

/1-138/ I. Y. AI-Hamoudi: Field Test Results of Composite Silicone Rubber Insulators at Shoaiba of Saudi Arabia. GCC Power 4th CIGRE Conference 2008, Bahrain

/1-139/ R. Munteanu: Silicone rubber insulators life cycle costs. Transmission and Distribution, International 1994

/1-140/ J. Kindersberger, M. Kuhl: Effect of Hydrophobicity on Insulator Performance. 6. ISH New Orleans 1989

/1-141/ H. Janssen, H. Herden, H. C. Kärner: LMW Components in Silicone Rubbers and Epoxy Resins. 11. ISH London 1999

/1-142/ H. Janssen, H. Herden, H. C. Kärner: The loss and recovery of hydrophobicity on silicone rubber surfaces. 10. ISH Montreal 1997

/1-143/ HJ. Winter, R. Bärsch: Oberflächenverhalten von Siliconelastomeren unter feuchten und biogenen Belastungen. RCC-Fachtagung "Werkstoffe für Isolatoren, Überspannungsableiter, Kabelgarnituren, Schaltgeräte, Berlin 06.-07. April 2006, Tagungsband S. 49-58

/1-144/ S. Gubanski: Biological growth on non-ceramic insulators. CIGRE 2008 Paris, SC D1 Pref. Subject: 3, Question N°: 3.6

/1-145/ M. N. Dinesh, N. Vasudev, P. V. Vasudevan Nambudri, K. Suryanarayana, K. N. Ravi, V. Krishnan: Performance of composite insulators with and without bio contamination. 2008 International Conference on High Voltage Engineering and Application, Chongqing, China, November 9-13, 2008

/1-146/ K. O. Papailiou, M. Peter, F. Schmuck: SEFAG`s Silcosil – 20 Years of innovative Solutions using Silicone Composite Insulators for high Voltage electrical Systems. INMR World Insulator Congress 1999 Barcelona

/1-147/ Y. Koshino, I. Umeda, M. Ishiwari: Deterioration of silicone rubber for polymer insulators by corona discharge and effects of fillers. Annual Report Conference on Electrical Insulation and Dielectric Phenomena, Vols 1 and 2, 1998/

/1-148/ F. Schmuck: Status of Test Procedures for FRP Cores of Composite Insulators. INMR Magazine Volume 1, 2009

/1-149/ S. Klöpel: Schallemissionsanalyse zur Untersuchung von Stahlbetontragwerken Institut für Baustatik und Konstruktion. ETH Zürich ISBN 3-7281-2837-6, 2002

/1-150/ M. Leistner: Onlinestudium Schallemissionsanalyse, www.mleistner.de , Februar 2011

/1-151/ Vallen Systeme: Handbuch ASCO-P. 2008

/1-152/ F. Ju, L. Xidong, Y. Yu, W. Chengsheng, C. Ling: Application of Acoustic Emission Technology on Structure Design and Quality Control of Composite Insulators. Proceedings of 6th ICPADM, June, 2000

/1-153/ IEC 61462 Ed. 1: 2007: Composite hollow insulators – Pressurized and unpressurized insulators for use in electrical equipment with rated voltage greater than 1 000 V – Definitions, test methods, acceptance criteria and design recommendations

/1-154/ IEC 60068-2-17 Ed. 4: 1994: Basic environmental testing procedures – Part 2-17: Tests – Test Q: Sealing

/1-155/ G. Schröder: Neue Norm zur Auswahl eines geeigneten Verfahrens zur Lecksuche und Dichtheitsprüfung. ZfP-Zeitung 74, April 2001

/1-156/ H. Franke: Lecksuchtechnik, www.lecksuchtechnik.de, Februar 2011

/1-157/ H. Steinberger: Products & Processing for High Voltage Applications. INMR Symposium 1997, Miami

/1-158/ H. Schmid: Improved Manufacturing Methods for Cable Accessories & Insulators. INMR Symposium 2011, Seoul

/1-159/ Technische Fakten - Silcosil© Silikonisolatoren. 2007 PFISTERER SEFAG AG

/1-160/ E. Moal, M. Fritsch, F. Chevalier, G. Rocchetti, A. Pigini: 20 Years Experience with extruded HTV housings in EHV applications. INMR Symposium 2011, Seoul

/1-161/ A. Holmberg: Shed Profile for Hollow Core Composite Insulators on HV Apparatus. INMR Symposium 2011, Seoul

/1-162/ A. J. L. M. Kanters: Experience with composite insulators in 380 kV-substation Maasvlakte. CIGRE Session Paris, 2008, A3_Question 11

/1-163/ W. Vosloo: Experience and Lessons Learned from Testing Composite Insulators in South Africa. INMR Symposium 2007, Hong-Kong

/1-164/ K. L. Chrzan, J. Kindersberger: Pollution behaviour of insulators with spiral shaped sheds. ETG Fachtagung „Grenzflächen in elektrischen Isoliersystemen" 2005 in Hanau

/1-165/ Patent DE000019944513 C1: Verfahren zur Herstellung eines Hochspannungsisolators, sowie Vorrichtung zur Durchführung eines solchen Verfahrens. 16. 9. 1999

/1-166/ Patent EP000001415308 B1: Herstellung von Verbundisolatoren durch

Anspritzen von Einzelschirmen an einen Strunk. 12. 10 .2001

/1-167/ Patent EP0774157 B1: Elektrischer Isolator aus Silikongummi für Hochspannungsanwendungen, 7. 7. 1995

/1-168/ J. George, M. Iqbal, K. O. Papailiou, W. Huiber, F. Schmuck: Dewa`s new 420 kV Compact Line as an Example of Maximizing Capacity of Overhead Lines in an urban Environment. GCC POWER 07 Dubai, UAE 2007

/1-169/ G. Körner, T. Goldschmid, M. Schulze, J. Weiss: Silicone - Chemistry and Technology. Vulkan Verlag ESS. 1991, ISBN 3-8027-2161-6

/1-170/ LAPP: Rodurflex Produktbrochüre, März 2011

/1-171/ MacLean Power Systems: P-S-T End Fitting Seal – Produktbroschüre, Mai 2010

/1-172/ Hubbel: Quadri Sil – Produktbroschüre, März 2011

/1-173/ Patent EP000002071592A1, Anmelder: F. Schmuck u. a.: Koronaschirm und Verbundisolator mit Koronaschirm. 2007

/1-174/ A. J. Phillips, D. J. Childs, H. M. Schneider: Aging of Non-Ceramic Insulators due to Corona from Water Drops. IEEE Transactions on Power Delivery, Vol. 14, No. 3, July 1999

/1-175/ IEEE Taskforce on Electric Fields and Composite Insulators: Electric Fields on AC Composite Transmission Line Insulators. IEEE Transactions on Power Delivery, Vol. 23, no. 2, April 2008

/1-176/ CIGRE Working Group B2.03: Guidance for the establishment of naturally polluted insulator testing stations. Technical Brochure 333, 2007

/1-177/ V. Sklenicka, I. Zeman: Utilization and service experience with composite insulators in Czech power system. Proceedings of World Congress & Exhibition on Insulators, Arresters & Bushings – Shanghai, November 2001

/1-178/ F. Schmuck, S. Aitken, K. O. Papailiou: A Proposal for Intensified Inspection and Acceptance Tests of Composite Insulators as an Addition to the Guidelines of IEC 61109 Ed. 2: 2008 and IEC 61952 Ed. 2: 2008. IEEE Transactions on Dielectrics and Electrical Insulation Vol. 17, No. 2; April 2010

/1-179/ CIGRE WG 22.10: Technical basis for minimal requirement for composite insulators, ELT_088_3, 1988

/1-180/ P-IEC (6)1109 Ed. 1: 1992: Composite insulators for a.c. overhead lines with a nominal voltage greater than 1000 V - Definitions, test methods and acceptance criteria

/1-181/ IEC 61952 Ed. 2.0: 2008: Insulators for overhead lines - Composite line post insulators for A.C. systems with a nominal voltage greater than

1.000 V - Definitions, test methods and acceptance criteria
/1-182/ IEC 62609-1 Ed. 1: (voraussichtlich 2012): Insulators for overhead lines - Composite line post insulators: Part 1 - Definitions, End Fittings and Designations
/1-183/ IEC 62231 Ed. 1: 2006: Composite station post insulators for substations with a.c. voltages greater than 1 000 V up to 245 kV – Definitions, test methods and acceptance criteria
/1-184/ IEC 62231-1 Ed. 1.0: (voraussichtlich 2012): Composite station post insulators for substations with ac voltages greater than 1 000 V up to 245 kV - Dimensional, mechanical and electrical characteristics
/1-185/ IEC 60660 Ed. 2: 1999: Insulators - Tests on indoor post insulators of organic material for systems with nominal voltages greater than 1 000 V up to but not including 300 kV
/1-186/ IEC 62621 Ed. 1: 2011: Railway applications - Fixed installations - Electric traction - Specific requirements for composite insulators used for overhead contact line systems
/1-187/ IEC 61466-1 Ed. 1: 1997: Composite string insulator units for overhead lines with a nominal voltage greater than 1000 V - Part 1: Standard strength classes and end fittings
/1-188/ IEC 61466-2 Ed. 1.1 Consol. with Amendment 1: 2002: Composite string insulator units for overhead lines with a nominal voltage greater than 1 000 V - Part 2: Dimensional and electrical characteristics
/1-189/ IEC/TS 60815-1 Ed. 1: 2008: Selection and dimensioning of high-voltage insulators intended for use in polluted conditions - Part 1: Definitions, information and general principles
/1-190/ IEC/TS 60815-3 Ed. 1: 2008: Selection and dimensioning of high-voltage insulators intended for use in polluted conditions - Part 3: Polymer insulators for a. c. systems
/1-191/ IEC/TS 60815-4 Ed. 1: (voraussichtlich 2012): Selection and dimensioning of high-voltage insulators intended for use in polluted conditions - Part 5: Polymer insulators for d. c. systems
/1-192/ IEC 60071-1 Ed 8.1 Consol. with Amendment 1: 2011: Insulation co-ordination - Part 1: Definitions, principles and rules
/1-193/ IEC 60071-2 Ed 3: 1996: Insulation co-ordination - Part 2: Application guide
/1-194/ IEC 60383-2 Ed.1: 1993: Insulators for overhead lines with a nominal voltage above 1000 V - Part 2: Insulator strings and insulator sets for a.c. systems - Definitions, test methods and acceptance criteria
/1-195/ IEC 61284 Ed. 2: 1997: Overhead lines – Requirements and tests for fittings
/1-196/ IEC 60437 Ed. 2: 1997: Radio interference test on high-voltage insulators

/1-197/ IEC 61467 Ed.1: 2008: Insulators for overhead lines – Insulator strings and sets for lines with a nominal voltage greater than 1 000 V – AC power arc tests

/1-198/ IEC 60672-1 Ed. 2: 1995: Ceramic and glass insulating materials – Part 1: Definitions and classification

/1-199/ IEC 60672-2 Ed. 2: 1999: Ceramic and glass insulating materials – Part 2: Methods of test

/1-200/ IEC 60672-3 Ed. 2: 1997: Ceramic and glass-insulating materials – Part 3: Specifications for individual materials

/1-201/ IEC 60433 Ed. 3: 1998: Insulators for overhead lines with a nominal voltage above 1 000 V – Ceramic insulators for a.c. systems – Characteristics of insulator units of the long rod type

/1-202/ IEC 60305 Ed. 4: 1995: Insulators for overhead lines with a nominal voltage above 1 000 V – Ceramic or glass insulator units for a.c. systems – Characteristics of insulator units of the cap and pin type

/1-203/ IEC TR 60797 Ed. 1: 1984: Residual strength of string insulator units of glass or ceramic material for overhead lines after mechanical damage of the dielectric

/1-204/ IEC 60720 Ed. 1: 1981: Characteristics of line post insulators

/1-205/ IEC/TR 60575 Ed 1: 1977: Thermal-mechanical performance test and mechanical performance test on string insulator units

/1-206/ IEC 60383-1 Ed 4: 1993: Insulators for overhead lines with a nominal voltage above 1000 V - Part 1: Ceramic or glass insulator units for a.c. systems - Definitions, test methods and acceptance criteria

/1-207/ IEC/TS 62371 Ed. 1: Characteristics of hollow pressurised and unpressurised ceramic and glass insulators for use in electrical equipment with rated voltages greater than 1000 V

/1-208/ IEC 62155 Ed. 1: 2003: Hollow pressurized and unpressurized ceramic and glass insulators for use in electrical equipment with rated voltages greater than 1 000 V

/1-209/ IEC 60273 Ed. 3: 1990: Characteristic of indoor and outdoor post insulators for systems with nominal voltages greater than 1000 V

/1-210/ IEC 60168 Ed. 4.2: 2001: Tests on indoor and outdoor post insulators of ceramic material or glass for systems with nominal voltages greater than 1 000 V

/1-211/ IEC 61325 Ed. 1: 1995: Insulators for overhead lines with a nominal voltage above 1000 V - Ceramic or glass insulator units for d.c. systems - Definitions, test methods and acceptance criteria

/1-212/ IEC 60120 Ed. 3: 1984: Dimensions of ball and socket couplings of string insulator units

/1-213/ IEC 60471 Ed. 2: 1977: Dimensions of clevis and tongue couplings of string insulator units

/1-214/ IEC/TS 60815-2 Ed. 1: 2008: Selection and dimensioning of high-voltage insulators intended for use in polluted conditions - Part 2: Ceramic and glass insulators for a. c. systems

/1-215/ IEC 60112 Ed. 4: 2004: Method for the determination of the proof and the comparative tracking indices of solid insulating materials

/1-216/ R. Bärsch, A. Kamenz, A. Schafferczyk, U. Riedl: Bewertung elektrischer Eigenschaften von glasfaserverstärkten UP-Formstoffen für den Einsatz unter erschwerten klimatischen Umgebungsbedingungen. Tagung „Verbundwerkstoffe und Werkstoffverbunde“, Kaiserslautern September 1997

/1-217/ IEC 60343 Ed. 2: 1991: Recommended test methods for determining the relative resistance of insulating materials to breakdown by surface discharges

/1-218/ B. Ma, J. Andersson, S. M. Gubanski: Evaluating Resistance of Polymeric Materials for Outdoor Applications to Corona and Ozone. IEEE Transactions on Dielectrics and Electrical Insulation Vol. 17, No. 2; April 2010

/1-219/ IEC 60507 Ed 2: 1991: Artificial pollution tests on high-voltage insulators to be used on a.c. systems

/1-220/ IEC/TS 61245 Ed. 1: 1993: Artificial pollution tests on high-voltage insulators to be used on d.c. systems

/1-221/ CIGRE WG C4.03.03: Proposal for the round robin pollution test for polymeric insulators. October 2009

/1-222/ CEN/TS 45545-2:2009: Railway applications - Fire protection on railway vehicles - Part 2: Requirements for fire behaviour of materials and components

/1-223/ EN ISO 4589-2:1996 Amend. 1 2005: Plastics - Determination of burning behaviour by oxygen index - Part 2: Ambient-temperature test

/1-224/ EN ISO 5659-2 2006: Plastics -- Smoke generation -- Part 2: Determination of optical density by a single-chamber test

/1-225/ NFX 70 100-1:2006: Fire Tests - Analysis Of Gaseous Effluents - Part 1: Methods For Analysing Gases Stemming From Thermal Degradation

/1-226/ NFX 70 100-2:2006: Fire Tests - Analysis Of Gaseous Effluents - Part 2: Tubular Furnace Thermal Degradation Method

/1-227/ ISO 289-1: 2005: Rubber, unvulcanized -- Determinations using a shearing-disc viscometer -- Part 1: Determination of Mooney viscosity

/1-228/ DIN 53504 2009: Prüfung von Kautschuk und Elastomeren - Bestimmung von Reißfestigkeit, Zugfestigkeit, Reißdehnung und Spannungswerten im Zugversuch

/1-229/ DIN 53529-2:1983: Prüfung von Kautschuk und Elastomeren; Vulkametrie; Bestimmung des Vulkanisationsverlaufes und reaktionskinetische Auswertung von Vernetzungsisothermen

/1-230/ K. O. Papailiou, F. Schmuck: Silikon-Verbundisolatoren -- Werkstoffe, Dimensionierung, Anwendungen. Springer Berlin, 2011 (1. Auflage), ISBN: 978-3-642-23813-0

/1-231/ ISO 2781:2008: Rubber, vulcanized or thermoplastic -- Determination of density

/1-232/ DIN 53505 2000: Prüfung von Kautschuk und Elastomeren - Härteprüfung nach Shore A und Shore D

/1-233/ DIN 53765: 1994: Prüfung von Kunststoffen und Elastomeren; Thermische Analyse; Dynamische Differenzkalorimetrie (DDK)

/1-234/ DIN EN ISO 11358: 1997: Kunststoffe - Thermogravimetrie (TG) von Polymeren - Allgemeine Grundlagen

2 Zur Auslegung von Verbundisolatoren aus Sicht des Koronaschutzes

2.1 Einleitung

Koronaentladungen werden seit Jahrhunderten beobachtet, zu Beginn stark mystifiziert wegen ihres natürlichen Vorkommens an Schiffsmasten oder Türmen und auch als Sankt Elms-Feuer bezeichnet. Der Beginn der Koronaphysik ist ein Verdienst des deutschen Physikers G. C. Lichtenberg, der als erster Professor für experimentelle Physik in Göttingen ab 1770 tätig war und einen für seine Zeit sehr großen Influenzgenerator von 2,5 m^2 Fläche baute. Im Staub auf Isolierplatten fand er nach Versuchen verästelte Spuren, die als Lichtenberg-Figuren in die Geschichte eingingen und die weitere wissenschaftliche Arbeiten initiierten. Um 1900 war es die Pionierarbeit von J. S. E. Townsend (Townsend-Theorie in 1897), der Gasentladungen systematisch untersuchte und das Phänomen Korona mit den ersten nutzbaren Gleichungen beschrieb. Diese Arbeit wurde von L. B. Loeb, J. M. Meek und H. A. Raether weitergeführt.

Koronaentladungen werden heute vorwiegend als Teilentladungen (TE - engl. *Partial Discharge (PD)*) bezeichnet. Wenn in einer elektrischen Isolierung die elektrische Feldstärke in einem bestimmten Bereich einen kritischen Wert (elektrische Festigkeit) übersteigt, kommt es durch die Beschleunigung bereits vorhandener freier Elektronen zur Vermehrung von Ladungsträgern (Elektronen, Ionen). Mit steigender Spannung nehmen die Intensität und die Ausbreitung der Teilentladungen zu, bis schließlich ein Lichtbogen entsteht. Ein Verbundisolator ist vom Isolierstoff Luft umgeben. Die elektrische Festigkeit der Luft ist bedeutend geringer als die der festen Isolierstoffe des Verbundisolators, sodass Teilentladungen zunächst in der Luft in Bereichen hoher Feldstärke, d. h. an den Armaturen und/oder am Leiterseil auftreten werden. Die ablaufenden Prozesse sind in der Regel impulsförmig. Dabei sind jeweils Elementarprozesse – Stoßionisation, Fotoionisation, Thermoionisation, aber auch Dissoziationsprozesse der Luftmoleküle - mehr oder weniger stark beteiligt. Durch die Teilentladungen fließen impulsförmige Ströme, verbunden mit elektromagnetischen Wellen, die zur Detektion in Teilentladungsmesseinrichtungen verarbeitet werden. Auch die mit Teilentladungen verbundenen Geräusche werden in der akustischen TE-Messtechnik genutzt.

Eine besondere Bedeutung haben Teilentladungen an der Oberfläche des Verbundisolators, sogenannte Oberflächenteilentladungen, da der Energieeintrag durch Stoß und/oder Wärme zur Schädigung der festen Isolierstoffe führen kann. Während sich Luftmoleküle regenerieren können, sind die Schädigungen an der Feststoffoberfläche in der Regel bleibend. Es erfolgt eine Schadensakkumulation

(Oberflächenalterung), die mit dem Versagen der Isolierung (Bruch, Überschlag) enden kann. In der Freileitungspraxis ist die Bezeichnung Korona beibehalten worden und wird daher auch im Weiteren benutzt. Während in der TE-Messtechnik die scheinbare Ladung mit der Messgröße Pico-Coulomb (pC) verwendet wird, benutzt man in der Freileitungstechnik aus praktischen Gründen die Störspannung RIV (engl. *Radio Interference Voltage*) in dB bezogen auf 1 μV.

Heute wird das Phänomen Korona in einer Reihe von kommerziellen und industriellen Anwendungen genutzt, als Beispiele sind zu nennen:

- Ozonerzeugung,
- Wasserdesinfektion,
- Partikelentfernung in strömenden gasförmigen Medien (Rauch, Elektrofilter),
- Erhöhung der Benetzbarkeit von polymeren Oberflächen in der Klebe- und Drucktechnik,
- Kopiermaschinen und Drucker.

Der industrielle Einsatz führte auch zur weiteren Untersuchung der Koronawirkungen, speziell der interaktiven Wirkungen zwischen Umgebungsatmosphäre, Luftfeuchte, Wasser und polymeren Oberflächen. Die Ergebnisse sind eine wichtige Grundlage für das Verständnis von Sekundär- und/oder Alterungsmechanismen auf polymeren Isolierstoffoberflächen.

In der Energieübertragung sind Koronaentladungen unerwünschte Begleiterscheinungen, deren Auftreten mit steigender Übertragungsspannung nur mit Mehrleiterseilsystemen und Koronaschutzeinrichtungen an den Isolatorketten sinnvoll zu begrenzen ist. Die Negativwirkungen von Korona sind:

- Energieverlust,
- akustische Störungen (im trockenen Zustand und bei Regen),
- elektromagnetische Störungen,
- Leuchterscheinungen,
- Ozonentstehung,
- Beschädigung von Kettenkomponenten und Isoliermantel.

In diesem Kapitel wird dargestellt, welche Designkriterien speziell für Verbundisolatoren erfüllt werden sollten, um Beschädigungen durch Korona zu vermeiden.

2.2 Korona als Designproblem – aktuelle Beispiele

Die nachfolgenden Beispiele stammen aus der jüngeren Vergangenheit und reflektieren das Spektrum möglicher Fehlerursachen, die sowohl beim Erstanwender als auch beim langjährigen Anwender von Verbundisolatoren und entsprechenden Isolatorketten zum Entstehen kontinuierlicher Koronaentladungen führen können. Dazu zählen:

- Kostendruck,
- mangelhafte Spezifikation für die in-situ-Bedingungen,
- Designfehler,
- Installationsfehler.

2.2.1 Beispiel einer 525-kV-Doppelabspannkette am Gittermast

Die im Folgenden diskutierten Aufnahmen entstanden bei einem Erstanwender von Verbundisolatoren, der in einer strategisch wichtigen 525-kV-Freileitung existierende Isolatorketten mit Glaskappen unter Beibehaltung der metallischen Kettenkomponenten durch äquivalente Verbundisolatoren (Länge, Kriechweg, Isolatorarmaturen, Kraftklasse) ersetzte. Bei einer Leitungsbegehung mit einer Nacht-UV-Kamera wurden intensive Koronaerscheinungen festgestellt. Diese Art von Kamera arbeitet mit dem Prinzip des Restlichtverstärkens und ist breitbandig auf den Empfang der typischen Wellenlängen (230 … 450 nm) von Koronaentladungen eingestellt. Aus diesem Grund sind nur Messungen bei Dunkelheit möglich. Zur Lokalisierung der Koronaposition wird das zu bewertende Objekt kurz mit einer Fremdlichtquelle angestrahlt und die Kamera auf die interessierende Stelle fokussiert. Das reflektierte Licht ist sehr intensiv, sodass eine Koronadetektion in der Situation nicht möglich ist (Bild 2-1). Von der vorher eingesetzten Technik der Glaskappenisolatoren sind die auch als „Rackets" bezeichneten Lichtbogenschutzarmaturen der Stand der Technik. Deren feldvergleichmäßigende Wirkung zur Begrenzung von Koronaentladungen ist jedoch für Verbundisolatoren zu gering, Koronaringe wurden nicht installiert. Nach Abschalten der Fremdlichtquelle sind die Koronaentladungen gut erkennbar (Bild 2-2). Sie treten erwartungsgemäß an der Wulst beider hochspannungsseitigen Isolatorarmaturen auf und sind dauerhaft.

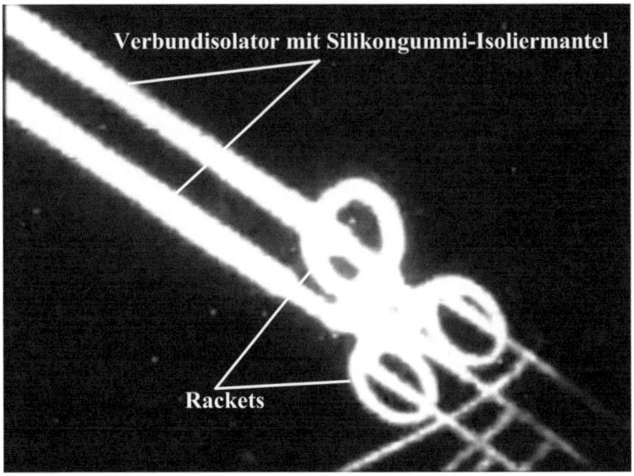

Bild 2-1: Aufnahme einer 525-kV-Abspannkette mit Fremdlicht

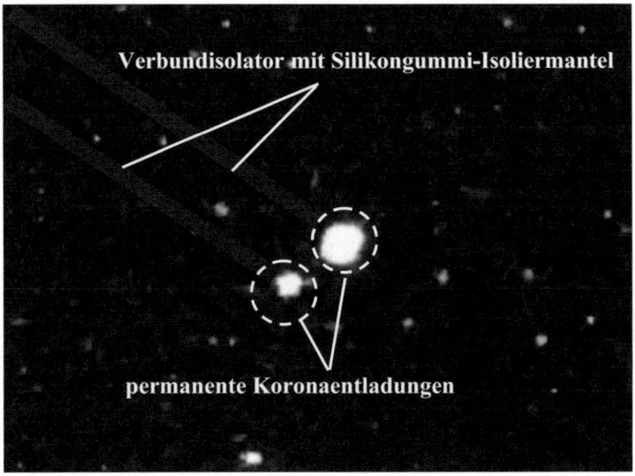

Bild 2-2: Permanente Koronaentladungen an beiden hochspannungsseitigen Isolatorarmaturen

Es gilt heute als Stand der Technik, dass Koronaschutzringe als Teil des Verbundisolators angesehen werden, speziell für den Einsatzfall sowie das Isolatordesign gestaltet und Teil des Lieferumfangs sind.

Problematisch wird es wie im vorliegenden Fall, wenn die Koronaringe bei der Installation vergessen werden, weil die Installationscrews mit der neuen Technologie „Verbundisolator“ nicht vertraut sind. In anderen Fällen wurden Koronaringe nicht eingebaut, weil sie nicht in die bestehende, weiterhin verwendete Kette passten. Eine Nachrüstung der gezeigten 525-kV-Ketten mit Koronaringen ist mittlerweile erfolgt, und ausgewählte Verbundisolatoren mit dieser Einsatzhistorie sind zur detaillierten Inspektion dem Netz entnommen worden. Empfohlene aber nicht immer gelebte Praxis: Die Verbundisolatoren mit Koronaringen wurden als vollständige Kette in Trag- und Abspannlage vor dem Versand erfolgreich typgeprüft, was eine Korona- und Störspannungsbewertung einschließt. Der Einsatz von Korona erfolgte an den Koronaringen (Bild 2-3), bei einem Wert (Bild 2-4), der ca. 18 % über dem Wert der höchsten Leiter-Erde-Spannung liegt. Der RIV-Wert (RIV = Radio Interference Voltage) wurde mit 45 dB/1 µV bei 333 kV ebenfalls eingehalten (46 dB/1 µV waren spezifiziert).

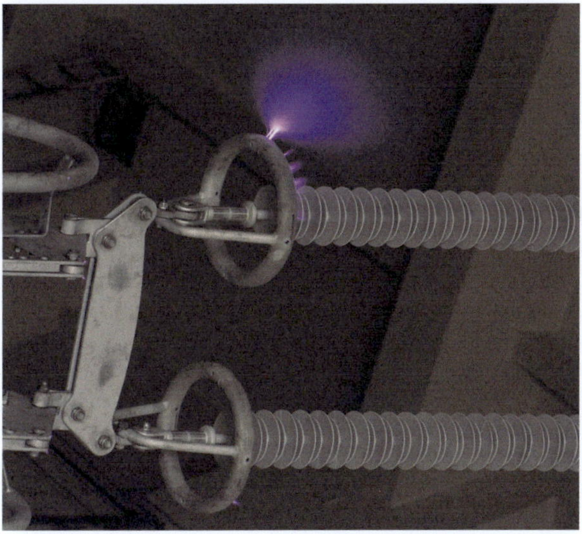

Bild 2-3: Koronaprüfung an 525-kV-Doppelabspannkette

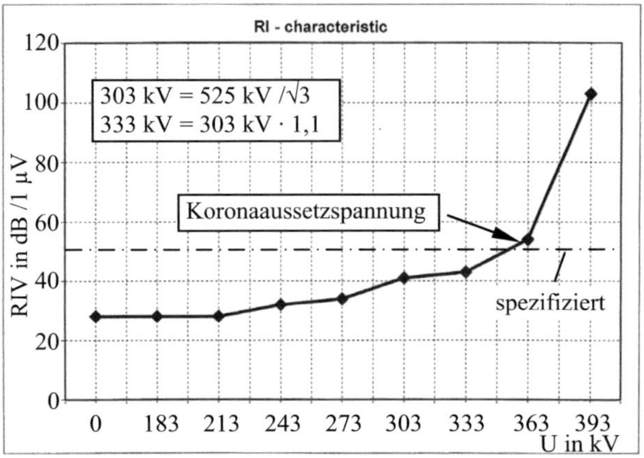

Bild 2-4: Verlauf der Störspannung und Spannungswert des sichtbaren Koronaaussetzens

2.2.2 Beispiel einer 245-kV-Doppelabspannkette am Stationsportal

Dieser Fall zeigt den Einsatz einer Tages-UV-Kamera (Bild 2-5) in einer europäischen 245-kV-Schaltanlage. Typisch für dieses Kamerasystem ist die Darstellung von Koronaentladungen als integrale „Messwolken“, die Form der Einzelentladung ist wegen der Überlagerung durch das Tages-UV-Licht nicht aufzulösen. Das Kettendesign entspricht nicht dem Technikstand für die 245-kV-Spannungsebene. Deutlich sichtbar ist das nach oben zeigende Racket als Lichtbogenschutzarmatur, das aufgrund der Position und Geometrie keine vollständige Koronaschutzfunktion wahrnehmen kann. Infolgedessen waren nach einer mittleren Betriebszeit von nur etwas mehr als einem Jahr erhebliche Beschädigungen an der Galvanisierung und in diesem Bereich am Dichtungssystem feststellbar (Bild 2-6). Des Weiteren war trotz geringer Verschmutzungsklasse im Einsatzgebiet eine intensive Graufärbung am ersten Strunkabschnitt sichtbar, die Folge einer oxidativ stimulierten Vernetzung, die die Bildung von SiO_x auf der Silikongummioberfläche verursacht. Die Position der Beschädigung am jeweils nach außen zeigenden Bereich der Armaturen des linken und des rechten Isolators ist darauf zurückzuführend, dass die feldsteuernde Wirkung des Rackets an diesen Orten am geringsten ist. Die Isolatoren wurden nachträglich mit Koronaringen ausgestattet (Bild 2-7).

Bild 2-5: Aufnahme mit Tages-UV-Kamera

Bild 2-6: Beschädigung der Galvanisierung, des Dichtungs- und des Strunkbereiches

Bild 2-7: Nachrüstung mit Koronaringen, Beschädigung nicht korrigierend

Nach der Entnahme von beschädigten Isolatoren und der detaillierten Analyse des betroffenen Dichtungsbereiches war davon auszugehen, dass ohne zusätzliche Maßnahmen das Risiko einer weiteren Schadensakkumulation bestand. Aus diesem Grund wurden alle Verbundisolatoren ersetzt und das Kettendesign angepasst.

In diesem Fall wurden die Ketteneinzelkomponenten nicht als Paketlösung ausgeschrieben, und eine ganzheitliche Typprüfung erfolgte nicht. Dabei wäre der Designfehler einfach erkennbar gewesen.

2.2.3 Beispiele für 115/138/145 kV - verschiedene Kettenaufbauten

Die Betriebsspannungen $72{,}5 < U \leq 145$ kV zählen oft noch zur Verteilungsebene, der Kostendruck ist aus diesem Grund besonders hoch. Bild 2-8 zeigt einen 145-kV-Verbundisolator während einer Typprüfung. Abhängig von der Spezifikation können Lichtbogenschutzarmaturen vorgeschrieben sein. Besteht diese Forderung nicht, wird in der Regel auch auf einen Koronaring bei diesen Spannungsebenen verzichtet. In diesem Fall war festzustellen, dass durch einen Fehler während der Herstellung des Verbundisolators die dichtende Ringschneide des Spritzgusswerkzeugs eine scharfkantige Verletzung der Galvanisierungsschicht an der Metallarmatur des Isolators verursachte und die Forderung der Koronafreiheit bei 1,15-fachen Wert der Leiter-Erde-Spannung nicht erfüllt wurde.

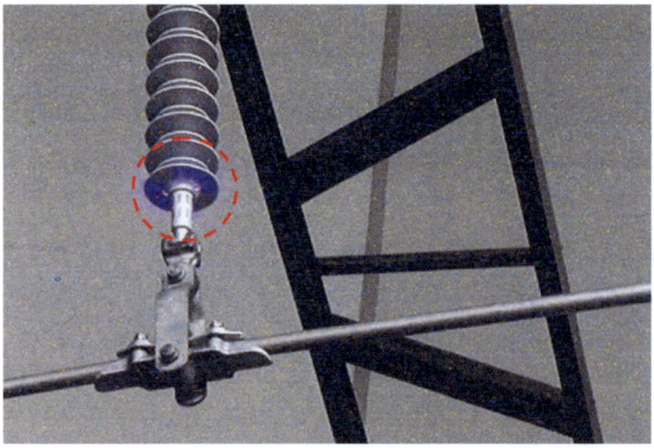

Bild 2-8: Scharfkantige Verletzung der Galvanisierungsschicht als Koronaquelle

Während die Fehlerursache dieses Beispiels noch vor der Auslieferung und Installation eliminiert werden konnte, ist die Feststellung von fehlerhaften Designs im Betrieb oft aufwändig und kann spezielle Diagnose- und Austauschprogramme erfordern. So wurde beispielsweise aufgrund von Ausfällen bestimmter Isolatordesigns in einigen Anwendung (speziell in der Anwendung Abspannmast) vom EPRI (engl. *Electric Power Research Institute*) in den USA ein Programm lanciert, mit dem verschiedene Ketteninstallationen in fünf EVUs mit einer Tages-UV-Kamera untersucht wurden /2-1/. Das zusammengefasste Ergebnis in Tabelle 2-1 ist unerwartet. Denn es gilt als Regel, dass die gelieferten oder bauähnlichen Isolatoren bzw. Isolatorketten typgeprüft sind und bei wesentlichen Änderungen, z. B. zur Kostenoptimierung, die Eignung durch eine erneute Typprüfung wieder nachzuweisen ist.

Tabelle 2-1: Ergebnisse aus Koronauntersuchungen im Netz /2-1/

Kettenausführung	Betriebsspannung				
	115 kV		138 kV		
EVU, bewertet	1	2	3	4	5
Einfach-Tragkette	x	x	x	x	0
Einfach-Abspannkette	x	x	x	x	x
Isoliertraverse	-	x	-	-	-

Anmerkung: x = Koronaentladungen gemessen
0 = keine Koronaentladungen gemessen
- = keine Messung

Bei der Bewertung wurden die Isolatoren bzw. Isolatorenketten mit Koronaaktivität auch visuell inspiziert. Dabei zeigte sich, dass ein bestimmtes Design nach 6 … 7 Jahren kontinuierlicher (trockener) Korona so beschädigt war, dass das Lebensdauerende festgestellt werden musste. Dieses fehlerhafte Design wurde durch eine Weiterentwicklung abgelöst, die nach 3 Jahren Betriebszeit ebenfalls Beschädigungen aufwies. Der Ausfallmodus der betroffenen Verbundisolatoren fällt in die Kategorie Sprödbruch (s. a. Abschnitte 1.2.2.1.3 und 4.3.1), da die permanente Korona bzw. die entsprechenden Sekundärreaktionen zu einer Versprödung des Isoliermantels und zu einer Beschädigung des Dichtungssystems führten (Bild 2-9). Der Stab war damit praktisch den chemisch aggressiven Sekundärprodukten ausgesetzt. Nahezu in allen Fällen war auch der erste Schirm, gegenüberliegend der koronaproduzierenden Stelle der Armatur, so versprödet, dass es bei einem Biegen zur Rissbildung (Bild 2-10) kam. Diese visuell einfach zu diagnostizierende Situation ist nicht funktionsrelevant, kann aber zur Entscheidungsfindung über einen Austausch verwendet werden. Dies gilt umso mehr, wenn die Inspektion am Mast durchgeführt wird und die Anwendung einer Farbeindringprüfung zur Bewertung der Dichtheit oder Rissbildung durch Versprödung wenig praktikabel ist.

Bild 2-9: Versprödung des Isoliermantels /2-1/

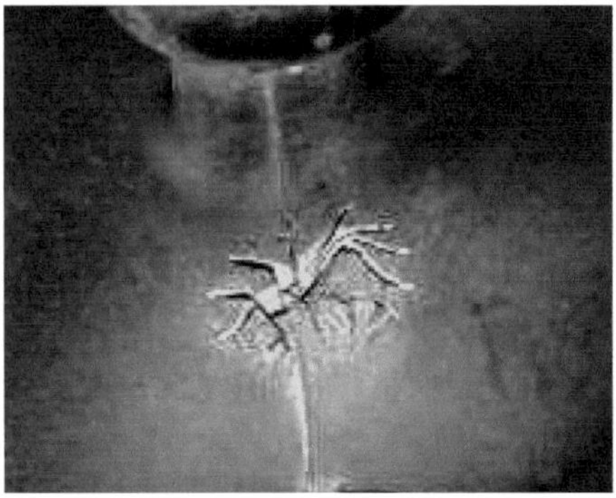

Bild 2-10: „Lackmustest" mit gebogenem Schirm /2-1/

Aufgrund dieser Erfahrungen wurden die folgenden Regeln für einen erforderlichen Austausch oder eine Nachrüstung definiert, die eine hohe allgemeine Gültigkeit haben und auch in den Beispielen zu Beginn dieses Kapitels zur Anwendung kamen.

Austausch bei:

- Sichtbarkeit von Rissen im Isoliermantel,
- Spuren von Rost (speziell im Dichtungsbereich),
- Rissen im ersten Schirm (nach Biegung),
- anderen Beschädigungen (z. B. Dichtungsbereich).

Nachrüstung mit Koronaring bei:

- Hydrophobieverlust, visuell bewertet mit Sprühmethode (z. B. /2-2/),
- Anstieg der Oberflächenrauheit oder Farbwechsel,
- beginnender Schädigung des Dichtungssystems (Entscheid, dass kein Austausch notwendig ist, erfordert erfahrenen Inspektor).

Beim Auftreten solcher Schäden wird empfohlen, die Inspektionsfrequenz bei den Isolatoren der betroffenen Hersteller zu erhöhen.

2.3 Analyse des elektrischen Feldes von im Betrieb befindlichen Verbundisolatorketten

Die Auswertung solcher Betriebsergebnisse und die bisher in Normen und Standards fehlende Festlegung von dauerhaft zulässigen elektrischen Feldstärken auf der Oberfläche von polymeren Isolierungen als Ergänzung zu den bewährten Grenzwerten von konventionellen Isolierungen führen zu einer großen Variation von elektrischen Feldstärken im Betrieb. Als Beispiel dient eine Studie des EPRI, deren Ergebnisse im Jahr 2008 publiziert wurden (Tabelle 2-2 /2-3/). Es wurden verschiedene gelieferte Isolatorendesigns von fünf Herstellern modelliert und die höchste Feldstärke am Strunk berechnet (im Allgemeinen bis zu einem Abstand von 100 mm von der Hochspannungsarmatur). Die Berechnung erfolgte für Trag- und Abspannlage sowie Isoliertraversen. Beide Simulationsverfahren, Finite-Element (FEM) und Boundary-Element (BEM) lieferten vergleichbare Resultate. Vereinfacht wurden die aufwendigen Simulationen durch die Modellierung nur einer Phase ohne Berücksichtigung der Nachbarphasen.

Tabelle 2-2: Maximale Feldstärke am Strunk, simuliert für Kettendesigns verschiedener Hersteller /2-3/, (Effektivwerte)

Hersteller	A		B	C	D		E
Koronaring	-	x	x	x	-	x	x
Spannung in kV							
115	3,7 … 6,3				5,3 … 5,8		
138	3,6 … 8,5						
161					3,0 … 6,8	1,0 … 5,0	1,9 … 6,8
235	5,7	2,0 … 6,6			8,0	2,0 … 3,8	
345		6,0	3,0 … 4,5	3,8		3,5	
500		4,2	3,6 … 7,0	4,3		3,3 … 4,7	5,4
765		4,0	3,7			8,3	

Die Ergebnisse zeigen, dass die Hersteller unterschiedliche Designregeln verwenden. Nur die Designs von Hersteller C ergeben Feldstärken in den analysierten Beispielen von ≤ 4,3 kV/cm und liegen damit unter dem empfohlenen Maximalwert von 4,5 kV/cm (s. a. Abschnitt 2.7). Die Unterschiede von Spannungsebene zu Spannungsebene folgen scheinbar keiner Regel, im ungünstigen Fall kann bei 138 kV eine höhere Feldstärke als bei 765 kV auftreten (s. a. Koronaentladung in Bild 2-8), was ursächlich auf den Kostendruck zurückzuführen sein dürfte.

2.4 Stand der Normung

Der Nachweis der Grenzwerteinhaltung für Isolatorketten wird über die Messungen der Radiostörspannung und der Koronaeinsatz- bzw. Koronaaussetzspannungen nicht nur für Isolatoren, sondern für komplette Isolatorketten unter Berücksichtigung der relevanten Normen und Standards geführt (IEC 61284 /2-4/, IEEE 539-2005 /2-5/, IEEE 1829 /2-6/, IEC 60437 /2-7/). Der prinzipielle Zusammenhang zwischen Korona und Radiostörspannungsintensität ist in Bild 2-11 wiedergegeben /2-4/ und zeigt vereinfacht den typischen Verlauf einer Messung bei ansteigender Wechselspannung. Der Spannungsanstieg erfolgt praktischerweise in Schritten, die 10 % der nachzuweisenden Spannung entsprechen /2-7/. Eine Koronaentladung kann positiv oder negativ sein, bei Wechselspannungsbeanspruchung können beide Arten auftreten. Die Korona einer Anordnung wird immer an der stärker gekrümmten Elektrode auftreten.

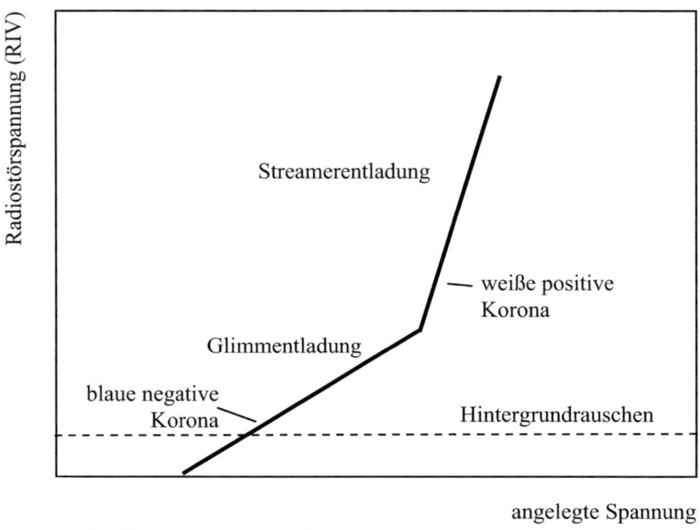

Bild 2-11: Prinzipieller Verlauf der Radiostörspannung /2-4/

Die physikalischen Eigenschaften einer positiven und einer negativen Korona sind unterschiedlich, was auf die Massenunterschiede zwischen Elektronen und Ionen zurückzuführen ist und das Auftreten der negativen Korona bereits bei niedrigeren Spannungen verursacht. Elektronen ionisieren durch Stoßionisation mehr Atome und die erforderliche Austrittsarbeit aus der negativen Elektrode durch Feldemission ist viel niedriger als für Ionen. Damit sind die bei der stärker gekrümmte Elektrode generierten impulsförmigen negativen Trichelentladungen zuerst feststellbar.

Hinsichtlich der Grenzwerte von Störspannungspegeln wurde über viele Jahre die Norm BS 137 Teil 2 /2-8/ als wichtige Referenz für konventionelle Isolatoren und Isolatorenketten sowie für Verbundisolatoren und -ketten eingesetzt. Ausgewählte Werte werden in Tabelle 2-3 gezeigt.

Im Jahr 1997 wurde diese Norm zurückgezogen und durch die Norm BS EN 60305 ersetzt. Die Grenzwerte werden seitdem nicht mehr in einer Norm oder einem Standard definiert, sondern durch die lokal geltenden Gesetze oder spezielle Anforderungen.

Tabelle 2-3: Langjährig angewandte Grenzwerte für Störspannungspegel /2-8/

Höchste Betriebsmittelspannung in kV	Nachweisspannung in kV	Störpegel in dB über 1 μV*
72,5	53	24
	44	32
145	110	30
	88	34
245	150	40
420	320	40
	260	46

Anmerkung: * über 300 Ohm bei 1 MHz [grau hinterlegt] erhöhte Anforderung

In Ländern, in denen diesbezüglich noch keine gesetzlichen Festlegungen zur Errichtung und dem Betrieb von Freileitungen vorliegen, werden die tabellarischen Werte weiter als Referenz angewandt.

Was mit einer Messung erfassbar ist, zeigt exemplarisch das Negativ-/Positiv-Beispiel einer Verbundisolatorkette für 245 kV, die aufgrund der erforderlichen Bodenabstände des Leiterseils mit einer verkürzten Baulänge ausgelegt wurde. Wegen fehlender Vorgaben wurden die Empfehlungen der Norm BS 137 angewandt. In diesem Projekt wurden von Seiten der Baufirma die Verbundisolatoren und die Kettenkomponenten getrennt beschafft.

In der Typprüfung zeigte sich, dass die Kettenkomponenten für die Betriebsspannung von 245 kV und bei Verwendung eines Einfachleiters ungenügend dimensioniert waren (Bild 2-12 und Bild 2-13). Die Kugel am Lichtbogenhorn ist zu klein, um allfällige Schwankungen in der Galvanisierungsgüte und einen Rauheitsanstieg durch Korrosion kompensieren zu können.

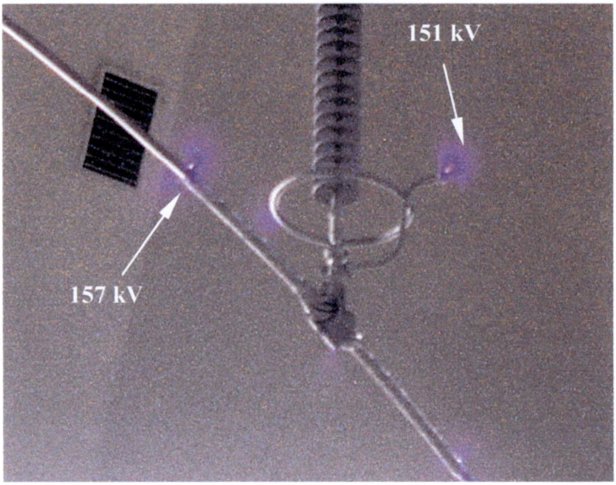

Bild 2-12: Koronaentladungen, Negativbeispiel

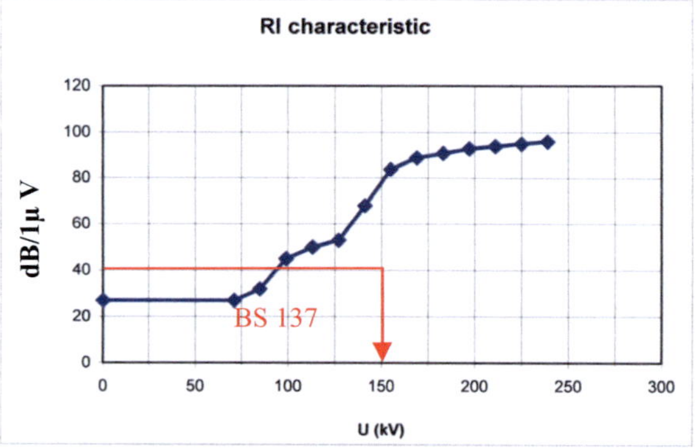

Bild 2-13: RIV-Verlauf, Negativbeispiel

Die Schutzspirale wurde ebenfalls falsch ausgewählt, bei Einzelleitern sind spezielle abgerundete Ausführungen der Enden (Parrot Bill oder Ball-ended) ab einer bestimmten Spannungsebene erforderlich. Beide Unterdimensionierungen führen zu Koronaeinsatzspannungen von 151 kV bzw. 157 kV. Die Koronaeinsatzspannung wurde hier verwendet, um die Reihenfolge des Auftretens feststellen zu können. Der Verlauf der Störspannung zeigt, ab ca. 70 kV gibt es einen stetigen Anstieg, und bei ca. 85 kV wird der Grenzwert von 40 dB/1 µV überschritten.

Der gleiche Kettenaufbau, jedoch mit einer angepassten Schutzspirale und einer modifizierten hochspannungsseitigen Lichtbogenschutzarmatur führt zu wesentlich höheren Werten (Bild 2-14 und Bild 2-15). Die Koronaaussetzspannung liegt bei ca. 181 kV, es „sprüht" nur die exponierte Kugel. Der Verlauf der Störspannung „übererfüllt" die Forderung aus BS 137 um 20 %. Dieses Beispiel zeigt, dass mit dem Durchführen einer Typprüfung unter Berücksichtigung der Einbausituation insbesondere Mängel im Kettendesign (kontinuierliche Korona) detektiert werden können.

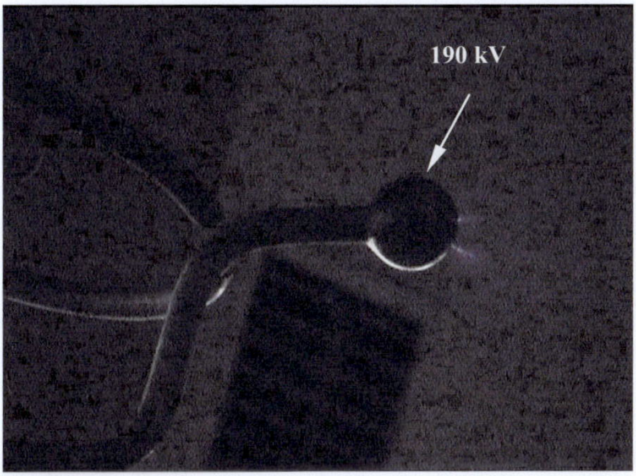

Bild 2-14: Koronaentladung, Positivbeispiel

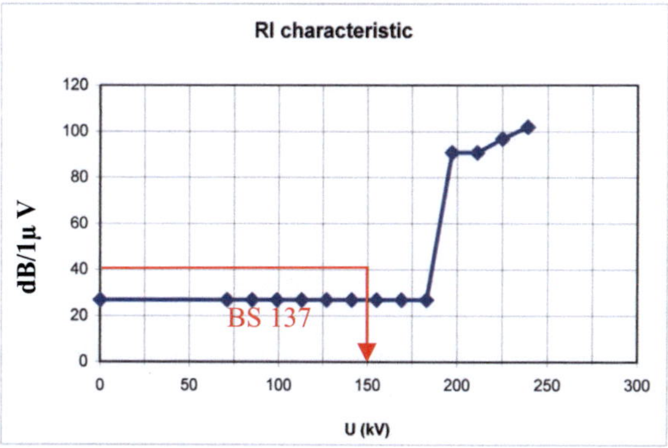

Bild 2-15: RIV-Verlauf, Positivbeispiel

2.5 Wassertropfenkorona auf hydrophoben Mantelwerkstoffen

Koronaentladungen können, wie bisher gezeigt, an verschiedenen Positionen eines Isolators oder einer Kette auftreten (Bild 2-16). Während das Auftreten von Koronaentladungen an Kettenkomponenten und der Armatur des Isolators im trockenen Zustand im Labor messbar ist, tritt das Phänomen der Wassertropfenkorona bei wesentlich niedrigeren Feldstärken auf und ist bei der Auslegung eines Isolators bzw. einer Kette entsprechend zu berücksichtigen. Aus Sicht des Gefährdungspotentials ist die kontinuierliche Korona an der Armatur des Isolator als kritischster Fall einzuschätzen, da sie dauerhaft wirksam ist, nicht nur in Zeiten einer Befeuchtung auftritt und Materialschäden verursachen kann (s. a. Bild 2-6 und Bild 2-9).

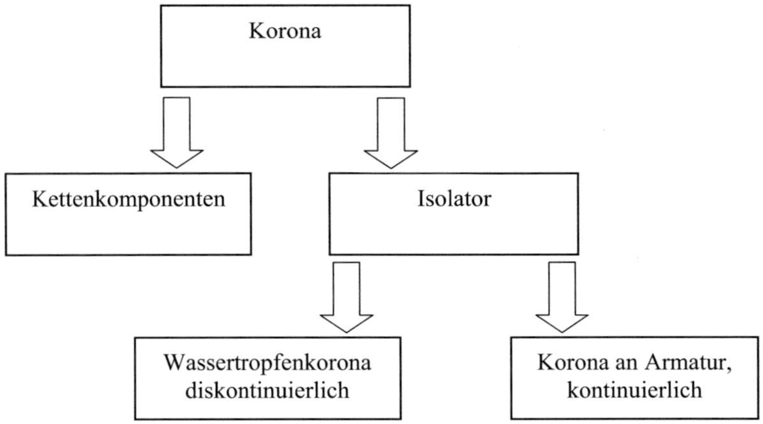

Bild 2-16: Positionen des Auftretens von Korona

2.5.1 Entstehung von Wassertropfenkorona

Wassertropfenkorona ist auf die Feldstärkeerhöhung an den Polen (auch als Tripelpunkt oder -zone bezeichnet) eines Wassertropfens auf der Isolatoroberfläche zurückzuführen, wenn die elektrische Festigkeit der Luft hinreichend überschritten wird (Bild 2-17). Die Feldstärkeerhöhung kommt zustande, weil sich die Feldlinien an den Polen des Mediums mit der hohen Permittivitätszahl ε_r konzentrieren.

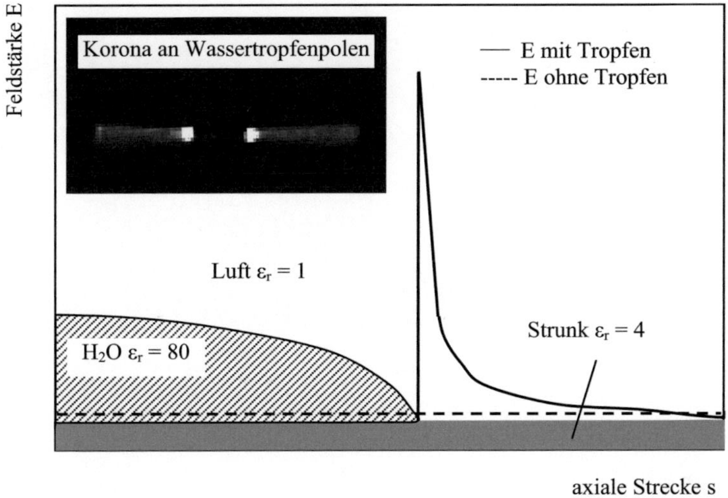

Bild 2-17: Qualitative Darstellung der Feldstärkeerhöhung am Pol eines Wassertropfens auf einer Isolierstoffoberfläche (modellhaft ein Isolatorstrunk)

Viele Untersuchungen wurden zum Verhalten von freien Wassertropfen durchgeführt und später auf das Verhalten an einer Isolierstoffgrenzfläche übertragen. Die sogenannte kritische Feldstärke E_{cr} berechnet sich aus der Beziehung:

$$E_{cr} = C \cdot \sqrt{\left(\gamma / \left(\varepsilon_0 \cdot r\right)\right)} \qquad \text{(2-1) /2-9/}$$

mit γ = Oberflächenspannung der Flüssigkeit, ε_0 = Dielektrizitätskonstante, r = Tropfenradius, C = empirische Konstante 0,452 … 0,462. Aus der Gleichung geht hervor, dass kleine Tropfen bzw. eine große Oberflächenspannung zu höheren Werten der kritischen Feldstärke führen. Erst beim Überschreiten der kritischen Feldstärke wird der Tropfen instabil und es können sich verschiedene neue Formationen ausbilden (Spitzenbildung an den Tropfenpolen, Herauswachsen von Wasserfäden aus diesen Spitzen, Ausbildung kleinerer Tropfen aus diesen Wasserfäden) /2-9/ … /2-13/, oder bleibende Benetzung wie in Bild 2-18).

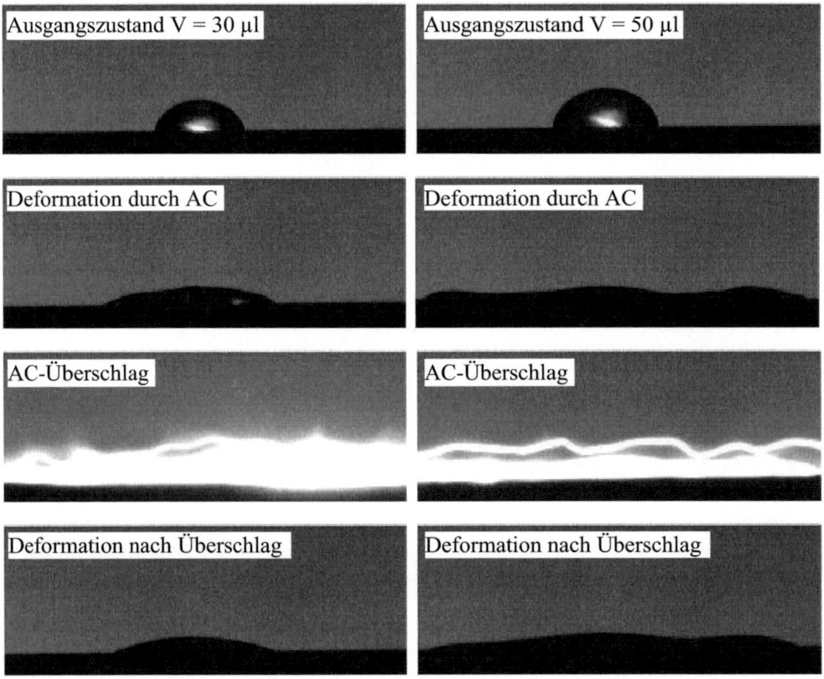

Bild 2-18: Wassertropfendeformation durch AC-Spannungsbeanspruchung und nach Überschlag /2-11/

Diese hydrodynamischen und hydrostatischen Prozesse können einzeln oder simultan vorliegen, abhängig von der Feldstärke, Feldverteilung, Oberflächenrauheit, Hydrophobie usw. Der Einsatz von Koronaentladungen an Tropfen ist auch abhängig vom Luftdruck. In /2-9/ wird für eine Spitze-Platte-Anordnung mit freiem Wassertropfen an der Spitze der Zusammenhang gemäß Bild 2-19 wiedergegeben.

In /2-19/ werden Grenzwerte von 47 kPa für negative und 60 kPa für positive Polarität angegeben, was Höhen von 4,5 … 7 km über dem Meeresspiegel entspricht. In /2-20/ wird die Abhängigkeit des Koronaeinsatzes vom Luftdruck an senkrechten Tropfen, die an Leiterseilen hängen, analytisch und experimentell untersucht. Es ergibt sich ein Grenzwert von 66 kPa. Alle diese Werte bedeuten, dass für die Mehrheit der eingesetzten Verbundisolatoren der Zündung der Wassertropfenkorona die Tropfeninstabilität mit o. g. Formationsbildungen vorausgeht.

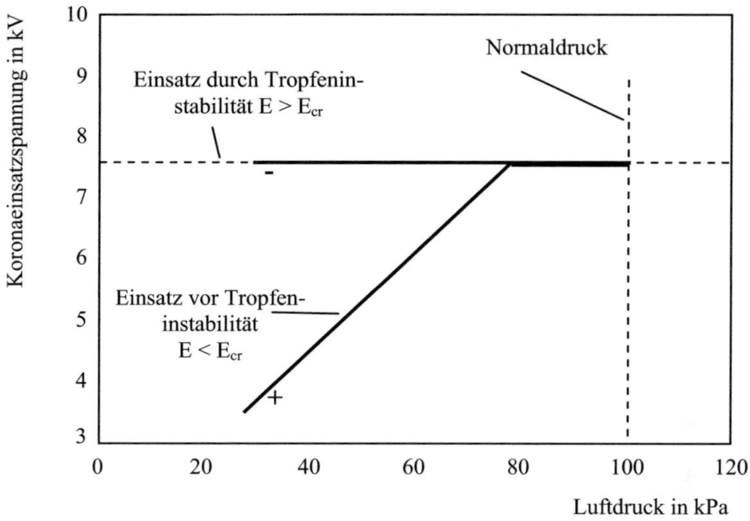

Bild 2-19: Primärprozess der Koronaeinsatzspannung abhängig vom Luftdruck /2-9/

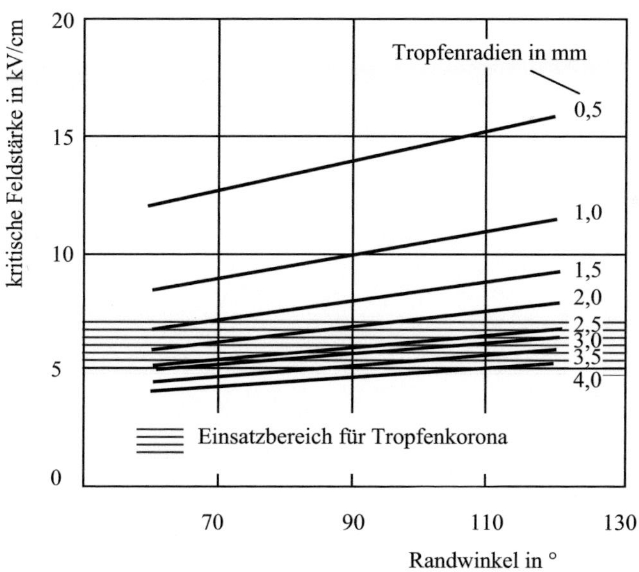

Bild 2-20: Kritische Feldstärke für Einsatz der hydrodynamischen Instabilität /2-21/

Über die Äquivalenzbetrachtung /2-8/, /2-9/, /2-21/, dass sich ein aufsitzender Tropfen bei elektrischer Beanspruchung wie ein freier Tropfen verhält, kann die kritische Feldstärke modellhaft in Abhängigkeit des Randwinkels und unterschiedlicher Tropfenradien berechnet werden (Bild 2-20).

$$E_{cr} = C \cdot \sqrt{\left(\gamma / \left(\varepsilon_0 \cdot R_{eq}\right)\right)} \tag{2-2}$$

$$R_{eq} = R_{180} \cdot \sqrt[3]{\left(4 / \left(3 \cdot (1 - \cos\Theta)^2 - (1 - \cos\Theta)^3\right)\right)} \tag{2-3}$$

Es zeigt sich, dass bei Tropfenradien zwischen 0,5 … 1,5 mm sehr hohe Feldstärken erforderlich sind. Prüfungen an kompletten 500-kV-Silikonisolatoren in einer zeitraffenden kombinierten Alterungsprüfung haben aber gezeigt, dass schon Werte von nur 3,8 kV/cm unter den Bedingungen dieser Prüfung /2-22/ ausreichen, um Wassertropfenkorona auszulösen.

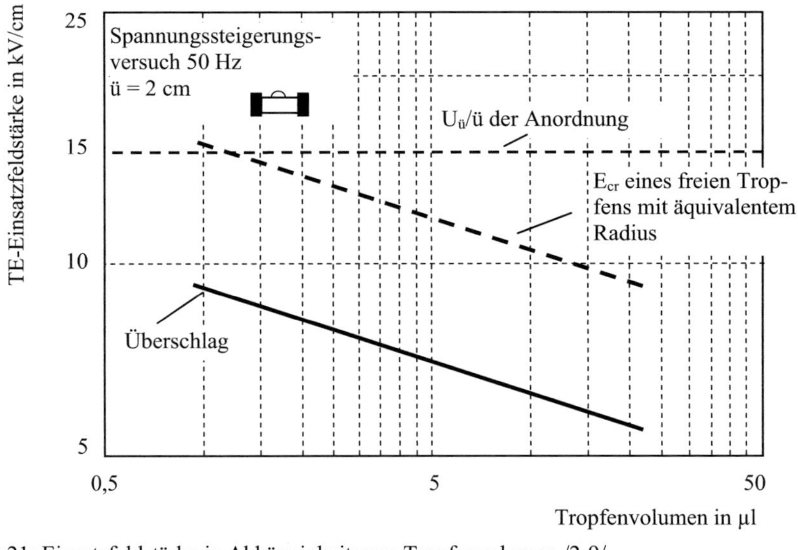

Bild 2-21: Einsatzfeldstärke in Abhängigkeit vom Tropfenvolumen /2-9/

Die Prüfbedingungen waren eine Kombination aus UV-, Salznebel-, Klarnebel- und Regenbeanspruchung bei einer spezifischen elektrischen Beanspruchung (bezogen auf den Kriechweg) der verschiedenen Isolatoren 0,27 … 0,29 kV/cm. Der Salzgehalt war mit 1 g/l niedrig und der Anteil der Regenbeanspruchung war sehr gering, d. h. es kam zu einer starken Akkumulation von koronaverursachten Zersetzungsprodukten. Dies hat zu einer Reduktion der Randwinkel geführt sowie zu einer Zunahme der Tropfengröße. Mit diesem Trend verschieben sich die Kurven zu kleineren kritischen Feldstärken, wie in der Prüfung bestätigt wurde.

In /2-9/ wird auch experimentell mit einer schwach inhomogenen Modellanordnung und hydrophober Isolierstoffgrenzfläche bestätigend nachgewiesen, dass die Einsatzfeldstärke mit zunehmenden Tropfenvolumen abnimmt (Bild 2-21). Im Vergleich zur errechneten kritischen Feldstärke eines freien Tropfens jeweils gleichen Volumens zeigen sich gleiche Anstiege, das auf gleiche hydrodynamische Mechanismen hinweist. Die Absolutwerte der Isolierstoffgrenzfläche (Randwinkel = 105°) sind zu kleineren Werten verschoben, was auf die Wechselwirkung zur Isolierstoffoberfläche (Rauheit, Ausbildung von Rückzugswinkeln (Randwinkeleinführung s. a. Abschnitt 1.2.3.3.3) und die reale Tropfenform zurückzuführen ist.

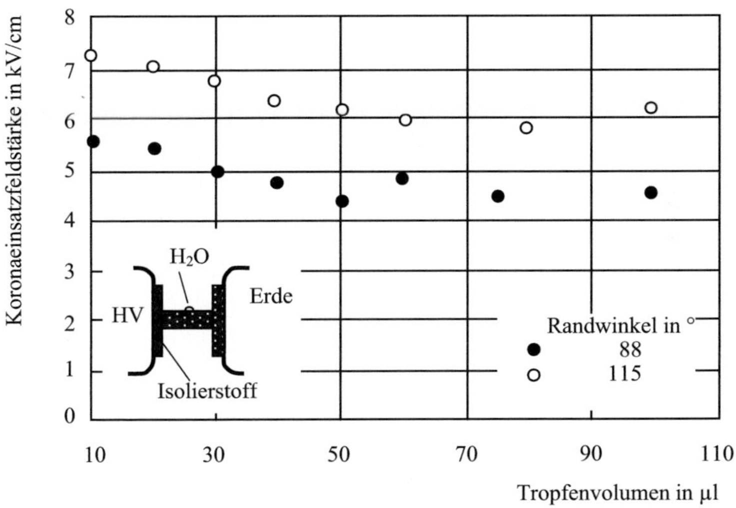

Bild 2-22: Koronaeinsatzfeldstärke in Abhängigkeit vom Tropfenvolumen und der Hydrophobie /2-10/

Auch /2-10/ weist experimentell im schwach inhomogenen Feld den Einfluss der Hydrophobie auf die Koronaeinsatzfeldstärke mit zwei unterschiedlichen Materialien nach (Bild 2-22). Eine bessere Hydrophobie führt zu kleineren Tropfendurchmessern bei gleichem Tropfenvolumen und zu einem höheren Krümmungsdruck im Tropfen, der zum Erreichen der Instabilität eine höhere Feldstärke erfordert.

Die genannten Werte der Feldstärke sind als wirkende Tangentialfeldstärken zu verstehen. Bei Normalfeldstärken sind höhere Werte erforderlich. Bei einer gegebenen Versuchsanordnung wurden folgende Unterschiede in den Werten festgestellt: Einsatzfeldstärke tangential 5 kV/cm und normal 10 kV/cm /2-23/.

Diese vereinfachten Darstellungen zum Verständnis der Vorgänge berücksichtigen weitestgehend quasistatische Vorgänge, d. h. die Wechselwirkungen, wenn Tropfen an geneigten Ebenen ablaufen und damit zu Kontakt- (beim Zusammenfließen) oder Abrissentladungen (bei Tropfenteilungen) führen, sind komplexer. Dies kann beispielsweise mit dem Dynamischen Tropftest bewertet werden (Bild 1-40) und es sei auf weiterführende Literatur verwiesen /2-9/, /2-11/ … /2-18/, /2-24/ … /2-27/.

2.5.2 Wirkung von Korona auf polymeren Oberflächen, speziell Silikongummi

Die Wirkungen von Koronaentladungen auf polymere Isolierstoffoberflächen sind sehr komplex, da speziell unter Freiluftbedingungen keine inerte Atmosphäre vorliegt, sondern mit Sauerstoff, Stickstoff und Wasser weitere Sekundärreaktionen stattfinden (Bild 2-23). Die Veränderungen auf Silikongummioberflächen und der Einfluss auf die Hydrophobie durch UV-Strahlung, Koronaentladungen, Wasserlagerung und Trockenzonenentladungen werden in /2-28/ … /2-32/ umfassend beschrieben. Die Gleichungen (2-4) … (2-17) zeigen am Beispiel des Einflusses von verschiedener UV-Strahlung die Komplexität der möglichen Isolierstoffveränderungen. Insbesondere das Wirken von angeregten Sauerstoffatomen wirkt stark oxidierend und kann zu wesentlichen Veränderungen der Isolierstoffoberfläche führen.

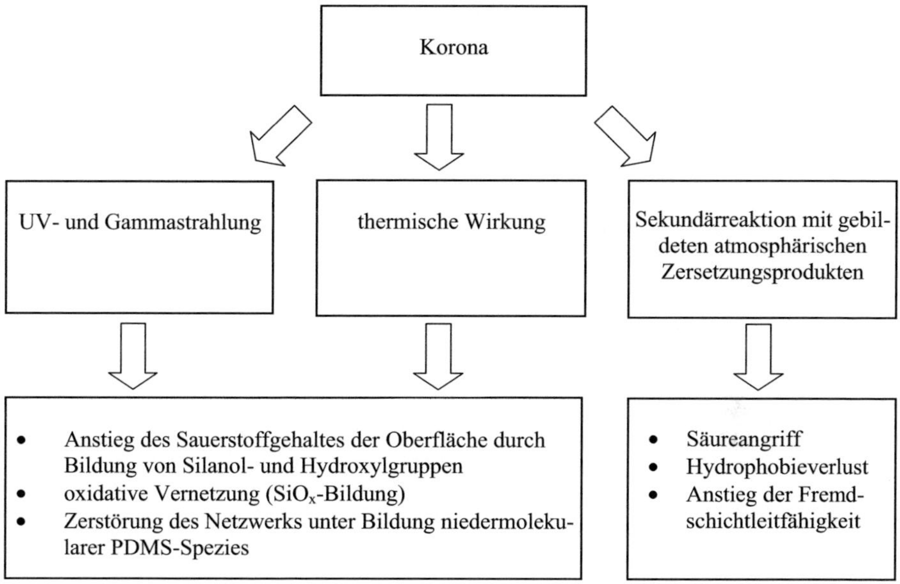

Bild 2-23: Wirkung von Koronaentladungen am Beispiel von Silikongummi

Veränderung durch UV-Strahlen

Bestrahlung mit einer energieschwachen Xenonlampe führt zur Zersetzung von Methylgruppen unter Bildung von freien Radikalen. Wasserstoffradikale sind sehr instabil, spalten Wasserstoff von den Methylgruppen ab und führen zur Bildung von H- und Si-CH_2-Radikalen (Gleichungen (2-4), (2-5)).

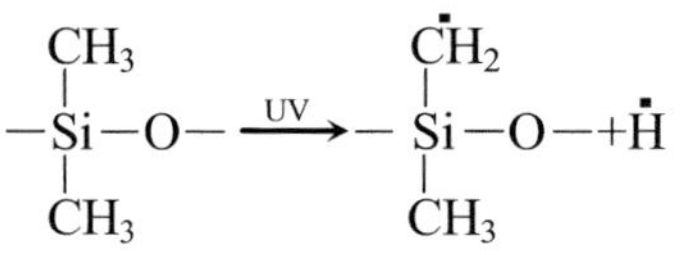

(2-4) /2-33/

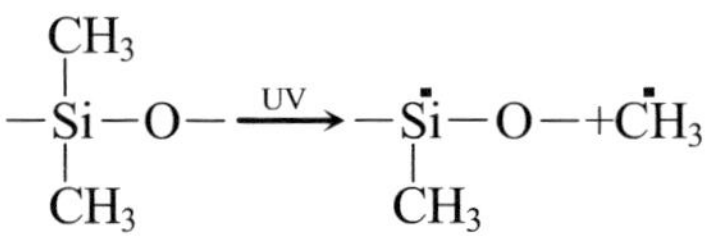

(2-5) /2-33/

Methylradikale können Wasserstoff der Hauptkette abspalten und gasförmiges Methan freisetzen (Gleichung (2-6)).

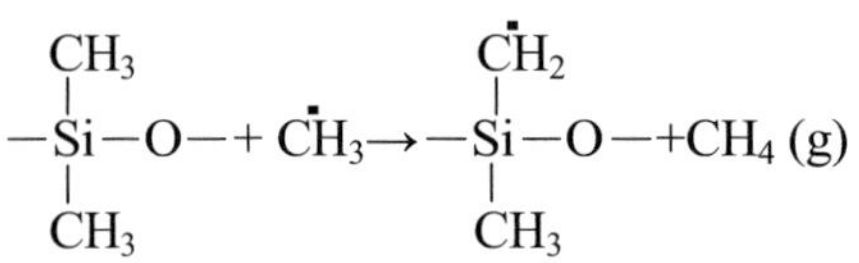

(2-6) /2-33/

Siliziumhaltige Radikale können $SiCH_2Si$-Verbindungen aufbauen (Gleichung (2-7)).

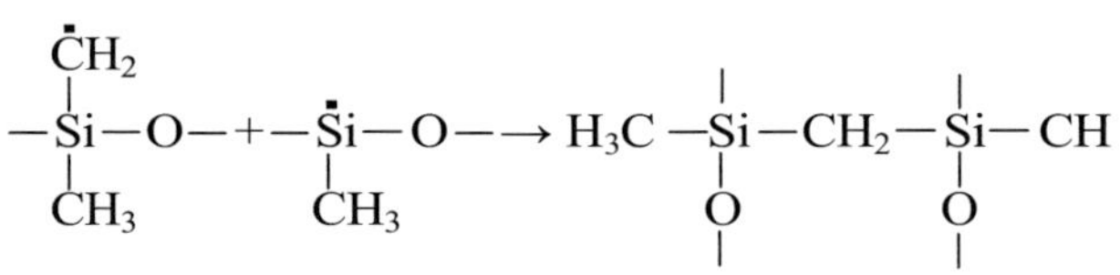

(2-7) /2-34/

Die Bestrahlung mit energiestärkeren UV-Lampen (Quecksilberdampf) führt zur Anregung von Sauerstoff, der mit aktiven Si-Radikalen aus dem umgesetzten Peroxyd (bei entsprechend vernetzten Systemen) Si-OH-Verbindungen bildet (Gleichung (2-8)).

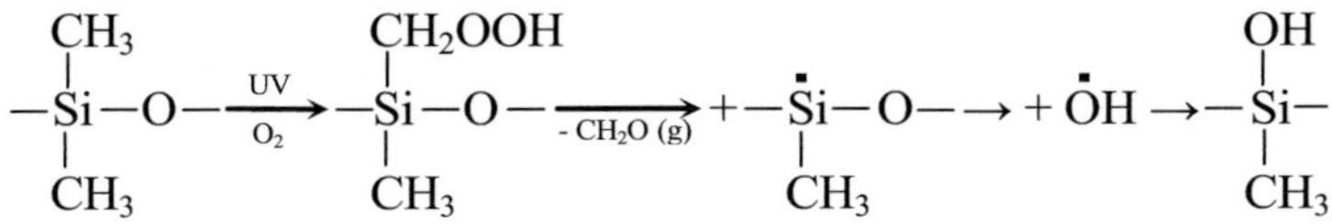

(2-8) /2-34/

Aufgrund der starken Potentialdifferenz zwischen dem positiven Si-Atom und dem negativen Sauerstoffatom ist die Bildung von Si-O-Si-Verbindungen wahrscheinlicher als o. g. Si-OH-Verbindungen (Gleichungen (2-9), (2-10).

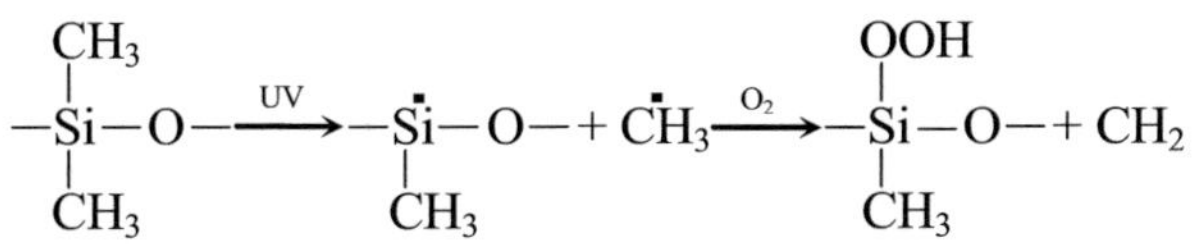

(2-9) /2-34/

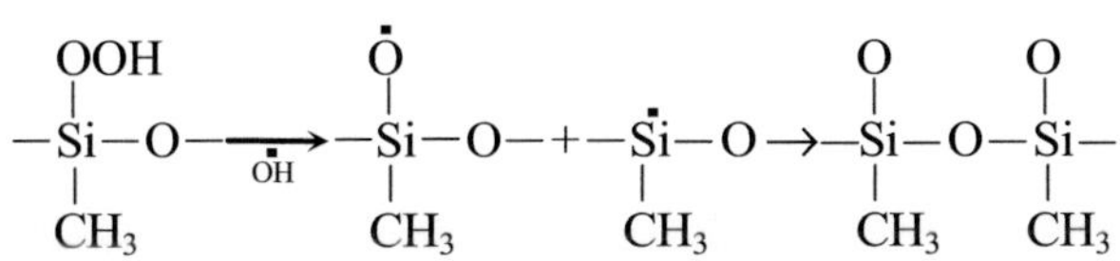

(2-10) /2-34/

Die Bildung von $SiCH_2CH_2Si$ kann als Sekundärreaktion (Gleichung (2-11)) erfolgen und entspricht dem Vernetzungsprozess einer Additionsvernetzung mit Platinkatalysator ($Si\text{-}H + CH_2 = CHSi \rightarrow SiCH_2CH_2Si$).

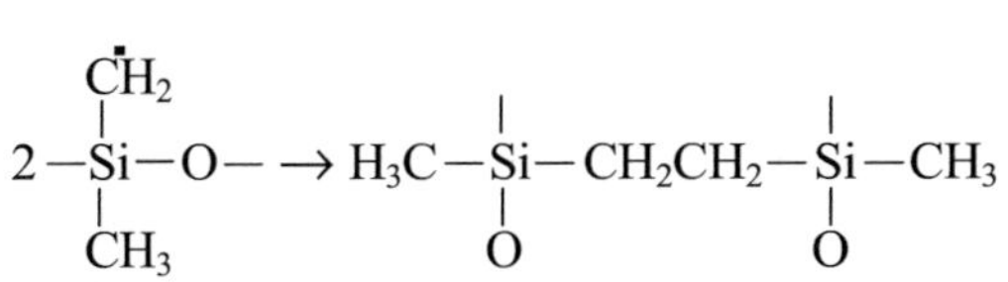

(2-11) /2-34/

Sehr komplexe Veränderungen wurden bei kombinierter Plasma- und Koronabehandlung festgestellt, wenn Sauerstoff präsent ist. Über Zwischenprozesse (Peroxyd- und Hydroperoxyd) bilden sich instabile Silylverbindungen, die sich in Spaltprodukte wie Karboxylsäuren und Silanolgruppen zersetzen. Finden weitere

Kondensationsreaktionen statt, formieren sich Si-O-Si-Verbindungen (Gleichungen (2-12) … (2-17)).

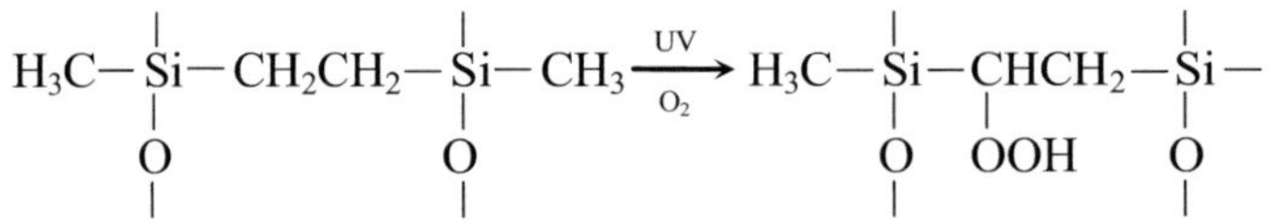

(2-12) /2-35/

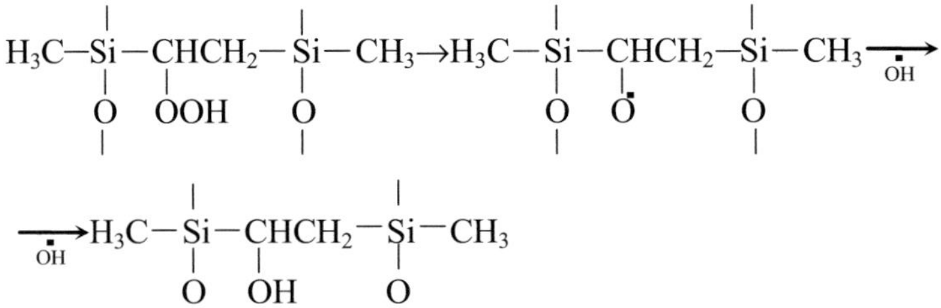

(2-13) /2-35/

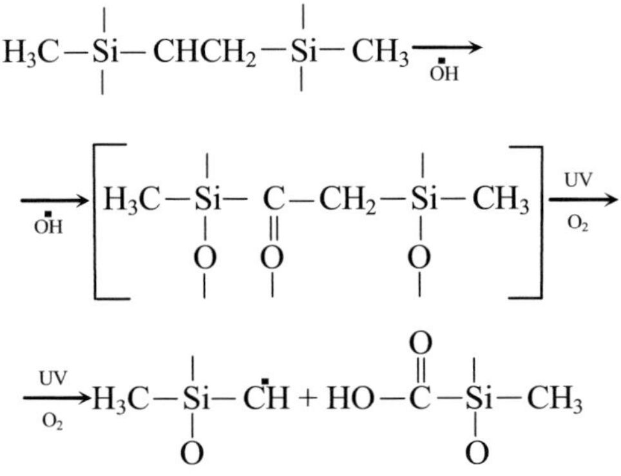

(2-14) /2-35/

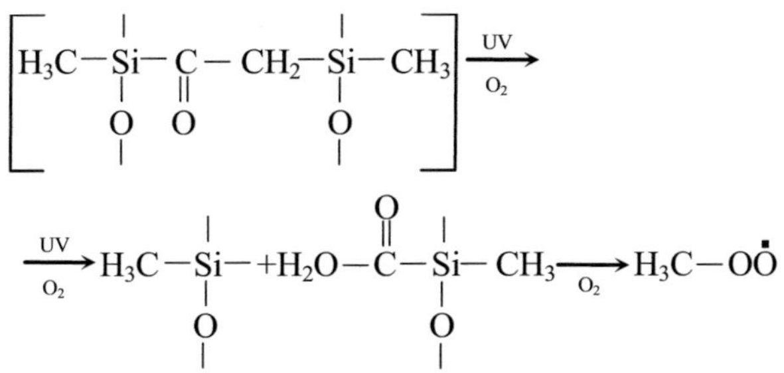

(2-15) /2-35/

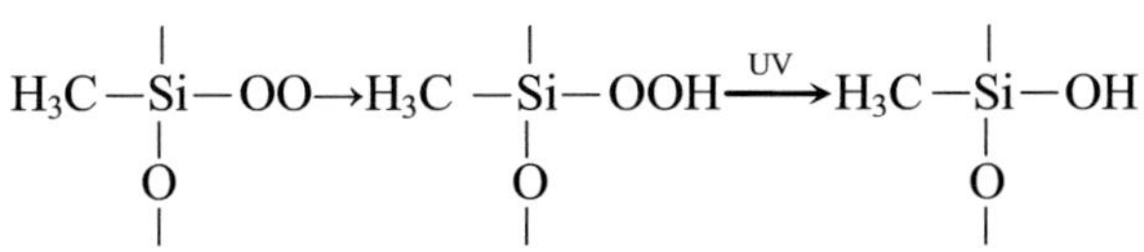

(2-16) /2-35/

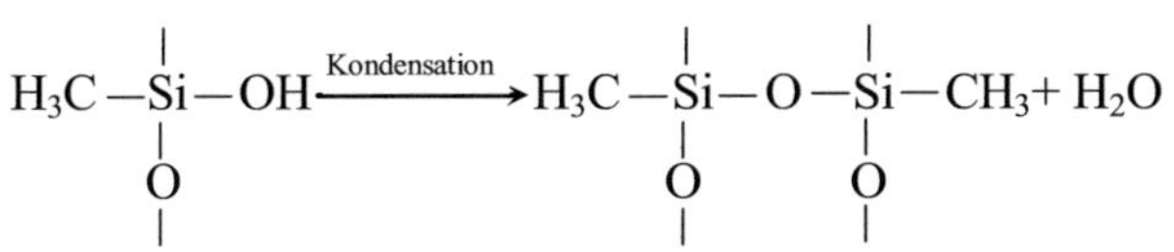

(2-17) /2-35/

Die Gleichungen zeigen, dass eine Vielzahl von Zersetzungsprodukten entstehen kann, die aufgrund ihres polaren und/oder radikalischen Charakters eine reduzierte Hydrophobie zur Folge haben. Während die Wirkung der Zersetzungsprodukte z. B. durch Rekombination, Reorientierung von Methylgruppen oder unter Freiluftbedingungen bei Regen nachlassen kann, ist die Bildung von SiO_x-Schichten ein irreversibler Prozess und wird bei entsprechender Schichtdicke die Rückkehr der Hydrophobie behindern (insbesondere die Diffusion niedermolekularer Bestandteile aus dem Silikongummi auf die Oberfläche).

Neben der Wirkung von UV-Strahlen wurde auch die thermische Wirkung von Korona an verschiedenen Isolierstoffoberflächen (alle mit > 40 Gew.-% Füllstoff) untersucht und in die Erzeugung der Korona von Wassertropfen und von einer metallischen Quelle unterschieden /2-21/, /2-36/. Die Ströme der Wassertropfenkorona lagen aufgrund der kapazitiven Einkopplung typischerweise im Bereich von 5 … 100 µA. Bei einer Koronadauer von bis zu 60 s wurden nur Temperaturanstiege bis zu 2,5 K bei 5 µA und bis zu 25 K bei 100 µA gegenüber der Umgebungstemperatur festgestellt, sodass die thermische Zersetzungstemperatur der

Isolierstoffe und auch der Siedepunkt des Wassers nicht erreicht werden. Des Weiteren wurde eine gute Korrelation zwischen den analytischen Betrachtungen und den Ergebnissen der durchgeführten Messungen festgestellt /2-21/, /2-36/.

Die Versuche mit metallischer Koronaquelle haben dann gezeigt, dass es erst mit Erreichen von Strömen im mA-Bereich zu einer thermischen Zerstörung durch das lokale Zünden von sogenannten morning stars kommt. Der Begriff des *morning star* resultiert aus der Form einer intensiven Leuchterscheinung, wenn punktuell die thermische Zersetzungstemperatur des Isolierstoffs überschritten wird. Dies ist in guter Übereinstimmung zu Messungen mit einem modifizierten Nadeltest (low current discharge IEC 61621 /2-37/), der trockene Entladungen auf der Isolierstoffoberfläche zündet und das Material entsprechend thermisch beansprucht (Bild 2-24 /2-38/). Im Beispiel wurden verschiedene niedrigviskose Silikonelastomere ohne ATH-Zusatz geprüft, der Scheitelwert des morning-star-Einsatzstroms liegt zwischen 4 … 5 mA unter diesen Prüfbedingungen.

Der Einfluss der thermischen Wirkung von Wassertropfenkorona ist daher als gering einzuschätzen, der Angriff durch Säurebildung dagegen nicht.

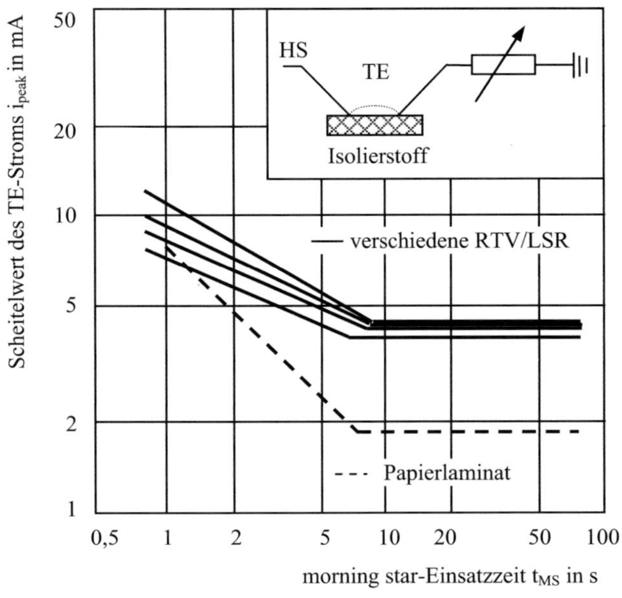

Bild 2-24: Thermische Isolierstoffschädigung durch morning-star-Einsatz /2-38/

Unabhängig vom Isolierstoff haben prinzipielle Untersuchungen zur Entstehung von oxidativ und hydrophil wirkenden Zersetzungsprodukten der Luft bzw. die Formierung von Säuren /2-39/ ... /2-43/ gezeigt, dass eine Reihe von chemisch-physikalischen Prozessen ablaufen, die zu einer Zerstörung des Isolierstoffs führen können.

❑ *Formierung verschiedener Sauerstoff-Spezies*

Entladungen mit niedriger Stromstärke (Ozonbildung)

$$e^- + O_2 \longrightarrow 2\,O + e^- \qquad (2\text{-}18)$$

$$2\,O + 2\,O_2 \longrightarrow 2\,O_3 \qquad (2\text{-}19)$$

Entladungen mit UV-Strahlung (Ozonzersetzung und Radikalbildung)

$$e^- + O_2 \longrightarrow \dot{O} + O + e^- \qquad (2\text{-}20)$$

$$h/\lambda + O_3 \longrightarrow \dot{O} + O_2 \qquad (2\text{-}21)$$

$$\dot{O} + H_2O \longrightarrow 2\,\dot{O}H \qquad (2\text{-}22)$$

Die OH-Radikale haben ein hohes Oxidationspotential und können eine Aufspaltung der Polymerverbindungen bewirken. Des Weiteren wirken sie stark hydrophil, eine vergleichsweise kleine Menge von 1,3 … 3,5 OH-Gruppen pro nm^2 Fläche erhöht die Benetzbarkeit deutlich.

❑ *Formierung von Salpetersäure*

$$N_2 + O_2 \longrightarrow 2\,NO \qquad (2\text{-}23)$$

$$2\,NO + O_2 \longrightarrow 2\,NO_2 \qquad (2\text{-}24)$$

$$2\,NO + O_3 \longrightarrow 2\,NO_2 + 0{,}5\,O_2 \qquad (2\text{-}25)$$

$$2\,NO_2 + H_2O \longrightarrow HNO_3 + HNO_2 \qquad (2\text{-}26)$$

$$HNO_2 + O_3 \longrightarrow HNO_3 + O_2 \qquad (2\text{-}27)$$

Kommt diese Säure aufgrund von Dichtheitsproblemen des Mantelwerkstoffs oder der Dichtung selbst in Kontakt mit dem Stab, kann bei entsprechend ungünstiger Materialwahl (E-Glas) ein Sprödbruch (s. a. Abschnitt 1.2.2.1.3) ausgelöst werden. Abhängig von der Harzmatrix sind dafür bereits pH-Werte von 3 … 3,5 ausreichend. Im Vergleich: In Alterungsprüfungen wurden Werte um pH = 0 /2-44/ gemessen!

Der pH-Wert von saurem Regen muss differenziert betrachtet werden. Zu Beginn eines wenig intensiven Regens können sich niedrige pH-Werte einstellen, die mit zunehmender Regendauer durch Verdünnung aber einen pH-Wertanstieg erfahren.

Gebildete Säuren können auch einen direkten Angriff auf den Isolierstoff bedeuten. Das trifft sowohl auf niedrig gefüllte Silikongummis zu /2-45/, als auch auf Materialien, die mit alkalisch wirkenden Füllstoffen wie $CaCO_3$ oder ATH angereichert wurden. Die Verwendung von $CaCO_3$ mit oder ohne ATH führt zu einer starken Empfindlichkeit gegenüber Säuren /2-46/, /2-47/, und die Verwendung von unbehandeltem ATH ist ebenfalls als kritisch einzuschätzen /2-48/.

Unter der Annahme einer linearen Korrelation weist /2-21/ für die Reduktion des pH-Wertes von 7 auf 2,5 … 3 bei einer bestimmten Prüfanordnung nach, dass bei Tropfengrößen von 100 µl nur Summenladungen durch Korona von 600 … 1000 pC erforderlich sind bzw. bei kleineren Tropfen nur eine kurze Koronaeinwirkdauer von wenigen Sekunden. Dieses Szenario gilt eher für eine Betauung, d. h. kein auftretender Regen führt zu einer Verdünnung der entstandenen Säuren.

Wie die Beispiele aus dem Betrieb gezeigt haben, ist die Einwirkzeit und Intensität von Korona von entscheidender Bedeutung für die stattfindenden Schädigungen. In /2-49/ wurden verschiedene Silikongummimaterialien mit verschiedener Dicke Koronaentladungen ausgesetzt. Diese wurde mit zehn 10 mm langen Wolframnadelelektroden erzeugt. Die Einwirkzeit war 12 min (Bild 2-25). Der gemessene Rückzugswinkel reagiert empfindlicher auf die Koronabehandlung und indiziert das Erreichen des Filmbelagszustandes nach ca. 3 min. Die Erholung des Materials erfordert eine längere Dauer als die unmittelbare Koronaeinwirkzeit, nach ca. 60 h ist der Zustand erreicht (Bild 2-26). In dieser Versuchsreihe wurde auch kein Einfluss der Dicke der Prüflinge festgestellt. Beides lässt den Schluss zu, dass nur geringfügige Schädigungen auftraten (z. B. temporäre Anreicherung mit Silanol- und Hydroxylgruppen).

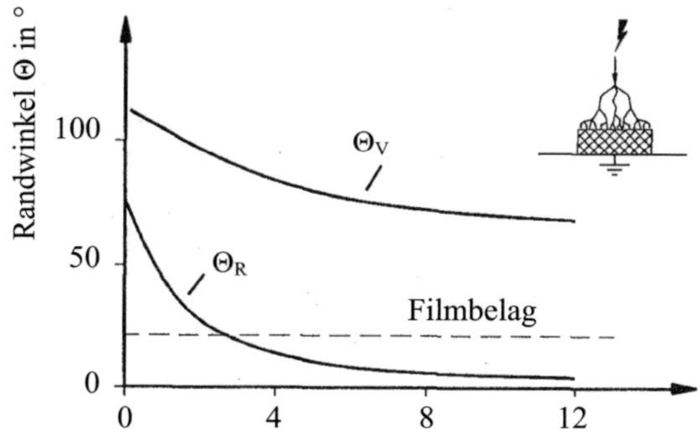

Bild 2-25: Reduktion des dynamischen Randwinkels über der Koronaeinwirkzeit /2-49/

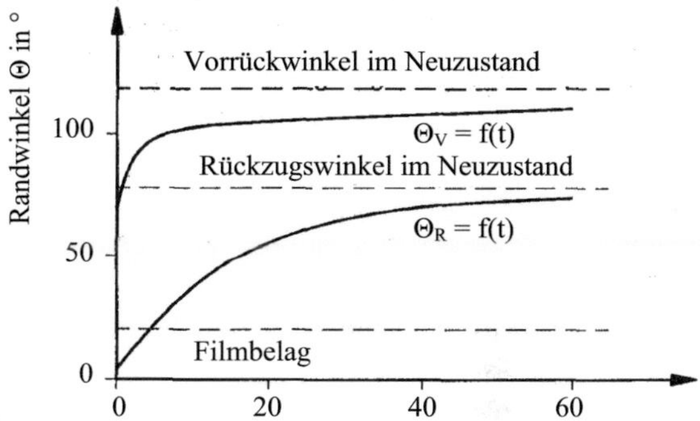

Bild 2-26: Erholung des dynamischen Randwinkels nach Koronaeinwirkzeit /2-49/

Ein anderes Bild zeigt sich, wenn die Intensität und zugehörige Einwirkdauer einen materialspezifischen Wert für eine bestimmte Prüfanordnung überschreiten /2-50/. Prüflinge aus HTV-Silikongummi mit 30 mm Durchmesser und einer Dicke von nur 1 mm wurden in einer Prüfkammer bei definierter relativer Luftfeuchte und bei Raumtemperatur Koronaentladungen ausgesetzt, die von Nadelelektroden in 1 mm Abstand von der Isolierstoffoberfläche erzeugt wurden. Die Zuordnung zur Einwirkzeit und Intensität ist in Tabelle 2-4 aufgeführt.

Tabelle 2-4: Prüfkörperbezeichnung in Abhängigkeit von der Einwirkzeit und der beanspruchenden Spannung /2-50/

Einwirkzeit in h	beanspruchende Spannung in kV				
	$U_1 = 2$	$U_2 = 3$	$U_3 = 5$	$U_4 = 7$	$U_5 = 10$
1	A_1	B_1	C_1	D_1	E_1
24	A_{24}	B_{24}	C_{24}	D_{24}	E_{24}
200	A_{200}	B_{200}	C_{200}	D_{200}	E_{200}

Die im Folgenden gezeigten Ergebnisse des statischen Randwinkels sind Mittelwerte aus jeweils 3 Einzelmessungen (Bild 2-27 … Bild 2-30) mit einem Tropfenvolumen von 10 µl. Wie bereits im Abschnitt 1.2.3.3.3 vermerkt, kann der statische Randwinkel nur den Trend der Hydrophobieentwicklung aber nicht deren Wirksamkeit quantifizieren. Dazu wäre die Messung des dynamischen Rückzugswinkels erforderlich. Wie erwartet, gibt es den eindeutigen Trend einer Schadensakkumulation. Während nach 1-stündiger Einwirkzeit praktisch bei jeder Intensität der Ausgangszustand der Hydrophobie wieder erreicht wird, treten mit E_{24} Veränderungen des Isolierstoffs ein, die eine unvollständige Erholung zur Folge haben. Aus dem Vergleich von Bild 2-28 und Bild 2-29 folgt, dass Korona beschleunigend oder verlangsamend auf die Wiederkehr der Hydrophobie wirken kann. Die Bildung von niedermolekularen diffusionsmobilen Verbindungen konkurriert mit der oxidativen Vernetzung, die zu „glasartigen“, schwer penetrierbaren Schichten führen kann. Inwieweit der geringe Stichprobenumfang von 3 Messwerten die Kurvenverläufe beeinflusst hat, ist nicht weiter untersucht.

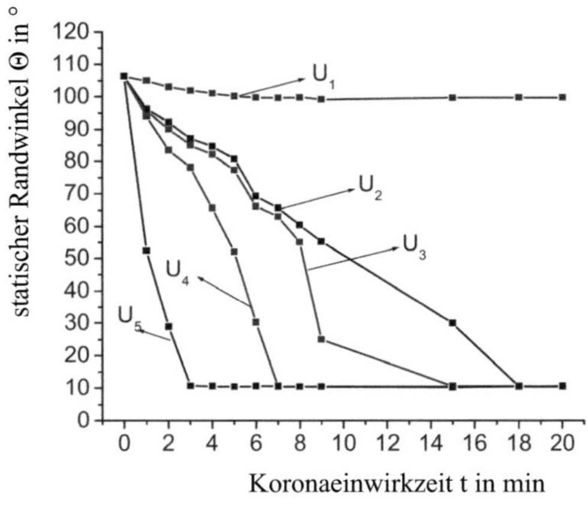

Bild 2-27: Einfluss der Intensität auf den Verlust der Hydrophobie /2-50/

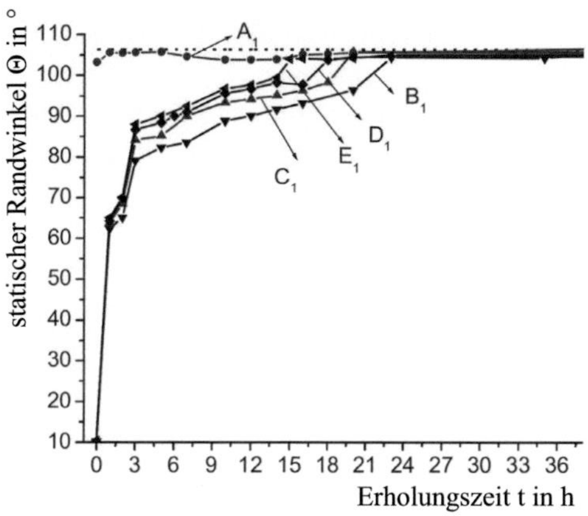

Bild 2-28: Anstieg der Hydrophobie nach 1-stündiger Einwirkzeit /2-50/

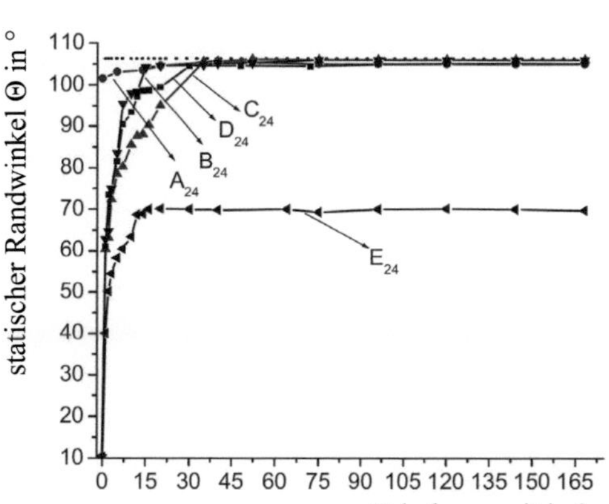

Bild 2-29: Anstieg der Hydrophobie nach 24-stündiger Einwirkzeit /2-50/

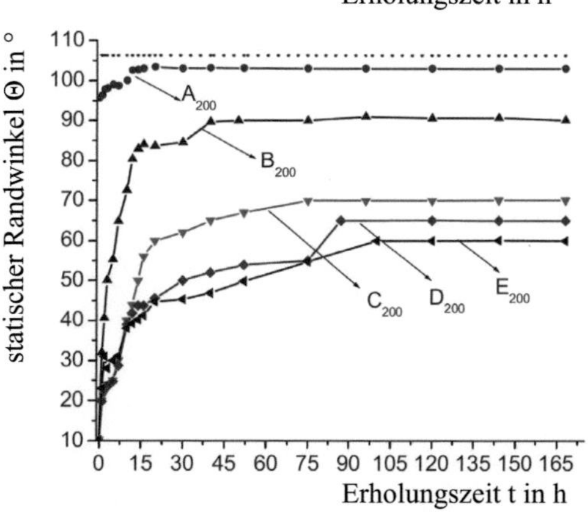

Bild 2-30: Anstieg der Hydrophobie nach 200-stündiger Einwirkzeit /2-50/

Der Trend in Bild 2-30 ist wieder eindeutig, mit höherer Einwirkdauer und Intensität ergibt sich eine längere Anstiegszeit.

Nur für A_{200}, das einen Grenzwert unter diesen Bedingungen darstellt, wird der Ausgangzustand wieder erreicht. Die relativ geringe Dicke der Prüflinge hat diese Ergebnisse ebenfalls beeinflusst.

In einem weiteren Beispiel kann aus frühen Untersuchungen /2-51/ der Anstieg der Schichtleitfähigkeit gezeigt werden (Bild 2-31). Der Versuchsaufbau ist auf Situationen übertragbar, in denen sich kleine Tropfen bei Betauung bilden, die natürliche Verschmutzung niedrig ist und es zu keiner Reinigung durch Regen kommt. Diese Situation ist nicht nur auf Innenraumanwendungen beschränkt, sondern kann auch unter Freiluftbedingungen auftreten (s. a. Schadensbild Bild 2-9). Abhängig von der umgesetzten Ladung und vom Isolierstoff können starke Erhöhung nachgewiesen werden. Die Messung erfolgte mit einer Saugstreifensonde /2-52/, /2-53/, d. h. der Effekt des Hydrophobieverlustes durch hydrophile Spezies muss als zusätzliche nicht erfasste Negativwirkung berücksichtigt werden.

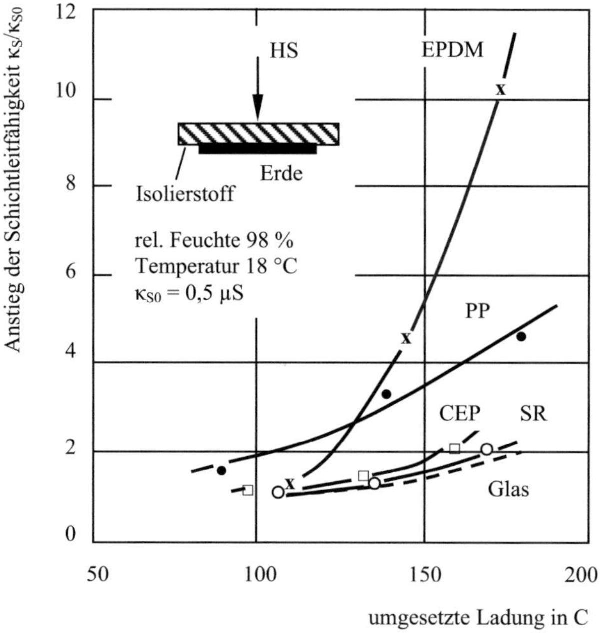

Bild 2-31: Anstieg der partiellen Schichtleitfähigkeit durch koronaverursachte Zersetzungsprodukte /2-51/

Der Einfluss einer Isolierstoffdehnung ist noch zu nennen /2-36/. Erfolgt eine Schädigung durch Korona in der Form, dass es zur Rissbildung der Isolierstoffoberfläche kommt, kann die mechanische Spannung in einem gedehnten Material wie bei einer Kerbwirkung die Rissbildung verstärken.

2.5.3 Schädigungspotential durch Korona

Zusammenfassend kann das Gefährdungspotential wie folgt abgeschätzt werden:

- Das Auftreten von kontinuierlicher Korona an der Isolatorarmatur oder an nahe dem Isolator befindlichen Kettenelementen kann zu einer dauerhaften Schädigung des Isoliermantels und der Dichtung führen.
- Wesentliche Schädigungsmechanismen sind Veränderungen der Isolierstoffoberfläche durch UV-Strahlung und der chemische Angriff durch gebildete Radikale oder Säuren.
- Eine Reduktion der Hydrophobie durch Wassertropfenkorona kann auch bei der Einhaltung von empirischen Grenzwerten der Feldstärke und hochwertig hydrophoben Eigenschaften des Isoliermantels auftreten. Aufgrund von Freilufterfahrungen ist diese Reduktion als temporär und daher nicht funktionsrelevant einzuschätzen.

Generell gilt es zu prüfen, welche ergänzenden Designkriterien für einen optimalen Isolator- oder Kettenaufbau bei der Verwendung von Verbundisolatoren definiert werden können.

2.6 Ergänzende Anforderungen für Verbundisolatoren (oder mit Verbundisolatoren zusammengestellten Ketten)

2.6.1 Material- und Geometrieunterschiede

Die genannten Grenzwerte der Stör- und Koronaaussetzspannung (Abschnitt 2.4), die sich für gegen Umwelteinflüsse weitgehend inerte Isolierstoffe und die für eine bestimmte Kraftklasse notwendigen Abmessungen der Isolatorendarmatur seit vielen Jahren bewährten, sind für Verbundisolatoren weiter zu präzisieren bzw. zu erweitern. Eine Ursache liegt im unterschiedlichen Strunkdurchmesser, hier am Beispiel vergleichend für Langstab- bzw. Kappenisolatoren gezeigt (Bild 2-32). Der Porzellanlangstab für eine Nennkraft von 120 kN hat einen Strunkdurchmesser von ca. 65 mm, der Verbundisolator dagegen nur einen Durchmesser des Stabes von 16 mm, was mit einem Strunkdurchmesser von ca. 23 mm korrespondiert. Selbst für eine Nennkraft von 1500 kN würde der Verbundlangstabisolator nur einen Strunkdurchmesser von 70 mm aufweisen. Zum Vergleich: Porzellanlangstäbe sind bis zu einer Nennkraft von 500 kN herstellbar. Der kleinere Durchmesser des Stabes im Verbundisolator führt zu kleineren Endarmaturendurchmessern und zu längeren Isolatorendarmaturen, da die erforderliche Kraftschlussfläche durch das Krimpen der Armatur bei gegebenem kleinen Stabdurchmesser über die Länge einzustellen ist.

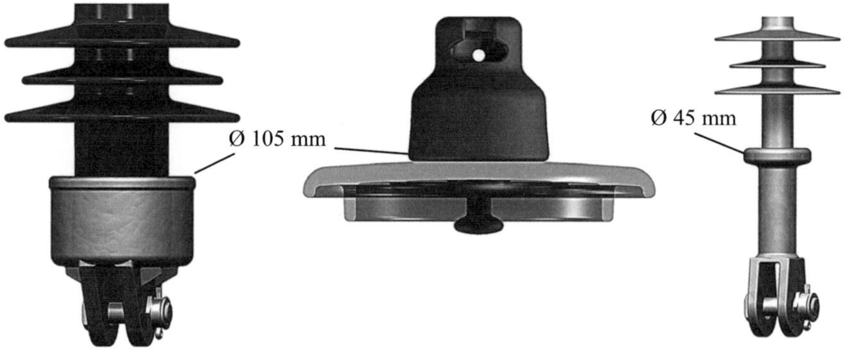

Bild 2-32: Maßstäblicher Vergleich eines Verbundisolators mit konventioneller Technik

Tabelle 2-5: Technologievergleich hinsichtlich Fremdschichtverhalten und Koronaeffekten

Kennzeichen einer Isolatorkette mit Verbundisolator gegenüber einem äquivalenten konventionellem Isolator	Einfluss auf	
	Fremdschicht-verhalten	Koronaeffekte
kleinerer Durchmesser des Isoliermantels	verbessert	vernachlässigbar
kleinerer Durchmesser der Isolatorarmatur	vernachlässigbar	Wulst der Isolatorarmatur ist im Durchmesser anzupassen, Koronaringe ab 200 kV oder bei kritischen Designs darunter
erhöhter Abstand zum Leiterbündel	kleiner Einfluss	Koordination und Prüfung der Gesamtkette erforderlich, mittlerer bis großer Einfluss bei verlängerter Armatur ohne Koronaschutz
Hydrophobie	verbessert	Phänomen der Wassertropfenkorona

Die prinzipiellen Unterschiede zwischen einer Isolatorkette aus konventionellen Isolatoren und aus Verbundisolatoren lassen sich aus Sicht des Einflusses auf das Fremdschichtverhalten und die Koronaeffekte gemäß Tabelle 2-5 gegenüberstellen.

Ein Vergleich konservativer Isolatordesigns aus der Vergangenheit zu heute verfügbaren kostenreduzierten Varianten zeigt auch den Trend, dass mit weniger Materialeinsatz versucht wird, die Kosten zu reduzieren. Die Darstellungen in Bild 2-33 zeigen die verschiedenen Ausführungen eines Verbundlangstabs für eine Nennkraft (SML) von 160 kN.

Als wichtige Ursachen für das Auftreten diskontinuierlicher Wassertropfenkorona oder kontinuierlicher Korona an der Armatur können beispielhaft genannt werden:

- Reduktion des Wulstdurchmessers an der Armatur,
- verringerte feldvergleichmäßigende Wirkung des Leiterbündels bei verlängerter Armatur, speziell wenn kein zusätzlicher Koronaschutz eingebaut ist,
- keine Typprüfungen für die Gesamtkette, Designfehler nicht erkannt,
- keine Gesamtverantwortlichkeit wegen verschiedener Lieferanten für den Isolator und die Kettenkomponenten, Koronaschutz nicht angepasst,
- keine Korrektur für Installation in Höhen über 1000 m,
- reduzierte Fehlertoleranz der Isolatorarmatur für fertigungsbedingte Streuungen der Oberflächenrauheit im Prozess der Galvanisierung (Verzinkung).

konservatives Design mit großem Stab- und Armaturenwulstdurchmesser | reduziertes Design mit kleinerem Stabdurchmesser | kostenoptimiertes Design mit kleinerem Stab- und Armaturenwulstdurchmesser

Bild 2-33: Maßstäblicher Vergleich von Armaturendesigns

Die technologiebedingten kleineren Durchmesser und längeren Isolatorendarmaturen im Vergleich zu konventionellen Isolatoren und die heute aus Kostengründen durchgeführten Optimierungen erfordern eine kritische Bewertung der Koronaschutz-Auslegung von Verbundisolatoren. Als vereinfachte Regeln /2-54/ galten bisher, dass:

- ab 220 kV Koronaringe hochspannungsseitig einzusetzen sind oder bei niedrigeren Spannungen, wenn der Strunkdurchmesser des Verbundisolators 20 mm unterschreitet,
- bei Ungewissheit über das Verhalten - die Simulationsverfahren und Rechnerkapazität von heute waren im Jahr 1992 nicht verfügbar - Korona-Prüfungen durchzuführen sind, die die Anordnung der Isolatoren (Trag- oder Abspannlage, Isoliertraverse) gemäß den in-situ-Bedingungen nachbilden.

Dies gilt in erster Näherung nur für die Stör- und Koronaaussetzspannung, das Phänomen der Wassertropfenkorona wird damit nicht berücksichtigt.

2.6.2 Berechnung der elektrischen Feldstärke

Zur Vermeidung von Koronaschäden, wie beispielhaft im Abschnitt 2.2 gezeigt, einschließlich der Berücksichtigung des Phänomens der Wassertropfenkorona sind gewisse Grenzwerte der elektrischen Feldstärke an den Kettenkomponenten und auf der Isolierstoffoberfläche einzuhalten. Diese Grenzwerte sind so festzulegen, dass eine Balance zwischen kommerziellen, technischen und zunehmend ästhetischen Anforderungen der Freileitung an hochwertige Isolierwerkstoffe wie Silikongummi gefunden wird. Im Jahr 2005 publizierte die CIGRE-Arbeitsgruppe B2.03 /2-55/ die Technische Broschüre TB 284, die sich mit dem Einsatz von Koronaringen bei Verbundisolatoren für Übertragungsleitungen befasste. Unabhängig von der Verwendung der Simulationssoftware und des Kettenaufbaus (Einfachkette, Doppelkette, Isoliertraverse) bzw. der Kettenposition (Trag- oder Abspannlage) gelten die folgenden konstruktiven Details als wichtige Einflussfaktoren auf die elektrische Feldstärke (Bild 2-34):

- Durchmesser und Form der Isolatorarmatur
- Schirmprofile
- Abstand zwischen erstem Schirm und der Isolatorarmatur
- Ring- und Profildurchmesser des Schutzringes
- Position des Ringes

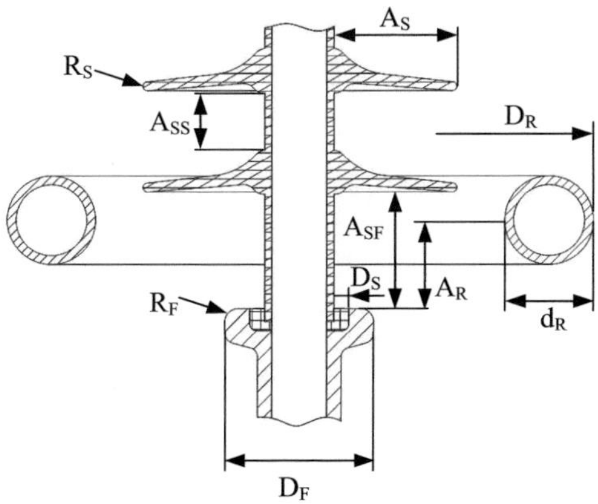

A_R = Abstand Ring - Isolatorarmatur
A_S = Schirmausladung
A_{SF} = Abstand 1. Schirm - Isolatorarmatur
A_{SS} = Abstand Schirm - Schirm
D_F = Durchmesser Isolatorarmatur
D_R = (Außen) Ring-Durchmesser
D_S = Durchmesser Dichtungsbereich
d_R = Ringprofildurchmesser
R_F = Radius an der Armaturwulst
R_S = Schirmkantenradius

Bild 2-34: Geometrische Einflussfaktoren für die Feldsimulation

Der Strunkdurchmesser des Isolators wird indirekt über die Durchmesser D_F und D_S berücksichtigt.

Es wurden zwei prinzipielle Isolatorendesigns bewertet, mit und ohne überspritzte (nachträglich abgedichtete), d. h. in den Mantelwerkstoff eingebetteter Armatur (Bild 2-35, Bild 2-36).

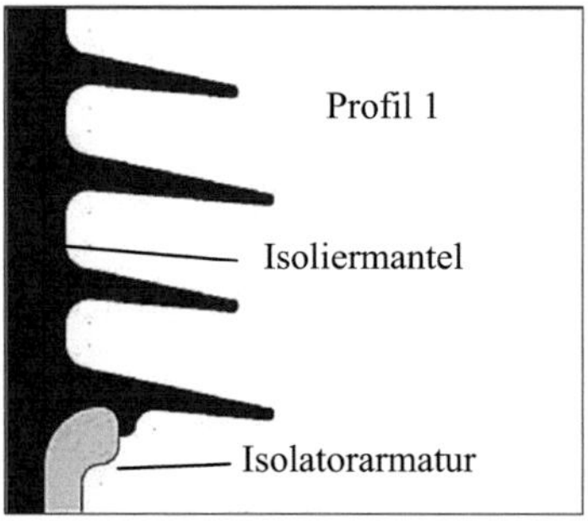

Bild 2-35: Profil 1, überspritzte Armatur

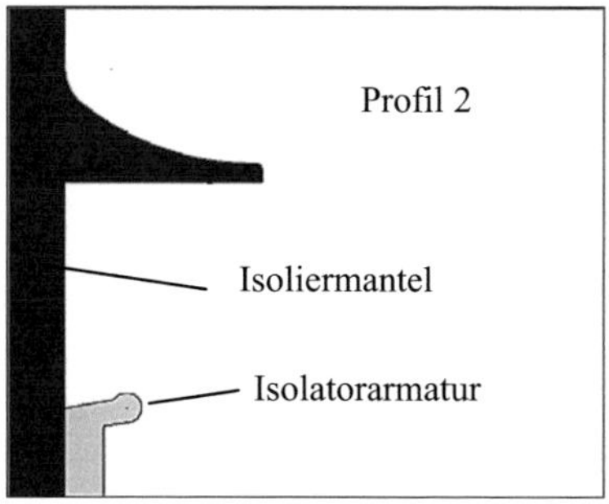

Bild 2-36: Profil 2, abgedichtete Armatur

Die Feldsimulation wurde mit der 3D-Software Coulomb V6.1 durchgeführt und deren Ergebnisse mit praktischen Messungen im Labor verglichen. Als Prüflinge wurden typische 145-kV-Isolatoren verwendet, Profil 1 mit 1384 mm und Profil 2 mit 1270 mm Isolatorlänge. Für die Feldsimulation wurde empirisch angenommen, dass ein Überschreiten von 22 kV/cm (Effektivwert) an der hochspannungsseitigen Isolatorarmatur dem Koronagrenzwert entspricht.

Tabelle 2-6: Vergleich der Koronagrenzwerte aus Simulation und Versuch /2-55/

Isolator-design	Koronagrenz-wert aus 3D-Simulation in kV	Koronagrenzwerte aus Versuchen in kV			
		Einsatzspan-nung**	Aussetzspan-nung**	Einsatzspan-nung***	Aussetzspan-nung***
Profil 1	142	160	147	171	147
Profil 2	79	87	85		
Profil 1 mit Koronaring*	262	275	258	267	269
Profil 2 mit Koronaring*	-	-	-	-	-

Anmerkungen: * Ringabmessung 280 x 60 mm ** Labor I *** Labor II

Es zeigte sich eine gute Übereinstimmung zwischen simulierten und gemessenen Werten (Tabelle 2-6, Effektivwerte in kV), die Abweichungen betragen - 2 % bis + 7 %. Die Formgebung der Isolatorarmatur und deren Einbettung führen unter diesen Bedingungen zu einem besseren Koronaverhalten von Profil 1.

Die Simulationen wurden für 420-kV-Isolatoren unter Nutzung einer achsensymmetrischen 2D-Software (Electro V 5.1) fortgesetzt, der simulierte Aufbau mit den Ergebnissen der vorhergehenden 3D-Simulation normalisiert. Beide Profiltypen wurden mit einer Isolatorlänge von 3000 mm bei einer angelegten Spannung von 243 kV (effektiv) berechnet. Der Trend, dass Profil 1 zu niedrigeren Feldstärken führt, konnte bestätigt werden (Bild 2-37). In den Simulationen mit Koronaring wurden Abmessungen von 280 mm Außendurchmesser und einem Ringprofildurchmesser von 60 mm verwendet. Die Distanz x in mm ist der variierte Abstand zwischen der Oberseite des Koronarings und der Oberseite der Isolatorarmatur (eingebettet bei Profil 1).

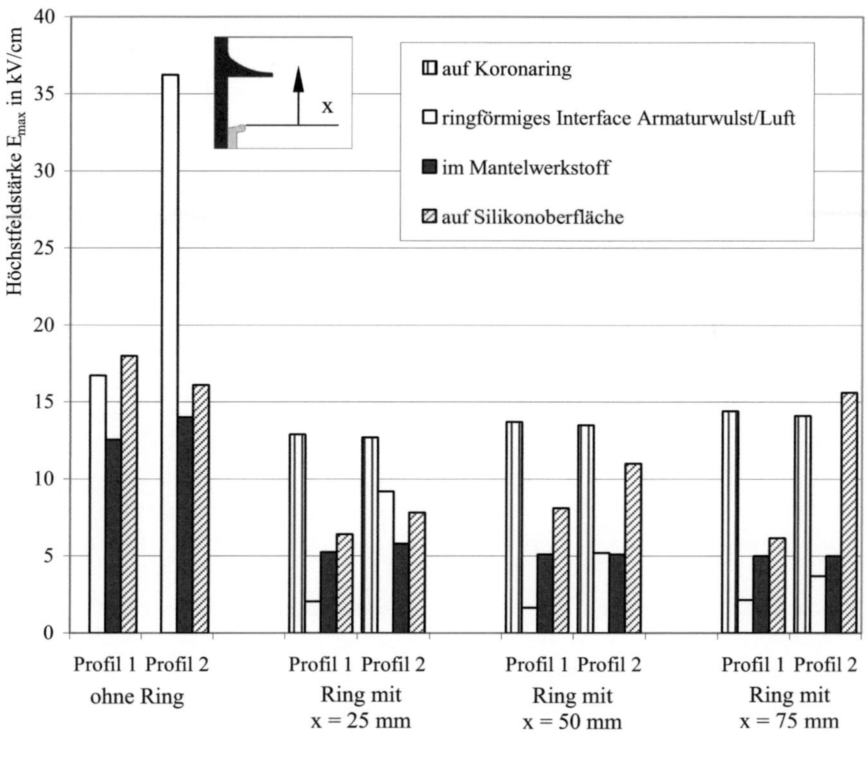

Bild 2-37: Höchstfeldstärke an Profilen 1 und 2 ohne/mit Koronaring /2-55/

Die unterschiedlichen Feldstärken der beiden Profile zeigen, dass es keine allgemein anwendbare Regel für die verschiedenen Isolatordesigns (Profile) gibt. Interessant ist noch die Analyse der Höchstfeldstärken auf der Silikongummioberfläche, bis auf die Simulation ohne Ring (simulierter Installationsfehler) treten diese auf den Schirmen bzw. äußeren Schirmkanten auf. Die in Abschnitt 2.5.1 genannten, zeitraffenden kombinierten Alterungsversuche an 500-kV-Silikonisolatoren haben empirisch gezeigt, dass bei Einhaltung bestimmter Feldstärke-Grenzwerte für den Strunk das Auftreten von Tropfenkorona auf den Schirmen nahezu auszuschließen und an den Schirmkanten tolerierbar ist. Es wird bestätigt, dass die Formgebung der Isolatorarmatur und deren Einbettung unter diesen Bedingungen zu einem besseren Koronaverhalten von Profil 1 führen.

Die Koronaringabmessungen für Profil 1 wurden noch variiert (Bild 2-38) und alle Varianten für x = 25 mm aus Bild 2-37 berechnet. Die Angabe z. B. 20 mm 280 mm beschreibt einen Koronaring mit d_r = 20 mm und D_R = 280 mm. Mit größer werdendem Außendurchmesser des Ringes reduziert sich die Feldstärke auf dem Koronaring, allerdings kann die feldvergleichmäßigende Wirkung am Isolator (Wulst) ebenfalls sinken.

Bei der Variation des Außen- und Ringprofildurchmessers ist das Herstellverfahren für die Ringe zu berücksichtigen. Bei Rohrprofilen ist im Fall von Aluminium ein Verhältnis von Außendurchmesser zu Ringprofildurchmesser von 8 … 10 einzuhalten. Bei Nutzung von Aluminiumguss entfällt diese Limitierung, allerdings sollte bei der Formgebung des Werkzeugs darauf geachtet werden, dass allfällige Gießnähte nicht an Stellen hoher Feldstärke sind.

In /2-56/ wurde eine Optimierung des Ringdesigns für Profil 2 vorgestellt, die die komplexen Abhängigkeiten über ein Parameterfeld und das Einführen einer Summenfeldstärke aus den einzelnen Parametern zum Inhalt hatte. In deren Ergebnis wurden optimale Ringdimensionen von 390 mm Außendurchmesser und 90 mm Profildurchmesser gefunden und bestätigt, dass die Ringdurchmesser und seine relative Position zur Isolatorarmatur von entscheidendem Einfluss sind.

Mit der zunehmenden Leistungsfähigkeit von Workstations sind komplexere Simulationen mit geringerem Zeitaufwand möglich. Ergänzend zu den wichtigen Einflussfaktoren auf die Feldstärke (Bild 2-34) können berücksichtigt werden:

- Geometrie der Kettenkomponenten wie Verbindungselemente und Trag- oder Abspannklemmen,
- gesamter Kettenaufbau (Einfach-/Mehrfachketten),
- Einfluss des Leiterbündels (Einfach-Mehrfachleiter),
- Positionierung der Kette in Trag- oder Abspannlage,
- Simulation der Nachbarphasen, der Erde bzw. Erdseile.

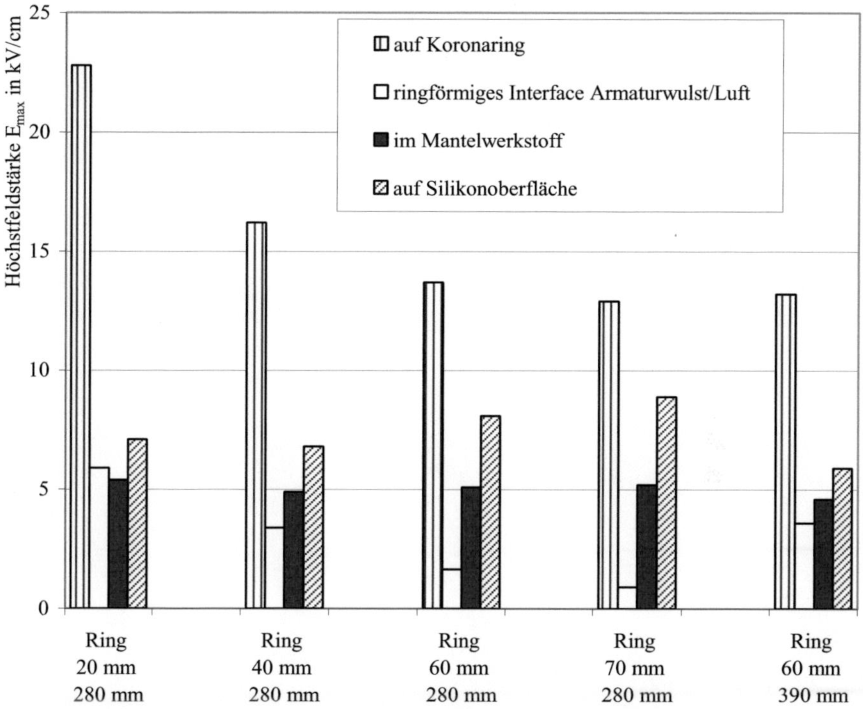

Simulation	Höchstfeldstärke auf Silikonoberfläche			
	Profil 1		Profil 2	
	auf Schirm	am Strunk	auf Schirm	am Strunk
ohne Ring		x		Dichtung
Ring mit x=25	Kante		Kante	
Ring mit x=50	Kante		Kante	
Ring mit x=75	Kante		Kante	

Bild 2-38: Variation der Koronaringabmessungen des Profils 1 /2-55/

Als Beispiel für eine komplexe Simulation dient die Feldsimulation für ein Projekt mit 420-kV-Kompaktleitung (TenneT, Holland /2-57/), für das die anspruchsvolle Forderung bestand, dass bei ästhetischer Auslegung der kombinierten Korona- und Lichtbogenschutzarmaturen die Höchstfeldstärke am Strunk nur auf einer Länge von 10 mm den Wert von 2,5 kV/cm (2,5-Kriterium) überschreiten durfte. Trotz umfassender Rechnerkapazität erforderte ein Simulationslauf ca. 48 Stunden.

Für die Simulation wurden die vier Nachbarphasen gemäß der Anordnung in Bild 2-39 verwendet und das elektrische Feld für verschiedene relative Phasenlagen als Effektivwert berechnet (Bild 2-40). Die Phasen sind asymmetrisch angeordnet (C-B, A-B), was als eingeführte Maßnahme zur Reduktion der elektrischen und magnetischen Feldstärke bei Masten mit Mehrfachsystemen gilt /2-58/. Im ersten Schritt wurden die höchsten Feldstärken an den Kettenelementen bestimmt. Die höchsten Werte traten auf der Lichtbogenschutzarmatur des abspannenden Langstabisolators mit 17,4 kV/cm auf.

Bild 2-39: Testaufbau mit Notmast und Architekturmodell der 420-kV-Bipol-Kompaktleitung der TenneT in Holland

Die Werte am C-förmigen Tragjoch (engl. *Yoke*) sind geringer, da das 4er-Leiterbündel aus Seilen mit je 32,4 mm (Typ AMS 620) mit 500 mm Mittenabstand eine wirksame, feldvergleichmäßigende Wirkung hat. Die Auswahl der Leiterseile und deren Abstand erfolgte neben der Stromtragfähigkeit auch aus Sicht des Störspannungsverhaltens (akustisch, elektrisch) unter trockenen Bedingungen und bei Regen /2-59/, /2-60/.

Im Weiteren wurde die elektrische Feldstärke auf der Isolierstoffoberfläche bewertet.

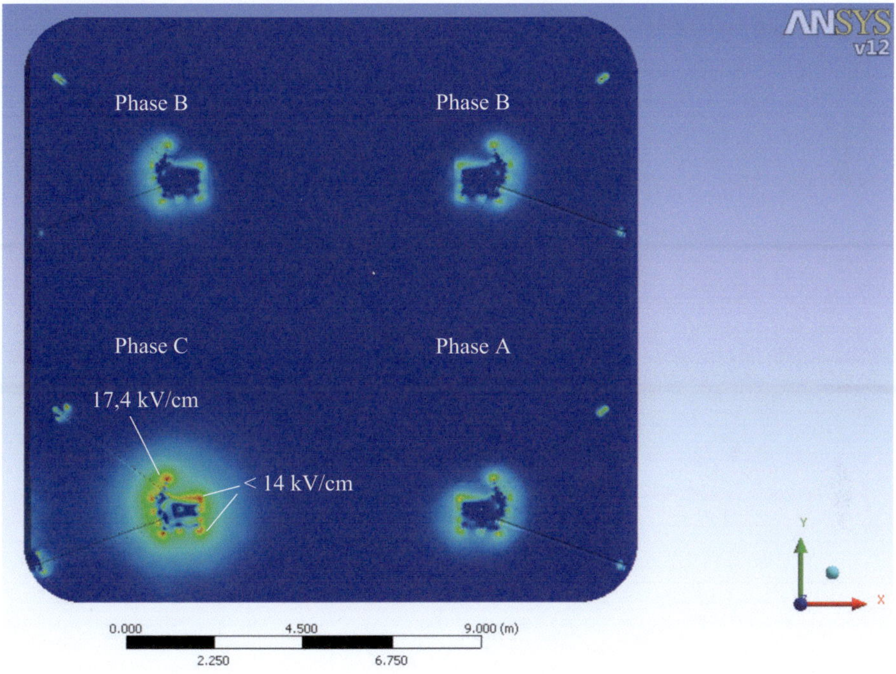

Bild 2-40: Integrales Ergebnis aus der Feldsimulation

Abspannender Langstabisolator

Wie in Bild 2-41 ersichtlich, wurden hochspannungsseitig am abspannenden Langstabisolator zwei Ringe (Positionen 5 und 15) vorgesehen, eine innere Aluminiumarmatur zur „nahen“ Feldreduktion auf der Isolierstoffoberfläche und eine äußere

Stahlarmatur mit der Doppelfunktion der „äußeren“ Feldsteuerung und als Lichtbogenschutz. Aus diesem Grund ist die Aluminiumarmatur unterhalb der Stahlarmatur positioniert. Erdseitig wird jeweils nur eine Lichtbogenschutzarmatur aus Stahl eingesetzt.

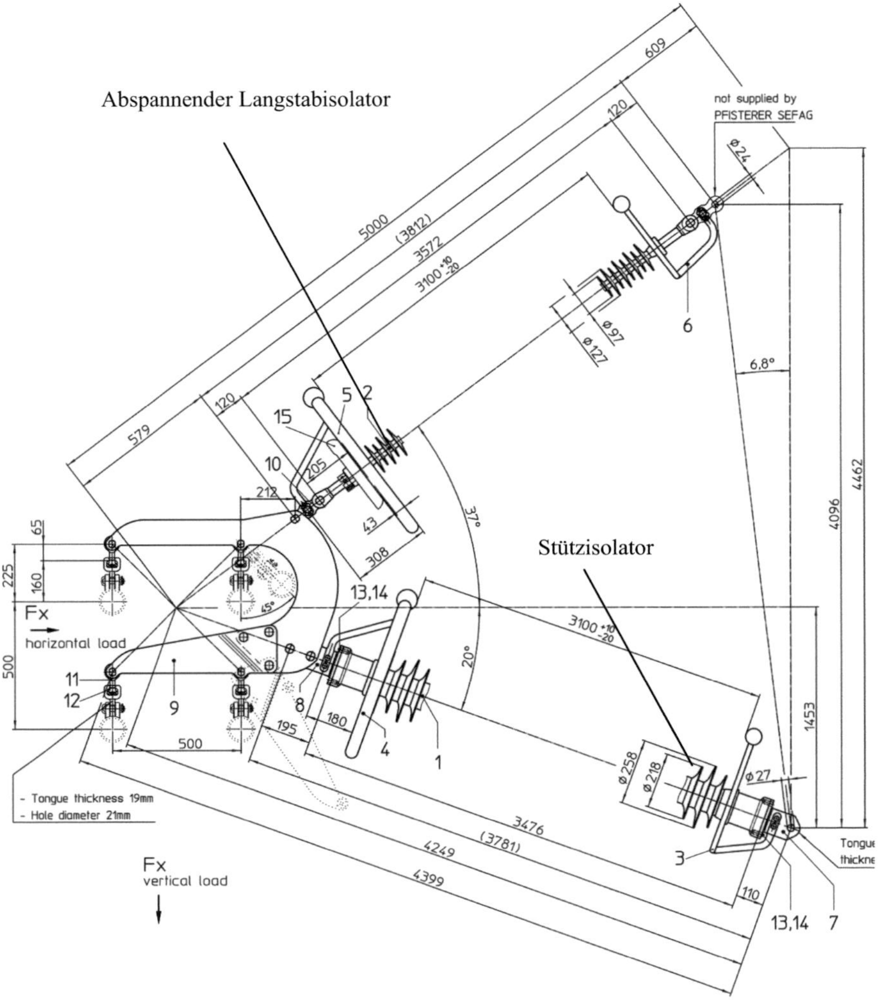

Bild 2-41: Zusammenstellzeichnung der TenneT-Isoliertraverse für 420 kV

Die Armaturen des Langstabisolators waren an beiden Enden mit dem sogenannten Koronaschirm ausgestattet (s. a. Abschnitt 1.3.3). Die Auswertung der Unter- (Bild 2-42) und Oberseite (Bild 2-43) des abspannenden Langstabisolators ergab eine gute Einhaltung des 2,5-Kriteriums als nicht zu überschreitende Tangentialkomponente der elektrischen Feldstärke auf der Isolierstoffoberfläche über mehr als 10 mm.

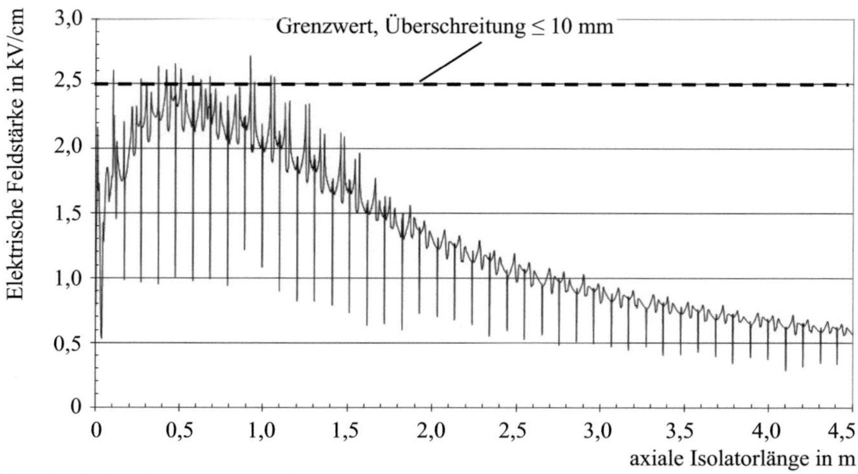

Bild 2-42: Feldverlauf am Langstab, unten

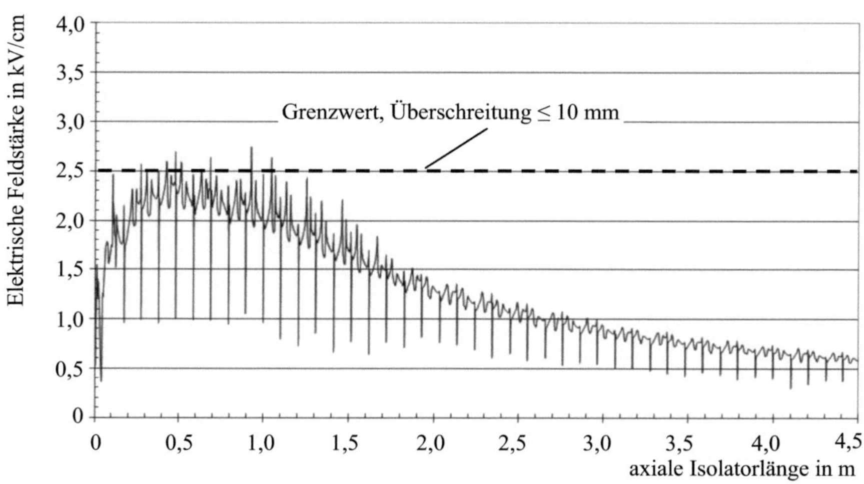

Bild 2-43 Feldverlauf am Langstab, oben

Stützisolator

Die Auswertung der Simulation zeigte, dass trotz des größeren Durchmessers der Isolatorarmatur des Stützers die alleinige Verwendung einer Lichtbogenschutzarmatur zur Einhaltung des 2,5-Kriteriums nicht ausreichend ist. Es wurden aus diesem Grund zwei weitere Varianten bewertet, der Einsatz eines zusätzlichen Koronarings aus Aluminium und der Einsatz eines Koronaschirms aus Silikongummi.

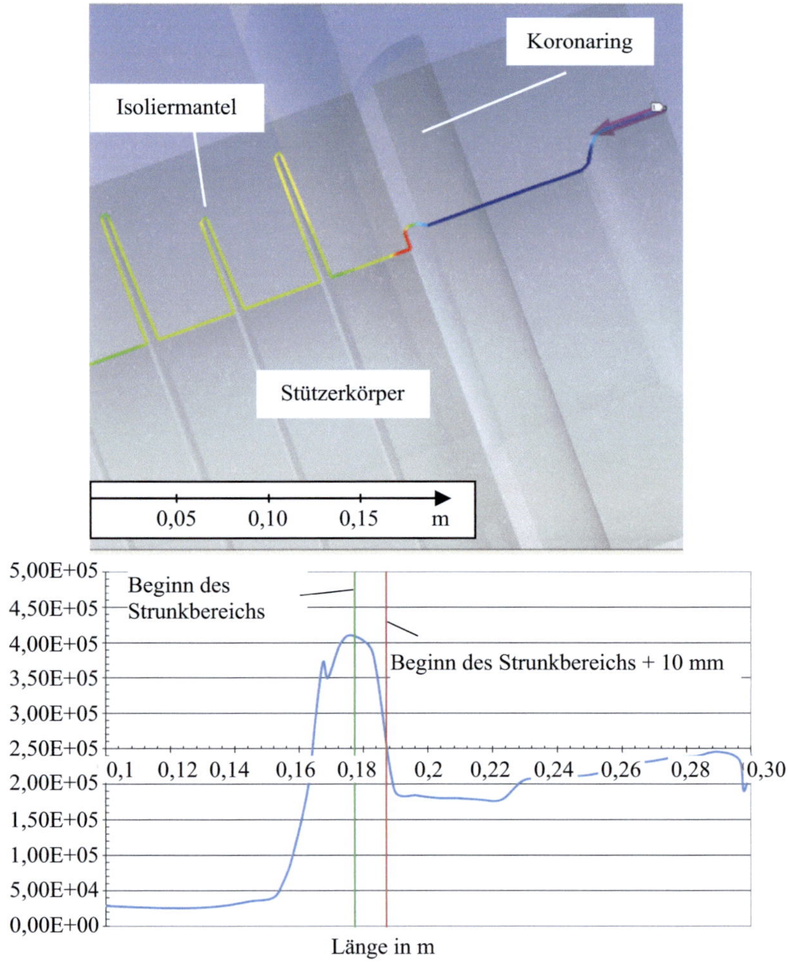

Bild 2-44: Simulation mit Koronaring

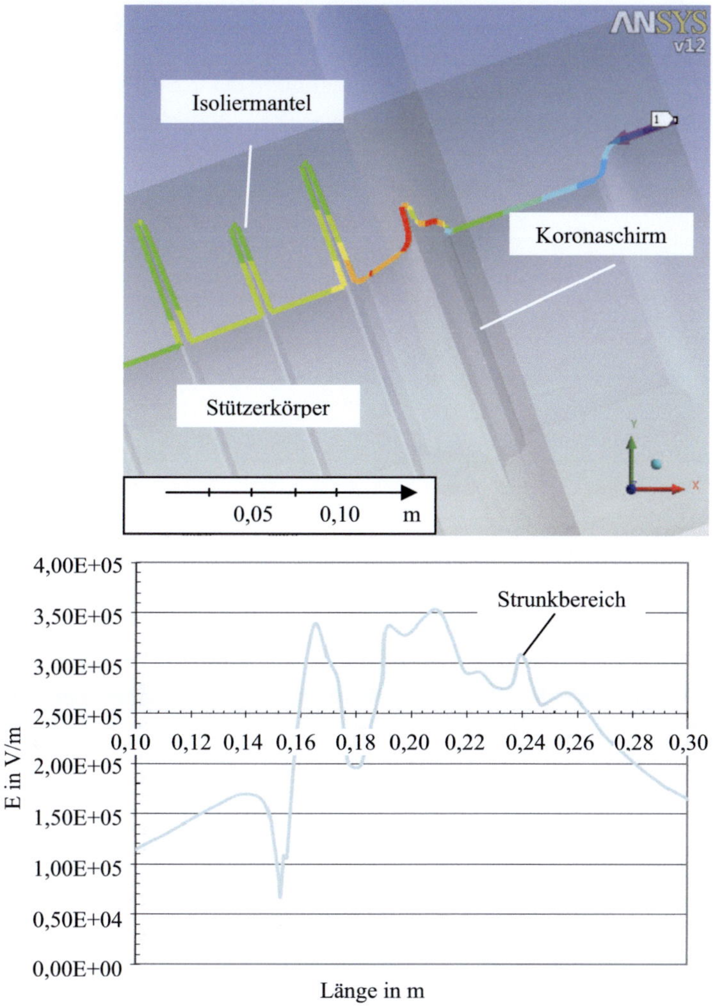

Bild 2-45: Simulation mit Koronaschirm

Die Ergebnisse haben den Einsatz des Koronaschirms technisch favorisiert. Mit dem Koronaring aus Aluminium wird eine Feldreduktion erzielt, allerdings fällt der Bereich der verbleibenden höchsten Feldstärke direkt mit dem Dichtungsbereich zusammen (rote Linie in Bild 2-44). Damit wird eine funktionsrelevante Stelle des Isolators elektrisch hoch beansprucht. Die Lösung mit dem Koronaschirm führt zu einer umfassenden Entlastung des Dichtungsbereiches (Bild 2-45), sodass diese Lösung technisch umgesetzt wurde.

Diese Simulationen wurden unter Berücksichtigung des 2,5-Kriteriums auch für die weiteren Komponenten der Kompaktleitung durchgeführt. Diese waren die 420-kV-Doppelabspannkette mit Langstabisolatoren, die 420-kV-Horizontalstützer der Stromschlaufen sowie die Isoliertraverse und Abspannkette der 170-kV-Spannungsebene.

2.7 Empirische Grenzwerte für die Koronavermeidung

In der Technischen Broschüre TB 284 werden explizit keine Grenzwerte für zulässige Feldstärken auf dem Isolierstoff und den Kettenkomponenten angegeben. Der Bereich der zulässigen Feldstärke bei Wechselspannungsbeanspruchung zur Vermeidung von Wassertropfenkorona wird in der Literatur aus Modelluntersuchungen und Prüfung von Silikonisolatoren bis 500 kV beschrieben und liegt zwischen 4 … 7,5 kV/cm (Effektivwerte) /2-3/, /2-10/, /2-23/, /2-61/ … /2-63/.

Tabelle 2-7: Empirische Grenzwerte für Verbundisolatoren (-ketten) bei Wechselspannung

Auftreten von Korona	Dauer	Teil der Isolatorkette	Grenzwert der Höchstfeldstärke in kV/cm (Effektivwert)	Nachweis	
				Test im trockenen Zustand	Simulation im trockenen Zustand
trockener Zustand	kontinuierlich	Korona- oder kombinierter Lichtbogenschutzring, Isolatorarmatur	≤ 17**…21	x	x
feuchter Zustand	diskontinuierlich	Isoliermantel am Strunk	≤ 4,5 auf einer Länge von weniger als 10 mm	-	x
feuchter Zustand	diskontinuierlich	Dichtinterface*	3,5	-	x
trockener und feuchter Zustand	kontinuierlich/diskontinuierlich	im Isolator (Stab, Isoliermantel und im Interface zwischen beiden)	≤ 30	-	x

Anmerkung: * ohne Armatureinbettung (ähnlich Profil 2)
** Umgebung mit starker Korrosion

Eine Zusammenfassung von Simulationen, Betriebserfahrungen mit verschiedenen Herstellern, Modell- und Materialuntersuchungen sind in der bereits zitierten IEEE-Publikation aus dem Jahr 2008 enthalten /2-3/.

Der o. g. Bereich der zulässigen Feldstärke wurde noch um weitere Teile einer Isolatorkette erweitert (Tabelle 2-7).

Der Wert von 17 kV/cm resultiert aus lokalen Erfahrungen in Kanada, dass nach 20 Jahren Betriebseinsatz die Koronaeinsetzspannung wegen Korrosion der Oberfläche um 20 % sinken kann /2-1/.

In den späteren Abschnitten 4.5.1 und 4.5.2 werden die Ergebnisse von Untersuchungen an 420-kV-Verbundisolatoren nach 10-jähriger Betriebszeit dargestellt. Im Weiteren wird untersucht, welche Feldstärken an diesen Isolatoren auftraten und wie sich diese Werte im Vergleich zu den empirischen Grenzwerten einordnen.

2.8 420-kV-Ketten nach 10-jähriger Betriebszeit

Die nachfolgenden Bewertungen von Verbundisolatoren mit HTV-Silikongummimantel, aber hergestellt mit unterschiedlichen Fertigungsverfahren, haben das Ziel, die nach 10-jähriger Betriebszeit gefundenen Veränderungen mit den Werten der elektrischen Feldstärke im Betrieb zu korrelieren. Die Erkenntnisse lassen auch eine Einschätzung zu, wie die Grenzwerte in Tabelle 2-7 für die Auslegung von Verbundisolatoren anzuwenden sind.

2.8.1 Überspritztes Design

Wie im Abschnitt 4.5.1 noch detailliert gezeigt, wurden vier Verbundisolatoren nach 10-jähriger Betriebszeit einem 420-kV-Netz entnommen und hinsichtlich ihres Zustandes bewertet. Dabei konnten praktisch keine Veränderungen festgestellt werden /2-64/. Die entnommenen Isolatoren waren in Einzeltragketten installiert (Bild 2-46). Aus Sicht der elektrischen Feldstärke war an diesem Isolatordesign speziell, dass die Isolatorarmaturen überspritzt waren, der Aufbau ist mit Profil 1 im Abschnitt 2.6.2 vergleichbar. Es kam für 420 kV nur ein Zweierbündel (Typ ACSR ø 38 mm) zur Anwendung.

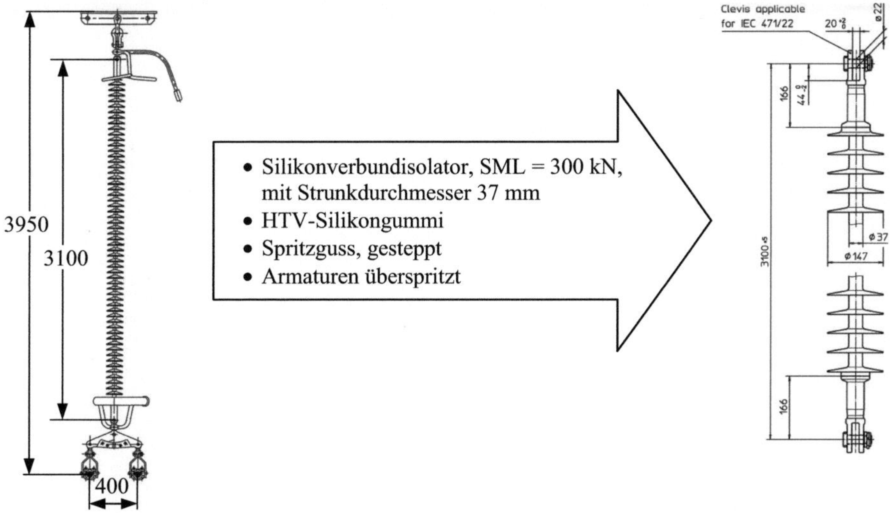

Bild 2-46: 420-kV-Einzeltragkette für Feldberechnungen und bewerteter Isolator (s. a. 4.5.1)

Für diese Kette wurde die elektrische Feldstärke berechnet, um die auftretenden Höchstwerte in Relation zu den empirischen Grenzwerten zu setzen. Die Berechnung wurde mit den Programmen Coulomb (Version 8) und ANSYS 13 bei einer Leiter-Erde-Spannung von 242 kV durchgeführt und die Ergebnisse miteinander verglichen.

Aufgrund der exzentrischen Ringposition ergibt sich eine unterschiedliche Beanspruchung auf der Isolierstoffoberfläche (Bild 2-47). Die höhere Feldstärke herrscht auf der Seite mit dem größeren Abstand zum Ring (links).

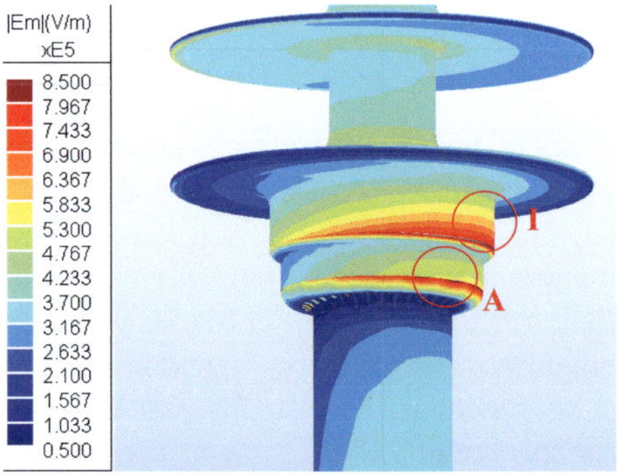

Bild 2-47: Coulomb-Simulation der überspritzten Armatur

Die Interpretation der Ergebnisse (Tabelle 2-8) kann wie folgt geführt werden: Beide Programme erfordern eine sorgfältige Modellierung bei gekrümmten Konturen, sowohl bei metallischen als auch nichtmetallischen und insbesondere an den sogenannten Tripelpunkten, dem Zusammentreffen von Luft, Metall und Isolierstoff /2-65/. Darauf ist es auch zurückzuführen, dass die Positionen A (Armatur) und I (Isolierstoff) in Bild 2-46 nahezu gleiche Werte aufweisen, obwohl I einen größeren Durchmesser hat und nichtmetallisch ist. Die hohen Feldstärken werden auch in einer Salznebelprüfung (als Alterungsprüfung) kaum wirksam, im Bereich des großen Durchmessers oberhalb der überspritzten Armatur sind keine Trockenzonen feststellbar (s. a. Abschnitt 1.3.3). Die Feldstärke auf der ersten Schirmoberfläche ist insbesondere im Bereich der Krümmung wieder hoch, wo sich die Feldlinien beim Übergang von Luft in den Isolierstoff konzentrieren. Aus Sicht der Wassertropfenkorona ist die Feldstärke am Strunk entscheidend. Aufgrund des überspritzten Designs ergeben sich auch mit der exzentrischen Position des Lichtbogenschutzringes nur Werte bis 4,9 kV/cm.

Interessant sind die hohen Werte auf der Lichtbogenschutzarmatur, die am Radius der nach innen zeigenden oberen Öffnung des Ringes ermittelt wurden. Diese Werte korrelieren nicht mit den Koronamessungen aus der Typprüfung, der Koronaeinsatz erfolgte bei höheren Werten als 242 kV und an einer anderen Stelle. Es ist anzunehmen, dass wieder die Krümmungsproblematik bei Konturen für diese Abweichung vom Versuch verantwortlich ist. Die Simulation wurde nicht mit einem weiter verfeinerten Netzwerk an dieser Stelle wiederholt, da die Feldstärke auf der Silikongummioberfläche im Vordergrund dieser Bewertung stand.

Tabelle 2-8: Ergebnisvergleich der BEM- und FEM-Simulationen

Position am Isolator	Höchste Feldstärke in kV/cm	
	Coulomb (BEM)	ANSYS (FEM)
überspritzter Bereich unterhalb des ersten Schirms	7,9	7,7 … 8,75
auf erster Schirmoberfläche	5,3 … 5,7	5
am ersten Strunkabschnitt	4,5 … 4,9	4,5
auf Lichtbogenschutzarmatur	15 … 27	15 … 31

2.8.2 Modulares Design

Wie in Abschnitt 4.5.2 noch detailliert gezeigt, wurden neun Verbundisolatoren nach 10-jähriger Betriebszeit einem 420-kV-Netz entnommen, hinsichtlich ihres Zustandes bewertet und praktisch keine funktionsrelevanten Veränderungen festgestellt. Die entnommenen Isolatoren waren in Doppeltragketten installiert (Bild 2-48). Aus Sicht der elektrischen Feldstärke entspricht dieses Isolatordesign Profil 2 in Abschnitt 2.6.2. Es kam für die Übertragungsspannung von 420 kV ein Viererbündel zur Anwendung.

Im Unterschied zu den in Abschnitt 2.8.1 bewerteten Isolatoren war im ersten Strunkbereich eine dunkle Fremdschicht erkennbar, die hydrophobe Eigenschaften hatte und relativ stark auf der Oberfläche haftete. Für die Entfernung war ein Lösungsmittel erforderlich. Unter der Fremdschicht war keine Schädigung der Oberfläche, wie sie durch Koronaentladungen verursacht werden kann, festzustellen. Auch die Dichtflächen waren mit dieser Fremdschicht bedeckt, aber ebenfalls nach der Reinigung in praktisch neuwertigem Zustand. Die Feldberechnungen wurden für diesen Kettenaufbau mit Coulomb durchgeführt. Die Ergebnisse (Bild 2-49, Bild 2-50, und Tabelle 2-9) lassen sich wie folgt interpretieren:

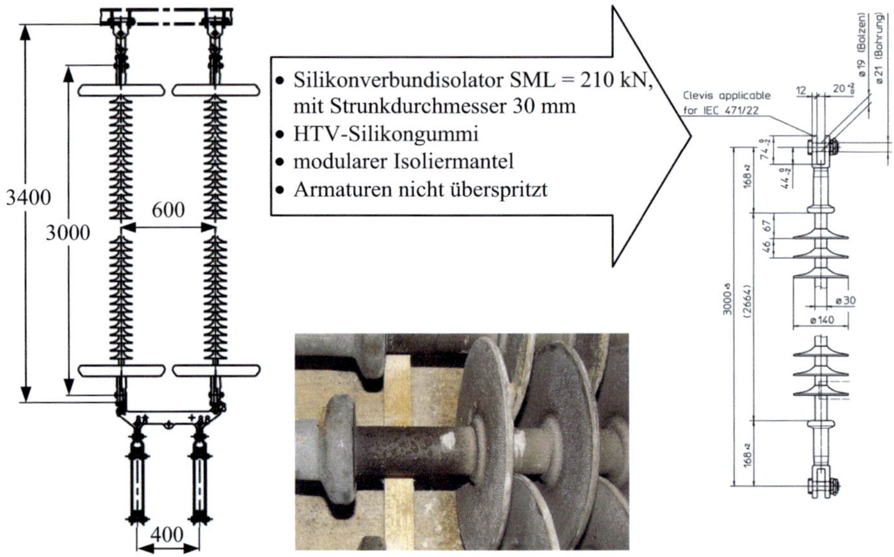

Bild 2-48: 420-kV-Doppeltragkette für Feldberechnungen und bewerteter Isolator (s. a. 4.5.2)

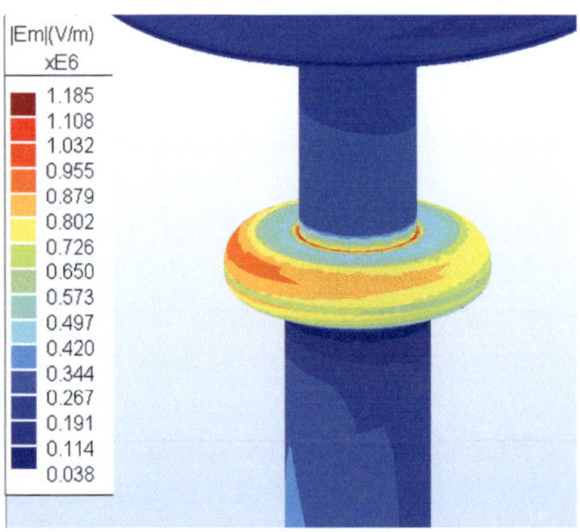

Bild 2-49: Coulomb-Simulation, Skala 1

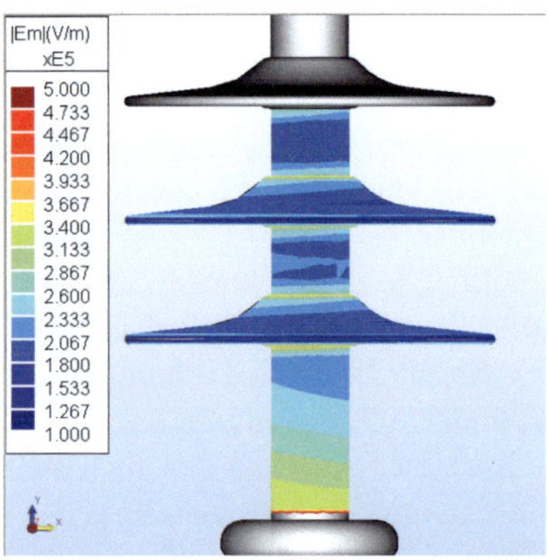

Bild 2-50: Coulomb-Simulation, Skala 2

Tabelle 2-9: Ergebnisse aus Coulomb-Simulation

Position am Isolator	Höchste Feldstärke in kV/cm
	Coulomb
auf der Isolatorarmatur	9,5
auf der Dichtung	7,2
am Strunk	8
auf Lichtbogenschutzarmatur	13 … 19

Es ergibt sich ebenfalls eine gewisse Asymmetrie in den Werten. Die Seite, die dem benachbarten Isolator zugewandt ist, hat die kleineren Werte. An der Armaturenwulst treten die höchsten Feldstärken auf, ein Ergebnis, das durch die Berechnungen in Kapitel 2.6.2 bestätigt wird.

Der Wert liegt aber unter dem Einsatzwert für eine kontinuierliche Korona. Dies wurde durch die Typprüfungen bestätigt. Am Strunk ergeben sich höhere Werte als mit dem überspritzten Design: Der Wert auf der Dichtung ist etwa doppelt so hoch wie der empfohlene Grenzwert für die Tropfenkorona, gleiches gilt für den ersten Strunkabschnitt. Trotz dieses Überschreitens haben die Isolatoren keine Schädigung nach 10 Jahren Betriebszeit erfahren müssen. Dies ist auch auf die Wechselwirkung mit der Umgebung (Fremdschichtklasse, Befeuchtungszyklen, Befeuchtungsmenge) und der Wertigkeit des eingesetzten Isoliermaterials zurückzuführen. So enthält der verwendete HTV-Silikongummi keine besonders säureempfindlichen Füllstoffe (z. B. $CaCO_3$), und das beigefügte ATH war silanisiert.

Die dunkle Fremdschicht wurde einer weiteren Bewertung unterzogen, mit dem Ziel, SiO_x als ein Indiz für das Wirken von Entladungen durch Wassertropfenkorona nachzuweisen. Als Verfahren wurden die Infrarotspektroskopie und die thermogravimetrische Analyse (TGA) verwendet.

Für diese Analysen wurden jeweils drei verschiedene Proben an der gleichen Stelle am Strunk genommen:

- vom Strunk mit der schwarzen originalen Schicht (Strunk, verschmutzt),
- vom Strunk nach Reinigung mit Lösungsmittel (Strunk, gereinigt),
- von der schwarzen Schicht, mechanisch abgetragen vom Strunk (Abrieb der Schmutzschicht).

Für die Bewertung des Transmissionsspektrums (Bild 2-51) sind folgende Wellenzahlen für die Bewertung von Silikongummi von Interesse:

- 2962 cm^{-1}: C-H symmetrische Streckschwingung (engl. *symmetric stretching*) der CH_3
- 1261 cm^{-1}: CH_3 asymmetrische Streckschwingung und Deformation (engl. *asymmetric stretching and deformation*) von Si-CH_3
- 1008 cm^{-1}: Si-O-Si symmetrische Streckschwingung
- 792 cm^{-1}: Si-C symmetrische Streckschwingung) und CH_3 Schaukelschwingung (engl. *rocking*)

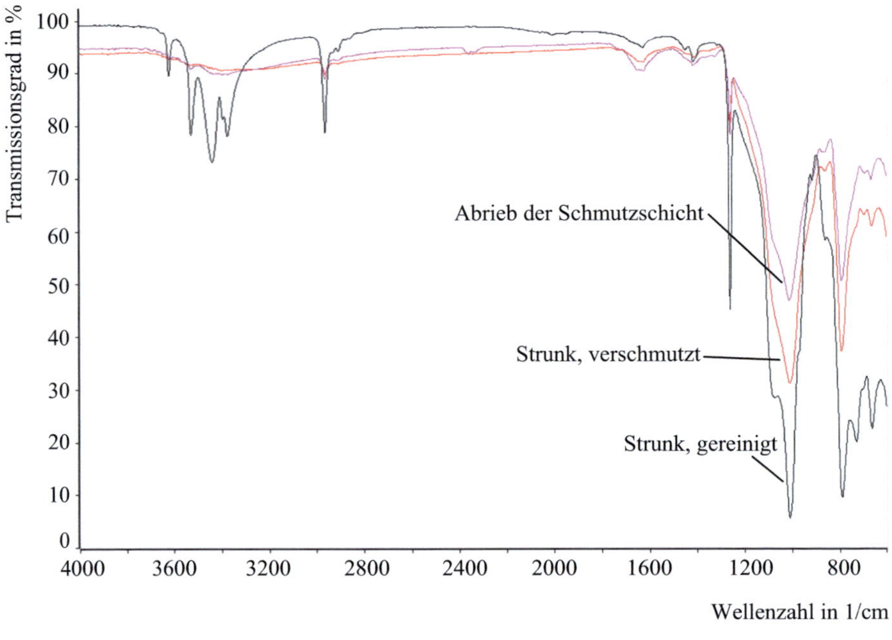

Bild 2-51: Transmissionsspektra der Schmutzschicht und der gesäuberten Oberfläche

Die Wellenzahlen 4000 … 1300 cm^{-1} sind der Bereich für Funktionsgruppen wie C=O, O-H, N-H usw. (z. B. aus dem Peroxid). Diese diffundieren im Allgemeinen nicht in Schmutzschichten, sodass keine Banden - im Gegensatz zum gereinigten Strunk - nachweisbar sind. Die Unterschiede im Transmissionsgrad lassen nicht eindeutig auf das Vorhandensein von SiO_x schließen.

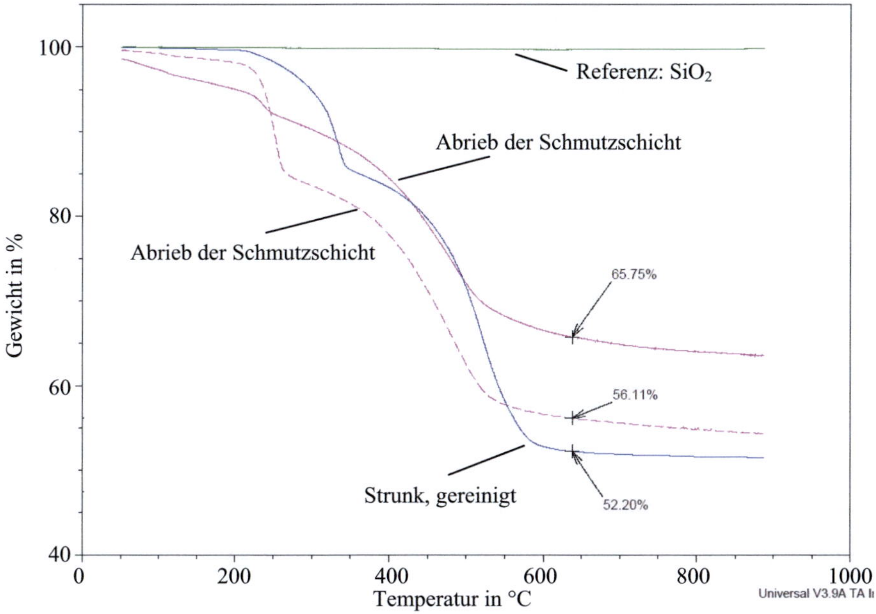

Bild 2-52: Gewichtsreduktion über der Temperatur

Aus diesem Grund wurden die Untersuchungen der gleichen Proben mit TGA (zerstörend) fortgeführt. Die Messung erfolgte im Temperaturbereich von 50 … 900 °C und mit einem Anstiegsgradienten von 10 K/min. Als Inertgas kam Stickstoff mit einer Spülrate von 75 ml/min zum Einsatz.

Als Referenz wurde unbehandeltes SiO_2 (Sikron B800) zusätzlich geprüft. Das Ergebnis zeigt den Trend (Bild 2-52), dass im gereinigten Material des Strunks mehr zersetzungsfähige Bestandteile (PDMS) vorhanden sind und die Schmutzschicht aus mehr, unter diesen Prüfbedingungen inerten Bestandteilen, also bereits oxidiertem Silikongummi SiO_x, besteht. Die Interpretation wird allerdings erschwert, weil die gewonnene Menge Abrieb relativ gering ist. Die Anwendung weiterer Verfahren wird geprüft.

2.9 Zusammenfassung

Die Vermeidung von Korona an Ketten mit Verbundisolatoren ist unter Berücksichtung einfacher Regeln möglich. Bisher gültige Normen für Isolatorenketten mit konventionellen Isolatoren sind insofern anwendbar, als das Auftreten von kontinuierlicher Korona an Kettenkomponenten oder der Isolatorarmatur direkt geprüft werden kann.

Das Phänomen der Wassertropfenkorona ist speziell für hydrophobe Verbundisolatoren zu berücksichtigen und hängt von vielen Faktoren ab. Das Design des Verbundisolators, d. h. die Materialauswahl, die Stabilität des Dichtungssystems usw., die auftretende Belastung am Einsatzort können diesbezüglich eine Rolle spielen. Der Grenzwert von 4,5 kV/cm kann als konservative Empfehlung gelten, insbesondere aus Sicht der gegenwärtigen Tendenz, dass der Kostendruck zu weiteren Entwicklungen führen wird, die eine geringere Fehlerredundanz aufweisen.

Wie die Beispiele gezeigt haben, ist bei hochwertigen Isolierstoffen auch bei einem Überschreiten des Grenzwertes für die Tropfenkorona ein sicherer Betrieb gewährleistet. Dies gilt nicht für Ketten mit kontinuierlicher Koronaentladung. In diesem Fall kann selbst mit dem Einsatz von säurebeständigen (E-CR) Gläsern im Stab eine Schadensakkumulation auftreten, die den Ausfall des Verbundisolators zur Folge hätte.

2.10 Formelzeichen und Abkürzungen

A_R	Abstand Ring- Isolatorarmatur
A_S	Schirmausladung
A_{SF}	Abstand 1. Schirm - Isolatorarmatur
A_{SS}	Abstand Schirm - Schirm
ACSR	Aluminum Conductor Steel Reinforced, Leiterseil mit Außenleitern aus Aluminium und Stahlseele
ATH	Aluminiumtrihydrat, Aluminiumhydroxid
BEM	Boundary Element Method
C	empirische Konstante (0,452…0,462)
D_F	Durchmesser Isolatorarmatur
D_R	(Außen)Durchmesser Ring
D_S	Durchmesser Dichtungsbereich
E	elektrische Feldstärke
E_{cr}	kritische Feldstärke
E_{max}	Höchstfeldstärke
E-CR/ECR-Glas	korrosionsbeständige Glasfaser für elektrotechnische Anwendungen
EPDM	Äthylen Propylen Dien Monomer (Isolierstoff)
EPRI	Electric Power Research Institute (USA)
EVU	Energieversorgungsunternehmen
FEM	Finite Element Method
HV, HS	Hochspannung
IEC	Internationale Elektrotechnische Kommission (engl. *International Electrotechnical Commission*)
IEEE	Institute of Electrical and Electronics Engineers (internationaler Berufsverband von Ingenieuren aus den Bereichen Elektrotechnik und Informatik)
LSR	Flüssigsilikongummi
PDMS	Polydimethylsiloxan
PD	Partial Discharge
R_{eq}	äquivalenter Tropfenradius
R_F	Radius an der Armaturwulst
R_S	Schirmkantenradius
RIV	Radio Interference Voltage, Radiostörspannung.
RTV	raumtemperaturvernetzend
SiO_x	oxidiertes Silizium
TE	Teilentladung
TGA	Thermogravimetrische Analyse

(U_{rms}/d)	bezogener Effektivwert der Spannung auf die Durchschlagstrecke
$U_{ü}/ü$	bezogener Effektivwert der Spannung auf den Kriechweg
d_R	Ringprofildurchmesser
i_{peak}	Scheitelwert des TE-Ableitstromes
r	Tropfenradius
s	Strecke
t_{MS}	morning star-Einsatzzeit
ε_0	Dielektrizitätskonstante
Θ	Statischer Randwinkel
Θ_V	dynamischer Vorrückwinkel
Θ_R	dynamischer Rückzugswinkel
ε_r	Permittivitätszahl
γ	Oberflächenspannung
κ_S/κ_{S0}	Anstieg der Schichtleitfähigkeit in Relation zum Zeitpunkt t=0

2.11 Literatur

/2-1/ A. Phillips, F. Bologna, T. Shaw: Application of Corona Rings at 115kV and 138kV. EPRI-Document 1015917 2008, CIGRE WG B2.21 IWD 063-2009

/2-2/ IEC TS 62073 Ed. 1: 2003: Guidance on the measurement of wettability of insulator surfaces.

/2-3/ IEEE Taskforce on Electric Fields and Composite Insulators: Electric Fields on AC Composite Transmission Line Insulators. IEEE Transactions on Power Delivery, Vol. 23, no. 2, April 2008

/2-4/ IEC 61284 Ed 2.0: 1997: Overhead lines - Requirements and tests for fittings.

/2-5/ IEEE 539 2005: IEEE Standard Definitions of Terms Relating to Corona and Field Effects of Overhead Power Lines.

/2-6/ IEEE 1829: Guide for Conducting Corona Tests on Hardware for Overhead Transmission Lines and Substations. ongoing Project

/2-7/ IEC 60437 Ed 2.0: 1997: Radio interference test on high-voltage insulators.

/2-8/ BS 137 Part 2: 1973: Specification for Insulators of ceramic material or glass for overhead lines with a nominal voltage greater than 1000 V

/2-9/ J. Hofmann: Elektrische TE- und Ableitstrommessungen mit Impulsspannung an polymeren Isolierstoffoberflächen mit Tropfenbelägen zur Diagnose des Oberflächenzustandes – am Beispiel von Elastomeren. Dissertation TH Zittau, Germany, 1995

/2-10/ A. J. Phillips, D. J. Childs, H. M. Schneider: Aging of Non-Ceramic Insulators due to Corona from Water Drops. IEEE Transactions on Power Delivery, Vol. 14, No. 3, July 1999

/2-11/ Z. X. Cheng, X. D. Liang, Y. X. Zhou, S. W. Wang, Z. C. Guan: Observation of corona and flashover on the surface of composite insulators. 2003 IEEE Bologna PowerTech Conference, June 23-26, Bologna, Italy

/2-12/ S. Keim, D. Koenig, V. Hinrichsen: Experimental investigations on electrohydrodynamic phenomena at single droplets on insulating surfaces. 2003 Annual Report Conference on Electrical Insulation and Dielectric Phenomena

/2-13/ A. Krivda, D. Birtwhistle: Breakdown between water drops on wet polymer surfaces. 2001 Annual Report Conference on Electrical Insulation and Dielectric Phenomena

/2-14/ Y. Zhu, S.Yamashita, N. Anami, M. Otsubo, C. Honda, Y. Hashimoto: Corona Discharge Phenomenon and Behavior of Water Droplets on the Surface of Polymer in the AC Electric Field. Proceedings of the 7th International Conference on Properties and Applications of Dielectric Materials, June 2003 Nagoya P3-31

/2-15/ B. X. Du, Yong Liu: Pattern Analysis of Discharge Characteristics for Hydrophobicity Evaluation of Polymer Insulator. IEEE Transactions on Dielectrics and Electrical Insulation Vol. 18, No. 1; February 2011

/2-16/ H. Deng, Z. He, Jun Ma, Y. Xu, J. Liu, R. Guo: Initiation and Propagation of Discharge in Liquid Droplets: Effect of Droplet Sizes. IEEE Transactions on Plasma Science, Vol. 38, No. 12, December 2010

/2-17/ K. Katada, Y. Takada, M. Takano, T. Nakanishi, Y. Hayashi and R. Matsuoka: Corona Discharge Characteristics of Water Droplets on Hydrophobic Polymer Insulator Surface. Proceedings of the 6th International Conference on Properties and Applications of Dielectric Materials, June 2000, Jiaotong University, Xi'an, China

/2-18/ A. Hergert, J. Kindersberger, C. Bär, R. Cervinka, R. Bärsch: Hydrophobiebeständigkeit polymerer Isolierwerkstoffe mit dem Dynamischen Tropfen-Prüfverfahren – Vergleich zwischen AC- und DC-Beanspruchungen. RCC Polymertechnik GmbH Fachtagung: 3.- 4. Mai 2012 Berlin

/2-19/ G. A. Dawson: Pressure Dependence of Water-Drop Corona Onset and Its Atmospheric Importance. Journal of geophysical Research, Vol. 74, No. 28, 1969

/2-20/ A. J. Phillips, I. R. Jandrell, J. R. Reynders: Consideration of corona onset from a water drop as a function of air pressure. IEE Proceedings - Science, Measurement and Technology, Volume 143, Issue 2, Mar 1996

/2-21/ V. M. Moreno, R. S. Gorur, A. Kroese: Impact of Corona on the Long-Term Performance of Nonceramic Insulators. IEEE Transactions on Dielectrics and Electrical Insulation Vol. 10, No. 1, February 2003

/2-22/ A. J. Phillips D. J. Childs H. M. Schneider: Water Drop Corona Effects on Full-Scale 500 kV Non-Ceramic Insulators. IEEE Transactions on Power Delivery, Vol. 14, No. 1, January 1999

/2-23/ T. Braunsberger, A. Dziubek, M. Kurrat: Water Drop Corona on Hydrophobic Epoxy. International Conference on Solid Dielectrics, Toulouse, France, July , 2004

/2-24/ R. Bärsch: Bewertung der Hydrophobie sowie des Kriechstromverhaltens von Silikonelastomeren für Hochspannungs-Freiluftisolatoren. ETG-Fachbericht 93 (2003), S. 97-108

/2-25/ R. Cervinka, R. Bärsch, F. Exl, J. Kindersberger, H.-J. Winter: Untersuchungen zur Beständigkeit der Hydrophobie von polymeren Isolierstoffoberflächen und ihrer Wiederkehr mit dem Dynamischen Tropfen-Prüfverfahren ETG-Tagung 2008

/2-26/ R. Bärsch, R. Cervinka: Oberflächenverhalten von Epoxidharz-Formstoffen unter Hochspannungsbeanspruchung und elektrolytischer Fremdschichtbelastung, Seminar "Epoxidharze in der Elektrotechnik", Technische Akademie Esslingen, 2010

/2-27/ CIGRE WG D1.14: Evaluation of Dynamic Hydrophobicity Properties of Polymeric Materials for Non-Ceramic Outdoor Insulation – Retention and Transfer of Hydrophobicity. Technical Brochure 442, December 2010

/2-28/ H. Hillborg, U. W. Gedde: Hydrophobicity Changes in Silicone Rubbers. IEEE Transactions on Dielectrics and Electrical Insulation Vol. 6 No. 5, October 1999

/2-29/ N. Yoshimura, S. Kumagai, S. Nishimura: Electrical and Environmental Ageing of Silicone Rubber used in Outdoor Insulation. IEEE Transactions on Dielectrics and Electrical Insulation Vol. 6 No. 5, October 1999

/2-30/ J. P. Reynders, I. R. Jandrell, S. M. Reynders: Review of Ageing and Recovery of Silicone Rubber Insulation for Outdoor Use. IEEE Transactions on Dielectrics and Electrical Insulation Vol. 6 No. 5, October 1999

/2-31/ R. Hackam: Outdoor HV Composite Polymeric Insulators. IEEE Transactions on Dielectrics and Electrical Insulation Vol. 6 No. 5, October 1999

/2-32/ B. Ma, J. Andersson, S. M. Gubanski: Evaluating Resistance of Polymeric Materials for Outdoor Applications to Corona and Ozone. IEEE Transactions on Dielectrics and Electrical Insulation Vol. 17, No. 2; April 2010

/2-33/ S. Siegel, H. Judeikis: EPR Study of the Biphotonic Nature of the Solute-sensitized Photodecomposition of Polydimethylsiloxane. Journal of chemical Physics, Vol. 43, No. 2, 1965.

/2-34/ A. D. Delman, M. Landy, B. B. Simms: Photodecomposition of Polydimethylsiloxane. Journal of polymer Science, Part A-1, Vol. 7, 1969.

/2-35/ J. Lacoste, Y. Israeli, J. Lemaire: Photoaging of Substituted and Unsubstituted Silicones. Advances in Chemistry Series 249, American Chemical Society, 1996.

/2-36/ V. M. Moreno, R. S. Gorur: Effect of Long-term Corona on Non-ceramic Outdoor Insulator Housing Materials. IEEE Transactions on Dielectrics and Electrical Insulation Vol. 8 No. 1, February 2001

/2-37/ IEC 61621 Ed 1.0: 1997: Dry, solid insulating materials - Resistance test to high-voltage, low-current arc discharges.

/2-38/ R. Bärsch, H. Jahn, J. Lambrecht, F. Schmuck: Test Methods for Polymeric Insulating Materials for Outdoor HV Insulation. IEEE Transactions on Dielectrics and Electrical Insulation Vol. 6 No. 5, October 1999

/2-39/ M. Goldman, R. S. Sigmond: Corona and Insulation. IEEE Transactions on Electrical Insulation, Vol. EI-17 No. 2, April 1982

/2-40/ M. Goldman, A. Goldman, R. S. Sigmond, T. Sigmond: On the Role of Water in the Aging of Polymers in Air-insulated Electrical Systems. IEEE Transactions on Electrical Insulation, Vol. 26 No. 4, August 1991

/2-41/ M. Goldman, A. Goldman, R. S. Sigmond: Analysis of air corona products by means of their reactions in water. Proceedings 9th International Symposium of Plasma Chemistry, Pugnachinoso, Italy 1989

/2-42/ J. L. Brisset, J. Leievre, A. Doubla, J. Amouroux : Interactions with aqueous solutions of the air corona products. Revue Physical Appliance 25 1990

/2-43/ A. R. Chughtai, D. M. Smith, L. S. Kumosa, M. Kumosa: FTIR Analysis of Non-ceramic Composite Insulators. IEEE Transactions on Dielectrics and Electrical Insulation Vol. 11, No. 4; August 2004

/2-44/ I. Y. Al-Hamoudi: Field Test Results of Composite Silicone Rubber Insulators at Shoaiba of Saudi Arabia. GCC Power 4th CIGRE Conference 2008, Bahrain

/2-45/ D. Kopetjkova, V. Sklenicka: Investigation of HV equipment composite insulators ageing phenomenon. EURODOBLE 2006

/2-46/ Y. Koshino, I. Umeda, M, Ishiwari: Deterioration of silicone rubber for polymer insulators by corona discharge and effect of fillers. Conference on Electrical Insulation and Dielectric Phenomena, 1998. Annual Report

/2-47/ Y. Koshino, I. Nakajima, I. Umeda: Effect on the electrical properties of fillers in silicone rubber for outdoor insulation. Proceedings of 1998 International Symposium on Electrical Insulating Materials, Conference on Dielectrics and Electrical Insulation and the 30th Symposium on Electrical Insulating Materials, Toyohashi, Japan, Sept. 27-30, 1998

/2-48/ S. Ansorge, F. Schmuck, S. Aitken, K. O. Papailiou: Improved performance of silicone rubbers for the use in composite insulators. Paper D1_105_2010, CIGRE 2010

/2-49/ R. Bärsch, J. Lambrecht, H. Jahn: On the Evaluation of the Hydrophobicity of Composite Insulator Surfaces. IEEE Annual Report – Conference on Electrical Insulation and Dielectric Phenomena, San Francisco October 1996

/2-50/ Y. Liang; C. R. Li, L. Ding: Study on the Hydrophobicity of HTV SIR Treated by Different Corona Intensity. Power and Energy Engineering Conference, APPEEC 2009. Asia-Pacific

/2-51/ R. Bärsch, J. Pilling, F. Schmuck: Zum Problem der Prüfung von Kunststoffisolatoren. 34. Internationales Wissenschaftliches Kolloquium, TH Ilmenau 1989

/2-52/ R. Bärsch u. a.: Fremdschichtmessungen. Elektropraktiker 38 1984

/2-53/ H. Büchner, A. Zanetti, F. Schmuck: Kunststoffisolatoren als Alternative. SEV Bulletin 7/1997

/2-54/ CIGRE WG 22.03: Use of Stress Control Rings on Composite Insulators. ELECTRA 143 August 1992

/2-55/ CIGRE WG B2.03: Use of Corona Rings to control the electrical Field along Transmission Line Composite Insulators. Technical Brochure 284, December 2005

/2-56/ U. Schümann, F. Barcikowski, M. Schreiber, H. C. Kärner, J. M. Seifert: FEM Calculation and Measurement of the Electrical Field Distribution of HV Composite Insulator Arrangements. CIGRE Session 2002, Paper 33-404

/2-57/ H. E. Hoekstra, J.F. van Wolven, A. J. P. van der Wekken: Development of a compact bipole 380 kV overhead line. CIGRE Session 2010, Paper B2_112_2010

/2-58/ K. O. Papailiou, F. Schmuck: Past experience and future trends with compact lines to solve the right of way issues. CIGRE Symposium in Bologna 2011

/2-59/ N. G. Trinh, P. S. Maruvada: A Method of predicting the Corona Performance of Conductor Bundles based on Cage Test Results. IEEE Transactions on Power Apparatus and Systems, Vol. PAS-96, No. 1, January/February 1977

/2-60/ V. L. Chartier, D. E. Blair, R. D. Stearns, D. J. Lamb: Effect of Bundle Orientation on Transmission Line Audible and Radio Noise. IEEE Transactions on Power Delivery, Vol. 9, No. 3, July 1994

/2-61/ K. Nixon, J. P. Reynders, R. J. Hill: Corona and sustained Arcing on Conventional and Novel Insulator Designs. South Africans Universities Power Engineering Conference 1998 Stellenbosch, January 1998

/2-62/ D. A. Swift: AC Flashover Mechanism for Water Droplets on an Hydrophobic Insulator. 8th ISH, Yokohama, August 1993, Paper 44.09

/2-63/ D. Windmar: Water Drop Initiated Discharges in Air, PhD Thesis, Uppsala University, 1994

/2-64/ S. Ansorge, A. Camendzind, S. E. Pratsinis, M. Ammann, F. Schmuck, K. O. Papailiou: Evaluation of Silicone Rubber Housing Interfaces after Service Exposure and Performance Improvements by Nanofillers enriched Silicone Rubbers. Paper B2-208, CIGRE 2008

/2-65/ D. Craigen: Benchmark Problems for Simulating Electric Fields Near Triple Junctions. 2012 http://www.integratedsoft.com/papers/Benchmark/TripleJunctions.pdf

3 Lichtbogenschutzarmaturen für Verbundlangstabisolatoren

3.1 Einleitung

Die Notwendigkeit für den Einsatz von Lichtbogenschutzarmaturen hängt von verschiedenen Faktoren ab. Zum einen haben die Netzparameter wie Kurzschlussstrom, Kurzschlussdauer und Kurzschlusshäufigkeit einen wichtigen Einfluss. Aber auch der prinzipielle Aufbau der Isolatorkette ist bedeutsam: Dabei ist in Kappen- und Langstabdesign zu unterscheiden, die ein unterschiedliches Verhalten gegenüber einem Lichtbogen haben und damit die Philosophie des Lichtbogenschutzes mitbestimmen. Verbundisolatoren gehören zum Langstabdesign mit dem Unterscheidungsmerkmal, dass sie im Gegensatz zu Porzellanlangstabisolatoren einteilig ohne Zwischenarmaturen auch für die höchsten Spannungsebenen hergestellt werden können. Mit dieser Einordnung gelten viele Erfahrungen mit dem Ereignis „Lichtbogen“ und Regeln von Porzellanlangstäben auch für Verbundlangstäbe. Auf einen Unterschied ist noch hinzuweisen: Die Schlankheit der Verbundlangstäbe führt zu kleineren Armaturendurchmessern, was den Schutz gegen Korona bereits bei niedrigeren Übertragungsspannungen als bei Glas- und Porzellanisolatoren erforderlich macht. Auf diesem Weg haben auch Ringkonstruktionen aus Aluminium Einzug in Kettendesigns gehalten, die ausschließlich dem Koronaschutz dienen sollen. In diesem Kapitel werden angewandte Designkriterien von Lichtbogenschutzarmaturen unter Berücksichtigung der gängigen Praxis von Porzellanlangstäben und der langjährigen Erfahrungen mit Kettenkomponenten bzw. Silikonverbundisolatoren dargestellt, die den Inhalt der CIGRE Technischen Broschüre TB 365 /3-1/ wesentlich prägten.

3.2 Der Lichtbogen als physikalische Erscheinung

3.2.1 Ursachen für den Überschlag einer Verbundisolatorenkette

Ein Lichtbogen über einem Isolator, einer Isolatorkette oder zwischen Leiterseilen kann durch folgende Ursachen auftreten:

a) innere oder äußere Überspannung, d. h. durch Schalthandlungen oder Blitzeinschlag verursachte Überspannung,
b) Fremdschichtüberschlag,
c) ausreichende Überbrückung der Schlagweite durch Tiere (Direktkontakt, indirekt durch „Bird Streamer“),
d) elektrisches Isolatorversagen (Flashunder, Durchschlag),
e) Leiterseilannährung durch Wind oder Seiltanzen nach Eisabwurf,
f) reduzierte elektrische Festigkeit der Luft bei Bränden unterhalb einer Freileitung.

Überschläge durch a), c), e) und f) werden durch die Luftstrecken bestimmt und hängen wenig bzw. gar nicht von der verwendeten Isolatorentechnik ab. Im Gegensatz dazu wird der Fremdschichtüberschlag wesentlich von der Isolatorentechnik beeinflusst: Verbundisolatoren haben einen kleineren mittleren Durchmesser und im Fall von Mantelwerkstoffen mit dauerhaft wirksamer Hydrophobie führt beides zu einem höheren Isoliervermögen bei Verschmutzung als bei konventionellen Isolatoren. Elektrisches Isolatorversagen kann sowohl bei Kappenisolatoren (insbesondere Porzellankappen) als auch als Interfacedurchschlag oder nach Kriechspurbildung bei minderwertigen Verbundisolatoren auftreten.

3.2.2 Der Lichtbogen

Zum Lichtbogen und dem geeigneten Schutz der in Europa weit verbreiteten Porzellanlangstabisolatoren wurden sehr umfassende Untersuchungen durchgeführt /3-2/ … /3-6/. Eine detaillierte Darstellung der Historie und Beschreibung der Technik wird in /3-7/ wiedergegeben.

Der Lichtbogen über einer Isolatorkette brennt im sich selbst regenerierenden Isoliermedium Luft, d. h. nach seiner Abschaltung und dem Wiedererreichen der elektrischen Festigkeit der Atmosphäre kann die Freileitung weiter betrieben werden. Die Isolatorenkette ist durch geeignete Maßnahmen vor der thermischen Wirkung des Lichtbogens zu schützen. Der Aufbau eines Lichtbogens lässt sich, wie in

Bild 3-1 gezeigt, beschreiben: Er besteht aus fünf Teilen, den Lichtbogenfußpunkten, den Lichtbogenstielen (oft auch als Plasma oder Plasmastrahl bezeichnet) und der Lichtbogenfahne. Die höchsten Temperaturen treten im Fußpunkt auf. Sie können bis zu 18000 K betragen. Der Lichtbogenstiel liegt bei ca. 11000 K, beide Werte hängen von der Elektrodenform, dem Elektrodenmaterial und dem Lichtbogenstrom ab /3-3/. Die Lichtbogenfahne hat aufgrund ihrer Ausdehnung eine größere Oberfläche und kann Energie an die Atmosphäre besser abgeben. Es wurde auch durch Untersuchungen bestätigt, dass die Lichtbogenfahne in ihrer thermischen Wirkung weniger kritisch ist. In Versuchen mit einem 24-kA-Lichtbogen konnte gezeigt werden, dass erst ab einer Brenndauer von 3 s die den Porzellankörper berührende Lichtbogenfahne zu Schäden führte /3-3/.

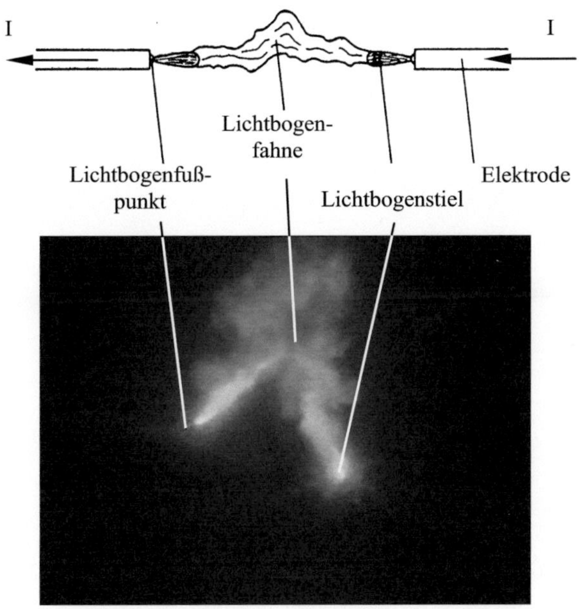

Bild 3-1: Aufbau eines Lichtbogens

Ein Lichtbogen unterliegt der Wirkung verschiedenartiger Kräfte, die auch zu seiner Lenkung ausgenutzt werden können (u. a. Bild 3-2 /3-7/). Der thermische Auftrieb F_T wirkt immer nach oben, insbesondere auf die Lichtbogenfahne. Dies ist z. B. bei Mastaufbauten mit V-Ketten und großen Öffnungswinkeln (> 90°) zu berücksichtigen. Der Längszug F_Z wirkt, wenn der Lichtbogen auf einer gekrümmten

Bahn brennt und eine Streckung „versucht". Der Lichtbogen ist bestrebt, seine Wanderung auf der Lichtbogenschutzarmatur bis an die Stirnseiten der gezeigten Rundelektroden als Endbrennstelle fortzusetzen. Der Luftwiderstand F_L und die Verzögerung F_{FP} wegen der „thermischen Aufbereitung" (Ladungsträger) der neuen Fußpunktposition reduzieren die Wanderungsgeschwindigkeit.

Die äußere Stromschleife F_S hat einen wichtigen Einfluss auf die gesamtheitliche Ausrichtung des Lichtbogens bzw. der Lichtbogenfahne, neben dem Aufbau der Kette ist auch die Stromeinspeisung und Stromabführung zu berücksichtigen (z. B. Stationsnähe oder „Impedanz-Mitte" der Übertragungsleitung bzw. Kettenposition an der Außentraverse oder in der Mastmitte).

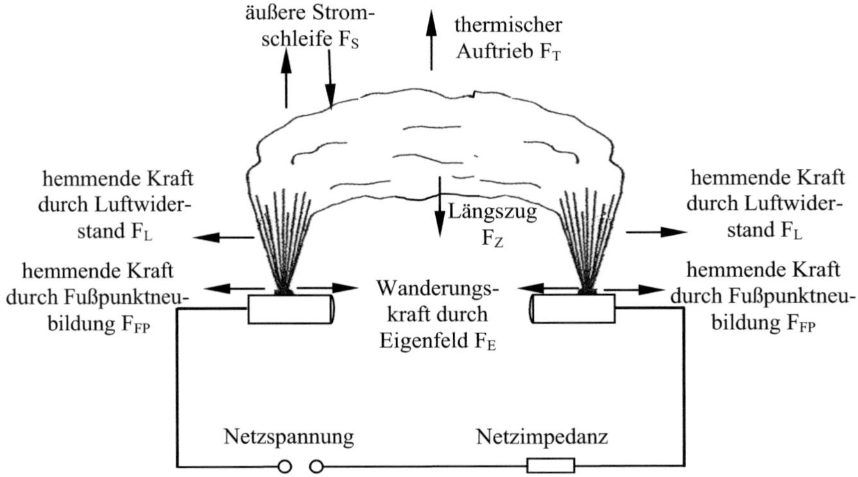

Bild 3-2: Kraftwirkungen auf einen Lichtbogen

Vergleicht man qualitativ die verschiedenen Entladungsformen an einer Isolatorenkette, so sind deren Wirkdauer und Stromwertbereich sehr unterschiedlich (Bild 3-3). Wie unter Abschnitt 2.2 gezeigt, kann eine stabile Koronaentladung, die „nur" durch den µA-Bereich charakterisiert ist, aber im ungünstigen Fall kontinuierlich wirkt, zu erheblichen Schädigungen des Isoliermantels und zum Isolatorausfall, z. B. durch Sprödbruch, führen. Fremdschichtstabilisierte Teilentladungen (TE) treten nur solange auf, wie die speisende Fremdschicht ausreichende Leitfähigkeit (d. h. Ionen und Lösungsmittel über die Fremdschichtdicke) zur Verfügung stellt. Schädigungen des Isoliermantels können durch Erosion oder Kriechspurbildung auftreten. Unter Vorlichtbogen wird das Brennen thermoionisierter TE verstanden, die typischerweise in den Schirmteilungen über dem Isolatorstrunk entstehen. Werden diese instabil, d. h. können sie sich zu einem vollständigen Lichtbogen vereinigen, erfolgt der Überschlag. Als empirische Regel gilt, dass ca. 2/3 der Kriechstrecke für diese Instabilität überbrückt sein muss.

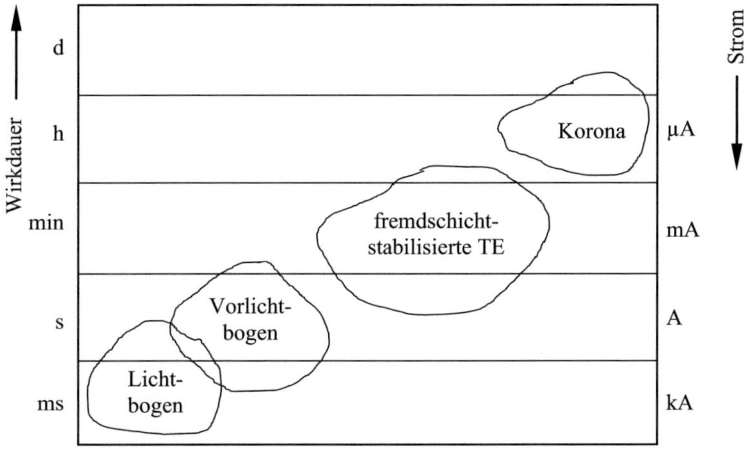

Bild 3-3: Dauer und Stromstärke verschiedener Entladungsformen

3.2.3 Prinzipien des Lichtbogenschutzes

Während die Wirkung der äußeren Stromschleife (Bild 3-2) bei der Projektierung der Freileitung zu berücksichtigen ist, gelten für die Auslegung von Lichtbogenschutzarmaturen gewisse Regeln, die für eine sichere Führung des Lichtbogens zu nutzen sind. Einen wichtigen Einfluss hat die Wechselwirkung zwischen dem Magnetfeld der speisenden Stahlarmatur und dem des Lichtbogens, insbesondere des Lichtbogenstiels (Bild 3-4).

Sie bewirkt eine Wanderung des Lichtbogens von der Einspeisestelle weg. Dieses Prinzip wird für die Auslegung von Lichtbogenschutzarmaturen genutzt. Es werden Rundstabprofile aus verzinktem Stahl eingesetzt, wobei die Wanderungsgeschwindigkeit mit zunehmendem Durchmesser abnimmt /3-4/.

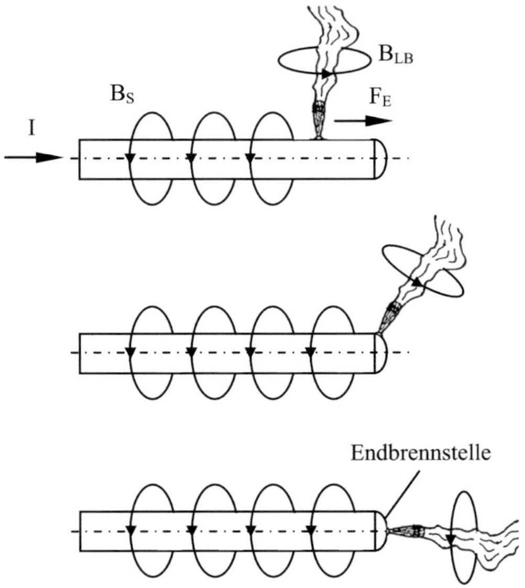

Bild 3-4: Lichtbogenlenkung durch das magnetische Eigenfeld an Stabelektroden

Wird der Lichtbogen zu einer Endbrennstelle geführt, muss diese so verstärkt sein, dass der thermisch verursachte Materialverbrauch (durch Schmelzen, Verdampfen) nach Abschaltung des Lichtbogens die Funktionalität nicht beeinflusst. Scharfkantige Schmelzpunkte können z. B. eine Ursache für Koronaentladungen sein. Üblicherweise werden dafür Kugeln oder bei höheren Übertragungsspannungen Hohlkugeln eingesetzt, deren Durchmesser durch den Lichtbogenstrom und das Koronaverhalten der Gesamtkette bestimmt wird. Beim Einsatz von Porzellanlangstabisolatoren war auch die Distanz zwischen Isolierkörper zur Endbrennstelle und die damit verbundene Senkung der Wärmestrahlung zur Isolatoroberfläche zu berücksichtigen.

Die Wirkungsweise einer Lichtbogenschutzarmatur wird im Folgenden diskutiert (Bild 3-5, Bild 3-6). Nach der Zündung soll die Schutzarmatur den Lichtbogen schnell übernehmen und zur Endbrennstelle führen. Der Einsatz von ringförmigen Lichtbogenschutzarmaturen hat sich bewährt, da ein Fremdschichtüberschlag an einer beliebigen Position am Isolatorumfang auftreten kann. Bei der alleinigen Verwendung von Lichtbogenhörnern ohne den den Fremdschichtüberschlag „fangenden" Ring kann die Übernahme des Lichtbogens so verzögert sein, dass es bereits zur Schädigung des Isolators kommt. Die Übernahme des Lichtbogens durch den Ring erfolgt durch direktes Berühren, ein vorgeschobener Ring begünstigt die schnelle Übernahme.

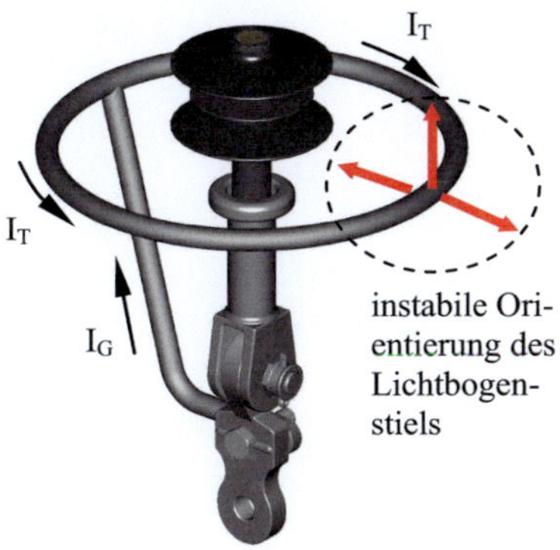

Bild 3-5: Lichtbogenlenkung bei einseitiger Speisung aber geschlossenem Ring ohne Endbrennstelle

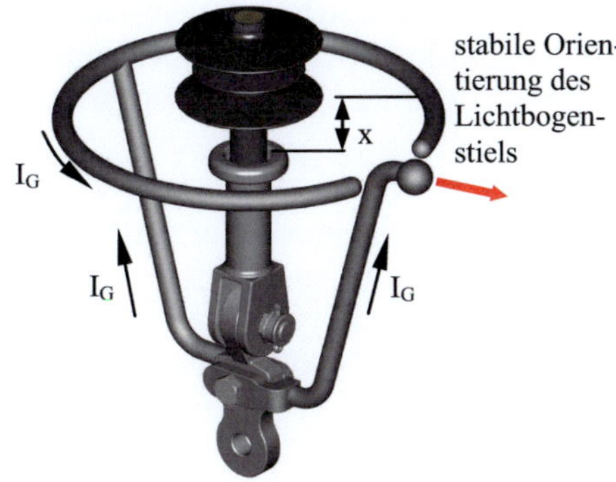

Bild 3-6: Lichtbogenlenkung bei einseitiger Speisung, offenem Ring mit Endbrennstelle

Die Distanz x (Bild 3-6) zwischen Armaturenwulst des Isolators und Ringkante ist entsprechend festzulegen und bei höheren Spannungen bzw. beim Einsatz von Verbundisolatoren mit dem Koronaverhalten zu koordinieren. Der über die Strebe einseitig gespeiste Lichtbogen wird auf dem geschlossenen Ring zweiseitig gespeist und wandert in Bild 3-5 „langsam“ zur gegenüberliegenden Seite der Einspeisung, beschleunigt bzw. verzögert durch die beiden Teilströme I_{T1} und I_{T2}. Er wird aber aufgrund der fehlenden Endbrennstelle eine undefinierte Blasrichtung aufweisen, der Isolierstoff ist ebenfalls gefährdet. Eine optimale Lenkung wird gemäß dem Aufbau in Bild 3-6 erreicht. Nach Übernahme des Lichtbogens durch den Ring wandert dieser zu den Stirnflächen der Ringelektrode (gezeigt ist Wanderung auf unterer Ringhälfte) und wird bei Kontaktierung des Horns mit Endbrennstelle von diesem übernommen. Die Speisung des Lichtbogens ist immer einseitig und zwingt ihn stabil in eine Richtung (stabile Orientierung).

Für die kombinierten Anforderungen für den Korona- und Lichtbogenschutz wurden verschiedene Lösungen entwickelt, z. B. der C-Profil- /3-5/ oder der Tandemring (auch als Bündelring bezeichnet /3-6/).

Für die Gestaltung der Endbrennstelle wird in /3-7/ auf ein Reichspatent aus dem Jahr 1941 /3-8/ verwiesen, in dem eine kraterförmige Vertiefung Vorteile für die Lichtbogenführung und die sekundäre thermische Wirkung auf die Endbrennstelle haben:

- Verhinderung exponierter Formationen von Schmelzperlen (Koronaquelle),
- bevorzugtes Brennen des Lichtbogens aus der Vertiefung bzw. von deren Rand,
- Rotation des Lichtbogens auf dem Kraterrand.

Diese Idee wurde weiterentwickelt und die Form und Tiefe der Vertiefung und deren Plasmadruckentlastung in der Endbrennstelle optimiert /3-9/ … /3-12/. In Lichtbogenversuchen zeigt sich die Wirkung dieser Vertiefung: Eine Einfach-Tragkette für 420 kV wurde gemäß IEC 61467 /3-13/ geprüft (Bild 3-7 … Bild 3-9). Die Prüfparameter betrugen 50 kA für 0,5 sec. Das Einleiten des Kurzschlusses mittels Kupferdraht und bei wechselnder Achse direkt am Verbundisolator simuliert das Auslösen durch einen Fremdschichtüberschlag, der Lichtbogen muss von der Isolatorarmatur auf den Ring der Lichtbogenschutzarmatur übergehen (Bild 3-7). Auf der Isolierstoffoberfläche bleibt nach dem Versuch eine dünne Schicht aus aufgedampftem Kupfer zurück. Ein thermischer Angriff auf den Dichtungsbereich findet nicht statt, da dieser von einem Koronaschirm aus sehr alterungsbeständigem HTV-Silikongummi (s. a. Abschnitt 1.3.3) geschützt ist.

Die Prüfung wurde sicher bestanden (Bild 3-8). Interessant ist der Abbrand an der Endbrennstelle und dem unteren Ring (Bild 3-9): Offensichtlich verbleibt der wandernde Lichtbogen auf dem unteren Ring, bevor er auf die Endbrennstelle wechselte. Die Endbrennstelle wirkt wie eine flächenhafte Elektrode. Die Stromverdrängung (Skineffekt) bei 50 Hz und Stahl und die Reduktion von wanderungsbremsenden umkehrenden Stromlinien (s. a. Bild 3-28) durch die unterbrochene Fläche führen zur gewünschten Wanderung des Lichtbogens zur Vertiefung. Aufgrund des niedrigen Magnetfeldes in der Vertiefung wird der Fußpunkt des Lichtbogens auf dem Teil der Endbrennstelle gehalten. Bei der anzunehmenden ungleichmäßigen Stromeinspeisung an der Vertiefungskante kann sich eine kantenumlaufende Rotation des Lichtbogens einstellen. Das Auftreten dieses Effektes in diesem Versuch ist durch das Fehlen nennenswerter Schmelzperlen wahrscheinlich.

Hinsichtlich Mechanik, d. h. Begehbarkeit von Lichtbogenschutzarmaturen sind die Ausführungen mit einseitiger Speisung allerdings weniger belastbar als symmetrisch ausgeführte Lichtbogenschutzarmaturen.

Bild 3-7: Armatur mit Koronaschirm nach Lichtbogenversuch

Bild 3-8: Lichtbogenschutzarmatur nach Lichtbogenversuch

Bild 3-9: Detail des Abbrandes an der Vertiefungsstelle

Insbesondere der Tandemring kann bei einseitiger mechanischer, der Einspeisestelle gegenüberliegender (freier) Seite so deformiert werden, dass seine Koronaschutzwirkung nicht mehr gewährleistet ist. Ein entsprechendes Training der Installationsteams ist empfehlenswert und kann beim Einsatz von Verbundisolatoren mit einer Schulung zu deren sachgemäßem Umgang kombiniert werden /3-14/.

Die wichtigen Kriterien für optimal ausgelegte Lichtbogenschutzarmaturen unabhängig von der eingesetzten Isolatorentechnik lassen sich wie folgt zusammenfassen:

- Verwendung von verzinktem Stahl,
- Verwendung kleinstmöglicher Durchmesser für die Ringelektrode,
- Ring an der Endbrennstelle geöffnet,
- jeweils einseitige Lichtbogenspeisung für den Ring und die Endbrennstelle,
- Lenkung des Lichtbogens durch Vertiefungen an der Endbrennstelle bei großen Kurzschlussströmen,
- Dimensionierung der Endbrennstelle aus Sicht des Koronaverhaltens und der erwarteten Lichtbogenenergie,
- Verwendung offener Ringe für einen Austausch ohne erforderliche Öffnung der Gesamtkette.

3.3 Wirkungen des Lichtbogens

3.3.1 Porzellan- und Glasisolatoren

Neben der Schmelzwirkung auf ungeschützte Isolatorenarmaturen, gültig für konventionelle Isolatoren und Verbundisolatoren, ist der Isolierstoff durch die über den Fußpunkt und/oder den Lichtbogenstiel übertragende Wärme direkt gefährdet. Isolierstoffe sind im Allgemeinen schlechte Wärmeleiter und können die Wärme nicht ausreichend schnell abführen. Die lokalen Temperaturerhöhungen führen zu mechanischen Spannungen im Material, aufgrund der Sprödigkeit von Glas und Porzellan erfolgt beim Überschreiten der Elastizitätsgrenze der Bruch, der sich als partieller Schirmbruch oder im Fall von Porzellanlangstäben auch als Kernbruch einstellen kann. Für ungeschützte Porzellanlangstäbe wurden in der Vergangenheit sogenannte Lichtbogen-Beständigkeitsdiagramme experimentell bestimmt (Bild 3-10), in denen beim Überschreiten einer bestimmten, als Lichtbogenmenge bezeichneten Ladungsmenge /3-7/, in zwei verschiedene Schädigungsmodi (Glasurabtrag und Festigkeitsreduktion) unterschieden wurde.

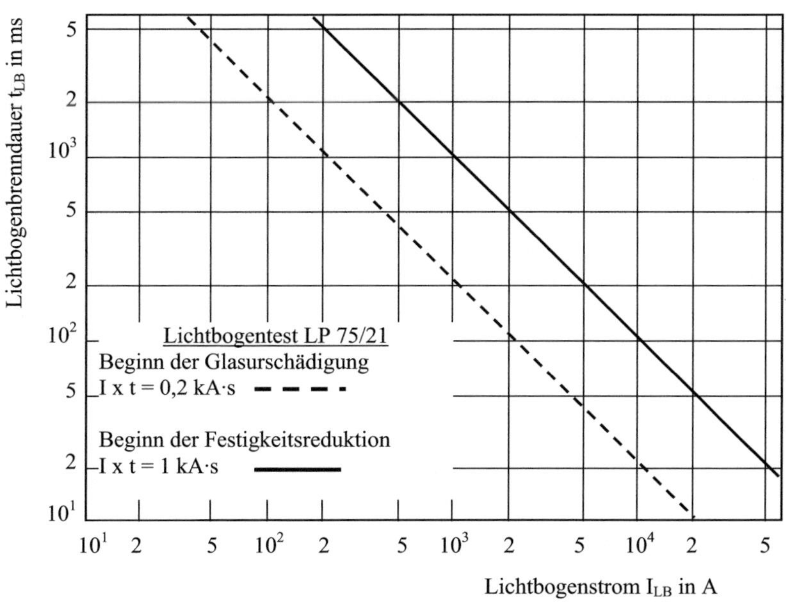

Bild 3-10: Lichtbogen-Beständigkeitsdiagramm /3-7/

Diese Form der Prüfung gibt es für Verbundisolatoren nicht, und auch konventionelle Isolatoren werden heute üblicherweise gemäß IEC 61467 geprüft, die im Jahr 1997 als Technical Report /3-15/ erstmalig veröffentlicht wurde.

Abhängig von den Brennbedingungen des Lichtbogens und dem Isolatorschutz können folgende Wirkungen beispielhaft gezeigt werden (für Porzellanisolatoren in Bild 3-11 … Bild 3-13).

Bild 3-11: Angeschmolzene Glasur /3-16/

Bild 3-12: Gesprungene Kappe /3-17/

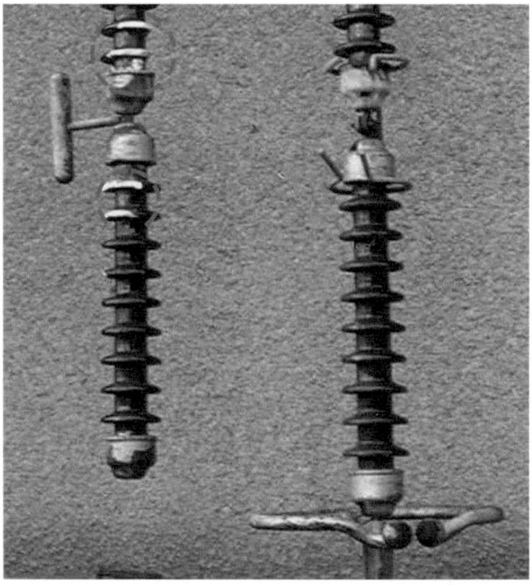

Bild 3-13: Porzellanlangstab-Beschädigung

Defekte durch Lichtbogen bei Glaskappenisolatoren sind ähnlich wie bei Porzellankappen (Bild 3-14 … Bild 3-16).

Bild 3-14: Glasanschmelzung /3-16/

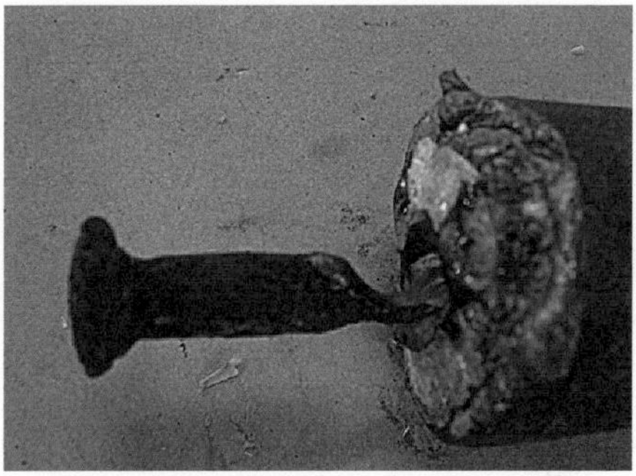

Bild 3-15: Gesprungene Kappe, geschmolzener Klöppel /3-16/

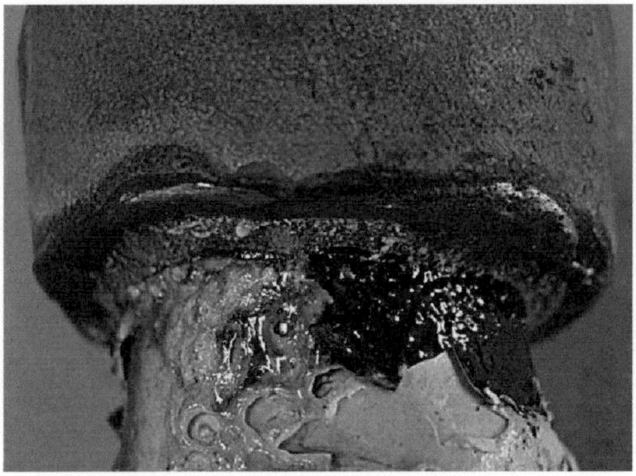

Bild 3-16: Zementanschmelzung /3-16/

Bei Lichtbogenprüfungen im Labor sind Schäden durch Abbrand oder Schirmbruch erlaubt, solange eine Restfestigkeit von mindestens 70 % bzw. 80 % der Nennkraft (abhängig von der Normversion) gegeben ist. Bei Kappenisolatoren sind als Minimalforderung die ersten drei, die letzten drei und die 3 mittigen Glieder einer Kette mechanisch zu prüfen. Für durchschlagbare Isolatoren (Kappen) wird zusätzlich eine elektrische Prüfung durchgeführt, um eventuelle Durchschläge zu diagnostizieren.

3.3.2 Verbundisolatoren

Die Reaktion eines ungeschützten Verbundisolators auf einen Lichtbogen ist im Vergleich zu konventionellen Isolatoren unter äquivalenten Bedingungen wie folgt einzuschätzen. Dazu wird das Ergebnis nach einem Lichtbogen von 50 kA und einer Brenndauer von 0,3 s in Bild 3-17 … Bild 3-19 als repräsentativ für nicht entflammbare Mantelwerkstoffe eingestuft. Der Lichtbogen wurde gemäß Norm mit einem kurzschließenden Draht initiiert. Dieser verdampft nach Einschalten des Kurzschlusses und leitet den Lichtbogen ein, dessen Fußpunkte unmittelbar auf der Wulst der Stahlarmatur brennen und diese schmelzen können (Bild 3-17, Bild 3-19). Die Lichtbogenstiele haben zu einem geringfügigen Abtrag des Isoliermantels über den Armaturen auf dem Stab geführt, ein Materialbruch trat an diesen Stellen nicht auf. Im Gegensatz zu Bild 3-7 wurde bei diesem Isolator das Ausgießen der Armatur als Dichtungsmethode verwendet. Brennt der Lichtbogen in diesem Bereich und führt zu dem gezeigten Schadensbild, wird das Dichtungssystem ebenfalls in Mitleidenschaft gezogen. In der Mitte des Isolators sind aufgedampfte Reste des Zünddrahtes sichtbar (Bild 3-18), eine Schädigung des Isoliermantels (Durchschläge, Freilegen des Stabes usw.) erfolgte nicht. Die mechanische Restfestigkeit betrug 102 kN, sodass die 80-%-Forderung noch erfüllt wurde (d. h. für eine SML = 120 kN) /3-13/.

Bild 3-17: Entfunktionalisierter Dichtungsbereich und geschmolzene Armaturwulst, hochspannungsseitig

Bild 3-18: Isolatormittelbereich

Als erstes Fazit kann gezogen werden: Beschädigt ein Lichtbogen wie bei konventionellen Isolatoren kraftübertragende Stahlkomponenten, die üblicherweise dieselben Anschlussmaße bei Verbundisolatoren haben (z. B. nach IEC 60120 /3-18/ für Pfanne und Klöppel), so schwer, dass eine Reduktion der Nennkraft auftritt, gilt dies unabhängig von der eingesetzten Isolatorentechnik. Im Gegensatz zu konventionellen Isolatoren wird der Isoliermantel von Verbundisolatoren aber nicht durch thermisch verursachte mechanische Spannungen geschädigt.

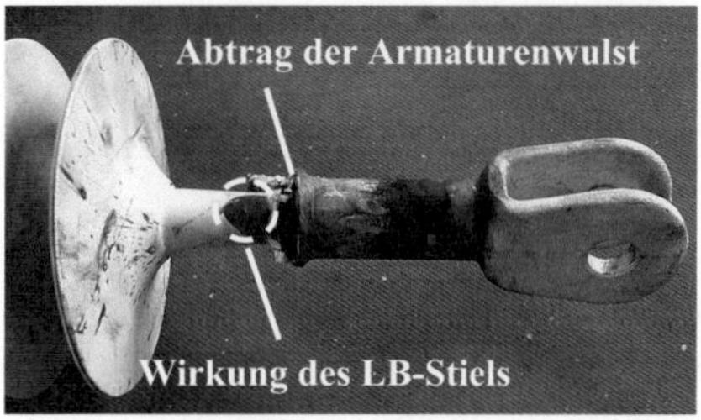

Bild 3-19: Entfunktionalisierter Dichtungsbereich und geschmolzene Armaturwulst, erdseitig

Dies wird auch durch einen Fall aus dem 25-kV-Bahnnetz einer Hochgeschwindigkeitsstrecke bestätigt (Bild 3-20, Bild 3-21). Der Lichtbogen wurde durch einen papageiartigen Vogel eingeleitet, dessen Bissspuren an den Schirmen feststellbar waren. Der Lichtbogen brannte zwischen dem erdseitigen Flachanschluss und dem hochspannungsseitigen Rohranschluss. Der Flachanschluss zeigt wenige Lichtbogenmarken, da die ihn umgebende Gabelarmatur den Lichtbogen übernahm. Aluminium verhält sich, wie später noch gezeigt wird, kritischer im Kontakt mit dem Fußpunkt. Der geringe Abbrand ist auf die schnelle Auslösung des Netzschutzes zurückzuführen. Im Gegensatz zu Bild 3-17 und Bild 3-19 ist bei dieser Dichtungsmethode des Überspritzens das Dichtungsinterface noch intakt und die mechanische Festigkeit nicht reduziert. Der Ausbau erfolgte aus Gründen der Ursachenanalyse.

Bild 3-20: 25-kV-Auslegerisolator nach vogelausgelöstem Überschlag, erdseitig

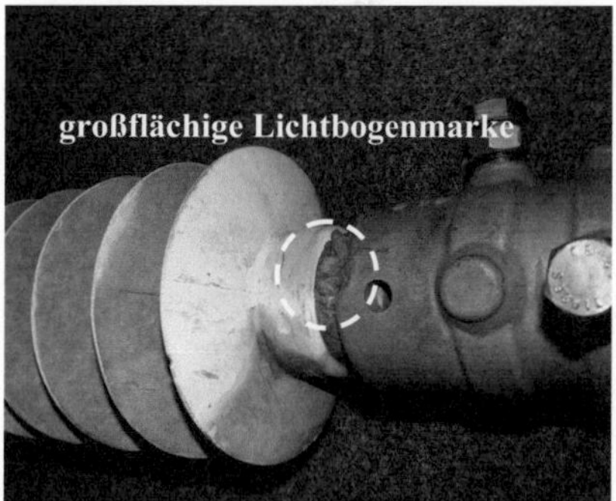

Bild 3-21: 25-kV-Auslegerisolator nach vogelausgelöstem Überschlag, hochspannungsseitig

3.3.3 Zusammenfassender Vergleich der Wirkungen

Die aufgeführten Beispiele und Betriebserfahrungen zeigen, dass sowohl konventionelle Isolatoren als auch Verbundisolatoren durch einen Lichtbogen beschädigt werden können, wenn sie nicht entsprechend der Einsatzbedingungen geschützt sind. Das gilt insbesondere für die thermische Wirkung auf die kraftübertragenden Metallarmaturen (bis auf den Bahnbereich oder bei Geräteisolatoren im Allgemeinen aus feuerverzinktem Stahl). Der Hauptunterschied besteht im Verhalten des Isolierstoffs, polymere Materialien zeigen keinen Bruch und bei entsprechender Zusammensetzung (flammhemmende Füllstoffe oder Zusätze) auch keine oxidative Zersetzung. Aus Sicht des Betriebsverhaltens bzw. der langjährigen Erfahrung ergeben sich noch weitere Unterschiede, die im Vergleich wie folgt dargestellt werden können (Tabelle 3-1).

Tabelle 3-1: Eintrittswahrscheinlichkeit und Auswirkungen von Lichtbögen

	Porzellanlangstab Kappenisolator aus Glas oder Porzellan	Verbundisolator (Langstab)
Eintrittswahrscheinlichkeit für Fremdschichtüberschlag[1)]	hoch	niedrig, bei hydrophober Oberflächenwirkung[2)] und wegen kleineren Durchmessers
Eintrittswahrscheinlichkeit für Überschlag durch Überspannung	in erster Näherung gleich für identische Schlagweite, Lichtbogen in der kürzesten Luftstrecke oder kleinsten Summe der Luftstrecken	
thermische Beschädigung des Isolierkörpers bei unzureichender Lichtbogenlenkung[3)]	Reißen oder Splittern des Isolierkörpers möglich	Kein Reißen oder Splittern, kein relevanter Abtrag bei Materialien, die eine hohe thermische und Erosionsbeständigkeit haben[4)].

Anmerkungen:

1) unter der Annahme, dass Fremdschichtüberschläge auftreten können

2) bei vorhandener Hydrophobiewirkung (Recovery, Transfer)

3) Dauer, Stabilität und Intensität des Lichtbogen sind schadensverursachend

4) Elastomere, mit ATH angereichert und die Entflammbarkeitsstufe V0 (IEC 60695-10-11 /3-19/) bestehend

	Porzellanlangstab Kappenisolator aus Glas oder Porzellan	Verbundisolator (Langstab)
Einfluss auf die mechanische Isolatorfunktion bei unzureichender Lichtbogenkontrolle	Verlust der mechanischen Festigkeit, wenn die Anbindung an die Armatur (Zement) thermisch degradiert eine irreversible Festigkeitsreduktion erfährt oder der Isolierkörper (Langstab) bricht.	Fließt der Fehlerstrom bei ungeeigneter Anbindung der Lichtbogenschutzarmatur über die Isolatorarmatur oder ist kein Lichtbogenschutz vorhanden, kann beim Überschreiten des TG[5)] des Stabes die Krimpverbindung an Festigkeit verlieren.
Einfluss auf die elektrische Isolatorfunktion bei unzureichender Lichtbogenlenkung	Reduktion der Stehwerte der Überschlagspannung, wenn die Schlagweite bzw. der Kriechweg durch zerstörte Schirme verkürzt werden.	Schäden des Dichtungsbereiches[6)] sind kritisch, bei ungeeigneten Materialien können leitfähige Spuren zurückbleiben.

Anmerkungen:

5) Glasübergangstemperatur /3-20/

6) kritisch ist eine Verletzung des Dichtungsbereiches am Tripelpunkt oder wenn der Stab gegenüber der Umwelt nicht mehr geschützt ist

3.3.4 Peripherieschutz

Bei dem Schutz einer Isolatorenkette ist auch zu berücksichtigen, dass ein Brennraum vorgesehen wird, in dem der Lichtbogen bis zum Ausschalten brennen kann, ohne benachbarte Teile zu beschädigen. Dazu zählt, dass ein Abwandern des Lichtbogens oder das Abtropfen von geschmolzenem Stahl auf das Leiterseil mit Aluminiumaußendrähten vermieden wird (Bild 3-22). Alte Leiterseile mit reduzierter Leitfähigkeit zwischen den benachbarten Aluminiumaußendrähten sind besonders gefährdet, wenn der Fehlerstrom nur von wenigen Drähten geführt wird und diese dann thermisch überlastet werden.

Ein weiteres Beispiel aus dem 25-kV-Bahnbetrieb: Aufgrund verschiedener Ursachen kam es auf Triebwagen zu gehäuften Überschlägen mit entsprechenden Peripherieschäden (Bild 3-23).

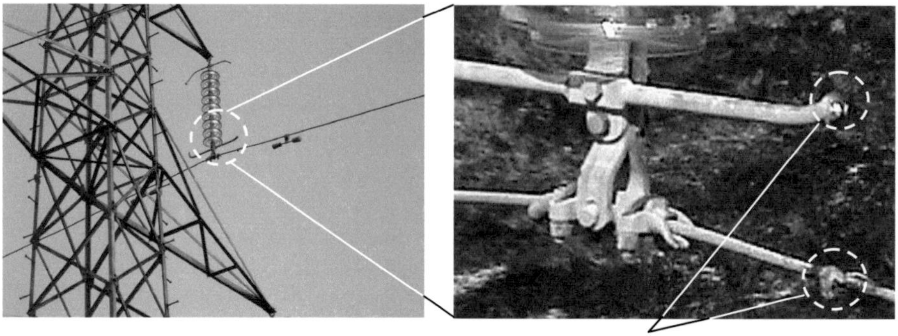

Bild 3-22: Beschädigung des Lichtbogenhorns und des Leiterseils in einem 123-kV-Netz

Die Ursachen führten jeweils zu einer Fremdschichtbelastung, dass ein Fremdschichtüberschlag entweder über dem Ableiter oder dem Leistungsschalter auftrat. In diesem Anwendungsfall bestand die Herausforderung, dass es aufgrund der Platzverhältnisse praktisch keinen Brennraum gibt. Die Lösung des Problems erfolgte mit einem kombinierten Maßnahmenpaket (Schlagweiten- bzw. Kriechwegverlängerung und Definition des Reinigungsregimes), um die Ursachen für die Überschläge zu eliminieren.

Im Folgenden wird auf die Gestaltung von Lichtbogenschutzarmaturen aus Sicht der Materialwahl und der zulässigen Stromdichte eingegangen.

Bild 3-23: Praktisch nicht vorhandener Brennraum bei Kompaktbauweise auf Triebwagen

3.4 Gestaltung von Lichtbogenschutzarmaturen

3.4.1 Materialauswahl

Bei der Bewertung der Materialien wird in Stahl und Aluminium unterschieden, da beide in Isolatorenketten zur Anwendung kommen: Stahl als dezidierter Lichtbogenschutz, der mit Koronaschutzfunktion kombiniert sein kann, und Aluminium nur für den Koronaschutz. Brennt ein Lichtbogen über einer Kette, die nur mit Koronaschutzringen aus Aluminium versehen ist, würden diese den Fußpunkten entsprechend ausgesetzt werden. Eine Differenzierung der Materialeigenschaften wird in Tabelle 3-2 und Tabelle 3-3 gezeigt. Ihnen ist zu entnehmen, dass Aluminium bekanntermaßen eine geringere Dichte hat und zu Gewichtseinsparungen bei vergleichbarer Geometrie den Vorzug gegenüber Stahl erhalten könnte. Allerdings sind die anderen Eigenschaften für ein einem Lichtbogen ausgesetzten Material sehr ungünstig und die Wandergeschwindigkeit eines Lichtbogens ist auf einer Stahlarmatur um 50 % höher als bei Aluminium /3-4/.

Tabelle 3-2: Materialvergleich I von Aluminium und Stahl aus Sicht des Lichtbogenschutzes

Material	Dichte in g/cm^3	Schmelzpunkt in °C	Verbrennungswärme in kJ/g	Schmelzwärme in Ws/cm^3
Stahl	7,85	1500	5,6	2104
Aluminiumguss	2,7	620	30	1025

Tabelle 3-3: Materialvergleich II von Aluminium und Stahl aus Sicht des Lichtbogenschutzes

Material	Wärmeleitfähigkeit in W/(K·cm^3)	Zugfestigkeit N/mm^2	spezifischer Widerstand Ω·cm
Stahl	0,54	400	$15 \cdot 10^{-6}$
Aluminiumguss	1,88	200	$4 \cdot 10^{-6}$

D. h. im Fall von Aluminium tritt die schädigungsfördernde Kombination einer langsamen Wanderungsgeschwindigkeit und eines niedrigeren Schmelzpunktes auf und kann zu Löchern im Profil führen (Bild 3-24). Wird Aluminium entzündet, ist die Verbrennungswärme fünf Mal höher als bei Stahl und auch die Wärmestrahlung ist intensiver. Bei den Lösungen, in denen Aluminiumringe nahe der Isolatorarmatur befestigt werden (Bild 3-25), können erhebliche Beschädigungen des Isoliermaterials auftreten, wenn die Lichtbogenrichtung instabil ist (Bild 3-26). Die bessere Wärmeleitfähigkeit von Aluminium wird in der Kombination mit dem niedrigen Schmelzpunkt eher nachteilig wirken, da die kritische Temperatur schnell in das Profilinnere übertragen wird und Deformationen auftreten können.

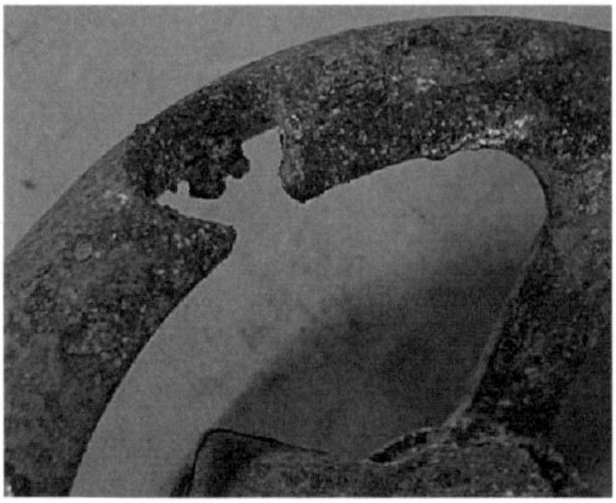

Bild 3-24: Zerstörung am Aluminiumkoronaring durch Lichtbogeneinwirkung /3-16/

Bild 3-25: Lichtbogenzerstörung am aufsteckbaren Aluminiumkoronaring /3-16/

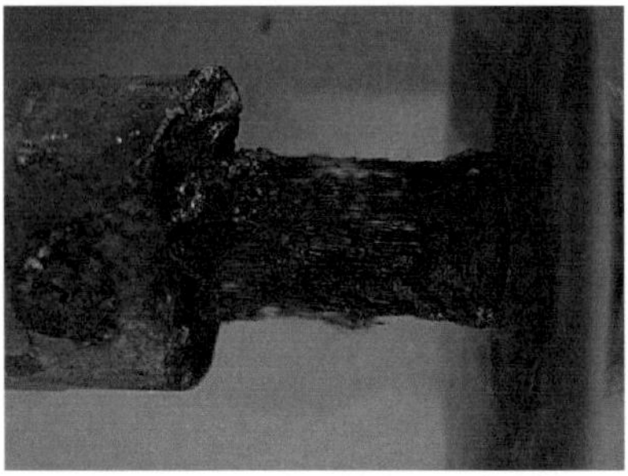

Bild 3-26: Intensive thermische Isolierstoffzersetzung durch Aluminiumabbrand /3-16/

Bild 3-27: Schutz einer Aluminiumarmatur durch eine Stahlarmatur (31 kA für 0,5 s)

Der nachteilige Einfluss dieser Eigenschaftskombination wurde im Lichtbogenversuch dahingehend bestätigt, dass unter gleichen Bedingungen ein vier bis fünf Mal höherer Abbrand bei Aluminiumelektroden auftritt /3-3/. Es wurde auch beobachtet, dass der Materialabtrag nicht nur oxidativ stattfindet, sondern auch als Metalldampf, der sich z. B. an Nachbarketten als dauerhaft leitfähiger Belag niederschlagen kann. Der Literatur können verschiedene Werte zum Abbrand durch Lichtbogenwirkung entnommen werden: Stahl hat mit 0,4 $cm^3/(kA \cdot s)$ erwartungsgemäß den niedrigeren Wert im Vergleich zu Aluminium mit 1,4 $cm^3/(kA \cdot s)$. Der Unterschied um den Faktor 3,5 ist kleiner als der oben erwähnte Faktor 4 … 5 und auf die unterschiedlichen Versuche zurückzuführen. Kalkuliert man für eine kugelförmige massive Endbrennstelle von 80 mm Durchmesser, wie sie oft in 420-kV-Netzen zur Einhaltung der Störspannungswerte eingesetzt wird (Bild 3-27), den erforderlichen Wert für einen vollständigen Abtrag, so ergeben sich 670 kA·s. Bei dieser hohen Redundanz (13 Lichtbögen mit 50 kA/s) ist aber zu berücksichtigen, dass die Entstehung einer scharfkantigen Abbrandgeometrie zu Koronaentladungen führen kann. Der gezeigte Abbrand ohne Schmelzperlenbildung entstand während eines Lichtbogenversuchs mit 30 kA für 0,5 s. Die Aluminiumarmatur des Stützisolators wurde durch die Lichtbogenschutzarmatur aus Stahl sicher geschützt.

Entscheidend für die materialabtragende thermische Wirkung des Lichtbogens ist neben der Stromstärke bzw. Stromdichte auch die erforderliche Zeit, um das Metall an der Endbrennstelle auf die Zersetzungstemperatur zu bringen. In /3-3/ wird unter Bezug auf /3-21/ auf einen Grenzwert $S^2 \cdot t$ verwiesen, unterhalb dessen praktisch kein mehr Abbrand stattfinden kann. Dieser beträgt für Eisen/Stahl $5 \cdot 10^4\ (\mathrm{A/cm^2})^2 \cdot \mathrm{s}$. Es kann analytisch nachgewiesen werden, dass für kleine Lichtbogeneinwirkzeiten praktisch kein Abbrand auftritt. Dazu wurde die zur Materialzersetzung verfügbare Leistung mit folgenden Gleichungen berechnet.

$$P_\mathrm{V} = U_\mathrm{L} \cdot I_\mathrm{L} \cdot k_\mathrm{L} - k_\mathrm{P} / \sqrt{t} \tag{3-1}$$

$$k_\mathrm{P} = \sqrt{\lambda \cdot c / \pi} \cdot A_\mathrm{E} \cdot \vartheta_0 \tag{3-2}$$

P_V = zur Materialzersetzung notwendige Leistung
U_L = Lichtbogenspannung in V
I_L = Lichtbogenstrom in A
k_L = Faktor zwischen 0 … 1, der den Anteil der Lichtbogenleistung zur Aufheizung der Endbrennstelle bestimmt
t = Zeit in s
λ = Wärmeleitfähigkeit in W/(cm K)
c = Wärmekapazität in Ws/(cm^3 K)
ϑ_0 = Temperatur an der Stabstirnseite in K
A_E = Querschnitt der Stabelektrode

3.4.2 Dichte des Fehlerstromes in den Elementen einer Isolatorkette

Neben der eigentlichen thermischen Wirkung des Lichtbogens ist die wärmeerzeugende Wirkung des Fehlerstromes in den Kettenelementen ebenfalls ein wichtiges Designkriterium. Wie bereits im Abschnitt 3.2.3 erwähnt, sind kleine Durchmesser der Ringelektroden für die Wanderungsgeschwindigkeit vorteilhaft. Versuche mit Stahlelektroden bei Lichtbogenströmen von 1 kA bei einem Elektrodenabstand von 25 mm haben zur empirischen Beziehung $v \sim d^{-x}$ geführt ($x = 0,66$ für eine Stromstärke von 1 kA) /3-4/. Je größer der Durchmesser d ist, desto eher wird die Wanderungsgeschwindigkeit v durch umkehrende Stromlinien behindert, die den Lichtbogen entgegen der Richtung seiner Wanderung speisen. Das wird modellhaft in Bild 3-28 am Beispiel einer Flachstabelektrode in gezeigt (Flachstab in erster Näherung für einen kreissegmentförmigen Querschnitt des Lichtbogenschutzrings, der für den kombinierten Koronaschutz eine entsprechende Höhe h hat). Je breiter der Flachstab ist (d. h. je höher der Lichtbogenschutzring), desto mehr wird die Wanderungsgeschwindigkeit v_W behindert. Da die Einspeisung im Allgemeinen nie gleichmäßig sein wird, erfolgt ein Abwandern des Lichtbogens zur Elektrodenkante.

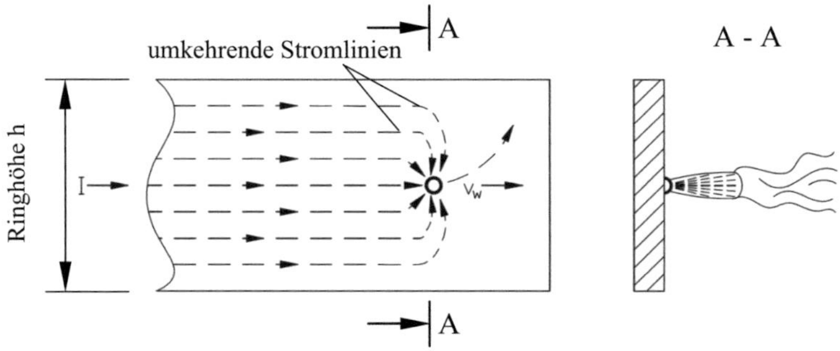

Bild 3-28: Einfluss umkehrender Lichtbogenspeisung an flächenhaften Elektroden

Erwähnenswert ist noch in diesem Zusammenhang, dass aus Aluminium gefertigte Koronaringe im Allgemeinen einen vergleichsweise großen Durchmesser für eine gute Schirmungswirkung haben. Die o. g. „Schwächen“ des Materials im Fall eines Lichtbogens werden dann wegen der reduzierten Wanderungsgeschwindigkeit noch einmal verstärkt.

Dem Wunsch nach kleinem Durchmesser sind aber aus Sicht des kombinierten Koronaschutzes und der zulässigen Stromtragfähigkeit des Stahlquerschnitts phy-

sikalische Grenzen gesetzt. Der Stromfluss durch einen Stahlquerschnitt hat eine Erwärmung zur Folge, der auch die als Galvanisierungsschutz wirkende Zinkschicht an der Oberfläche ausgesetzt ist. Zink hat einen Schmelzpunkt von 440 °C, der die erlaubte Erwärmung begrenzt. Unter der Annahme einer normalisierten 1-Sekunden-Stromdichte und einer Umgebungstemperatur von 35 °C ergibt sich ein Wert von 70 A/mm^2, der zu einer Armaturerwärmung von 400 °C führt, wenn der Fehlerstrom durch den Armaturenquerschnitt fließt.
Aus diesem Grund sind insbesondere in der deutschen Normung zwei Stromdichten für Kettenkomponenten definiert (ohne Berücksichtigung des Skineffekts) /3-22/, die sich seit vielen Jahren bewährt haben:

- Kettenkomponenten, die direkt an der Kraftübertragung partizipieren, sollen eine Fehlerstromdichte von 70 A/mm^2 nicht überschreiten, bezogen auf 1 s. Dazu zählen Schäkel, Ösen usw.
- Kettenkomponenten, die nicht direkt zur Kraftübertragung beitragen, sollen eine Fehlerstromdichte von 80 A/mm^2 nicht überschreiten, ebenfalls bezogen auf 1 s. Dazu zählen beispielsweise Lichtbogenschutzarmaturen.

Im Folgenden wird auf Prüfungen eingegangen, die im Zusammenhang mit der Lichtbogenbeständigkeit von Verbundisolatoren genannt werden.

3.5 Prüfungen des Lichtbogenschutzes

3.5.1 Materialprüfung des Mantelwerkstoffs (Designtest)

Im Jahr 1982 publizierte die im Jahr 1978 ins Leben gerufenen CIGRE-Arbeitsgruppe 22.10 ein Dokument mit dem Titel „Technische Grundlagen für minimale Erfordernisse für Verbundisolatoren“ (engl. *Technical basis for minimal requirement for composite insulators*), an das Technische Komitee TC 36 (Isolatoren) der IEC, das als meilensteinbildendes Ursprungsdokument für die im Jahr 1992 erschienene IEC (6)1109 /3-23/ gelten darf. Eine Veröffentlichung in der Zeitschrift ELECTRA erfolgte im Jahr 1983 /3-24/. Es wurde bereits zu dieser Zeit in die sogenannte Flammbeständigkeit des polymeren Mantelwerkstoffs und das Verhalten bei Lichtbogen unterschieden. Wie in Bild 3-3 gezeigt, kann der Mantelwerkstoff durch verschiedene Entladungsarten mit differierender Stromstärke und Einwirkzeit beansprucht werden. Die Durchführung und das Bestehen von Materialprüfungen ist eine wichtige Komponente bei der Auswahl geeigneter Werkstoffe, ersetzt aber nicht die Durchführung eines Lichtbogenversuches, der das Verhalten der Kette gesamthaft bewertet.

Mit der ersten Ergänzung der Produktnorm IEC 61109 im Jahr 1995 /3-25/ wurde als Designprüfung das Bestehen einer Beflammungsprüfung gemäß IEC 60707 /3-26/ eingeführt. Die geforderte Klassifizierung V0 wurde aber nicht von allen polymeren Isolierstoffen, speziell von einigen in der Verteilungsspannungsebene eingesetzten, bestanden. Aus diesem Grund und zur Bewertung der Prüfschärfe hat die CIGRE-Arbeitsgruppe D1.14 diesbezüglich umfassende Materialuntersuchungen mit einer Prüfung zur Beurteilung der Brandgefahr gemäß IEC 60695-10-11, die die Norm IEC 60707 praktisch übernahm, durchgeführt /3-27/. Dabei wurden die geforderte Klassifizierungen V0 der alternativ vorgeschlagenen HB40 gegenübergestellt (Tabelle 3-4).

Tabelle 3-4: Kriterien für das Erreichen der V0- bzw. HB40-Klassifizierung /3-19/

Kriterium	Vertikale Brennmethode - erforderlich zum Bestehen der V0-Klassifizierung	Horizontale Brennmethode - erforderlich zum Bestehen der HB40-Klassifizierung
Nachbrennzeit	≤ 10 Sekunden	Minuten
Wanderung der Nachbrennflamme bis zur Halterung	nicht erlaubt	Sichtbares Nachbrennen nicht erlaubt, *aber falls doch:* eine Brennlänge von 100 mm soll nicht überschritten werden, *aber falls doch:* eine Brennrate von ≤ 40 mm/Minute darf nicht überschritten werden
Entzündung eines Indikatorbausches durch abtropfende Flammen oder Partikel	nicht erlaubt	erlaubt, ist im Protokoll aufzuführen

Es ist ersichtlich, dass beide Verfahren nicht äquivalent und die Anforderungen an das zu prüfende Material für das Erreichen der HB-Klassifizierung geringer sind. Es wurde durch systematische Untersuchungen bestätigt, dass Materialien mit V0-Klassifizierung auch die HB40-Klassifizierung sicher erreichen. Das gilt aber nicht im Umkehrschluss. Die Norm IEC 60695-11-10 lässt verschiedene wählbare Dicken des zu prüfenden Materials zu. Die geprüfte Dicke, erlaubt sind bis zu 13 mm, ist im Protokoll aufzuführen. Eine größere Materialdicke bedeutet ein einfacheres Erreichen einer bestimmten Klassifizierung. Die Ergebnisse aus Prüfungen mit verschiedenen Dicken und Materialien sind dann nicht direkt vergleichbar. Aus diesem Grund ist in der Norm IEC 62217 die Materialdicke auf 3 mm für die Beflammungsprüfung festgelegt. Technisch korrespondieren die 3 mm z. B. mit der minimal erforderlichen Dicke des Isoliermantels auf dem Stab am Isolatorstrunk. Die folgenden Ergebnisse lassen sich für verschiedene Materialien für Freiluftisolatoren der Verteilungs- und Übertragungsnetze zusammenfassen (Tabelle 3-5).

Tabelle 3-5: Ergebnisse aus systematischen Beflammungsprüfungen /3-27/

Material	VB-Methode		HB40-Methode	
	ohne thermische Vorbeanspruchung	mit thermischer Vorbeanspruchung	Klassifizierung gemäß IEC 60695-11-10 (3 mm Prüflingsdicke)	strengere Klassifizierung mit zugelassener Brennlänge von < 25 mm (3 mm Prüflingsdicke)[7]
Epoxidharz[1]	nicht bestanden	nicht bestanden	bestanden	bestanden
EVA (Äthylen-Vinylazetat)[2]	nicht bestanden	nicht bestanden	bestanden	bestanden
EPDM (Äthylen Propylen Dien Monomer)[3]	bestanden V0	bestanden V0	bestanden	bestanden
Silikongummi[4]	bestanden V0	bestanden V0	bestanden	bestanden
Silikongummi[5]	bestanden V0	bestanden V1	bei flexiblen Prüfkörpern nur mit stützenden Hilfsmitteln durchführbar	
Silikongummi[6]	bestanden V0	V0 … nicht bestanden[8]	bei flexiblen Prüfkörpern nur mit stützenden Hilfsmitteln durchführbar	
Ertacetal (POM-Polyoxymethylen)	nicht bestanden	nicht bestanden	bestanden, aber Brennlänge 75 mm	nicht bestanden
Ertalon (PA6-Polyamid)	bestanden, aber nur V2	nicht bestanden	bestanden	bestanden

Anmerkungen:

grau = Betriebserfahrung im Verteilungsnetz, weiß = Betriebserfahrung in Verteilungs- und Übertragungsnetzen, dunkelgrau = Referenzmaterial für Vergleichszwecke

1) - kommerziell verfügbare Materialien auf der Basis von Epoxidharz

2) - spezielle Formulierung eines Herstellers

3) - kommerziell eingesetztes Material

4) - HTV-Silikongummi mit ATH-Füllung

5) - RTV-Silikongummi ohne ATH

6) - LSR-Silikongummi ohne ATH

7) - die Limitierung auf 25 mm wurde aufgrund der maximalen Brennlänge der HB40-Materialien mit positiver Langzeitbetriebserfahrung im Verteilungsnetz festgelegt

8) - die Ergebnisse zeigten eine stärke Abhängigkeit von der Materialformulierung und der Dickentoleranz

Neben diesen Materialuntersuchungen wurden Lichtbogenversuche durchgeführt und die vorliegende Betriebserfahrung aus Sicht von Brandfällen analysiert.

Es hat sich erwiesen, dass ungeeignete Materialien (Bild 3-29) in einer Kombination aus Beflammungs- und Erosionsbeständigkeitsprüfung identifiziert werden können. So wurden für den Einsatz im Verteilungs- bzw. Übertragungsnetz die Kriterien für Materialprüfungen präzisiert /3-27/ und diese der IEC-Arbeitsgruppe WG 12 für die Revision der Norm IEC 62217 /3-28/ vorgeschlagen. Diese Präzisierungen lassen sich gemäß Tabelle 3-6 zusammenfassen.

Bild 3-29: Isoliermantelzerstörung durch Lichtbogen im Betrieb bei Verwendung eines leicht entflammbaren Materials

Tabelle 3-6: Präzisierung der Anforderungen für die Entflammbarkeit polymerer Isolierstoffe

	Bestehen des			
Anwendung	V0-Kriteriums*	V1-Kriteriums*	HB40-25mm-Kriteriums**	Schiefe-Ebene-Tests mit konstanten 3,5 kV***
Leitungsisolatoren ≤ 72,5 kV			x	x
Leitungsisolatoren > 72,5 kV	x			
andere Isolatoren inkl. Geräteisolatoren ≤ 145 kV			x	x
andere Isolatoren inkl. Geräteisolatoren > 145 kV		x		

Anmerkungen: * - IEC 60695-11-10 /3-19/, ** - CIGRE D1.14 /3-27/, *** - IEC 60587 /3-29/

3.5.2 Kettenprüfung aus Sicht der Stromdichte – Kurzschlussversuch

Die erste Norm zur Durchführung von Lichtbogenversuchen an Isolatorketten erschien im Jahr 1997 /3-15/. Bis zu diesem Zeitpunkt wurde oft ein Kurzschlussversuch zur Qualifikation von Isolatorketten spezifiziert, die Überschlagstrecke entsprechend niederohmig kurzgeschlossen. Das Kurzschließen erfolgte über Kabel mit ausreichendem Querschnitt, sodass kein Lichtbogen entstand. Beispiele für diese Prüfung sind in Bild 3-30 und Bild 3-31 gezeigt. Die Kettenkomponenten wurden nur aus Sicht ihrer Beständigkeit gegenüber der resultierenden Stromdichte geprüft, das komplexere Verhalten gegenüber einem Lichtbogen nicht. Es war aus diesem Grund nur ein geringfügiger Farbumschlag zu diagnostizieren, kein Abblättern der Zinkschicht und erwartungsgemäß kein thermischer Materialabtrag (Bild 3-31).

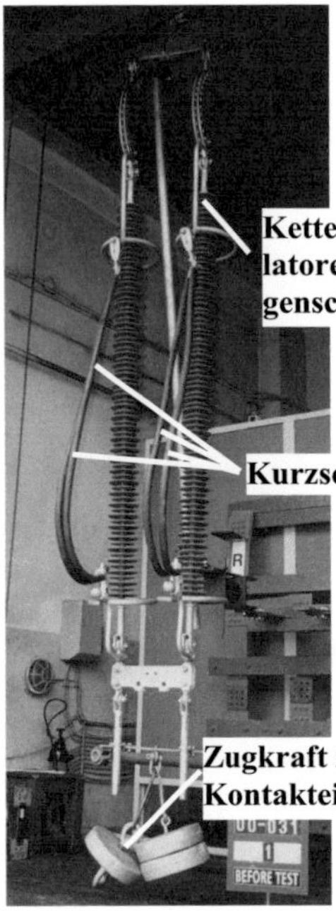

Bild 3-30: Aufbau der Kurzschlussprüfung Bild 3-31: Ergebnis nach der Kurzschlussprüfung

3.5.3 Kettenprüfung aus Sicht der Lichtbogenwirkung – Lichtbogentest

Das Verhalten einer Isolatorkette wird ereignisrelevanter in einer Lichtbogenprüfung bewertet, für die IEC 61467 eine entsprechende Grundlage bietet. In Bild 3-32 ist der Moment eines brennenden 30-kA-Lichtbogens über dem Stützisolator einer Isoliertraverse gezeigt. Ergänzend zum Kurzschlusstest sind im Lichtbogentest folgende wesentliche Informationen verfügbar:

- Kräfte und Auswirkungen der Stromdichte auf die gesamte Isolatorkette,
- Ausbildung des Lichtbogens,
- Bewegung der Lichtbogenstiele,
- thermische Wirkung des Lichtbogens auf den Isolator und die metallischen Kettenkomponenten.

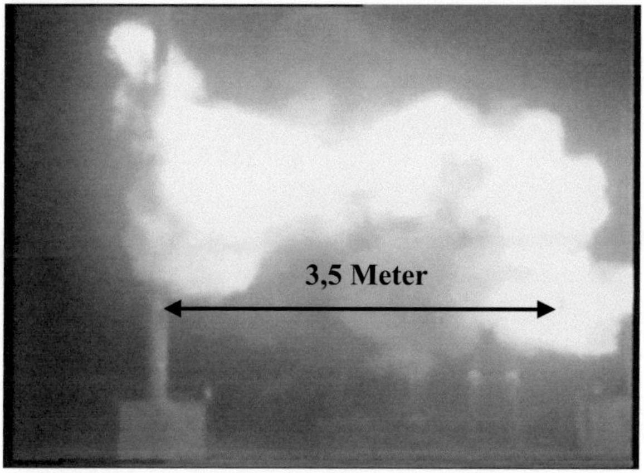

Bild 3-32: Lichtbogen über dem Stützer einer 420-kV-Isoliertraverse (30 kA)

Die Norm IEC 61467 berücksichtigt die verschiedenen Einbaupositionen in einer Freileitung mit verschiedenen Testszenarien (Bild 3-33). Bild 3-33 a und Bild 3-33 b sind die kritischen Fälle, da die „äußere Stromschleife" (s. a. Bild 3-2) auf den Lichtbogen stabilisierend wirkt und die Abblasrichtung (Brennraum) von der Kette nur von der Lichtbogenführung der Lichtbogenschutzarmatur bestimmt wird. Aus diesem Grund werden die Prüfungen, die als Testserie X /3-13/ beschrieben sind und durch den Aufbau in Bild 3-33 a und Bild 3-33 b nachgebildet werden, oft als repräsentativ für die Szenarien in Bild 3-33 c und Bild 3-33 d durchgeführt.

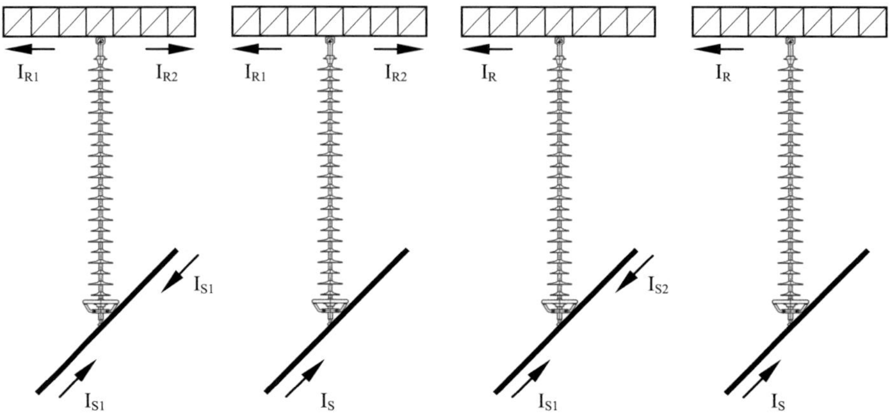

Kette in Mastmitte und Einspeisung in Leitungsmitte
$I = 0{,}2 \times I_{KS}$
$t_{KS} = 0{,}2;\ 0{,}2;\ 1$ s
$I = 0{,}5 \times I_{KS}$
$t_{KS} = 0{,}2;\ 0{,}2;\ 1$ s
$I_{S1} = I_{S2} = I_{R1} = I_{R2} = I/2$

Kette in Mastmitte und Einspeisung in Stationsnähe
$I = I_{KS}$
$t_{KS} = 0{,}2;\ 0{,}2;\ 0{,}5$ s
$I_S = I,\ I_{R1} = I_{R2} = I/2$

Kette in Mastperipherie- und Einspeisung in Leitungsmitte
$I = 0{,}2 \times I_{KS}$
$t_{KS} = 0{,}2;\ 0{,}2;\ 1$ s
$I = 0{,}5 \times I_{KS}$
$t_{KS} = 0{,}2;\ 0{,}2;\ 1$ s
$I_R = I,\ I_{S1} = I_{S2} = I/2$

Kette in Mastperipherie- und Einspeisung in Stationsnähe
$I = I_{KS}$
$t_{KS} = 0{,}2;\ 0{,}2;\ 0{,}5$ s
$I_R = I_S = I$

Bild 3-33: Prüfszenarien nach IEC 61467 - von links nach rechts: a, b, c, d; I_S = Stromspeisung, I_R = Stromrückleitung

Es sind Empfehlungen für verschiedene Kombinationen aus Kurzschlussstrom I_{KS}, Kurzschlusszeit t_{KS} und Einbauort festgeschrieben, um typische Netzbedingungen zu simulieren (z. B. Ansprechzeit des Netzschutzes). Real vorliegende Netzbedingungen können durch veränderte Werte simuliert werden. Die Erfahrung hat gezeigt, dass kleinere Kurzschlussströme weniger mobil sind und da mit erhöhter Kurzschlusszeit geprüft wird, schadensintensiver wirken können

Im Anschluss an die Lichtbogenprüfung werden noch diagnostische Prüfungen durchgeführt, die eine visuelle Kontrolle nach bestimmten Kriterien, eine mechanische Prüfung und bei Kappenisolatoren zusätzlich eine elektrische Prüfung beinhalten. Bild 3-34 zeigt das Beispiel für einen Zugversuch nach Lichtbogenprüfung, der Zünddraht ist noch erkennbar. Der Verbundisolator war für eine Nennkraft von 120 kN ausgelegt und aufgrund der wirksamen Lichtbogenschutzarmatur nach dem Lichtbogen in seiner mechanischen Festigkeit nicht beeinflusst.

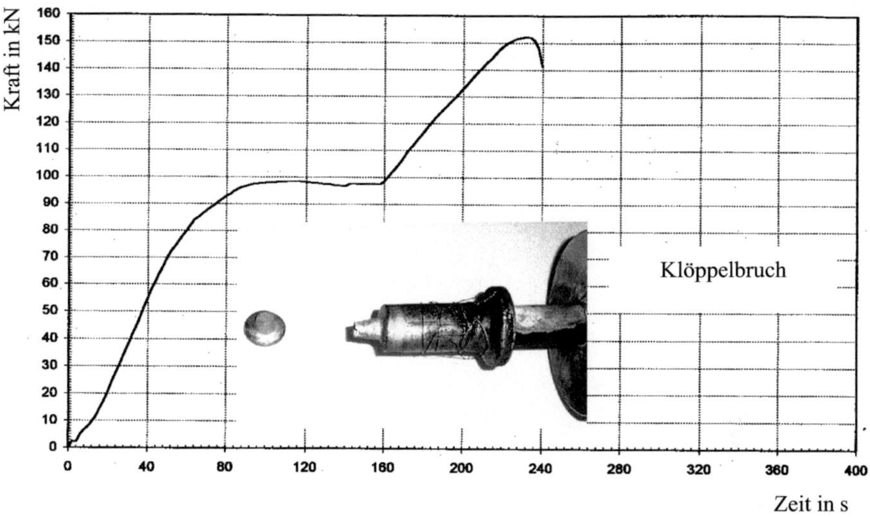

Bild 3-34: Ergebnis des Zugversuches nach Lichtbogentest 25kA/0,5 s

3.6 Ausgewählte Projekt-Beispiele

3.6.1 Fehlanwendung von Lichtbogenschutzarmaturen von Kappenisolatorenketten für Verbundisolatorenketten

Vergleicht man eine Isolatorenkette aus Kappenisolatoren mit einem einteiligen Verbundlangstabisolator, so führt die unterschiedliche Bauweise bei letzterem zu einer kürzeren Schlagweite bei gegebener Einbaulänge. Mit dem notwendigen Einbau von Koronaschutzringen - einseitig mindestens ab 245 kV - wird die Schlagweite weiter verkürzt (Bild 3-35). Dieser bekannte Unterschied ist für Neuerrichtungen von Freileitungen unwesentlich, da die erforderliche Schlagweite des Verbundisolators über eine verlängerte Einbaulänge eingestellt werden kann. Anders ist die Situation, wenn eine bestehende Leitung von Kappen- auf Verbundisolatoren umgerüstet wird. Eine Verlängerung der Verbundisolatoren ist nur dann realisierbar, wenn die Mindestabstände der Leiterseile zum Boden in den Spannfeldern eingehalten werden können. In den meisten Fällen wird die Einbaulänge der Isolatoren beibehalten und der Isolationspegel reduziert. Im gezeigten Beispiel eines 245-kV-Netzes reduziert sich der Pegel der Blitzstehstoßspannung von 1050 kV auf 950 kV /3-30/.

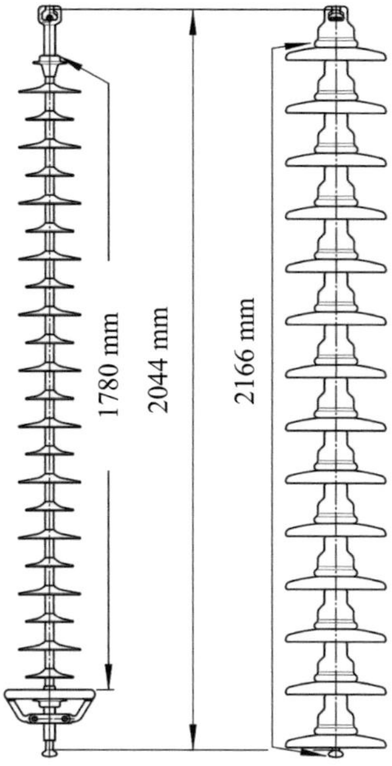

Bild 3-35: Schlagweitenvergleich einer Kette mit Verbundlangstab- und Kappenisolatoren (Bsp. 245 kV)

Dieser Kompromiss ist weitestgehend akzeptiert, reduziert sich doch die Wahrscheinlichkeit für einen Fremdschichtüberschlag gegenüber Kappenisolatoren signifikant.

Technisch kritisch wird die Substitution, wenn Verbundisolatorenketten nicht als Einheit beschafft werden und eine Bewertung der Komponenten einzelner Lieferanten hinsichtlich ihrer Kompatibilität zueinander nicht erfolgt. Oder es werden Verbundisolatoren beschafft und für Kappenisolatorenketten verfügbare Lagerbestände der Ringe eingebaut. Ein solches Beispiel wird in den folgenden Darstellungen einer 245-kV-Einfachtragkette gezeigt (Bild 3-36 … Bild 3-38).

Die konventionelle Bauweise mit Kappenisolatoren erfordert bei 245 kV noch keinen Koronaschutz, der Lichtbogenschutz wird von sogenannten Rackets übernommen (Bild 3-36). Im Falle eines Überschlags brennt der Lichtbogen zwischen der als Horn ausgeführten erdseitigen Schutzarmatur und dem hochspannungsseitigen Racket. Diese Art der Kettenbauweise mit Kappenisolatoren hat sich seit vielen Jahren bewährt und gilt als der Stand der Technik. Aufgrund einer hohen Verschmutzungsklasse war die Zuverlässigkeit der Freileitung nur über den Einsatz von Verbundisolatoren zu erhöhen. Deren Einbaulänge musste aber der der Kappenisolatoren entsprechen (Bild 3-37 - 2000 mm).

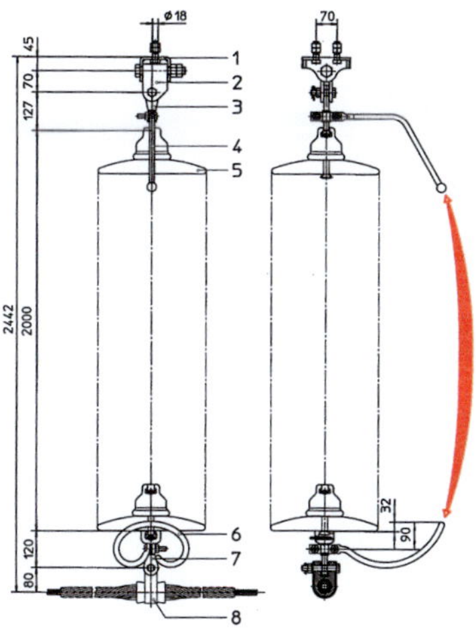

1 - U-Bügel
2 - Gelenk
3 - Klöppel-Lasche
4 - Lichtbogenhorn
5 - Isolatorkappe
6 - Racketschutzarmatur
7 - Pfanne-Lasche
8 - Tragklemme

Bild 3-36: Konventionelle Kette mit Kappenisolatoren

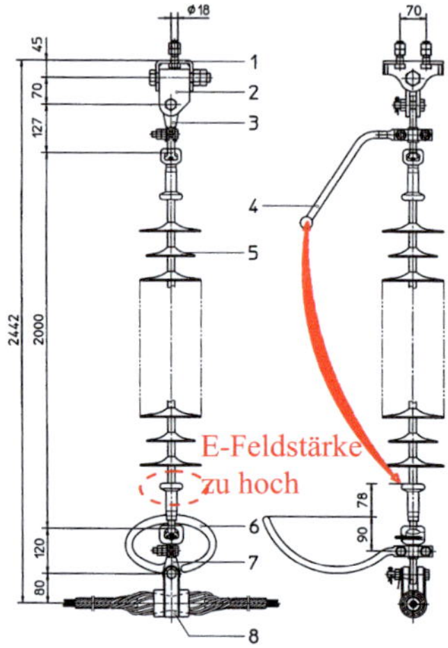

1 - U-Bügel
2 - Gelenk
3 - Klöppel-Lasche
4 - Lichtbogenhorn
5 - Verbundisolator
6 - Racketschutzarmatur
7 - Pfanne-Lasche
8 - Tragklemme

Bild 3-37: Verbundisolator mit Racket aus der vorher eingesetzten Kappenisolatorenkette

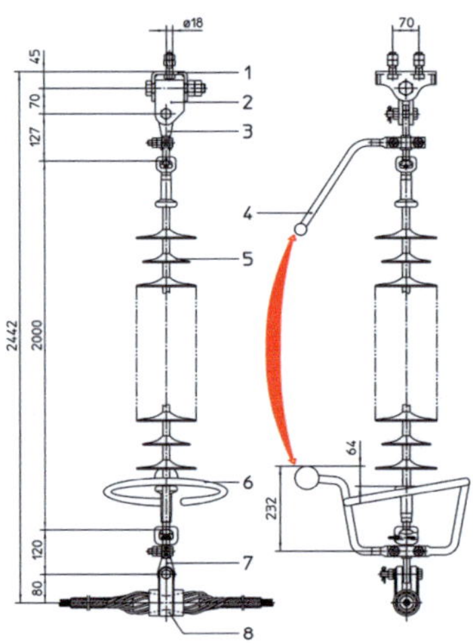

1 - U-Bügel
2 - Gelenk
3 - Klöppel-Lasche
4 - Lichtbogenhorn
5 - Verbundisolator,
6 - Lichtbogenschutzring mit Koronaschutzfunktion
7 - Pfanne-Lasche
8 - Tragklemme

Bild 3-38: Kette mit angepasstem Schutzring

Es wurde noch während der Projektierungsphase erkannt, dass der Anwender nur den Isolator austauschen und die peripheren Kettenelemente beibehalten wollte. Dies hätte zur Folge gehabt, dass im Fall eines Überschlags das hochspannungsseitige Racket seine Schutzfunktion nicht wahrnehmen kann (Bild 3-37). Des Weiteren ist der Koronaschutz nicht ausreichend. Die Lösung bestand im Einsatz einer kombinierten Korona- und Lichtbogenschutzarmatur aus galvanisiertem Stahl, deren Bauhöhe auf die Armaturenlänge des Verbundisolators abgestimmt wurde (Bild 3-38). Der Durchmesser der kugelförmigen Endbrennstelle wurde durch die spezifizierten Störspannungs- und Koronawerte bestimmt. Im Falle eines Lichtbogens brennt dieser zwischen dem Horn und dem Schutzring bzw. dessen Endbrennstelle. Bei höheren Übertragungsspannungen ist erdseitig ebenfalls ein Ring mit Endbrennstelle vorzusehen, um die Feldsteuerung entsprechend und eine schnelle Übernahme beim Fremdschichtüberschlag zu gewährleisten.

3.6.2 Koordination von Koronaring und Lichtbogenschutzarmatur

Das Ringdesign für den Koronaschutz eines Verbundisolators ist nicht standardisiert, was auf die Vielfalt der Fertigungsverfahren und Lösungen für das Dichtungssystem usw. zurückzuführen ist. Es hat sich aus diesem Grund etabliert, dass der Verbundisolator mit einem auf ihn abgestimmten Koronaschutz (ein oder zwei Ringe) zu liefern ist. Im Fall von Einzelkomponentenbeschaffung ist die Koordination von Korona- und Lichtbogenschutz zu beachten. In Bild 3-39 ist die Koordination korrekt angewandt, die Lichtbogenschutzarmatur ist schlagweitenverkürzend vorgeschoben, ein Lichtbogen wird relativ schnell von ihr übernommen. Da der Koronaring aus Aluminium den Lichtbogen nicht bis zur Abschaltung führen muss, kann er direkt auf der Armatur des Verbundisolators befestigt werden.

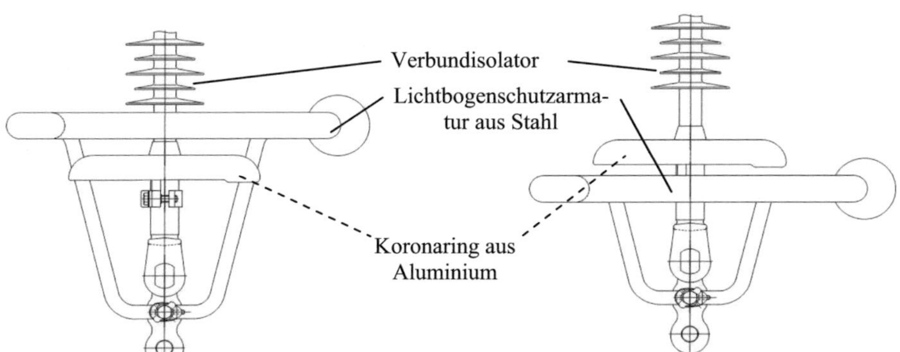

Bild 3-39: Korrekte Koordination

Bild 3-40: Falsche Koordination

Das Beispiel einer falschen und betriebsrelevant kritischen Koordination wird in Bild 3-40 gezeigt. So eine Situation kann z. B. eintreten, wenn aus Gründen der Kostenersparnis relativ kleine Durchmesser des Stabes gewählt werden und das Krimpinterface verlängert werden muss. Dies führt zu einer längeren Armatur des Verbundisolators und hat eine Verschiebung des Koronarings auf der Isolatorarmatur zur Folge. Ist dieser dann wie gezeigt, über der Lichtbogenschutzarmatur positioniert, ist die Übernahme des Lichtbogens durch diese nicht wahrscheinlich. Der Koronaring aus Aluminium wird den Lichtbogen bis zur Abschaltung tragen müssen und dürfte abhängig von den Lichtbogenparametern wegen ungeeigneter Materialeigenschaften (s. a. Abschnitt 3.4.1) thermisch zerstört werden mit den möglichen Sekundäreffekten auf den Isolator (z. B. Metalldampfniederschlag).

3.6.3 Direktbefestigung von Lichtbogenschutzarmaturen auf Armaturen von Verbundisolatoren

Der im Abschnitt 3.6.1 gezeigte Unterschied in der Schlagweite kann, wo es möglich ist, über eine Verlängerung des Verbundisolators kompensiert werden. Wenn aber die Kettenlänge gegenüber Kappenisolatoren nicht zu vergrößern ist, werden die Lichtbogenschutzarmaturen oft nicht an Zwischenarmaturen, sondern direkt auf den Armaturen des Verbundisolators befestigt. Diese Lösung wurde bereits bei Porzellanlangstabisolatoren eingesetzt (Bild 3-41 /3-7/).

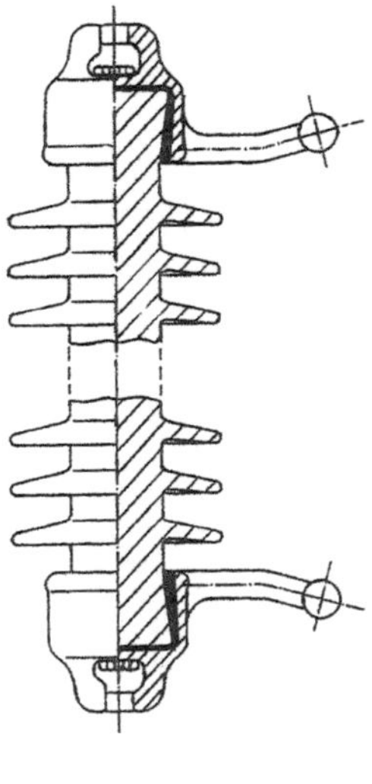

Bild 3-41: Porzellanlangstab mit angegossenen Lichtbogenhörnern /3-7/

Die Betriebserfahrung hatte aber gezeigt, dass der Schutz beim Fremdschichtüberschlag gering ist, wenn die Hörner den Lichtbogen erst spät übernehmen und die Weiterleitung des Fehlerstromes über die Klöppelarmaturen mit der Forderung der Stromdichte von 70 /mm^2 ein Limit von maximal 14 kA - bezogen auf 1 s - hat. Diese Lösung wurde nur für kleine Fehlerströme und im Verteilungsnetz eingesetzt.

Dies gilt auch für Verbundlangstabisolatoren (Bild 3-42). Wird wie im gezeigten Beispiel aus Gründen einer schnellen Lichtbogenübernahme und des Koronaschutzes ein Ring verwendet, ist aus Sicht des Lichtbogenschutzes eine ausreichende Wirkung gewährleistet.

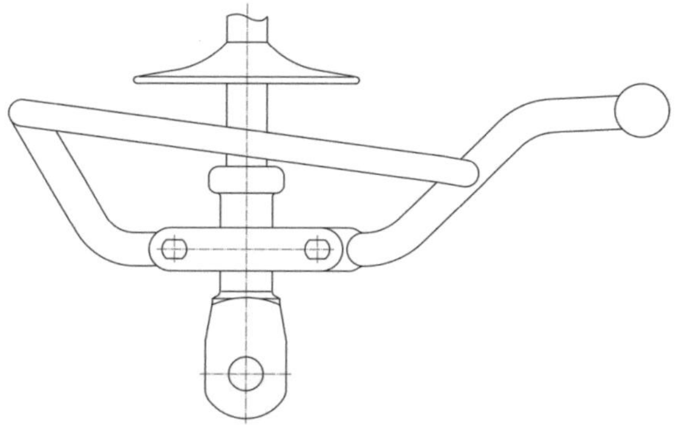

Bild 3-42: Verbundisolator mit direkt befestigter Lichtbogenschutzarmatur

Der Fehlerstrom fließt aber unmittelbar über die Armatur des Verbundisolators. Diese Art der direkten Befestigung hat dann die folgenden Einschränkungen:

- Abhängig vom eingesetzten Stahldurchmesser, z. B. Klöppel (gemäß IEC 60120), ist der 1-Sekunden-Fehlerstrom auf folgende Werte begrenzt: 16 mm - 14 kA, 20 mm - 22 kA, um das Kriterium 70 A/mm^2 einzuhalten.
- Der Fehlerstrom kann eine Aufheizung der Isolatorarmatur zur Folge haben, die zu einer Überschreitung der Glasübergangstemperatur des Stabes führt. In diesem Fall nimmt die Pressung zwischen Stab und Armatur ab, und die Zugfestigkeit ist auch nach Einstellung des kalten Zustandes reduziert. Versuche mit einem spezifischen Typ von Glasfaserstäben, imprägniert mit Epoxidharz und einem TG von 110 °C, haben gezeigt, dass eine Erwärmung auf 120 °C zu einer Reduktion um 20 % führen kann.

- Die Position des Ringes ist nicht klar definiert und erfordert eine präzise Einweisung des Installationsteams.
- Durch Leiterseilschwingungen kann sich der Ring aufgrund der Gravitationskraft lösen und nach unten bewegen, wenn das Anziehmoment der Schrauben nicht definiert und damit zu niedrig war.

Bei hohen Fehlerströmen und zur Vermeidung von Fehlinstallationen ist die Verwendung von Zwischenarmaturen zur eindeutigen Befestigung der Lichtbogenschutzarmatur die zuverlässigste Lösung (Bild 3-43). Der Fehlerstrom fließt dann nicht direkt über die Armatur des Verbundisolators.

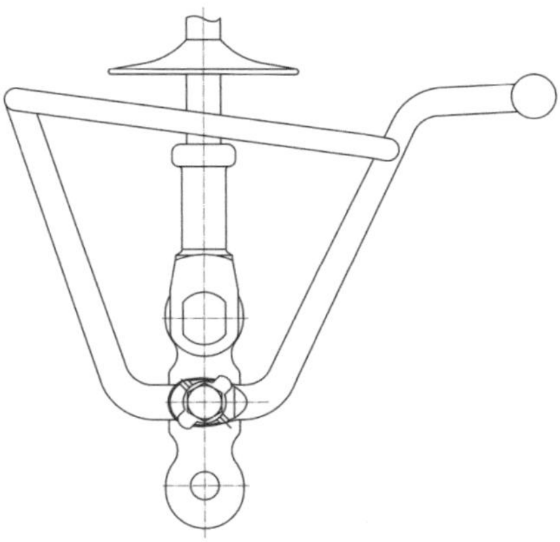

Bild 3-43: Verbundisolator mit Zwischenarmatur zur Befestigung der Lichtbogenschutzarmatur

Zugversuche nach Lichtbogenversuchen mit diesen Designs haben bestätigt, dass kein kritischer Wärmetransfer von der Zwischenarmatur auf die Armatur des Verbundisolators stattfindet. Dies ist auch in Übereinstimmung mit Versuchen der CIGRE-Arbeitsgruppe B2.03 zum Einfluss von Hochtemperaturleitern auf die Armaturentemperatur von konventionellen Isolatoren und Verbundisolatoren /3-31/. In diesen Versuchen konnte gezeigt werden, dass bei Leitertemperaturen von 200 °C und höher die Temperatur der Armatur eines Verbundisolators nur um 30 K gegenüber der Umgebungstemperatur ansteigt. Der im Vergleich zu Kappenisolatoren kleinere Schirmdurchmesser von Verbundisolatoren und die größere Länge der gekrimpten Armatur wirken einer stärkeren Aufheizung entgegen. Da die Vielfalt der Kettendesigns in dieser Prüfung nicht nachzubilden war, wird beim Einsatz von Hochtemperaturleitern eine entsprechende Überprüfung empfohlen. Diese Empfehlung ist für konventionelle Isolatoren und Verbundisolatoren gültig.

Eine optimierte und zuverlässige Lösung, um die Längenerhöhung zu reduzieren und eine Befestigung der Lichtbogenschutzarmaturen mit Zwischenarmaturen zu gewährleisten, besteht in der Verkürzung der Armatur des Verbundisolators (Bild 3-44). Da geometrisch die Krimpfläche für die Kraftübertragung zwischen dem Stab und der Armatur als Produkt aus Stabumfang und Presslänge entscheidend ist, kann bei Verwendung eines größeren Stabdurchmessers die Baulänge der Isolatorarmatur entsprechend reduziert und damit die Schlagweite erhöht werden. Dies wird beispielsweise erfolgreich praktiziert, wenn die direkte Austauschbarkeit zu Porzellanlangstabisolatoren erwünscht ist.

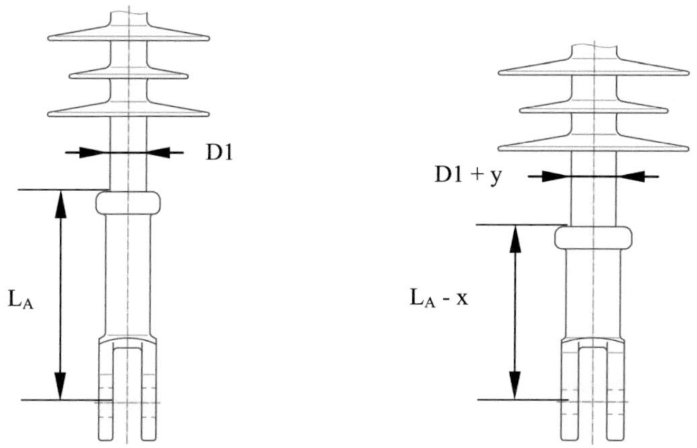

Bild 3-44:Verkürzung der Armaturlänge durch Vergrößerung des Stabdurchmessers bei Verbundisolatoren

3.6.4 Einfluss des Kettendesigns am Mast

Die Anordnung der Endbrennstelle in der Kette am Mast ist vorzugsweise so vorzunehmen, dass die äußere Stromschleife (Bild 3-2) die Führung des Lichtbogens unterstützen kann. Bei Doppeltragketten quer zur Leitungsrichtung wird bei Verbundisolatoren oft die entgegengesetzte Orientierung der Endbrennstellen links bzw. rechts praktiziert (Bild 3-45). Kommt es zu einem Überschlag der linken Kette wird bei linksseitiger Speisung des Fehlerstromes das Traversenfeld versuchen, den Lichtbogen an den Isolator zu drücken. Bei einseitiger Speisung des Lichtbogens auf der Schutzarmatur dominiert das Armaturenfeld und die Lichtbogenstiele werden sich nach links, gegen das Traversenfeld ausrichten. Aufgrund der thermischen Unempfindlichkeit eines Verbundisolators mit Silikongummimantel ist das Risiko einer Materialschädigung wie bei Glas oder Porzellan nicht gegeben und die in Bild 3-45 und Bild 3-46 gezeigten Orientierungen der Endbrennstellen werden bei Verbundisolatoren oft angewandt. Ist die Doppeltragkette längs zur Leitungsrichtung, sind die Endbrennstellen gleich orientiert (Bild 3-47). Die Orientierung der Endbrennstellen in Leitungsrichtung wird in Situationen angewandt, die durch eine einseitige Speisung des Fehlerstroms charakterisiert sind, z. B. in Stationsnähe (s. a. Bild 3-33 b + d).

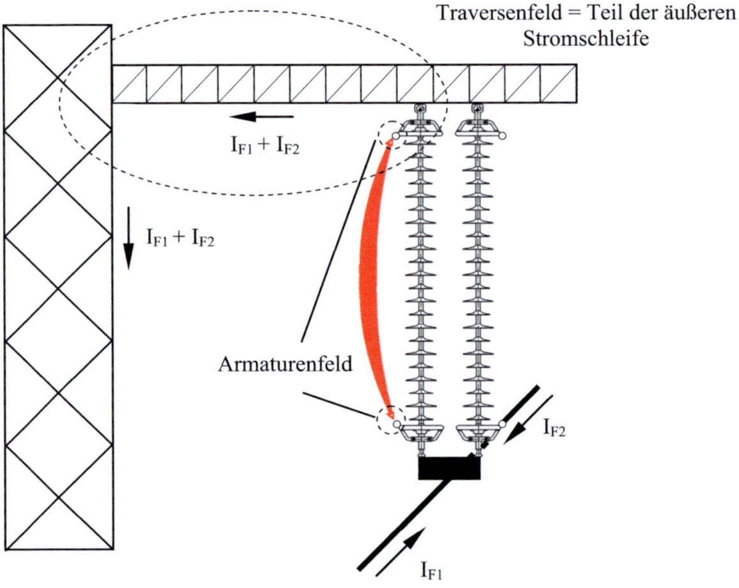

Bild 3-45: Prinzipielle Darstellung des Traversen- und Armaturenfeldes

Bei V-Ketten ist der Öffnungswinkel entscheidend: Bei Öffnungswinkeln $\alpha \leq 90°$ kommt die Orientierung der Endbrennstellen gemäß Bild 3-48 zur Anwendung. Beim Einbau von Verbundisolatoren werden eher größere Öffnungswinkel angestrebt, um bei wirkenden mechanischen Horizontalkräften ein Beulen des druckbelasteten Isolators zu vermeiden. In diesem Fall sind die Endbrennstellen nach innen orientiert, der Lichtbogen wird in die V-Öffnung geführt und kann durch den thermischen Auftrieb auf die Traverse springen. Mit dem Einsatz zusätzlicher Lichtbogenhörner direkt an der Traverse kann für diesen Fall ein sicheres Brennen ohne Traversenschäden gewährleistet werden.

Bild 3-46: Orientierung der Endbrennstellen bei quer installierten Doppeltragketten mit Verbundisolatoren /3-3/

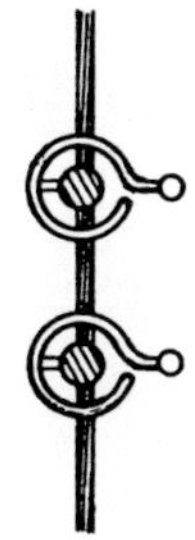

Bild 3-47: Orientierung der Endbrennstellen bei längs installierten Doppeltragketten mit Verbundisolatoren /3-3/

Bild 3-48: Endbrennstellenorientierung in V-Kette mit kleinem Öffnungswinkel /3-3/

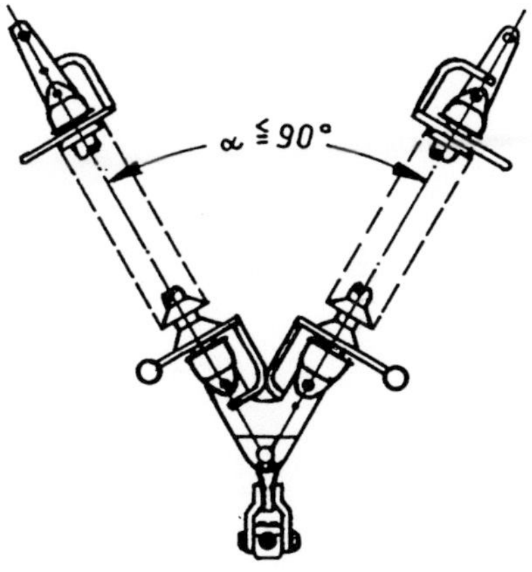

Im Fall von Abspann- oder Endmasten werden die Endbrennstellen nach oben gerichtet, um die Wirkung des thermischen Auftriebs zusätzlich zu nutzen (Bild 3-49). Aus Sicht der Störspannungs- und Koronamessung ist dieser Einbaufall oft der kritischere, da die exponierten Endbrennstellen kaum abgeschirmt werden. Der Durchmesser der Endbrennstelle kann daher für diese Einbausituation größer sein als für die Tragkette gleichen Fehlerstromes.

Bild 3-49: 50-Hz-Lichtbogen über Abspannkette, leistungsarmer Hochspannungsversuch

3.7 Zusammenfassung

Neben den im Abschnitt 3.2.3 genannten, von der Isolatorenart unabhängigen Kriterien ist beim Lichtbogenschutz von Verbundisolatoren zu beachten:

- Abhängig vom Design und der Einbausituation des Verbundisolators ist ein Koronaschutz ab 145 … 245 kV vorzusehen. Dieser Koronaschutz besteht im Allgemeinen aus ringförmigen Aluminiumprofilen. Er ist daher nicht lichtbogenbeständig und muss mit dem Lichtbogenschutz der verwendeten Stahlarmaturen koordiniert werden.
- Empfehlenswert sind „Paketlösungen" als Gesamtketten, für die Korona- und Lichtbogenschutz mit einer Stahlarmatur kombiniert werden.
- Der Einsatz von Lichtbogenschutzarmaturen konventioneller Isolatoren an Verbundisolatoren ist wegen der unterschiedlichen Armaturenlängen und des notwendigen Koronaschutzes in der Regel nicht möglich.
- Die Direktbefestigung von Lichtbogenschutzarmaturen auf der Armatur des Verbundisolators ist aufgrund ihrer begrenzten Stromtragfähigkeit nur bei kleinen Fehlerströmen zulässig.
- Die bewährten Werte der zulässigen Stromdichte im Fehlerfall von 70 A/mm^2 und 80 A/mm^2 sind unabhängig von der eingesetzten Isolatortechnik und damit auch für Verbundisolatoren gültig.

Gesamthaft hat die mehr als dreißigjährige Betriebserfahrung mit dauerhaft hydrophob wirkenden Verbundisolatoren gezeigt, dass die Wahrscheinlichkeit für einen Fremdschichtüberschlag signifikant reduziert worden ist und die Lichtbogenschutzarmatur ihre Funktion entsprechend selten wahrnehmen muss. Eine sorgfältige Prüfung des Kettendesigns ist jedoch weiterhin für eine zuverlässige Funktion notwendig.

3.8 Formelzeichen und Abkürzungen

A_E	Querschnitt der Stabelektrode
ATH	Aluminiumtrihydrat, Aluminiumhydroxid
B_{LP}	Magnetfeld des Lichtbogens
B_S	Magnetfeld des stromdurchflossenen Stabes
CIGRE	Forum auf dem Gebiet der elektrischen Energieerzeugung, -übertragung und -verteilung (franz. *Conseil International des Grands Reseaux Électriques*)
F_E	Wanderungskraft durch Eigenfeld (auf Stabelektrode)
F_{FP}	Kraft durch Neubildung von optimalen Fußpunktbedingungen für den Lichtbogen
F_L	Kraft durch Luftwiderstand
F_S	Kraft durch äußere Stromschleife
F_T	Kraft durch thermischen Auftrieb
F_Z	Kraft durch Längszug
I	Strom
I_G	Gesamtstrom
I_{G1}	Gesamtstrom für Speisung 1
I_{G2}	Gesamtstrom für Speisung 2
I_{KS}	Kurzschlussstrom
I_L	Lichtbogenstrom in A
I_R	Rückleitung des Lichtbogenstroms
I_S	Speisung des Lichtbogenstroms
I_{T1}	Teilstrom 1
I_{T2}	Teilstrom 2
IEC	Internationale Elektrotechnische Kommission (engl. *International Electrotechnical Commission*)
P_V	zur Materialzersetzung notwendige Leistung
S	Stromdichte
TC	Technisches Komitee
TE	Teilentladung
TG	Glasübergangstemperatur
U_L	Lichtbogenspannung in V
c	Wärmekapazität
d	Durchmesser der Stabelektrode
h	Höhe der Lichtbogenschutzarmatur
k_L	Faktor zwischen 0 … 1, der den Anteil der Lichtbogenleistung zur Aufheizung der Endbrennstelle bestimmt
t	Zeit

t_{KS}	Kurzschlusszeit
t_{LB}	Lichtbogenzeit
I_{LB}	Lichtbogenstrom
v, v_W	Wanderungsgeschwindigkeit des Lichtbogens
x	Distanz/Exponent
λ	Wärmeleitfähigkeit
ϑ_0	Temperatur an der Stabstirnseite

3.9 Literatur

/3-1/ C. de Tourreil, F. Schmuck on behalf of CIGRE Working Group B2.21: On the Use of Power Arc Protection Devices for Composite Insulators on Transmission Lines. CIGRE TB 365, December 2008

/3-2/ H. Klengel: Über Möglichkeiten der Stabilisierung des langen freien Hochleistungs-Lichtbogens in Luft. Dissertation TU Dresden 1980

/3-3/ L. Möcks: Power Arc Protection Devices for Striking Distances in Overhead Lines and Substations. ETZ Report 16, VDE Verlag 1982

/3-4/ I. Gönenc: Power Arc Movement along round Rods. ETZ Archive 81, 1960

/3-5/ A. Strnad, M. Schuster: Protection of Insulator Strings against High-Power Arcs, EVS 1980

/3-6/ A. Strnad: Lichtbogenschutzarmaturen für das 380 kV Netz, Elektrizitätswirtschaft 1979 Nr. 3099

/3-7/ H. Klengel: Isolatoren und Armaturen für Isolatorketten in Starkstrom-Freileitungen, Online Verlag new-ebooks.de, 2009

/3-8/ Patent DRP 916312: An den Enden von Lichtbogenschutzhörnern anzubringender, zweckmäßig aufzuschraubender Elektrodenkörper kugeliger, zylindrischer oder birnenförmiger Gestalt, 1941

/3-9/ Patent DE 2610348: Lichtbogenschutzarmatur für Isolatoren von Hochspannungsfreileitungen, 1976

/3-10/ Patent DE 2659101: Lichtbogenschutzarmatur für Isolatoren von Hochspannungsfreileitungen, 1976

/3-11/ Patent DE 2814994: Brennelektrode für einen Lichtbogenschutzring, 1978

/3-12/ Hochspannungsarmaturen, Lichtbogenschutz und Feldsteuerarmaturen. RIBE-Katalog, 10/2011

/3-13/ IEC 61467 Ed 1: 2008: Insulators for overhead lines - Insulator strings and sets for lines with a nominal voltage greater than 1 000 V - AC power arc tests

/3-14/ CIGRE WG 22.03: Composite Insulator Handling Guide. TB 184, 2001

/3-15/ IEC TR 61467 Ed. 1: 1997: Insulators for Overhead Lines with a nominal voltage above 1000V – AC Power Arc Tests.

/3-16/ W. L. Vosloo: Power Arc Damage on Insulator End Fittings. Study of Stellenbosch University on the ESKOM Network, 2007

/3-17/ R. S. Gorur, E. A. Cherney, J. T. Burnham: Outdoor Insulators. ISBN 0967761107, 1999

/3-18/ IEC 60120 Ed. 3: 1984: Dimensions of ball and socket couplings of string insulator units

/3-19/ IEC 60695-11-10 1st Ed. 1999+Amendment 2003: Fire hazard testing: Test flames – 50 W horizontal and vertical flame test methods.

/3-20/ P-IEC 61006 Ed 2: 2004: Electrical insulating materials - Methods of test for the determination of the glass transition temperature.

/3-21/ F. Kesselring: Theoretische Grundlagen zur Berechnung der Schaltgeräte. Sammlung Göschen, Band 71, Verlag de Gruyter, 1968

/3-22/ EN 50341-3-4: Overhead electrical Lines exceeding 45kV. 2001

/3-23/ P-IEC 61109 Ed1: 1992: Composite insulators for a.c. overhead lines with a nominal voltage greater than 1000 V - Definitions, test methods and acceptance criteria

/3-24/ CIGRE WG 22.10: Technical basis for minimal requirement for composite insulators, ELT_088_3, 1988

/3-25/ IEC 61109 Amendment 1: 1995: Composite insulators for a.c. overhead lines with a nominal voltage greater than 1000 V - Definitions, test methods and acceptance criteria

/3-26/ P-IEC 60707 Ed 2: 1999: Flammability of solid non-metallic materials when exposed to flame sources - List of test methods

/3-27/ CIGRE D1.14, Project Group Flammability: Requirements on Testing Flammability of polymeric Materials for Outdoor Insulation. TB 489, February 2012

/3-28/ IEC 62217 Ed 1: 2005: Polymeric insulators for indoor and outdoor use with a nominal voltage > 1 000 V - General definitions, test methods and acceptance criteria

/3-29/ IEC 60587 Ed. 3: 2007: Electrical insulating materials used under severe ambient conditions – Test methods for evaluating resistance to tracking and erosion.

/3-30/ IEC 60071-1 Ed. 8.1 + Amendment: 2011: Insulation co-ordination - Part 1: Definitions, principles and rules.

/3-31/ R. Stephen, T.O. Seppa, D. Douglass, G. Pirovano, R. Hill, W. Troppauer, M. St-Louis, R.E. Macey, S. Yoshida, F. Schmuck, D.C. Sunkle, P. Dulhunty, J-M. Asselin, D. Hearnshaw: Considerations relating to the Use of High Temperature Conductors, CIGRE TB 331 October 2007

4 Zur Laborbewertung von Verbundisolatoren nach deren Entnahme aus dem Netz

4.1 Einleitung

Dieses Kapitel hat die Laborbewertung von gealterten, alten oder ausgefallenen Leitungs-Verbundisolatoren zum Inhalt. Der Begriff Laborbewertung wird gewählt, weil der Zustand der Isolatoren nicht als On-Line-Diagnose (engl. *on-line diagnosis* /4-1/) sondern Off-Line-Diagnose (engl. *off-line diagnosis* /4-1/) erfolgt. Dieses Kapitel befasst sich mit der Off-Line-Diagnose, für Informationen zur On-Line-Diagnose sei beispielsweise auf eine Zusammenfassung aus dem Jahr 2012 in /4-2/ verwiesen. Für die Bewertung des technischen Zustandes werden verschiedene Methoden, Philosophien und Hilfsmittel beschrieben, die eine Abschätzung der verbleibenden Einsatzdauer von Verbundisolatoren des gleichen wie des untersuchten Typs ermöglichen. Die zu bewertenden Verbundisolatoren werden gezielt der Leitung entnommen, um repräsentative Ergebnisse für diese Isolatorengeneration zu erhalten. Oft werden auch Analysen durchgeführt, wenn im Rahmen von planmäßigen Austauschaktionen alte Verbundisolatoren zur Verfügung stehen. Wurde ein kritisches Betriebsverhalten bereits festgestellt, ist die Bewertung von mindestens zehn Isolatoren empfehlenswert. Wenn der Leitungsverlauf verschiedene Verschmutzungszonen oder sich anderweitig unterscheidende Belastungen einschließt, ist von jeder Einsatzsituation eine ausreichende Anzahl von Isolatoren zu untersuchen. Bei der Entnahme aus dem Netz ist zu beachten, dass die Einbaubedingungen ausreichend und eindeutig zuordenbar dokumentiert werden. In vielen Fällen kann der Hersteller der Verbundisolatoren weitere Daten zur Produktidentifikation beistellen (technischer Stand der Isolatorengeneration, Produktionsdatum, Materialchargen usw.). In kritischen Fällen wird empfohlen, die Bewertung mit dem Hersteller und einem spezialisierten unabhängigen Labor durchzuführen. Das Feststellen von intensiven Alterungserscheinungen, die praktisch das Ende der Lebensdauer bedeuten, kann die erneute Entnahme weiterer Isolatoren des gleichen Typs bzw. der gleichen Generation erfordern.

In diesem Kapitel wird überwiegend die Bewertung von Verbundlangstabisolatoren behandelt. Viele Aspekte der Bewertung können aber auf andere Isolatorenanwendungen wie Stütz- oder Hohlisolatoren übertragen werden, wenn dann auf den jeweils zutreffenden Produktstandard Bezug genommen wird.

4.1.1 Ist die Bewertung von Verbundisolatoren notwendig?

Der Verbundisolator hat, typisch für technische Produkte, verschiedene Entwicklungsphasen und Stationen der Normung durchlaufen. Die heute eingesetzten, oft auch als 3. (oder bereits 4.) Generation bezeichneten Verbundisolatoren sind durch hochwertige Komponenten mit Langzeiterfahrung charakterisiert. In /4-3/ wurde im Jahr 1991 eine Zuordnung der Generationen aus Sicht der Isolierstoff- und Isolatorenentwicklung einführend wie folgt beschrieben:

1. Generation 1955-1970
Entwicklung von lichtbogenbeständigen polymeren Materialien und Prüfverfahren zum Nachweis dieser Eigenschaft,

2. Generation 1971-1984
Entdeckung und Bewertung des wasserabweisenden Verhaltens von polymeren Materialien für Isolieranwendungen, z. B. beginnend mit Silikonfetten auf Porzellanoberflächen,

3. Generation 1985-Folgejahre
Grundsatzuntersuchungen zur Wechselwirkung zwischen den Eigenschaften von polymeren Materialien und deren Verhalten unter Betriebsbedingungen, Einführung von Prüfverfahren und Produktnormen.

Oft werden heute gefertigte Verbundisolatoren auch bereits der 4. Generation zugeordnet, da die Gültigkeit der Prüfkriterien in den für deren Auslegung und Herstellung angewandten Normen durch die praktische Betriebserfahrung nachgewiesen wurde.

Aufgrund der verschiedenen Materialkomponenten und deren Struktur ergeben sich eine Reihe von Interfacebereichen, deren Funktion in sogenannten Design- bzw. Bauartprüfungen an fabrikneuen Isolatoren nachzuweisen ist. Dieser Nachweis gilt dann für eine Bauart, unabhängig von den gefertigten Stückzahlen und Isolatorlängen (Typen). Die entsprechenden Produktnormen bieten eine ausgereifte Leitlinie für diese Prüfungen.

Verbindliche Prüfungen zur Bewertung von bereits installierten Verbundisolatoren gibt es bisher nicht. Die Erarbeitung entsprechender Prüfempfehlungen war Teil der Arbeit der CIGRE-Arbeitsgruppe B2.21 „Isolatoren“, deren Ergebnisse zum Ende des Jahres 2011 als Technische Broschüre 481 /4-4/ publiziert und in diesem Kapitel berücksichtigt wurden. Der Bedarf für Prüfungen von Verbundisolatoren nach einer bestimmten Betriebszeit entstand auf Seiten der Anwender und folgt thematisch einer vergleichbaren Arbeit zur Bewertung konventioneller Isolatoren /4-5/, die im Jahr 2006 durch die CIGRE-Arbeitsgruppe B2.03 als Technische Broschüre 306 publiziert wurde. Ziel dieser Prüfungen ist die Bewertung der aktuellen Lebenserwartung eines gelieferten Isolatorenloses oder einer Generation von Isolatoren.

Neben der Bewertung bereits installierter Verbundisolatoren ergeben sich aufgrund der Marktsituation, dass Verbundisolatoren schon oft als Handelsware (engl. *Commodity Product*) ohne das Vorliegen einer auf den Anwendungszweck zugeschnittenen Spezifikationen für Projekte zugekauft werden, zusammengefasst die folgenden Gründe für den möglichen Bedarf einer Bewertung:

- Erfassung des aktuellen Zustandes eines bestimmten Isolatorloses oder einer früheren Isolatorgeneration,
- detaillierte Analyse der Qualität von neuen gelieferten Isolatoren aus Sicht des Preisdrucks und des internationalen Wettbewerbs,
- Vielfalt der eingesetzten Materialien und Fertigungsprozesse.

4.1.2 Interfacebereiche als wesentlicher Unterschied von Verbundisolatoren

Ein Kennzeichen von Verbundisolatoren sind deren vielfältige Interfacebereiche, die in makroskopische und mikroskopische unterschieden werden können /4-6/, /4-7/. Makroskopische Interfacebereiche werden z. B. zwischen Stab und Isoliermantel oder Stab und Armatur geformt. Mikroskopische Interfacebereiche entstehen z. B. während der Produktion der Einzelkomponenten eines Verbundisolators – zwischen den Glasfasern, deren Schlichte und der Harzmatrix bei der Stabherstellung oder den axialen und den radialen Vernetzungsstellen sowie zwischen zugesetzten Füllstoffen und der Polymermatrix während der Herstellung des Isoliermantels. Alle Interfacebereiche sind für eine zuverlässige Funktion eines Verbundisolators entscheidend. Aus diesem Grund zielen viele Prüfprogramme auf deren Bewertung ab.

4.2 Ursachen für die Bewertung von Verbundisolatoren nach der Entnahme aus dem Netz

Wenn die Entnahme von Isolatoren aus dem Netz geplant wird, sind die abzuleitenden Prüfziele mit den Ursachen für die Entnahme abzustimmen. Im Folgenden wird beispielhaft nach drei Ursachen strukturiert.

4.2.1 Bewertung eines eingebauten Isolatorenbestandes hinsichtlich des Alterungszustandes

Die Bewertung eines eingebauten Isolatorenbestandes, ohne dass Ausfälle vorliegen, ist eher eine präventive Maßnahme. Dazu können folgende Gründe allein oder in Kombination vorliegen:

- Informationsbedarf über den Zustand eines bestimmten Isolatorenbestandes (z. B. wenn Negativerfahrungen in anderen Einsatzgebieten vorliegen, Wegfall von Lieferanten usw.),
- Bestätigung oder Neufestlegung von Inspektionsintervallen,
- Revision von bisher gültigen Designphilosophien, Spezifikationen, neuer Technikstand oder Umweltveränderungen (z. B. neue Zuordnung der Verschmutzungsklassen (engl. *Pollution Map*)), neue Grenzwerte für zulässige Feldstärken, Notwendigkeit von Lichtbogenschutzarmaturen usw.

Bei der Vorgehensweise haben sich definierte Schritte bewährt (Bild 4-1).

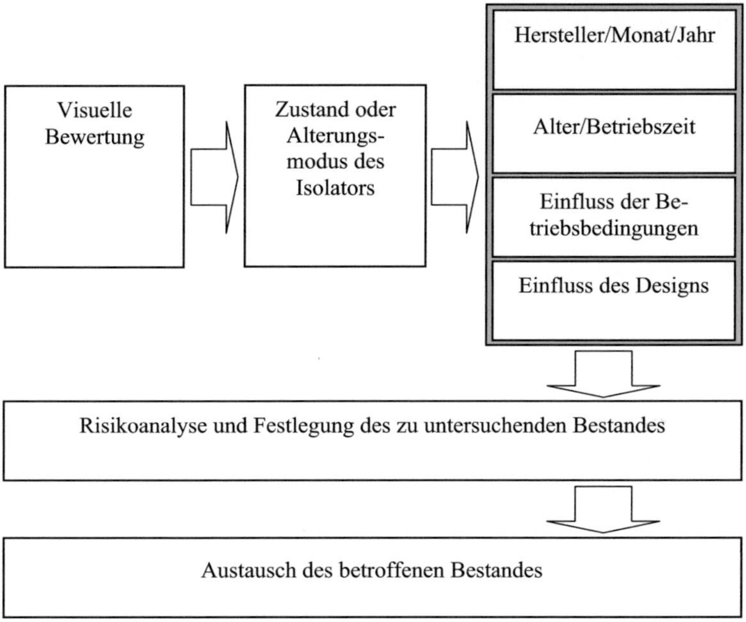

Bild 4-1: Mögliche Vorgehensweise zur Bewertung des Alterungszustandes

4.2.2 Bewertung eines Isolatorausfalls oder eines Isolatortyps mit hohem Ausfallrisiko

Ein wichtiger Grund für die Bewertung eines Isolatorenbestands ist das Auftreten eines Ausfalls oder die Feststellung von funktionsrelevanten Schäden während einer Inspektion. Der Anwender muss in dieser Situation wissen, ob es sich um ein isoliertes Problem (z. B. verursacht durch unsachgemäße Handhabung) oder ein weiterreichendes Problem (z. B. Serienfehler) handelt. Vor der Auswahl und Festlegung der Anzahl von aus dem Netz zu entnehmenden Isolatoren für Prüfzwecke ist das Verständnis des Fehlers, der Beschädigung bzw. der Ursache von fundamentaler Bedeutung. Andernfalls besteht die Gefahr einer wahllosen Entnahme von Isolatoren mit dem Risiko, betroffene Typen nicht in die Untersuchungen einzubeziehen. Ein vereinfachtes Beispiel einer systematischen Vorgehensweise wird in Bild 4-2 gezeigt.

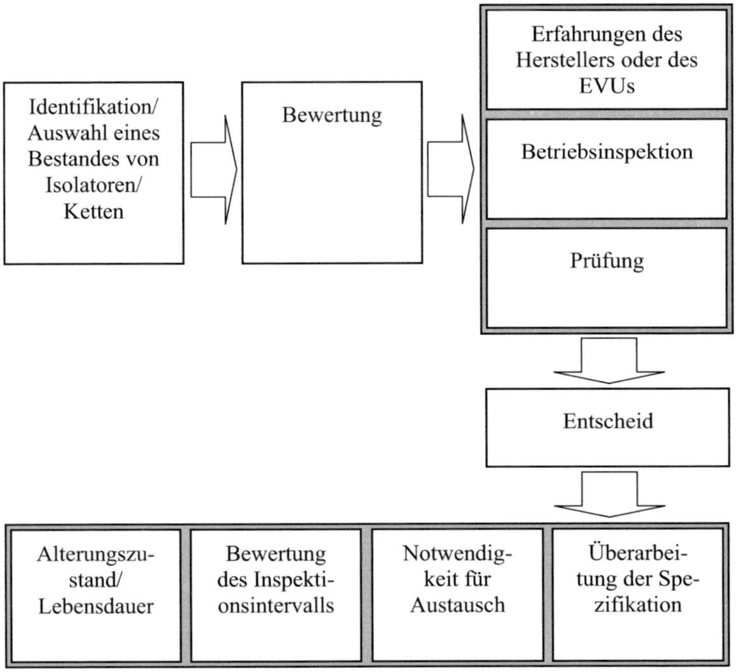

Bild 4-2: Beispiel für die Vorgehensweise bei einer systematischen Fehlersuche

Es ist wichtig, alle erforderlichen Informationen zu sammeln:

- eindeutige Identifikation des Herstelldatums (Rückverfolgbarkeit),
- Einsatzzeit, die sich bei Lagerhaltung vom Alter unterscheiden kann,
- Einfluss der Betriebsbedingungen (Verschmutzung, Blitzschlag, Befeuchtungsperioden, Netzverhalten, Einfluss durch Mensch oder Tier usw.),
- Design des Isolators (Materialwahl, Dimensionierung, Kettenauslegung usw.) in Relation zu den Betriebsbedingungen.

Diese Analyse erfordert beides, die Kenntnis über das Verhalten von Verbundisolatoren, die sich im Design von Hersteller zu Hersteller stark unterscheiden können (Beispiel: Aufschieben des vorgefertigten Isoliermantels auf den Stab gegenüber einem Aufvulkanisieren) und von der Anwendung (Beispiel: „normaler" Tragisolator oder Stützer) selbst. Es wird aus diesem Grund empfohlen, den Hersteller des betroffenen Verbundisolators und im Bedarfsfall zusätzlich einen unabhängigen Gutachter oder ein spezialisiertes Labor in die Analyse einzubeziehen.

4.2.3 Bewertung von Verbundisolatoren für Forschungszwecke

Der heutige Kenntnisstand über das Verhalten von Verbundisolatoren und der ausgereifte Stand der Normung beruhen auch auf der wissenschaftlichen Bewertung von Materialien und Isolatoren, die nicht zeitraffend im Labor, sondern unter realen Freiluftbedingungen beansprucht und gealtert wurden. Das Beispiel einer möglichen Vorgehensweise in Bild 4-3 ähnelt in der Systematik daher sehr dem einer Fehlersuche. Einige EVUs betreiben zu diesem Zweck Versuchsstationen oder Versuchsmasten, die in Gebieten mit erschwerten Umweltbedingungen eingerichtet werden /4-7/. Beispiele sind die Teststation der ESKOM in Koeberg (Südafrika), die Teststation der RTE in Martigues (Frankreich) oder, wie im Abschnitt 4.5.5 gezeigt, ein Versuchsmast der CEPS in Tschechien. Der Vorteil von Teststationen besteht in der simultanen Aufzeichnung der Umgebungsdaten (Verschmutzung, Wetter usw.), die unmittelbar auf die Isolatoren wirken, wie auch im einfachen Zugang zu den Prüfobjekten.

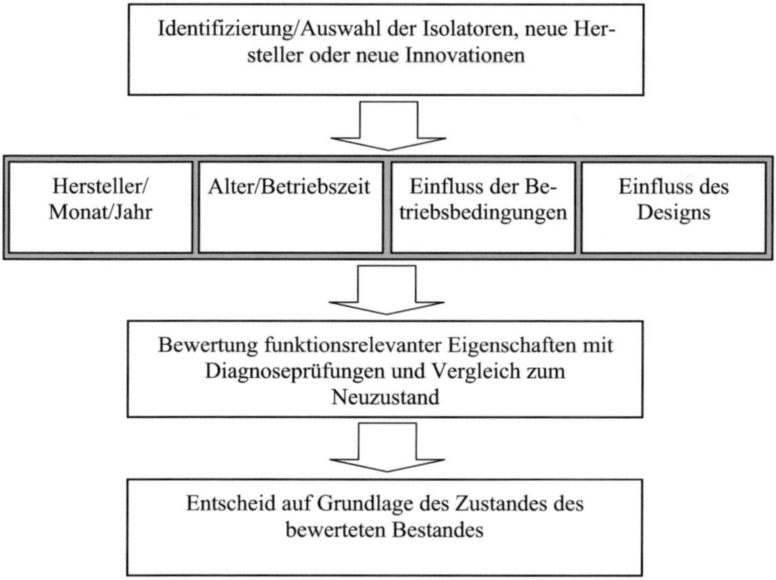

Bild 4-3: Beispiel für die Vorgehensweise bei Forschungsprogrammen

4.3 Ausfallrate/Ausfälle von Verbundisolatoren

Dieser Abschnitt befasst sich mit den verfügbaren Informationen über Ausfälle von Verbundisolatoren. Es werden die Erhebungen der EPRI-Datenbank (EPRI: engl. *Electric Power Research Institute*) in USA gezeigt, diese Datenbank wird jährlich aktualisiert. Des Weiteren werden ausgewählte Ergebnisse einer CIGRE-Umfrage und aktuell verfügbare Erfahrungen aus China vorgestellt.

4.3.1 USA/EPRI

Die Verteilung der Ursachen von Isolatorausfällen in den USA wird in Bild 4-4 dargestellt. Bis zum Jahr 2011 sind es gesamthaft 315 Ausfälle bei geschätzten 3 Mio. installierten Verbundisolatoren ($U \geq 115$ kV). Das ergibt eine kumulative Ausfallrate von 0,0105 %. Trotz dieser scheinbar geringen Ausfallrate für ein technisches Produkt gilt es, die Folgeeffekte eines Isolatorversagens zu berücksichtigen. Erfolgt der Ausfall rein elektrisch als dauerhafter Kurzschluss, kann eine Freileitung nach Austausch des betroffenen Isolators kurzfristig wieder in Betrieb genommen werden. Bei einem mechanischen Ausfall sind, abhängig von der Einbausituation, neben dem primären Sturz tonnenschwerer Leiterseile auf die Erde auch Sekundärbeschädigungen benachbarter Masten möglich. Der Wunsch eines Freileitungsbetreibers, speziell für die Übertragungsspannungen, resultiert also in eine Fehlerrate von 0 %. In der EPRI-Erhebung dominieren die Ausfälle durch Sprödbruch- und Interface-Versagen, allerdings kann die direkte Ausfallursache andere Primärgründe haben wie z. B. Beschädigung des Isoliermantels, koronaanfälliges Kettendesign, Stabfreilegung usw. Aufgrund der kumulativen Betrachtung sind in der Erfassung auch Isolatoren der ersten Generationen enthalten, die bei der Verwendung von nicht-säurebeständigen Glasfasern (E- Glas) besonders anfällig gegenüber einem Sprödbruch sind und bei Beschädigungen, die einen Säureangriff auf den Stab zulassen, keine Fehlertoleranz haben.

Dieses vergleichsweise häufige Auftreten von Sprödbrüchen hat zu umfassenden Untersuchungen geführt /4-10/ … /4-18/ (s. a. Abschnitt 1.2.2.1.1). Mit dem daraus abgeleiteten aktuellen Stand der Technik sind Glasfasern und Imprägniermethoden verfügbar, die die Fertigung elektrisch hochwertiger und gleichzeitig säurebeständiger Stäbe ermöglichen. Der Einsatz von sogenannten E-CR-Fasern gilt heute als anerkannter Standard für Verbundisolatoren unter dauerhafter Zugbelastung (Langstabisolatoren). Zur Abschätzung des Risikos von Isolatoren, die diesem Stand der Technik noch nicht entsprechen, kann IEC 62662 /4-19/ als Leitlinie dienen. In diesem Technischen Report werden die Einflussfaktoren des gesamten

Isolator- bzw. Kettendesigns auf das Sprödbruchverhalten mittels Fehler-Möglichkeits- und Einflussanalyse (FMEA: engl. *Failure Mode and Effects Analysis*) bewertet.

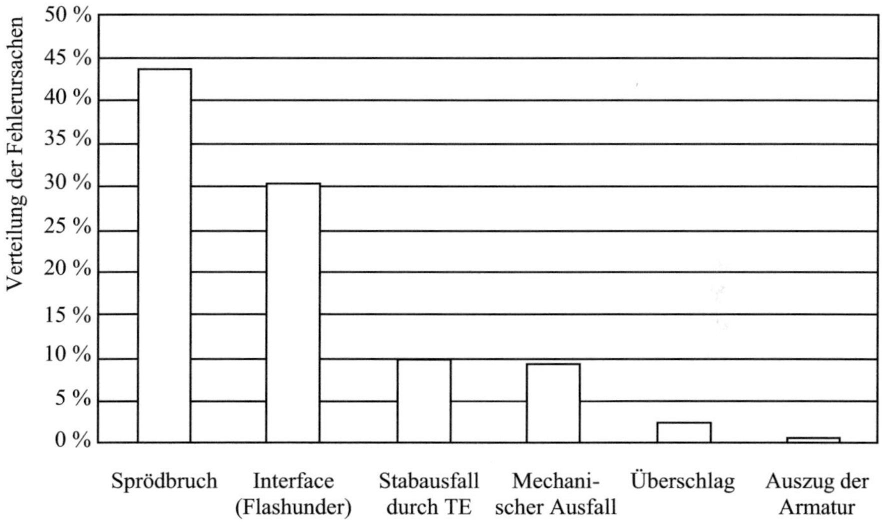

Bild 4-4: Ausfallursachen von Verbundisolatoren in USA /4-9/

4.3.2 CIGRE Umfrage, publiziert im Jahr 2000

Die CIGRE Arbeitsgruppe B2.03 hat bisher zwei Erhebungen durchgeführt, deren Ergebnisse im Jahr 1990 /4-20/ und 2000 /4-21/ in der Fachzeitschrift ELECTRA publiziert wurden. Ein neuer aktualisierter Fragenkatalog wird momentan in der CIGRE-Arbeitsgruppe B2.21 erstellt. Die Erhebung für die im Jahr 2000 publizierten Ergebnisse berücksichtigt viele Aspekte des Einsatzes, dazu zählen Isolatoranwendung (Trag- und Abspannisolator, Phasenabstandshalter, Stützer), Gründe für den Einsatz (anstatt konventionelle Isolatoren einzusetzen), Mantelwerkstoff, Verschmutzungsklasse usw. Ein interessantes Ergebnis war auch zur Inspektionshäufigkeit feststellbar (Tabelle 4-1). Es wird angenommen, dass in Ländern, die eine Inspektion als festen Bestandteil des Betriebs von Freileitungen durchführen, diese bereits mit dem Einsatz von konventionellen Isolatoren eingeführt hatten und nach dem Einsatz von Verbundisolatoren fortgesetzt wurden. Die Inspektionen sind nicht auf Isolatoren und Isolatorketten beschränkt, sondern schließen eine Bewertung der Leiterseile und Dämpferelemente (Stockbridge oder Feldabstandhalter) ein. Ein unmittelbarer Vergleich zur EPRI-Datenbank ist mit der Auflistung der individuellen Fehlerursachen und deren Anzahl möglich (Tabelle 4-2). Das Kriterium „Ausfall" wurde so definiert, dass ein Isolator seine mechanische und/oder elektrische Funktion nicht mehr erfüllen konnte. Es ist offensichtlich, dass Ausfälle im Zusammenhang mit der Komponente Stab ebenfalls dominieren. Dies schließt Fehler durch mangelhafte Handhabung oder Installation ein.

Tabelle 4-1: Inspektionshäufigkeit von EVUs, die Verbundisolatoren im Einsatz überprüfen (teilweise = > 1 Jahr, periodisch = monatlich … ≤ 1 Jahr) /4-21/

Inspektions-häufigkeit	Afrika	Asien	Austra-lien	Kanada	Europa	Südame-rika	Mittlerer Osten	Total
keine	1/3	2/7	3/8	0/10	1/33	0/10	1/3	8/74
teilweise	1/3	0/7	3/8	5/10	14/33	3/10	1/3	27/74
periodisch	1/3	3/7	2/8	2/10	14/33	4/10	1/3	27/74

Tabelle 4-2: Fehlerursachenverteilung gemäß der CIGRE-Erhebung aus dem Jahr 2000 /4-21/

Ausfallursache	Betriebsspannung in kV				Total
	< 200	200 … < 300	300 … < 500	500	
Isoliermantel	25	8	0	0	33
Interface Isoliermantel-Stab	51	10	6	2	69
Stab	23	8	101	1	133
Armaturauszug	4	2	0	0	6
Armatur	2	0	0	0	2
Total	105	28	107	3	243

Die Erhebung fragte auch nach der ungefähren Betriebszeit der berücksichtigten Isolatoren und leitete entsprechende Vergleichzahlen ab (Tabelle 4-3). Der Betriebserfahrungsindex wird so berechnet, dass die Anzahl eines bestimmten Isolatortyps mit dessen Einsatzzeit multipliziert und die erhaltenen Werte auf 1000 Isolatoren/Jahr normiert werden. In Klammern sind die niedrigeren Werte aus der ersten Erhebung /4-20/ aufgeführt. Verfügbare Statistiken über Glaskappenisolatoren zeigen Ausfallraten von 0,5 … 1,5 ausgefallenen Isolatoren pro 10000 Einheiten, eine ähnliche Größenordung ist für Porzellankappen angebbar. Allerdings können diese Werte nicht direkt mit den Ausfallraten von Verbundisolatoren verglichen werden, da sich die Ausfallart von Glas- und Porzellankappen untereinander und zu der von Verbundisolatoren unterscheidet /4-22/ … /4-24/. Dies gilt auch wegen der Definition des Ausfallkriteriums in dieser Erhebung: Oft werden Glaskappen mit gebrochenem Schirm noch in der Isolatorkette belassen, wenn eine bestimmte Anzahl nicht überschritten wird. Ein gemäß dem festgelegten Kriterium geschädigter Verbundisolator ist dagegen kurzfristig auszutauschen. Dies ist auf die unterschiedlichen Fehlermodi zurückzuführen, ein Verbundisolator wird im Allgemeinen nicht durch mechanische Einwirkung (Vandalismus) oder im Lichtbogenfall seine Schirme verlieren.

Tabelle 4-3: Darstellung der Vergleichszahlen /4-21/

Analyse	Betriebsspannung in kV				Total
	< 200	200 … < 300	300 … < 500	500	
erfasste Isolatoren in der Befragung	456835	174482	59446	1413	692176
Ausfallrate in %	0,023	0,016	0,18	0,21	0,035
Betriebserfahrungs-index k (in 1000 Isolatoren/Jahr)	2991 (160)	1102 (42)	558 (81)	28 (9)	4679
ausgefallene Isolatoren pro 10000 Stück/Jahr	0,35	0,25	1,9	1,1	0,52

4.3.3 Betriebserfahrungen in China

Die folgende Auswertung ist einem INMR-Beitrag /4-25/ entnommen, der 2011 vorgestellt wurde. Eindrucksvoll ist die Anzahl eingesetzter Verbundisolatoren bei den Elektrifizierungsprogrammen in China (Bild 4-5). Die Gesamtanzahl belief sich Ende 2006 auf ca. 2,2 Mio. Unter der eher konservativen Annahme von 200000 neu installierten Einheiten pro Jahr (Zuwachs von 2005 auf 2006) ergibt sich eine Gesamtzahl von 3 Mio. bis ins Jahr 2011. Speziell für die hohen Betriebsspannungen 750 … 1000 kV und 500 kV DC zeichnet sich ein eindeutiger Trend ab, Verbundisolatoren mit Silikongummimantel einzusetzen.

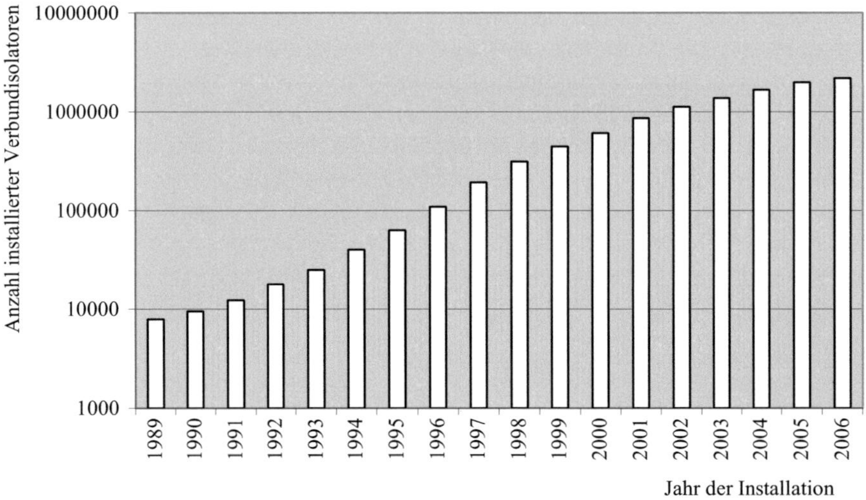

Bild 4-5: Eingebaute Verbundisolatoren in China /4-25/

In der Betriebsstatistik wird nach Überschlägen (als Störung) und nach Ausfall unterschieden. Überspannungen, hauptsächlich durch Blitzeinschlag, führen die Statistik mit ca. 45 % an (Bild 4-6). Bei entsprechender Auslegung der Isolatorenkette mit Lichtbogenschutzarmaturen ist das ein für Silikonverbundisolatoren beherrschbares Szenario. Die biologische Ursache des Vogelkotstrahls (engl. *Bird Streamer*) ist ein Phänomen, das weniger mit der Isolatorentechnik als mit der Schlagweite zusammenhängt. Es wird in diesen Fällen empfohlen, an der Traverse einen Vogelschutz einzusetzen /4-26/. Verschmutzung spielt wegen der Hydrophobie eher eine untergeordnete Rolle.

Im Vergleich zu der Ursachenanalyse des EPRI (Bild 4-4) ist der Anteil von Alterung und Sprödbruch etwa gleich (Bild 4-7). Das kann darauf zurückzuführen sein, dass in der EPRI-Analyse nicht differenziert und ein Sprödbruch durch Alterung nur kumulativ erfasst wird. Des Weiteren gelten in den USA strengere Umweltregeln, sodass der Einfluss industrieller Verschmutzung bei der Alterung in China größer sein wird. Der Fehleranteil durch Produktmangel ist ein kritischer Indikator, zumal der geringe Prozentsatz von Ausfällen durch Installationsfehler auf einen entsprechendes Training der Installationsteams schließen lässt. Die kumulative Ausfallrate beträgt 0,0026 %, die im Vergleich zur EPRI- und CIGRE-Studie niedriger ist. Es gilt zu berücksichtigen, dass in den USA die Technik der Verbundisolatoren eher eingesetzt wurde, sodass in ihr auch viele Verbundisolatoren der 1. Generation erfasst werden, die ein höheres Ausfallpotential haben können.

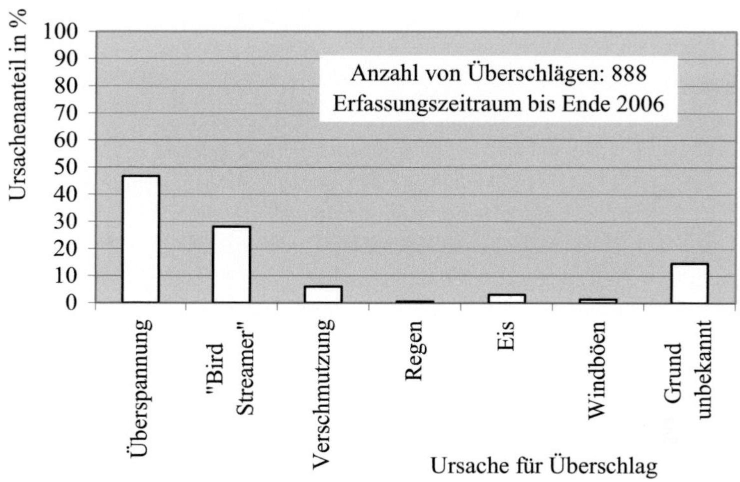

Bild 4-6: Ursachenanteil von Überschlägen in China /4-25/

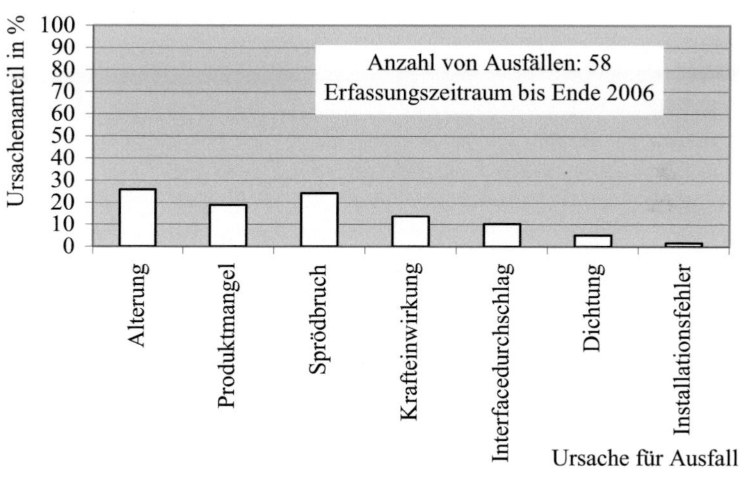

Bild 4-7: Ursachenanteil von Ausfällen von Verbundisolatoren in China /4-25/

4.4 Allgemein angewandte Prüfstrategien

4.4.1 Identifikation der Prüflinge

Die Bestimmung/Identifikation der Isolatorenprüflinge oder kompletter Isolatorenketten ist eine wichtige Voraussetzung bei der Zusammenstellung des Prüfprogramms, der Ergebnisinterpretation und, wenn erforderlich, einer Risikoabschätzung über die verbleibende Lebensdauer. Eine fotografische Dokumentation ist bei der Interpretation hilfreich und mit der heutigen Digitaltechnik einfach einzubinden. Bei der Identifikation ist eine eindeutige Zuordnung der Informationen wünschenswert, diese können u. a. umfassen:

- Hersteller, Zeichnungsnummer,
- Herstellungsdatum (Jahr, Monat, Woche),
- Isolatorengeneration des Herstellers,
- Material und dessen Chargen (Mantelwerkstoff, Stab, Armaturen),
- Installationsdetails: (Bezeichnung/Name der Leitung, Nennspannung, Kettenorientierung, Umgebungs- bzw. Verschmutzungsbedingungen, Betriebszeit, Fehlerreport des EVU (wenn zutreffend)).

4.4.2 Reihenfolge der Prüfungen

Die Anzahl von Prüfungen oder anzuwendenden Prüfstrategien ist sehr vielfältig, deren Festlegung sollte sich an der Anzahl der zur Verfügung stehenden Isolatoren, deren Design, möglichen Schadensbildern usw. zur maximalen Informationsgewinnung orientieren. Es wird immer empfohlen, der Planung des Prüfprogramms eine umfassende visuelle Inspektion voranzustellen (Bild 4-8). Der Zustand oder von außen sichtbare Schadensbilder definieren dann die Auswahl von geeigneten Prüfungen, die für eine Quantifizierung reduzierter Eigenschaften relevant sind. Es sind die ursächlichen Gründe (Abschnitt 4.2) zu berücksichtigen und, wenn erforderlich, das Einbeziehen unabhängiger Spezialisten zu erwägen. Auch wird eine eher wissenschaftlich orientierte Bewertung mehr Zeit benötigen, als in einem Fehlerfall zur Verfügung steht, der sich schlimmstenfalls in einem Leiterabwurf manifestierte und unmittelbare Gegenmaßnahmen erfordert.

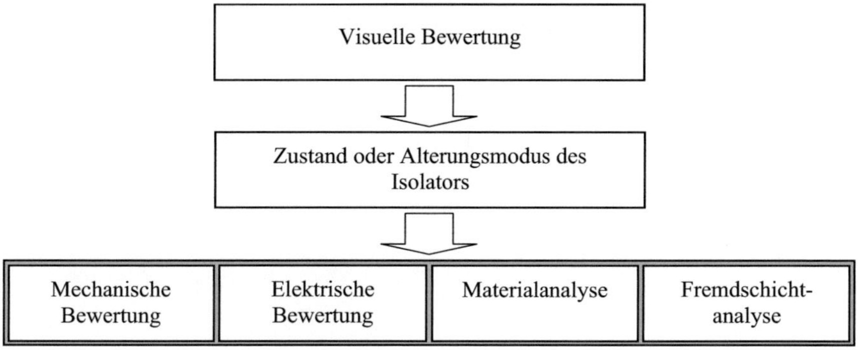

Bild 4-8: Empfohlene Vorgehensweise für die Bewertung

4.4.2.1 Visuelle Bewertung

Die visuelle Bewertung wird am Isolator oder, wenn entsprechend beigestellt, an der gesamten Isolatorenkette durchgeführt. Dabei hat es sich bewährt, nach den Bauteilen eines Verbundisolators zu strukturieren (Bild 4-9). Jede Beschädigung oder Auffälligkeit ist zu erfassen. Die Fotodokumentation in Bild 4-10 ... Bild 4-28 gibt eine visuelle Orientierung zur Katalogisierung von Schäden. Die gezeigten Beispiele /4-8/, /4-26/, /4-27/ haben einen unterschiedlichen Schweregrad und bilden Schadensbilder von Verbundisolatoren verschiedener Generationen ab. Sind bereits Ausfälle von Isolatoren oder Isolatorketten aufgetreten, sind im Field Guide der EPRI /4-27/ weitere Beispiele zum Vergleich aufgeführt. Die gezeigte Fotodokumentation ab der folgenden Seite folgt der Struktur von Bild 4-9.

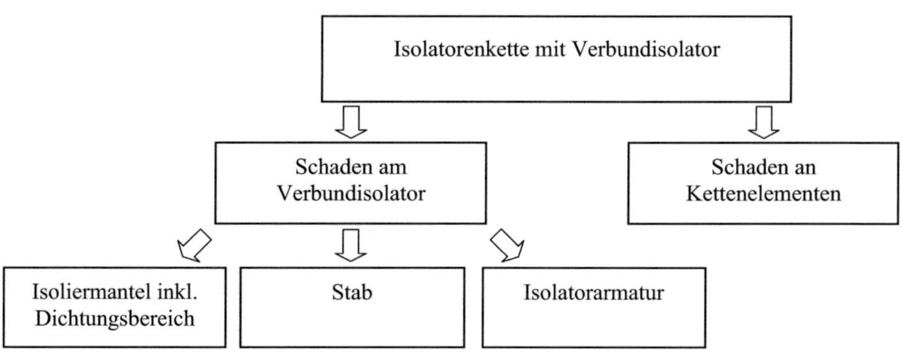

Bild 4-9: Bewertungsstruktur

Beschädigung des Isoliermantels inklusive Dichtungsbereich

Bild 4-10: Schirmanriss /4-27/
Eine Beschädigung, die eher von den frühen Mantelwerkstoffen mit geringer mechanischer Festigkeit oder UV-Beständigkeit bekannt ist. Ist diese Beschädigung durch dauerhafte Koronaentladung verursacht, ist der Isoliermantel umfassend zu untersuchen.

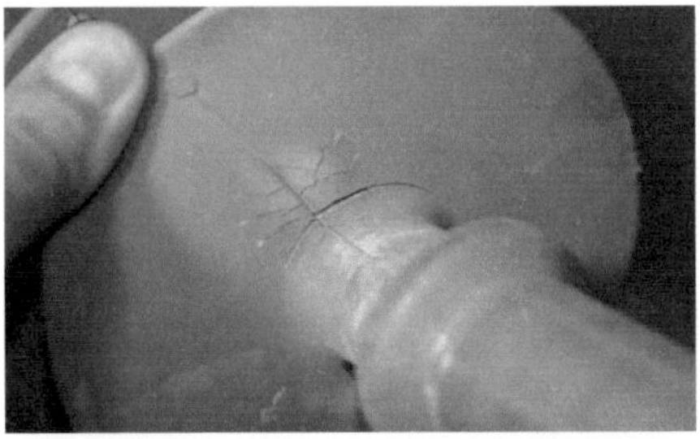

Bild 4-11: Spaltriss am Strunk /4-8/, /4-26/
Kann verschiedene Ursachen wie Fehler im Material oder Herstellungsprozess haben. Ist kritisch wegen Stabfreilegung.

Bild 4-12: Schirmdurchschlag /4-8/, /4-26/
Der Kriechweg des Schirmes ist praktisch kurzgeschlossen.

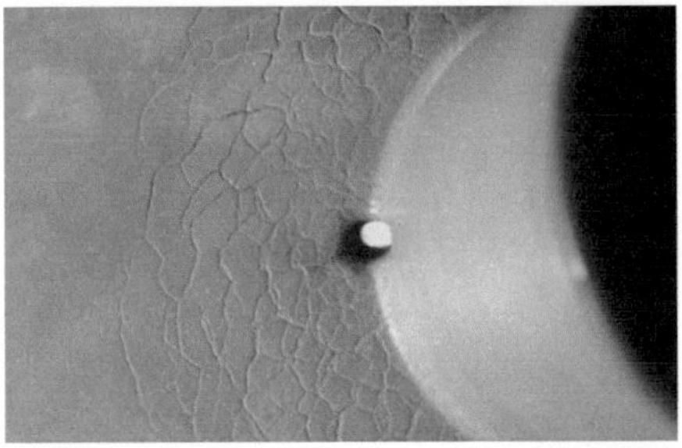

Bild 4-13: Schirmdurchschlag mit Kriechspurbildung /4-27/
Der Stab ist ungeschützt, weiter Beschädigung im Interface möglich.

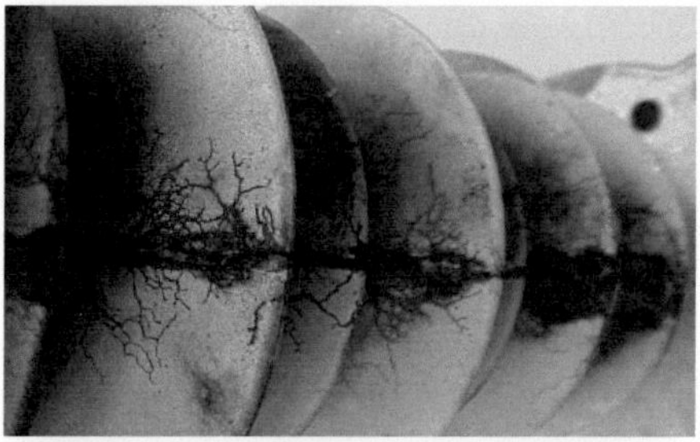

Bild 4-15: Ausgedehnte Kriechspurbildung /4-8/, /4-26/
Ungeeignetes Material bzw. Unterdimensionierung des Kriechwegs, der Isolator ist praktisch durch die leitfähige Spur überbrückt.

Bild 4-14: Grabende Erosion /4-27/
Der Kriechweg des ersten Schirmes ist nicht mehr wirksam und das Dichtungssystem kann beschädigt sein.

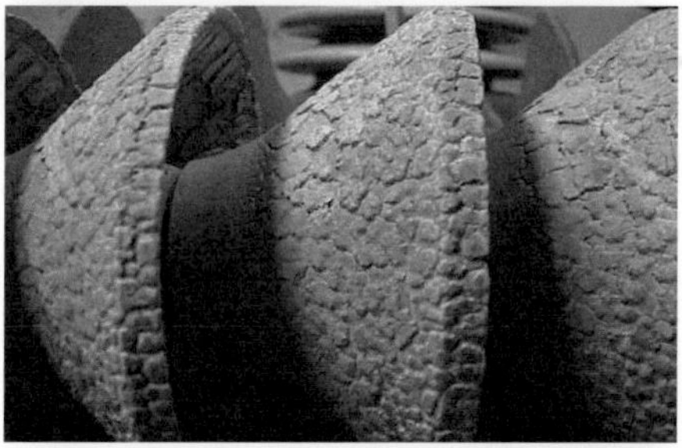

Bild 4-16: Schwere Versprödung /4-27/
Diese Art der Beschädigung kann beobachtet werden, wenn Materialien anfällig gegenüber UV oder Säure sind. Bei fortsetzender Versprödung kann der Stab freigelegt werden.

Bild 4-17: Schirmbeschädigung /4-27/
Reduziert den wirksamen Kriechweg des betroffenen Schirms. Wenn der Isoliermantel am Strunk beschädigt wurde, kritisch.

Bild 4-18: Degradierte Dichtung /4-27/
Eintritt von Feuchtigkeit (Säure) möglich. Das Beispiel wurde vermutlich durch Koronaentladungen verursacht (Hochspannungsarmatur).

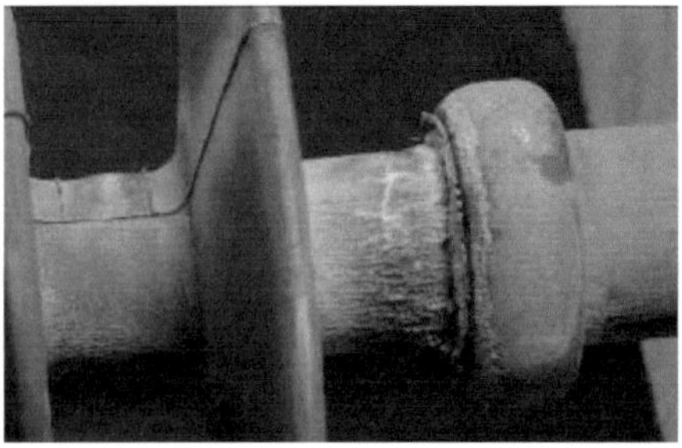

Stabbeschädigungen

Bild 4-19: Stabexponierung /4-27/
Diese Art der Beschädigung kann oft bei früheren Mantelwerkstoffen nach unsachgemäßer Handhabung festgestellt werden, kritisch wenn der Stab exponiert wird.

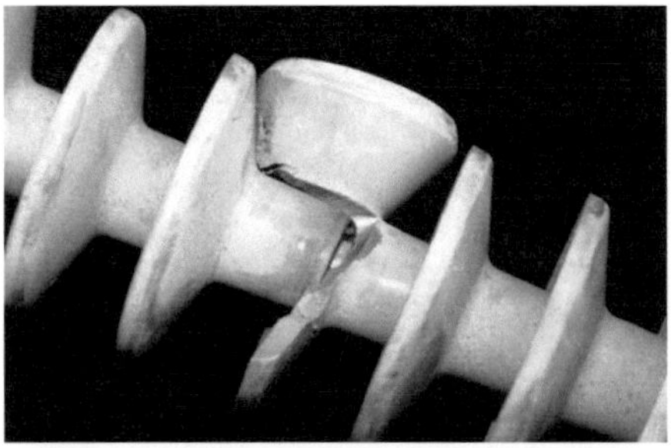

Bild 4-20: Degradierter Stab /4-27/
Der freigelegte Stab ist vermutlich thermisch beschädigt. Ursache können dauerhafte Koronaentladungen gefolgt von stabilen Teilentladungen sein.

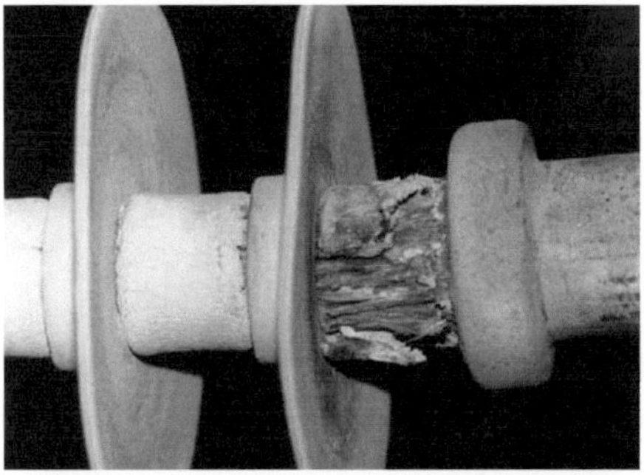

Bild 4-21: Beschädigung durch Tier /4-27/
Diese Art von Beschädigungen treten oft während der Lagerung oder vor Leitungseinschaltung ein. Im Betrieb können auch Schirme abgetragen werden (Vogelbiss).

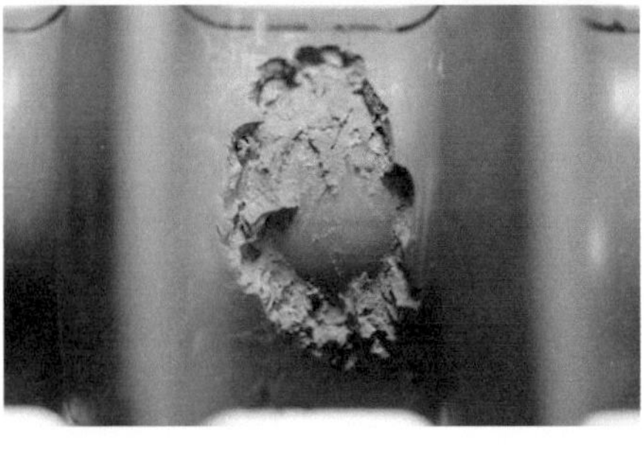

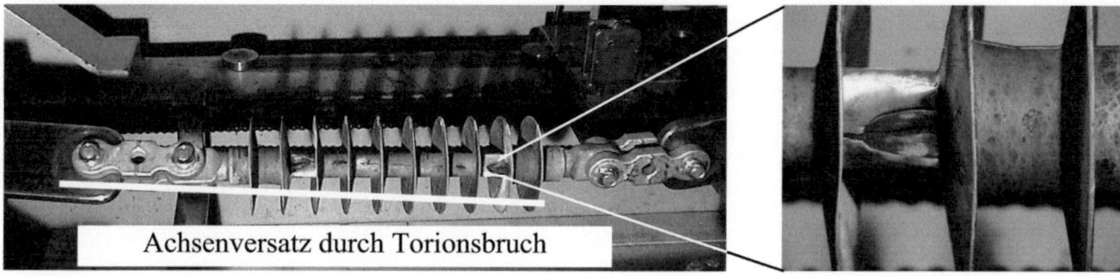

Bild 4-22: Interface-Degradation
Während der Installation wurde der Isolatorstab durch Torsion überbelastet, was zum axialen Stabbruch führte. Aufgrund der Wasserdampfdurchlässigkeit des Mantelwerkstoffs kann sich entlang des Bruchs eine leitfähige Spur ausbilden, die zur Interface-Degradation und zum Überschlag/Durchschlag führt.

Bild 4-23: Isoliermantelverschiebung /4-27/
Dieser Schaden kann an Isolatoren auftreten, die mit der Technologie des Aufziehens hergestellt sind. Die vorgefertigten Schirmabschnitte wurden ohne chemische Verbindung auf den Stab gezogen.

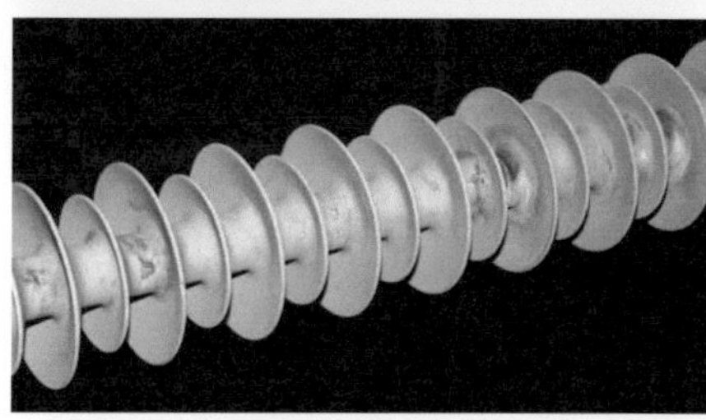

Bild 4-24: Schaden durch Beschuss /4-27/
Die Erfahrung hat gezeigt, dass Verbundisolatoren weniger beschossen oder getroffen werden. Das liegt an ihrer schlankeren Silhouette und der fehlenden Primärreaktion, da auch im Trefferfall kein Splittern.

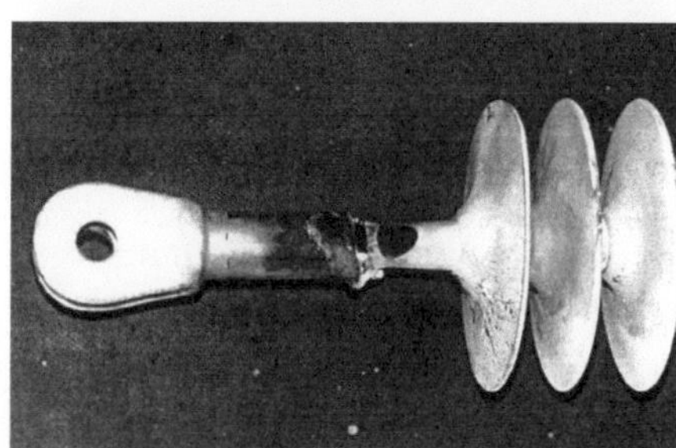

Bild 4-25: Geschmolzene Armatur
Nach Leistungslichtbogen 50 kA/0,3 s, der Isolator war ungeschützt. Durch Abbrand ist die Dichtung zerstört und bei Überschreiten der Glasübergangstemperatur des Harzes kann die Krimpverbindung eine reduzierte Verpressung aufweisen.

Beschädigung der Armatur bzw. direkt befestigter Kettenelemente

Bild 4-26: Starke Korrosion
Beispiel dafür, dass bei minderwertiger Galvanisierungsgüte oder dauerhafter Koronaentladung die Korrosion die Dichtung oder den Isoliermantel unterwandern kann.

Bild 4-27: Beschädigter Koronaring /4-26/
Typisches Schadensbild von Aluminium, kann jetzt als Koronaquelle wirken.

Bild 4-28: Lichtbogenfußpunkte auf Stahlarmatur
Nach Leistungslichtbogen 30 kA/ 0,5 s, die Armaturen können installiert bleiben, wenn die Schmelzpunkte keine Korona erzeugen.

Die Gefährdung durch ein bestimmtes Schadensbild und der daraus resultierende Handlungsbedarf kann über Schweregrade klassifiziert werden. Die Festlegung einer solchen Schweregradklassifikation ist individuell und hängt u. a. von der strategischen Bedeutung der betroffenen Freileitung, gesetzlichen Vorgaben, dem Sicherheitskonzept des Betreibers und der Trassenführung durch bewohntes Territorium ab. Als Beispiel kann die folgende Auflistung von Effekten für eine Schweregraddefinition von 0 … 5 dienen:

0: keine/kosmetische (technische Funktionen nicht kompromittiert),
1: sehr geringe (Einfluss auf technische Funktion kaum nachweisbar),
2: geringe (Einfluss nachweisbar, für technische Funktion unkritisch),
3: signifikante (bereits ein Defekt, der die technische Funktion wesentlich beeinflussen kann),
4: kritische (die verbleibende Lebensdauer wird durch den Defekt verkürzt),
5: sehr kritische (Endzustand erreicht, Lebensdauerende, technische Funktion praktisch nicht mehr existent).

Die Verwendung von Schweregraden hat sich auch bewährt, das Verhalten unterschiedlicher Isolatorendesigns (Geometrie, Material) in zeitraffenden Labor- oder Freiluftprüfungen vergleichend zu bewerten /4-28/ … /4-30/. Die CIGRE-Arbeitsgruppe B2.21 hat mit ihrer Expertise eine Bewertung der dokumentierten Schadensbilder vorgenommen (Tabelle 4-4). Diese kann bei schwer zu interpretierenden Fällen als Orientierung dienen. Die Begriffe „frühe Isolatorengeneration" stehen für die sogenannte 1. und 2. Generation von Verbundisolatoren, „aktuelle Isolatorengeneration" für Isolatoren und Isolatorketten, die gemäß dem aktuellen Stand der Normung (IEC 61109 /4-31/ oder ANSI 29.11 /4-32/) erfolgreich design- und typgeprüft wurden. Dabei gilt es zu berücksichtigen, dass z. B. eine fehlerhaft ausgelegte Isolatorkette, die wegen nicht nachgewiesener Typprüfung permanente Koronaentladungen hat, aus Sicht des Risikos eher der frühen Isolatorengeneration zuzuordnen ist. Bei der Schadensbeschreibung sind informativ die englischen Bezeichnungen aufgeführt, die oft bereits im deutschen Sprachgebrauch ohne Übersetzung verwendet werden.

Während der visuellen Bewertung der Isolatoren bietet sich die Bewertung der "globalen" Hydrophobie an. Dies gilt, wenn der Mantelwerkstoff die Eigenschaft des Hydrophobie-Transfers aufweist. Diese Prüfung hat für Materialien wie EVA, EPDM oder Epoxidharz eine untergeordnete Bedeutung, da bei diesen kein oder kein betriebsrelevant wirksamer Hydrophobie-Transfer stattfindet. Die Sprühmethode (IEC TS 62073 /4-33/, Method C) hat sich als einfach durchzuführender Test bewährt, die sogenannte Benetzungsklasse (engl. *Wettability Class WC 1 … 7*) wird über Referenzfotos in der Norm bestimmt (Bild 4-29). Diese Referenzfotos basieren auf der Hydrophobiebewertungsempfehlung des STRI (engl. *Swedish Transmission Research Institute*), welche im Jahr 1992 publiziert wurde /4-34/. Dazu wird die gesamte Isolatoroberfläche (Schirmunterseite, Schirmoberseite, Strunk) mit Wasser eingesprüht. Die Norm empfiehlt eine Sprühzeit von 20 … 30 s pro zu bewertendem Abschnitt. Als empirische Regel darf gelten, dass die Fließgrenze erreicht werden sollte, um die Formierung von Rückzugswinkeln zu erreichen. Ergeben sich nach dieser globalen Bewertung wesentliche Hydrophobieunterschiede, können die betroffenen Materialabschnitte niedriger Hydrophobie detaillierter untersucht werden.

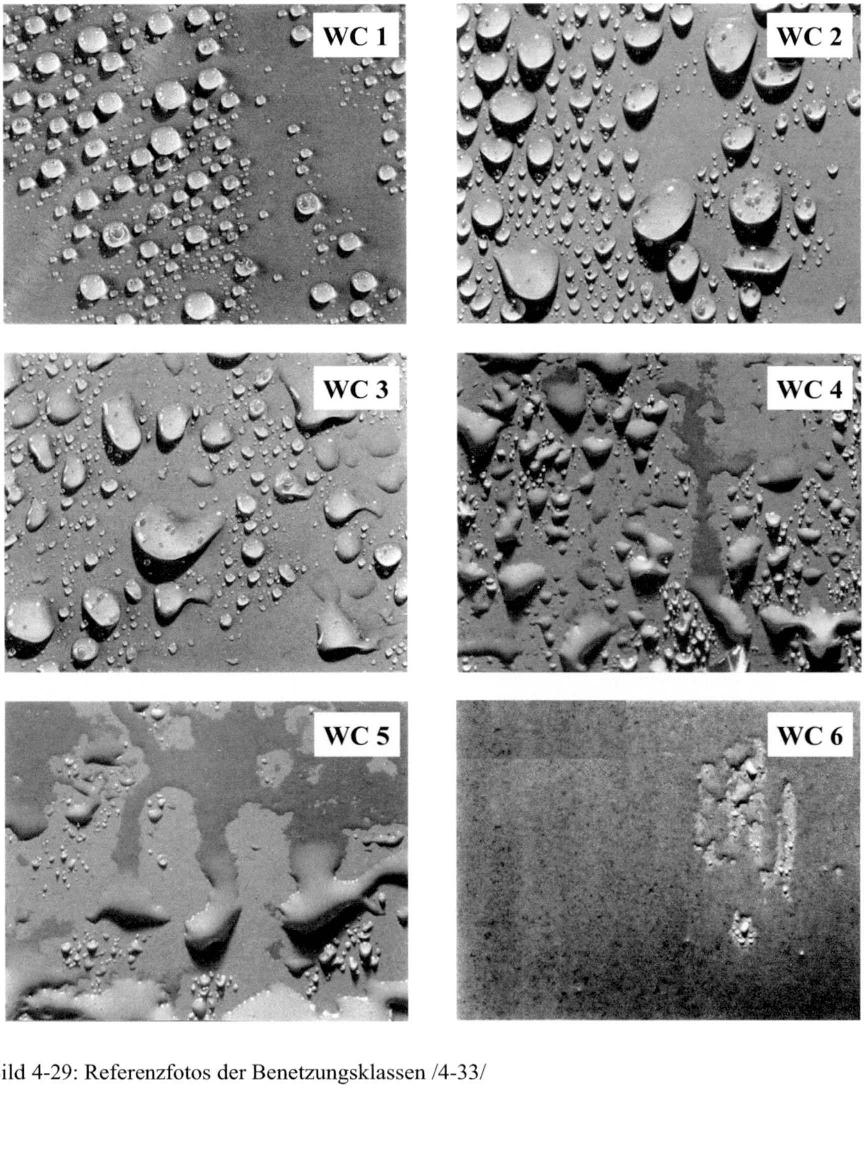

Bild 4-29: Referenzfotos der Benetzungsklassen /4-33/

Tabelle 4-4: Schweregradbewertung der in der Fotodokumentation gezeigten Beispiele

Schadensbeschreibung	Bildreferenz	Schweregrad 0 … 5[1)]	Schadenswahrscheinlichkeit für *frühe* Isolatorengeneration	Schadenswahrscheinlichkeit für *aktuelle* Isolatorengeneration
Schirmanriss engl. *Shed cracking*	Bild 4-10	1 … 2 … 5[2)]	hoch	niedrig
Spaltriss am Strunk engl. *Shank splitting*	Bild 4-11	5	mittel	niedrig
Schirmdurchschlag engl. *Shed puncture*	Bild 4-12	2	niedrig	niedrig
Schirmdurchschlag mit ausgedehnter Kriechspurbildung engl. *Shed puncture with prolonged tracking*	Bild 4-13	5	niedrig	niedrig
Ausgedehnte Kriechspurbildung engl. *Extended tracking*	Bild 4-15	5	mittel[3)] bis niedrig[4)]	mittel[3)] bis niedrig[4)]
Grabende Erosion engl. *Bulk erosion*	Bild 4-14	5[5)]	mittel[3)] bis niedrig[4)]	mittel[3)] bis niedrig[4)]
Schwere Versprödung engl. *Heavy alligatoring*	Bild 4-16	3	mittel	niedrig
Schirmbeschädigung engl. *Damaged sheds*	Bild 4-17	2	hoch[6)]	mittel[7)]
Degradierte Dichtung engl. *Degraded seal*	Bild 4-18	5	hoch	mittel[8)]
Stabexponierung durch unsachgemäße Handhabung engl. *Rod exposure by rough handling*	Bild 4-19	5	hoch[7)]	niedrig[7)]
Exponierter und wahrscheinlich thermisch angegriffener Stab engl. *Exposed and probably thermally degraded rod*	Bild 4-20	5	hoch	niedrig
Beschädigung durch Tierangriff engl. *Animal attack with rod exposure*	Bild 4-21	5[9)]	mittel[9)]	niedrig[9) 10)]

Schadensbeschreibung	Bildreferenz	Schweregrad 0 … 5[1)]	Schadenswahrscheinlichkeit für *frühe* Isolatorengeneration	Schadenswahrscheinlichkeit für *aktuelle* Isolatorengeneration
Interface Degradation engl. *Damaged insulator with interface degradation*	Bild 4-22	5	hoch	niedrig[7)]
Verschiebung des Isoliermantels oder Teilen davon engl. *Housing separation*	Bild 4-23	5	hoch	niedrig[11)]
Schaden durch Beschuss engl. *Gun shoot damage*	Bild 4-24	5[12)]	niedrig	niedrig
Geschmolzene Armatur engl. *Molten end fitting*	Bild 4-25	5	abhängig von der Auslegung der Schutzarmaturen und den Netzparametern	
Starke Korrosion engl. *Heavy corrosion*	Bild 4-26	5	hoch	niedrig
Geschmolzener Aluminiumring engl. *Damaged aluminium collar*	Bild 4-27	3 … 4[13)]	abhängig von der Auslegung der Schutzarmaturen und den Netzparametern	
Lichtbogenschutzarmaturen aus Stahl mit Fußpunktmarken engl. *Steel arc protecting devices*	Bild 4-28	2 … 3	abhängig von der Auslegung der Schutzarmaturen und den Netzparametern	

Anmerkungen:

1) auf die Anzahl der zur Verfügung stehenden Isolatoren angewandt
2) gilt, wenn durch permanente, örtlich stabile Koronaentladung verursacht
3) für niedrig gefüllte Mantelwerkstoffe (i. a. RTV und LSR-Silikongummi) bei hoher Verschmutzungsklasse
4) für hoch gefüllte Mantelwerkstoffe (HTV-Silikongummi oder EPDM)
5) wenn der Stab exponiert ist oder die Dichtung beschädigt
6) für Materialien mit niedriger mechanischer Festigkeit (z. B. die ersten RTV)
7) Regeln für die Handhabung und den Transport sind mittlerweile umfassend definiert und im Allgemeinen bei den EVUs dokumentiert, die mechanische Festigkeit der Elastomere (Polymere) wurde gegenüber den ersten Generationen wesentlich verbessert
8) wenn aktuelle Auslegungskriterien zum Koronaschutz (Tropfenkorona) berücksichtigt sind und das Dichtungssystem bei üblicher Handhabung nicht beschädigt werden kann

9) wie gezeigt, kritisch wegen Stabexponierung, sind individuelle Schirmen betroffen, gilt Schirmbeschädigung (Bild 4-17)
10) ist ein lokales Problem, zur Lösung werden z. B. spezielle Regeln für die Installation definiert
11) Mehrheit der Isolatoren wird heute mit einem chemischen Verbund zwischen Mantelwerkstoff und Stab hergestellt
12) wenn das Projektil den Stab beschädigt hat
13) es ist zu berücksichtigen, dass der Fehlerstrom über die verpresste Isolatorarmatur floss

4.4.2.2 Mechanische Bewertung

Die mechanische Funktion eines Verbundisolators ist durch seine Nennkraft (engl. *Spezified Mechanical Load* – SML) definiert. Dieser Wert ist als Stehwert zu interpretieren, d. h., der eigentliche Grenzwert (Bruchwert) ist als statistisch verteilte Realisierung größer. Die Differenz zwischen Stehwert und Grenzwert wird in der Norm nicht definiert, üblich sind heute 20 % und mehr, zwischen kleinstem Grenzwert und Stehwert. Zwischen den auftretenden täglichen Belastungen (engl. *Every Day Stress* - EDS) und der Nennkraft sind heute Faktoren von 2,5 ... 3,75 eingeführt, abhängig von der Anwendung und den gesetzlichen Vorgaben. Die Erfahrung hat gezeigt, dass Verbundisolatoren, die im Betrieb nicht über der Schadensgrenze (engl. *Damage Limit*) /4-31/ belastet wurden, auch nach 30 Jahren die Nennkraft erreichen. Zwei Prüfungen, zur Qualifizierung von (neuen) Verbundisolatoren eingeführt, sind zur Bewertung alter Verbundisolatoren anwendbar:

- Nachweis der aktuellen Nennkraft (SML) gemäß /4-31/,
- 96-h-Last-Zeit-Prüfung, dieses Prüfverfahren ist als Designprüfung (Belastung = 60 % der mittleren Grenzlast aus drei Zugversuchen) und als Typprüfung (Belastung = 70 % der SML) in /4-31/ enthalten. Aufgrund der oftmals geringen Stückzahl ist die Vorgehensweise wie bei der Typprüfung praktikabler, da nur drei anstatt sechs Isolatoren erforderlich sind.

Die gewählte Prüfung sollte mit den alten Verbundisolatoren ebenfalls bestanden werden. Die Messkurven sind aufzuzeichnen.

4.4.2.3 Elektrische Bewertung

Elektrische Prüfungen werden üblicherweise durchgeführt, um die Eigenschaften der äußeren Isolierung zu quantifizieren. Prüfungen für Verbundisolatoren werden in IEC 61109 und IEC 60383 /4-35/ beschrieben und haben sich in Analogie zu den Typprüfungen konventioneller Isolatoren bzw. Isolatorketten seit vielen Jahren bewährt.

Für die Bewertung alter Isolatoren hat sich gezeigt, dass die Anwendung der Standardprüfungen im trockenen oder beregneten Zustand eher ungeeignet ist, versteckte oder auf der Oberfläche sichtbare Defekte zu diagnostizieren. Speziell unter trockenen Prüfbedingungen sind kaum Unterschiede messbar. Bei ausreichender Länge eines leitfähigen, axial vorgeschobenen Defekts kann unter Beregnung eine gewisse Reduktion der Überschlagspannung nachgewiesen werden. Bessere diagnostische Ergebnisse werden insbesondere bei Interfacedefekten erzielt, wenn eine Steilstoßspannungsprüfung (mit oder ohne vorhergehendem Kochen) am gesamten Isolator oder an Teilabschnitten durchgeführt wird (Bild 4-30). Diese Prüfung ist oft Bestandteil von Bewertungen nach einer bestimmten Betriebszeit /4-36/. Der Einsatz von modernen UV- und IR-Kameras ist eine relativ neue Prüfmethode, die aufgrund der kommerziellen Verfügbarkeit verschiedener Anbieter zunehmend zum Einsatz kommt /4-37/. Die Prüfungen werden oft bei erhöhter Spannung durchgeführt, tendenziell sind Fehler mit einer UV-Kamera eher feststellbar /4-2/.

Bild 4-30: Steilstoßprüfung an einem intakten (links) und defekten Verbundisolator mit partiellem Interfacedurchschlag (2ter von links) wegen leitfähiger Spuren im Interface (Fotos rechts) /4-38/

Für die Bewertung der Fremdschicht auf dem Isolator und des aktuellen Zustands der Hydrophobie wurden eine Reihe von Kurzzeitprüfungen entwickelt. Die Fremdschicht auf dem Isolator ist oft keine repräsentative Größe, sondern eine Momentaufnahme, da z. B. ein intensiver Regen vor der Entnahme aus dem Netz, Veränderungen (Abwischen) während des Ausbaus und des Transportes, Hydrophobie-Transferbeschleunigung bei Lagerung bei erhöhter Innenraumtemperatur usw. das Isoliervermögen beeinflussen können. Die Kurzzeitprüfungen lassen sich wie folgt beschreiben:

Quick-Salznebelprüfung (engl. *Quick Salt Fog*) /4-39/

Diese Prüfung beruht auf der normierten Salznebelprüfung gemäß IEC 60507 /4-40/, wurde aber aus Zeit- und Kostengründen mit einer variablen Spannungsbeanspruchung modifiziert. Während einer Konditionierungszeit von 20 min wird bei der spezifizierten Nebelleitfähigkeit ein Spannungswert angelegt, der etwa dem 90-%-Wert der Überschlagspannung entspricht. Nach der Konditionierungszeit wird die Spannung in 5-%-Schritten gesteigert, dieser Wert jeweils bis zum Überschlag für 1 Minute gehalten. Unmittelbar nach dem Überschlag wird der Isolator mit der ursprünglichen Startspannung (90 %) beansprucht und der Vorgang der Spannungssteigerung bis zum Überschlag fünf Mal wiederholt. Dies schließt die Konditionierungszeit und orientierende Werterfassung ab. Im zweiten Teil wird als Startspannung der 90-%-Wert des Mittelwertes der fünf vorhergehenden Überschläge verwendet. Die Spannung wird dann in Schritten von 2,5 … 3,5 % alle fünf Minuten bis zum Überschlag erhöht. Nach dem Überschlag wird die Prüfung mit dem 90-%-Wert der letzten Überschlagspannung als Startspannung fortgesetzt. Wenn sich die Werte der Überschlagspannung stabilisiert haben, wird der Mittelwert aus den Einzelrealisierungen als Kennwert bestimmt.

Rapid-Klarnebelprüfung (engl. *Rapid Clean Fog*) /4-39/

Sind mehrere Isolatoren verfügbar und besteht das Ziel, die von der natürlichen Fremdschicht erzeugte elektrolytische Leitfähigkeit zu bewerten, kann die Rapid-Klarnebelprüfung eingesetzt werden /4-37/, /4-41/, /4-42/. Der Isolator wird einer simultanen Nebel- und Spannungsbelastung aussetzt, die Spannung wird schrittweise bis zum Überschlag gesteigert. Bei mehreren Isolatoren gleichen Typs und vergleichbarer Fremdschicht ist diese Prüfung pro Isolator einmal durchzuführen. Sie hat sich auch bewährt, wenn der Hydrophobie-Transfer nachzuweisen ist. Der

Prüfling kann eine natürliche oder eine künstliche Fremdschicht auf seiner Oberfläche haben. Die Prüfung wird wie oben beschrieben durchgeführt und nach 48 Stunden wiederholt /4-37/, /4-42/. Zwischenzeitlich werden die Isolatoren unter normalen Innenraumbedingungen gelagert. Falls ein Hydrophobie-Transfer stattfand, werden in der zweiten Prüfung höhere Überschlagwerte ermittelt.

Modifizierte Klarnebelprüfung (engl. *Modified Clean Fog*)

Diese Prüfung verwendet wie die beiden anderen Verfahren ebenfalls die Prüfeinrichtungen gemäß IEC 60507. Da es sich immer um Relativvergleiche handelt, ist die Verwendung von anderen Nebelerzeugungsarten ebenfalls möglich. Die Prüfspannung beträgt zwischen 1,0 … 2,0-fachen der Leiter-Erde-Spannung. Der Ableitstrom wird kontinuierlich aufgezeichnet. Die Dauer der Prüfung richtet sich nach der Art der Fremdschicht. Empirisch wurde festgestellt, dass bei einer Reduktion des Ableitstromes um 30 % gegenüber dem gemessenen Höchstwert, die Prüfung beendet werden kann. Der Nebel führt auch zu einer Entfernung der Fremdschicht und erhöht die Leitfähigkeit wegen fehlendem Salzgehalt dann nicht mehr. Prüfzeiten von bis zu zwei Stunden sind üblich.

Abhängig von der Art der Fremdschicht, dem Verhalten des Mantelwerkstoffs (hydrophil, hydrophob) usw. erlauben die genannten Verfahren einen Relativvergleich verschiedener Isolatoren innerhalb eines Verfahrens. Ein Vergleich der Ergebnisse aus den drei Verfahren untereinander bzw. eine Übertragbarkeit der Ergebnisse auf das direkte Betriebsverhalten ist nicht unmittelbar möglich. Zur besseren Bewertung der Ergebnisse werden in den Verfahren oft auch konventionelle Isolatoren als Referenz mitgeprüft. Die CIGRE-Arbeitsgruppe B2.21 hat die vorliegenden Erfahrungen mit Prüfungen an Verbundisolatoren nach den drei Verfahren zusammengefasst (Tabelle 4-5).

Aus Sicht einer klassischen Fremdschichtprüfung laufen aktuelle Arbeiten mit dem Ziel, reproduzierbare Fremdschichten auf hydrophoben Mantelwerkstoffen herzustellen /4-46/.

Tabelle 4-5: Zusammengefasste Erfahrung hinsichtlich Informationsgewinn aus den genannten Verfahren /4-37/, /4-39/, /4-41/…/4-45/

	Bewertung des aktuellen Isoliervermögens	Bewertung der aktuellen Hydrophobie	Einfluss einer intensiven Alterung wie Erosion oder Kriechspurbildung
Quick-Salznebelprüfung (Quick Salt Fog)	nein	ja	ja
Rapid-Klarnebelprüfung (Rapid Clean Fog)	begrenzte Aussage möglich	begrenzte Aussage möglich	begrenzte Aussage möglich
Modifizierte Klarnebelprüfung (Modified Clean Fog)	nein	begrenzte Aussage möglich	begrenzte Aussage möglich

4.4.2.4 Materialanalyse

Materialprüfungen können erfolgreich eingesetzt werden, um verschiedene Arten verwendeter Materialien und deren Alterungszustand zu bewerten. Wenn verfügbar, können die Ergebnisse mit denen von Rückstellmustern (z. B. ein Isolator aus dem Lager) verglichen werden. Wesentliche Abweichungen können auf eine Alterung hindeuten. Der in Bild 4-31 dargestellten Übersicht werden in den folgenden Abschnitten Verfahren zugeordnet, die sich seit langem, auch z. T. als Bestandteil aktueller Produktstandards, bewährt haben.

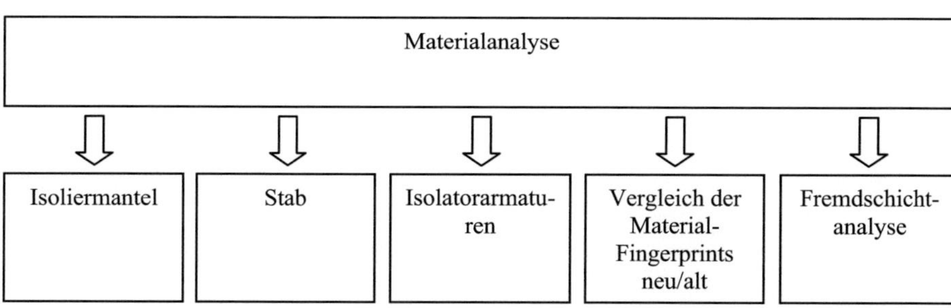

Bild 4-31: Materialanalyse von Verbundisolatorkomponenten nach der Netzentnahme

4.4.2.4.1 Mantelwerkstoffe

- Hochspannungs-Test nach Wasserdiffusionsprüfung (IEC 61109),
- Prüfung der Lichtbogenbeständigkeit bei kleinen Strömen (IEC 61621 /4-47/),
- Schiefe-Ebene-Test (IEC 60587 /4-48/),
- Thermogravimetrische Analyse (TGA), Dynamische Differenzkalorimetrie (DSC) zur Bestimmung des Füllstoffgehaltes und als Kennwerte des "Finger-Prints",
- Infrarot-Spektroskopie mit Fourier-Transformation (FTIR) zur Bestimmung bestimmter chemischer Gruppen und als Kennwert des "Finger-Prints",
- verschiedene Röntgentechniken wie Röntgenfloureszenz (XRF, zum Nachweis des Elementar- und Oxidgehaltes) und Röntgenbeugung (XRD, zum Nachweis kristalliner Phasen oder Verbindungen) zur Materialanalyse,
- Brennbarkeitsprüfung (IEC 61109),
- Härteprüfung, die als Relativvergleich vor und nach einem Kochtest durchgeführt wird (IEC 62217) /4-49/,
- Oberflächenrauhigkeit (ISO 4287 /4-50/),
- Interfaceprüfung (Kochen und Steilstoß - IEC 61109),
- Dichtheitsprüfung (IEC 61109),
- Alterungsprüfung (IEC 62217).

Das in /4-51/ … /4-53/ beschriebene Verfahren des Dynamischen Tropfentests kann zur Bewertung der Hydrophobie von Abschnitten des Isoliermantels eingesetzt werden. Systematische Untersuchungen liegen zum heutigen Zeitpunkt noch nicht vor. Für die Bewertung von kompletten Isolatoren sei auf die Prüfungen gemäss Tabelle 4-5 verwiesen.

Die Kosten und der Zeitaufwand für eine Wiederholung, speziell der Designprüfungen, sind gegen die zu erwarteten Ergebnisse aus den Prüfungen abzuwägen. Abhängig vom Zustand des jeweiligen Isolatortyps ist die Auswahl zu treffen. Als Beispiel: Die Erosionsbeständigkeit eines Isolatordesigns, das im Neuzustand die Alterungsprüfung besteht, wird auch nach mehrjährigem Freilufteinsatz keine Veränderung aufweisen, wenn keine intensive Alterung im Betrieb auftrat. Die Durchführung einer entsprechenden 1000-h- oder 5000-h-Prüfung wäre nicht sinnvoll.

Unterschiede können in der Hydrophobie gemessen werden, diese kann niedriger, aber auch höher als im Neuzustand sein. Ein weiteres Problem ist die Auswahl geeigneter Prüfabschnitte aus dem gesamten Isolator, da in Designprüfungen vergleichsweise kleine Isolatoren repräsentativ geprüft werden. Es sollten Teile aus dem Isolator entnommen werden, die die höchste elektrische Beanspruchung im

Betrieb hatten (typischerweise der Bereich an der hochspannungsseitigen Armatur).

4.4.2.4.2 Stabmaterial

- Hochspannungs-Test nach Wasserdiffusionsprüfung (IEC 61109),
- Thermogravimetrische Analyse (TGA), Dynamische Differenzkalorimetrie (DSC) zur Bestimmung des Füllstoffgehaltes bzw. der „Finger-Print"-Kennwerte,
- Infrarot-Spektroskopie mit Fourier-Transformation (FTIR) zur Bestimmung bestimmter chemischer Gruppen und als Kennwert des "Finger-Prints",
- Farbeindringprüfung.

4.4.2.4.3 Armaturen

- Zinkschichtdicke (IEC60383-1),
- Strukturanalyse mit Rasterelektronenmikroskop.

4.4.2.4.4 Mantelwerkstoff-Finger-Print

Die CIGRE-Arbeitsgruppe WG D1.27 bewertet gegenwärtig eingeführte analytische Methoden zur eindeutigen Identifizierung von polymeren Werkstoffen mit dem Ziel, aus deren Vielzahl geeignete Verfahren auszuwählen (s. a. Abschnitt 1.5.2).

4.4.2.5 Fremdschichtanalyse

Während im Abschnitt 4.4.2.4 die Mantelwerkstoffe und ihre Veränderungen bewertet werden, geht es im Folgenden um die Wechselwirkung zwischen Mantelwerkstoff und Fremdschicht.

4.4.2.5.1 Fremdschichtanlagerung

Diese kann mit den Methoden in IEC 60815-1 /4-54/ bewertet werden. Neben der Messung der ESDD (engl. *Equivalent Salt Deposit Density* - äquivalente leitfähige

Fremdschichtbestandteile) und NSDD (engl. *Non-Soluble Deposit Density* - nichtleitfähige Fremdschichtbestandteile, die aber zur Fremdschichtdicke beitragen) kann die Oberflächenleitfähigkeit zur Charakterisierung der Verschmutzung verwendet werden. Beispiele sind in /4-43/, /4-44/, /4-55/ aufgeführt. Die Erfahrung hat gezeigt, dass Verbundisolatoren (speziell mit Silikongummi als Mantelwerkstoff) mehr Fremdschicht anlagern können als äquivalente konventionelle Isolatoren unter den gleichen Bedingungen /4-56/. Findet ein Hydrophobie-Transfer in die Fremdschicht statt, wird aufgrund der bekannten Fremdschichthydrophobierung nicht deren gesamte Leitfähigkeit bei Befeuchtung wirksam, das Isoliervermögen ist höher als es die ESDD- und NSDD-Messungen erwarten lassen würden /4-39/. Auf die nur relative Aussage einer Fremdschichtbewertung als Momentaufnahme sei an dieser Stelle noch einmal hingewiesen.

4.4.2.5.2 Oberflächenveränderungen

Oberflächenveränderungen im Sinne einer Rauheitszunahme können zu einer verstärkten Fremdschichtanlagerung führen. Die Verfahren wie im Abschnitt 4.4.2.4.1 beschrieben, werden zur Bewertung angewendet.

4.4.2.5.3 Benetzungsklasse

Diese einfache Prüfung mittels Einsprühen wird vorzugsweise in der Phase der visuellen Bewertung durchgeführt /4-33/.

4.4.2.5.4 Wirksamkeit des Hydrophobie-Transfer-Mechanismus (HTM)

Neben der Messung der Hydrophobie ist die verbleibende Fähigkeit zum Hydrophobie-Transfer eine wichtige Eigenschaft, speziell nach langer Betriebszeit /4-57/. Die CIGRE-Arbeitsgruppe D1.14 hat einen Leitfaden für solche Prüfungen erstellt /4-53/, der auf den Ergebnissen von Rundversuchen (engl. *Round-Robin-Test*) beruht. Eine definierte *künstliche* Fremdschicht aus Quarzpuder, Isopropanol und destilliertem Wasser wird auf die Materialprüflinge aufgetragen. Dies können auch herausgeschnittene Teile aus dem Mantel eines Isolators sein (z. B. Schirme). Die Fremdschicht wird unter kontrollierten Bedingungen, vorzugsweise in einem Exsikkator, getrocknet. Die Messung des statischen Randwinkels erfolgt zu bestimmten Zeiten. Als wichtig hat sich der Messzeitpunkt nach Tropfenapplikation erwiesen: Der Randwinkel des Tropfens wird nach 30 s und 180 s gemessen. Die erste

Messung dient dem Nachweis eines stattfindenden Hydrophobie-Transfers, die zweite Messung ist das Kriterium für dessen Nachhaltigkeit. Beträgt der Randwinkel nach 180 s wieder 0°, wird der Messwert für diese Prüfzeit ebenfalls auf den Wert Null gesetzt, auch wenn nach 30 s ein höherer Wert nachweisbar war. Ein Beispiel für dieses relativ neue Verfahren wird im Abschnitt 4.5.1.2.1 gezeigt.

4.4.2.5.5 Hydrophobie-Transfer (HT)

Dieses weitere Verfahren zur Messung des Hydrophobie-Transfers dient eher der Bewertung des Mantelwerkstoffs mit der *natürlichen* Fremdschicht /4-58/. Der Umfang des Hydrophobie-Transfers wird in dieser Prüfung mit der Beziehung HT = (ESDD-ASDD)/ESDD bestimmt. ESDD ist die übliche Messung gemäß IEC 60815-1. ASDD (engl. *Appartent Salt Desposit Density* - scheinbare Salzablagerungsdichte) wird mit einer Leitfähigkeitsmesszelle direkt auf der Oberfläche gemessen. Im Gegensatz zur ESDD-Messung steht vergleichsweise wenig Wasser zur Verfügung, die hydrophobierten Fremdschichtbestandteile werden nicht alle gelöst. Werden HT-Werte nahe 1 gemessen, hat ein effektiv wirkender Hydrophobie-Transfer stattgefunden.

Des Weiteren können die im Abschnitt 4.4.2.4 genannten Verfahren zur Bewertung von Fremdschichten verwendet werden.

4.4.3 Zusammenfassung zur Auswahl von Prüfverfahren und Ausfallkriterien

Aufgrund der Vielfalt von Erscheinungs- und Schadensbildern kann ein allgemeingültiges Prüfprogramm nicht angegeben, die individuelle Struktur aber aus den vorherigen Abschnitten zusammengestellt werden. Alle genannten Prüfungen wurden bereits für die Bewertung von Verbundisolatoren eingesetzt.

Die wegweisende Rolle der visuellen Bewertung für die Zusammenstellung des Prüfprogramms ist der entscheidende Schritt zu Beginn der Bewertungen und sollte mit hoher Sorgfalt und Sachkenntnis durchgeführt werden.

Aus Gründen der Übersichtlichkeit werden die Schadensbilder noch einmal benannt, die auf ein Lebensdauerende eines Verbundisolators hindeuten:

- jedes Anzeichen eines Sprödbruchs /4-59/, /4-60/ oder mögliche auslösende Ursachen (IEC 62662),
- stark korrodierte Armaturen, freigelegter Stahl ohne Zinkschicht, Auftreten von Lichtbogenfußpunkten,

- grabende Erosion, die den Stab exponiert,
- defekte Dichtungen,
- durch Fehlbehandlung beschädigter Isoliermantel mit exponiertem Stab,
- Schirmdurchschläge (Sie reduzieren den Kriechweg. Abhängig von der Sicherheitsmarge in der Kriechwegauslegung und der Gesamtzahl der betroffenen Isolatoren dieses Typs im Netz, kann eine Kriechwegreduktion von 10 … 20 % als fallunspezifische Indikation zugelassen werden. Dies gilt auch für andere Arten von Schirmschäden.),
- jedes Anzeichen eines Strunkdurchschlages,
- Adhäsionsverlust zwischen Stab und Isoliermantel für Isolatoren, die einen chemischen Verbund zwischen Stab und Isoliermantel haben.

4.5 Beispiele für Prüfprogramme und deren Ergebnisse

In den folgenden Abschnitten werden Beispiele gezeigt, wie die Bewertung durchgeführt werden kann. Die unterschiedlichen Ansätze für die Prüfungen werden jeweils zusammen mit den Ergebnissen diskutiert.

4.5.1 Beispiel 1 – 420-kV-Verbundisolator mit gestepptem Spritzgussisoliermantel nach 10-jährigem Einsatz

4.5.1.1 Prüflinge und Teststrategie

Vier Verbundisolatoren wurden nach 10-jähriger Betriebszeit einem europäischen 420-kV-Netz entnommen /4-61/. Die Isolatoren waren in Einzeltragketten installiert. Eine Analyse der Feldstärke dieser Isolatorkette wurde im Abschnitt 2.8.1 den heute üblichen Grenzwerten und dem gefundenen Zustand gegenübergestellt. Die Isolatoren haben die in Bild 4-32 gezeigten technischen Charakteristika.

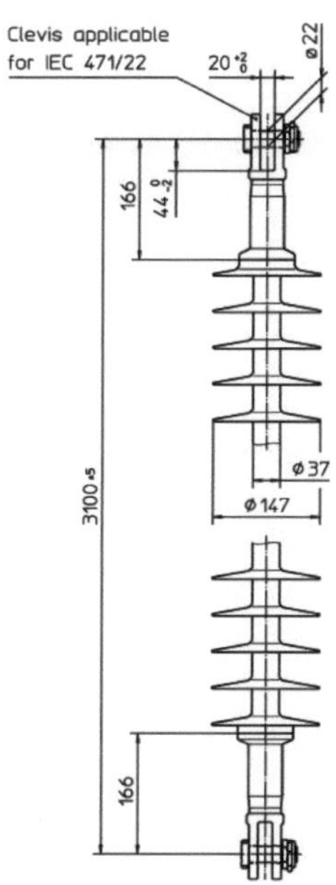

- Kriechweg:.....................................8600 mm
- Schlagweite:...................................2768 mm
- SML:..300 kN
- Steh-Blitzstoßspannung*:...........................1543 kV
- Steh-Schaltstoßspannung, nass*:..................1192 kV
- Stehwechselspannung, nass, 1 min*:...............782 kV

Designdetails:
- Stabdurchmesser 31 mm (E-Glas)
- Mantelwerkstoff HTV-Silikongummi
- Isoliermantel im Multisteppverfahren hergestellt
- überspritzte Armaturen

* mit Lichtbogenschutzarmaturen gemessen

Bild 4-32: Zusammengefasste technische Details

Tabelle 4-6: Prüfmatrix der vier Verbundisolatoren

<table>
<tr><th></th><th>Isolator 1</th><th>Isolator 2</th><th>Isolator 3</th><th>Isolator 4</th></tr>
<tr><td>Hydrophobie</td><td></td><td></td><td></td><td></td></tr>
<tr><td>Istzustand
(IEC 62073)</td><td rowspan="2">Messungen an Ober- und Unterseiten von Schirmen</td><td rowspan="2">Messungen an Ober- und Unterseiten von Schirmen</td><td>-</td><td>-</td></tr>
<tr><td>Hydrophobie-Transfer
(CIGRE D1.14)</td><td>-</td><td>-</td></tr>
<tr><td>SML/Grenzlast (IEC 61109)</td><td>Dichtheitsprüfung bei SML-Level</td><td>Dichtheitsprüfung bei SML-Level</td><td>-</td><td>-</td></tr>
<tr><td>Interface</td><td></td><td></td><td></td><td></td></tr>
<tr><td>Interface SR/SR</td><td>REM Analyse, Reißtest unter Mikroskop</td><td>REM Analyse, Reißtest unter Mikroskop</td><td rowspan="3">Kochtest und Steilstoßprüfung</td><td rowspan="3">Kochtest und Steilstoßprüfung</td></tr>
<tr><td>Interface Stab/SR</td><td></td><td></td></tr>
<tr><td>Interface SR/Armatur</td><td>Dichtheitsprüfung bei SML-Level</td><td>Dichtheitsprüfung bei SML-Level</td></tr>
<tr><td>Farbeindringprüfung</td><td>nach Grenzlasttest, 5 Prüflinge</td><td>nach Grenzlasttest, 5 Prüflinge</td><td>5 Prüflinge, jeweils mit und ohne Kochen</td><td>5 Prüflinge, jeweils mit und ohne Kochen</td></tr>
<tr><td>Schiefe-Ebene-Test (IEC 60587)</td><td>5 Prüflinge</td><td>5 Prüflinge</td><td>-</td><td>-</td></tr>
</table>

Die visuelle Bewertung der Isolatoren führte zu keinem negativen Befund, was sicherlich auch auf die geringe Verschmutzung (Fremdschichtklasse II) zurückzuführen ist. Aus diesem Grund wurde in dem Programm auf die Bewertung der Hydrophobie und der Interfacebereiche fokussiert. Eine Testmatrix wurde in tabellarischer Form erstellt (Tabelle 4-6). Die verwendeten Elemente der Isolatorkette (Ringe, Hörner) wiesen in keinem Fall Anzeichen einer Rostbildung oder Zeichen eines Überschlages auf. Sie wurden aufgrund dieser Diagnose in der Kette belassen und nur die Isolatoren ausgetauscht. Die Messung von elektrischen Werten wie für eine Typprüfung inklusive Störspannungs- und Koronaprüfung wurde daher nicht durchgeführt.

4.5.1.2 Ergebnisse und Diskussion

4.5.1.2.1 Hydrophobie

Nach der Messung der "globalen" Hydrophobie während der visuellen Bewertung wurden diejenigen Teile des Isoliermantels weiter detailliert untersucht, die eine niedrigere Hydrophobie im Vergleich zu benachbarten Abschnitten zeigten. Deren Hydrophobie im Anlieferungszustand mit Fremdschicht, nach Reinigung und von einem neuen Isolator wurde über den statischen Randwinkel vergleichend mit einer optischen Bank bestimmt.

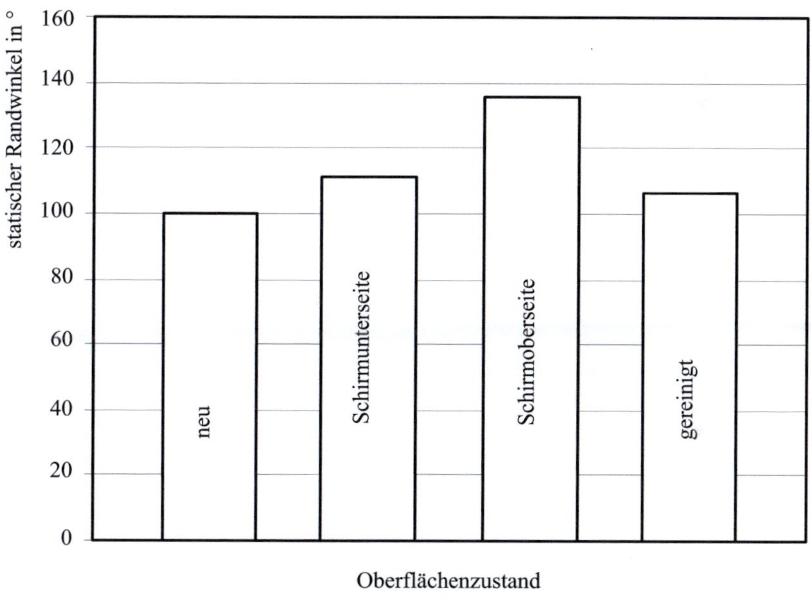

Bild 4-33: Randwinkelmessung bei verschiedenen Oberflächenzuständen (Mittelwerte aus jeweils 20 Messungen)

Die Einfachheit dieser Messung erlaubt die Durchführung im statistischen Umfang, es wurden jeweils 20 Messungen realisiert. Schirme und Strunk waren mit einer grauen Schicht bedeckt, die sich auch mit Lösungsmittel nur schwer entfernen ließ. Dies ist ein Indikator für einen stattgefundenen Hydrophobie-Transfer, wie sich auch an den Messwerten zeigte (Bild 4-33). Die Randwinkel der verschmutzen Oberfläche sind im Mittel etwas höher als im Neuzustand oder nach Reinigung der Oberfläche. Dieses bekannte Phänomen /4-26/ wird durch das Betriebsverhalten dieser Freileitung bestätigt, in der seit dem Einsatz von Verbundisolatoren keine Überschläge auftraten. Es spiegelt auch die übliche Praxis wider, Verbundisolatoren mit Silikongummimantel nicht zu reinigen, wenn der Hydrophobie-Transfer stattfinden kann.

Neben der Bewertung der Hydrophobie wurde die Wirkung des Hydrophobie-Transfer-Mechanismus untersucht. Die Prüfungen wurden gemäß den Empfehlungen der CIGRE-Arbeitsgruppe D1.14 /4-53/ durchgeführt – definierte künstliche Fremdschicht und zwei Zeiten für die Randwinkelmessung. Die Prüflinge waren Abschnitte von Schirmen (Bild 4-34).

In den Messungen konnte eindeutig nachgewiesen werden, dass ab ca. 8 Stunden eine ausreichende Hydrophobierung der Fremdschicht stattfindet (Bild 4-35). Die Zeit, nach der eine Hydrophobierung auftritt, als auch die erreichten Werte entsprechen den Werten aus einem Rundversuch mit neuwertigen Materialien /4-53/, die als transfertauglich eingestuft sind. Grenzwerte, nach denen Materialeinstufungen vorgenommen werden können, liegen aufgrund der Neuheit des Verfahrens noch nicht vor. Es hat sich allerdings gezeigt, dass die Einstellung einer definierten relativen Luftfeuchte, das jeweilige Randwinkelmessgerät und die Auswertemethode (s. a. Abschnitt 1.2.3.3.3) einen wesentlichen Einfluss auf die Messung haben können.

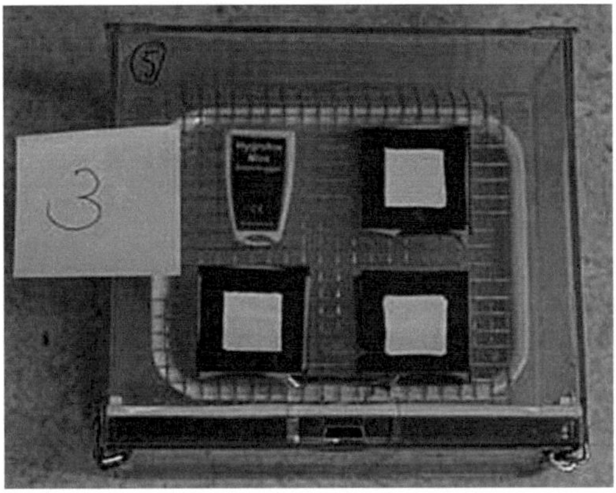

Bild 4-34: Schirmabschnitte mit Fremdschicht im Exsikkator

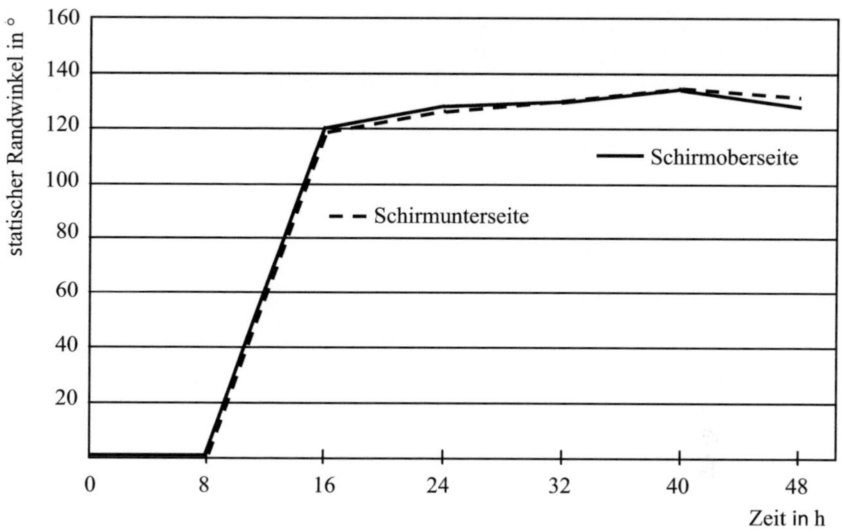

Bild 4-35: Anstieg des Randwinkels durch Hydrophobie-Transfer (30/180-s-Kriterium)

4.5.1.2.2 Prüfung der Nennkraft (SML) und Grenzkraft

Die Prüfung wurde gemäß den Vorgaben der geltenden Norm IEC 61109 durchgeführt. Als Verschärfung der Prüfung wurde die Nennkraft für 30 Minuten gehalten und die Dichtheitsprüfung nach ISO 3452 in dieser Zeit angewandt (Normwert ist 70 % der SML). Es wurden weder Risse oder Ablösungen des Isoliermantels von der übergossenen Endarmatur festgestellt (Bild 4-36). Das Foto zeigt auch, dass keine Korrosionserscheinungen an der Endarmatur auftraten. Als Maximalkraft nach der 30-minütigen Vorbelastung mit 100 % SML wurden 378 kN bzw. 362 kN erreicht (Bild 4-37). Beide Werte repräsentieren den Bereich der Werte, die vor 10 Jahren an den neuen Isolatoren im Rahmen der Stichprobenprüfung gemessen wurden und korrespondieren mit der Designregel, dass im Neuzustand der niedrigste Wert der Grenzkraft mindestens 20 % über der Nennkraft liegen sollte. Der Ausfall erfolgte bei beiden Messungen mit einem Herausrutschen des Stabes aus der Armatur. Es kam zu keinem Stabbruch oder –splittern.

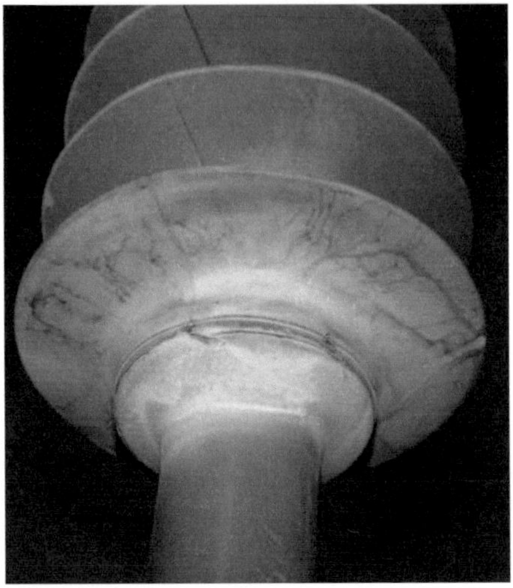

Bild 4-36: Farbeindringprüfung während des SML-Tests

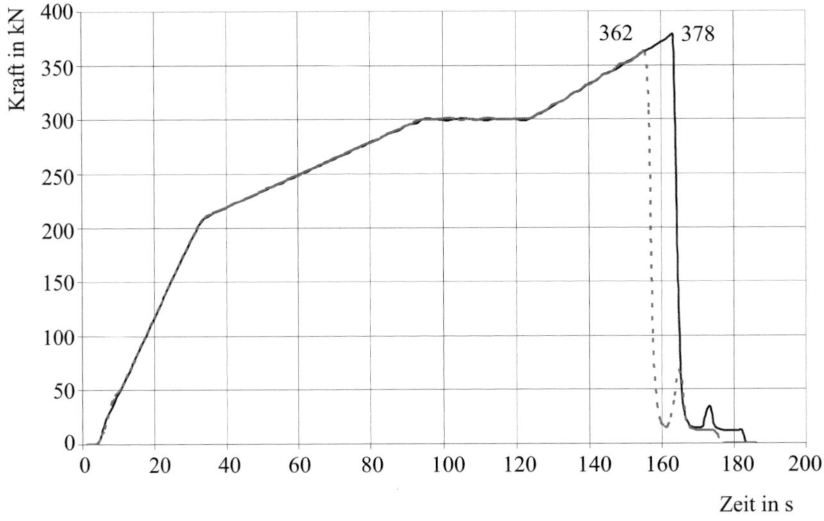

Bild 4-37: Kraft-Zeit-Verlauf der Grenzkraftmessungen

4.5.1.2.3 Interfaceprüfungen

Seit dem Jahr 1975 werden Verbundisolatoren durch schrittweises Angießen von Silikongummischirmen und Strunkabschnitten hergestellt. Dabei wird, wie auch beim sogenannten Modularverfahren, die Eigenschaft von Silikongummi genutzt, dass sich zwischen einem bereits vulkanisierten und nachfolgend angegossenen Abschnitt des Isoliermantels bei entsprechenden Prozessparametern wieder eine vollständige homogene Vernetzung ausbildet (s. a. Abschnitt 1.3.2.1.1). Die Erfahrungen mit diesem „RTV-Steppen“ wurden in den 1990iger Jahren auf das HTV-Steppen übertragen. Das seit dieser Zeit erfolgreich angewandte Multisteppverfahren für HTV ist durch axiale und mehr als ein radiales Interface charakterisiert. Der zu prüfende Isolatorentyp wurde mit diesem HTV-Steppen hergestellt und die Armaturen wurden durch Überspritzen am oberen Rand eingebettet. Sind die zuverlässigen chemischen Mechanismen der Silikongummivernetzung auch bekannt, waren diese verschiedenen Interfacebereiche nach der 10-jährigen Betriebszeit doch von besonderem Interesse.

❑ *Mikroskopische Bewertung und REM-Analyse*

Für die optische Bewertung wurden Teile des radialen Interfaces Silikongummi-Silikongummi zweier aufeinanderfolgender Vernetzungsschritte (Übergangsstelle) dem Isoliermantel entnommen. Diese Stelle kann nur aufgrund einer kleinen radial umlaufenden Gießnaht und nicht im Material gefunden werden, der Silikongummi beider Vernetzungsschritte ist vollständig vernetzt. Das wird auch unter dem Mikroskop bestätigt (Bild 4-38). Der den Übergang repräsentierende Prüfling wurde um 20 % gedehnt, ohne dass ein Spannungsriss auftrat.

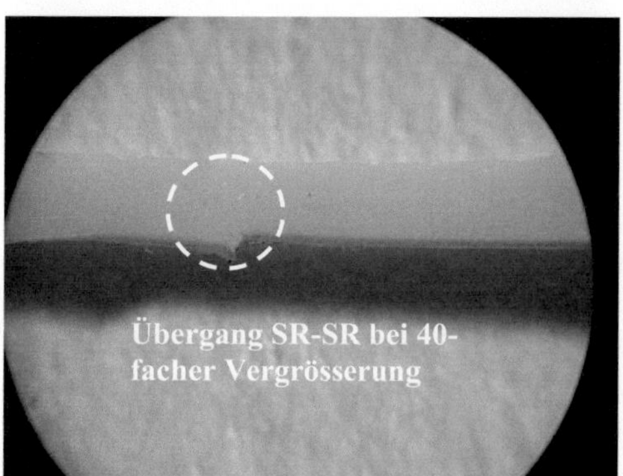

Bild 4-38: Gedehntes Interface (20 %)

Die vollständige Vernetzung des radialen Interfaces der Übergangsstelle kann auch mittels Rasterelektronenmikroskopie (REM) nachgewiesen werden (Bild 4-39). Es wurden Aufnahmen von der Übergangsstelle und einem Abschnitt ohne Interface getätigt. Beide Aufnahmen sind praktisch identisch, was die Qualität des gesteppten Übergangs bestätigt. Es ist bekannt, dass die vergleichsweise hohe Vernetzungstemperatur und der auftretende Druck im HTV-Spritzgusswerkzeug die Vernetzung zwischen beiden Teilen des Isoliermantels positiv beeinflussen.

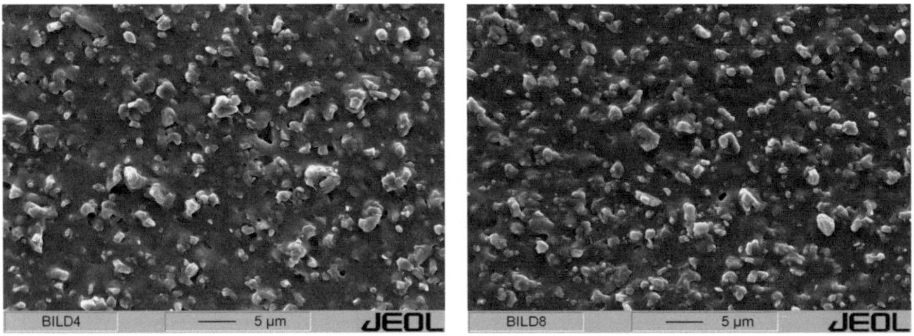

Bild 4-39: REM-Aufnahmen des Übergangs (links) und ohne Übergang (rechts) bei 2000-facher Vergrößerung

❑ *Kochtest und Steilstoßprüfung*

Diese Vorgehensweise wurde zur Bewertung der folgenden Interfacebereiche eingesetzt (Bild 4-40 und Bild 4-41):

- radiales Interface Silikongummi - Silikongummi (a),
- axiales Interface Stab - Silikongummi (b),
- Stahl – Silikongummi der übergossenen Endarmatur (c).

Die Prüflinge wurden auf die Prüfgröße üblich für Designprüfungen zurechtgeschnitten (ca. 800 mm). Die entstandene Schnittfläche am offenen Ende wurde nicht zusätzlich versiegelt, was die Prüfung weiter verschärfte. Die Vorbeanspruchung durch Kochen erfolgte für 42 Stunden, gefolgt von der Steilstoßprüfung mit jeweils 25 positiven und negativen Beanspruchungen. Die Elektroden wurden verschiedenartig positioniert, um die interessierenden Interfacebereiche individuell zu prüfen.

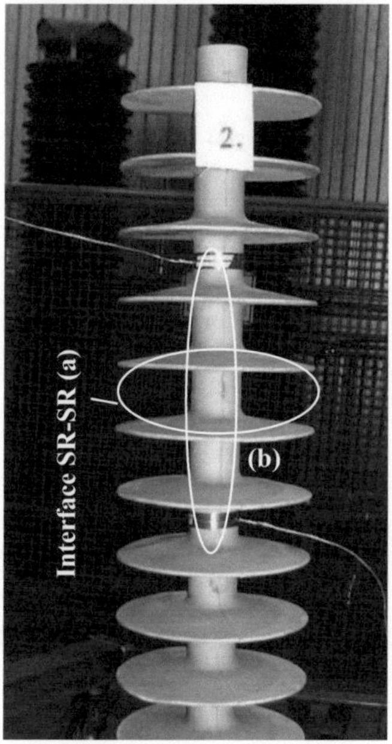

Bild 4-40: Interfacetest a + b

Bild 4-41: Interfacetest b + c

Jeder Steilstoß führte zu einem externen Überschlag ohne Durchschlag, d. h. die Qualität der Interfacebereiche ist nach 10 Jahren Betriebszeit vollumfänglich gewährleistet.

Oft wird die Frage gestellt, ob Kochen über 42 bzw. 100 Stunden eine adäquate Belastung für eine Vorprüfung ist. Die Antwort kann mit der Erfahrung der IEC 61109 gegeben werden, die dieses Verfahren zu Beginn der 1990iger Jahre einführte, mehr unter Berücksichtigung der Einfachheit als eine Korrelation mittels Arrhenius-Beziehung herstellen zu wollen. Die Betriebserfahrung hat zweifelsfrei gezeigt, dass Designs, die diese Prüfung bestehen, eine wesentlich kleinere Ausfallwahrscheinlichkeit durch Interfaceprobleme haben.

❑ *Farbeindringprüfung*

Für diese Prüfung kam das Verfahren nach der Norm IEC 61109 zur Anwendung. Die Länge der Prüflinge betrug 10 mm. Die Prüflinge wurden wie folgt aufbereitet:

- keine mechanische Vorbeanspruchung,
- Prüflinge aus den Isolatoren des Zugversuchs,
- Prüflinge aus beiden Gruppen, 42 Stunden gekocht.

Es wurden 20 Prüflinge je Gruppe, d. h. 80 Prüflinge untersucht. Keiner der Prüflinge zeigte nach den genormten 15 Minuten Prüfzeit eine Durchdringung. Die Prüfung wurde auf 1 Stunde ausgedehnt, das Ergebnis blieb identisch.

❑ *Schiefe-Ebene-Test*

Der Schiefe-Ebene-Test ist seit 1977 ein eingeführtes Materialprüfverfahren zur Bewertung der Erosions- und Kriechspurbeständigkeit. Zur Zeitraffung und Nivellierung der Prüfbedingungen wird der Prüflösung ein Netzmittel zugesetzt, die Hydrophobie ist nicht Gegenstand der Bewertungen. Aufgrund seiner Einfachheit wird der Test oft als Auswahlprüfverfahren eingesetzt, wenn neue oder modifizierte Materialformulierungen zu untersuchen sind sowie im Bereich der Qualitätssicherung. Für diese Normprüfung werden plattenförmige Prüfkörper vorgeschrieben.

Der Test hat aber auch das interessante Potential, Teile des Isoliermantels bereits gefertigter Verbundisolatoren zu prüfen. Dies kann im Rahmen einer Stichprobenprüfung von gelieferten Verbundisolatoren erfolgen und damit der Nachweis geführt werden, dass der verarbeitete Mantelwerkstoff der Spezifikation entspricht /4-62/. Prüfungen an „alten" Verbundisolatoren können ebenfalls durchgeführt werden:

Die Präparation der Prüflinge erfolgt in der Weise, dass der Isoliermantel vorsichtig vom Stab getrennt und allfällige Primerreste entfernt werden (Bild 4-42). Die Länge der Prüflinge wird gemäß der Abmessungen des Befestigungsrahmens der genormten Prüfung eingestellt (Bild 4-43). Die Prüfung wird dann normkonform durchgeführt (Bild 4-44). Eine Prüfung der inneren Fläche des Isoliermantels ist im Allgemeinen immer möglich und empfiehlt sich z. B. für verschärfte Stichprobenprüfungen. Aufgrund der auftretenden Wölbung ist die Prüfung der Außenseite des Isoliermantels oft schwieriger aber durchführbar (Bild 4-46).

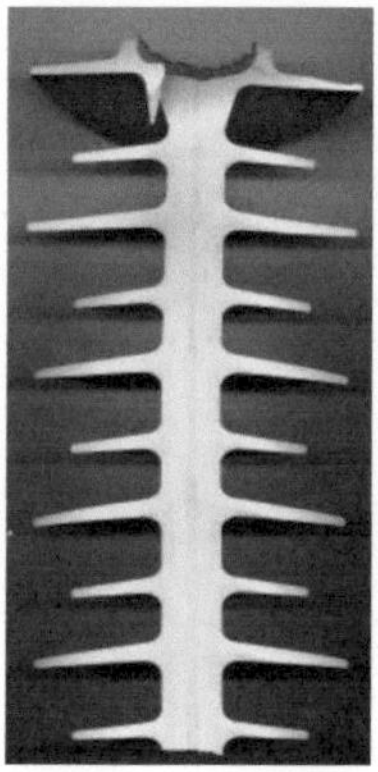

Bild 4-42: Abgetrennter Isoliermantel

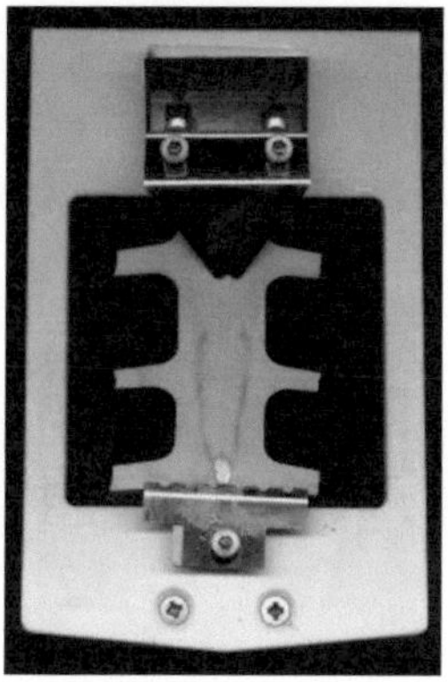

Bild 4-43: Isoliermantel-abschnitt im Standard-rahmen

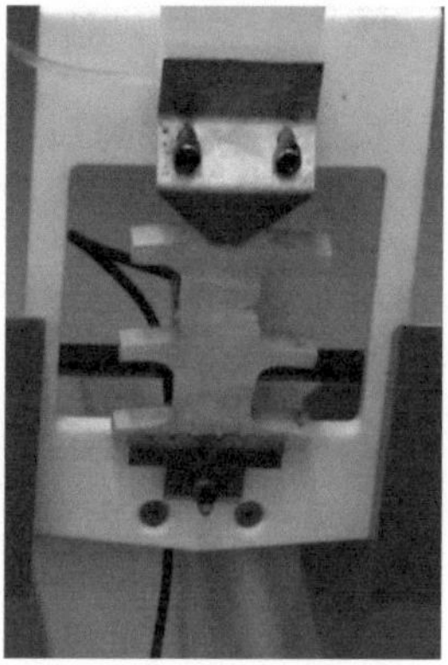

Bild 4-44: "Standard-Prüfung“

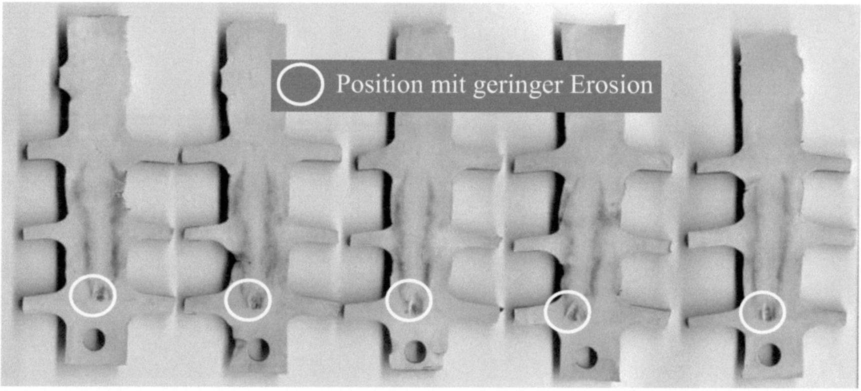

Bild 4-45: Prüflinge aus dem Isoliermantel eines HTV-Silikongummis, Innenseite geprüft

Im Vergleich zur normierten Prüfung werden die Prüflinge wegen der vom Isolator gegebenen Geometrie stärker beansprucht. Die kleinere Isolierstoffbreite kann eine Konzentration der Teilentladungen zur Folge haben und die geringere Isolierstoffdicke zu einer (zeitigeren) Locherosion führen. Verschiedene Messkampagnen haben aber gezeigt, dass bei sehr beständigen Silikongummis (HTV) die Prüfung an Isoliermantelabschnitten mit ähnlich geringer Erosion bestanden wird, wie die der normierten plattenförmigen Prüfkörper. Als Beispiel dient das Ergebnis der Prüfung mit Isoliermantelabschnitten, die aus den vier Verbundisolatoren dieses Prüfprogrammbeispiels extrahiert wurden (Bild 4-45). Die Prüfung wurde nach 6 Stunden mit geringen Erosionsspuren bei 4,5 kV bestanden. Die axiale Dunkelfärbung an den Kanten sind Reste von zersetztem Elektrolyten (speziell Triton-X).

Das Ergebnis einer Prüfung der Außenseite eines HTV-Isoliermantels nach 10-jährigem Freilufteinsatz zeigt Bild 4-46. Die Prüfung wurde nach 6 Stunden mit geringen Erosionsspuren bei 4,5 kV ebenfalls bestanden.

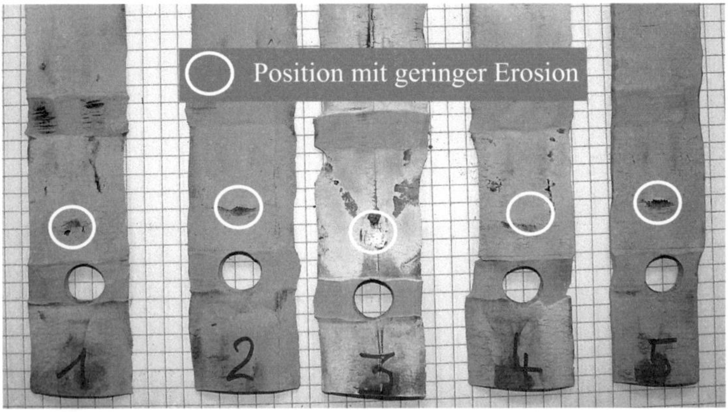

Bild 4-46: Prüflinge aus dem Isoliermantel eines HTV-Silikongummis, Außenseite geprüft

4.5.1.3 Ergebniszusammenfassung

Die bewerteten Verbundisolatoren waren in einem sehr guten Zustand:

- Die Hydrophobie und der Hydrophobie-Transfer waren als wirksam nachweisbar.
- Die gemessenen Werte der Grenzkraft lagen in dem Bereich der Werte, die vor 10 Jahren an neuen Isolatoren im Rahmen der Stichprobenprüfung gemessen wurden.
- In den Interfaceprüfungen, üblicherweise an fabrikneuen Verbundisolatoren in Designprüfungen durchgeführt, wurde keine Reduktion nachgewiesen.
- Der Schiefe-Ebene-Test konnte an Isoliermantelabschnitten erfolgreich durchgeführt werden.
- Es war kein Anzeichen für eine technische Beeinträchtigung oder das Lebensdauerende feststellbar.

4.5.2 Beispiel 2 – 420-kV-Verbundisolator mit im Modularverfahren hergestellten Isoliermantel nach 10-jährigem Einsatz

4.5.2.1 Prüflinge

Es wurden neun Isolatoren (Bild 4-47) nach 10-jährigem Betriebseinsatz im europäischen Netz geprüft. Die Isolatoren wurden nach dem Zufälligkeitsprinzip einer 420-kV-Leitung entnommen und diversen Prüfungen unterzogen.

Wie schon im Beispiel 1 (Abschnitt 4.5.1) wird eine Analyse der Feldstärke dieser Isolatorkette in Abschnitt 2.8.2 den heute üblichen Grenzwerten und dem gefundenen Zustand gegenübergestellt.

Die Prüflinge waren mit einer Kundennummer versehen, die begleitende Dokumentation sehr detailliert hinsichtlich des jeweiligen Einbauortes. Für die Prüfungen wurde eine Referenznummer vergeben (Tabelle 4-7).

Kriechweg: ....8200 mm
Schlagweite:...2682 mm
Nennkraft: ....210 kN
Steh- Blitzstoßspannung*: ....1599 kV
Steh-Schaltstoßspannung, nass*: ....1192 kV
Stehwechselspannung, nass, 1 min *: ......770 kV

* ohne Lichtbogenschutzarmaturen gemessen

Designdetails:

- Stabdurchmesser 25 mm (E-CR-Glas)
- Mantelwerkstoff HTV-Silikongummi
- Isoliermantel modular gefertigt
- Armaturen nicht überspritzt

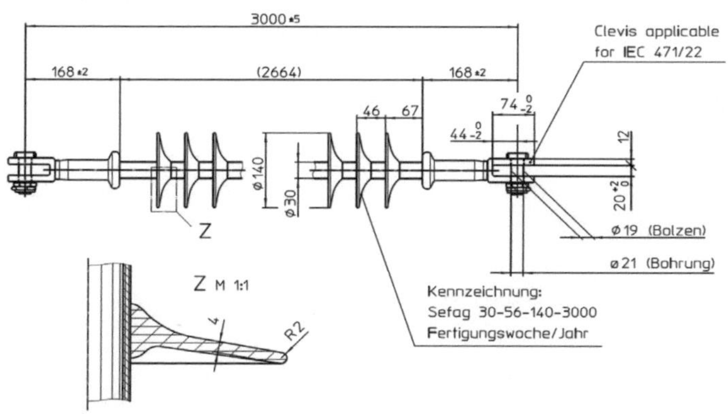

Bild 4-47: Technische Details der Prüflinge

Tabelle 4-7: Information zu den Prüflingen

Test Referenz-Nr.	Kunden-Nr.	Mast Nr.	Traverse	Phase	Isolatoren-Strang	Herstelldatum - KW und Jahr
S1	6	107	II Außen	U	Innen	47/99
S2	4	107	II Innen	W	Innen	47/99
S3	1	107	I	V	Außen	47/99
S4	11	125	II Außen	U	Innen	49/99
S5	14	137	I	V	Außen	49/99
S6	10	125	II Innen	W	Außen	49/99
S7	7	125	I	V	Innen	49/99
S8	16	137	II Innen	W	Außen	49/99
S9	17	137	II Außen	U	Innen	49/99

4.5.2.2 Visuelle Bewertung

An den Isolatoren konnten keine Defekte festgestellt und der allgemeine Zustand konnte als gut bewertet werden. Auffällig waren die vielen Farbspritzer, welche sich auf den Schirmen befanden (Bild 4-48). Diese resultieren vom Auftragen des Mastkorrosionsschutzes. Ebenfalls zu sehen sind diverse Verschmutzungen, die von einer Lagerung auf dem Erdboden bei der Demontage entstanden (Bild 4-49). Der Isolator S9 war einseitig, axial vom erdseitigen Ende abnehmend, stark mit Vogelexkrementen verschmutzt.

Bild 4-48: Farbspritzer auf dem Isolator S1

Bild 4-49: Erdreste auf dem Isolator S6

4.5.2.3 Prüfprogramm

Nach der detaillierten visuellen Beurteilung aller neun Verbundisolatoren wurde folgendes Prüfprogramm festgelegt (Tabelle 4-8).

Tabelle 4-8: Prüfmatrix der neun Verbundisolatoren

	Test Referenz-Nr.								
Durchgeführte Prüfungen	S1	S2	S3	S4	S5	S6	S7	S8	S9
Visuelle Bewertung	x	x	x	x	x	x	x	x	x
Hydrophobie-Bewertung	x	x	x	x	x	x	x	x	x
Bewertung der Dichtung	x	x	x	x	x	x	x	x	x
Haftungsprüfung							x	x	x
96-Stunden-Zugbelastung mit 75 % SML und Grenzlastprüfung				x	x	x			
Verzinkungsprüfung	x	x	x	x	x	x	x	x	x
Farbeindringprüfung	x	x	x						
Grenzlastprüfung ohne Vorbelastung	x	x	x				x	x	x

4.5.2.4 Ergebnisse und Diskussion

4.5.2.4.1 Hydrophobie-Bewertung

Die Hydrophobie-Bewertung ist relativ einfach durchzuführen. Es hat sich bewährt, den Isolator auf den Armaturen abgestützt, horizontal zu positionieren und den Sprühvorgang gegenläufig von beiden Seiten durchzuführen. Zur Dokumentation der visuellen Bewertung kann der Isoliermantel grafisch dargestellt und in diese Grafik die Zahl der jeweiligen Benetzungsklasse eingetragen werden (Bild 4-50).

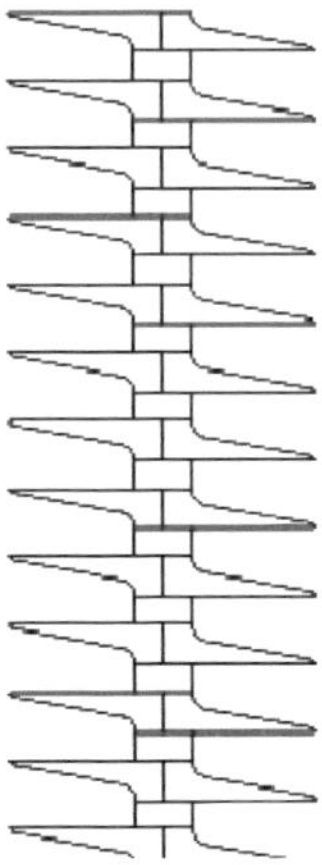

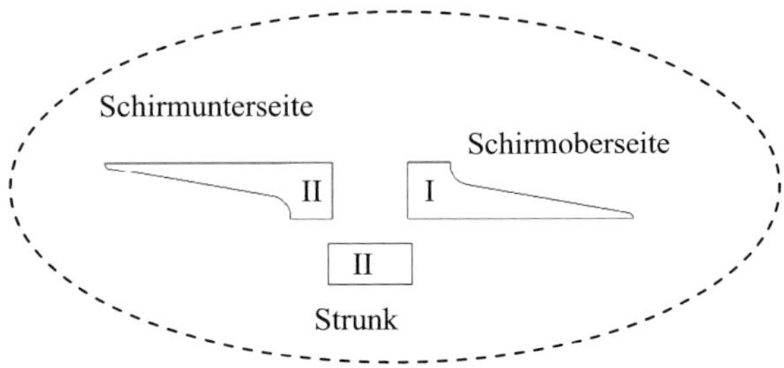

Beispiel für den Eintrag in die Grafik

Benetzungsklasse (IEC 62073)	1	2	3	4	5	6	7
Praktikable Klassifizierung	I	II		III		IV	

Bild 4-50: Visualisierung des Isoliermantels zur Dokumentation der Hydrophobie

Aus Gründen der Praktikabilität und der subjektiv erzielbaren Genauigkeit wird das Zusammenfassen von Benetzungsklassen empfohlen. Bei geringfügiger Verschmutzung kann die Bewertung auf drei Positionen entlang der Isolatorachse reduziert werden, die Hochspannungsseite sollte immer bewertet werden. Im Fall von speziellen Verschmutzungen kann eine gesamtheitliche Bewertung erforderlich sein, z. B. wenn axiale Verschmutzungen durch Vogelexkremente oder biologische Besiedlungen (Pilze, Moose) vorliegen.

Bild 4-51: Hydrophobe Wirkung an Schirmunterseiten

Bild 4-52: Partieller Hydrophobie-Verlust an Schirmoberseiten

Bild 4-53: Hydrophobie an der Hochspannungsseite

Der Hydrophobie-Verlust tritt mehrheitlich bei den Verschmutzungen durch Farbe, den Vogelkotspuren und bei den Ablagerungen von Erde auf. Die Art der Verschmutzungen durch Erde lässt den Schluss zu, dass die Verbundisolatoren nach dem Ausbau ungeschützt abgelegt wurden. Wie bereits im Abschnitt 4.4.2.3 diskutiert, ist die Veränderung von Fremdschichten während der Isolatorenentnahme, Lagerung, Transport usw. bei der Interpretation der Ergebnisse zu berücksichtigen.

Tabelle 4-9: Ergebnis der Hydrophobie-Bewertung

Prüfling	Prüfabschnitt					
	Schirmunterseite		Schirmoberseite		Strunk und Abdichtung	
	Befund	Klasse	Befund	Klasse	Befund	Klasse
S1	gute Hydrophobie (Bild 4-51)	II	teilweiser Hydrophobieverlust (Bild 4-52)	III - IV*	gute Hydrophobie (Bild 4-53)	II
S2	gute Hydrophobie	II	gute Hydrophobie	II	gute Hydrophobie	II
S3	gute Hydrophobie	II	gute Hydrophobie	II	gute Hydrophobie	II
S4	gute Hydrophobie	II	teilweiser Hydrophobieverlust	III - IV*	gute Hydrophobie	II
S5	gute Hydrophobie	II	gute Hydrophobie	II	gute Hydrophobie	II
S6	gute Hydrophobie	II	gute Hydrophobie	II	gute Hydrophobie	II
S7	gute Hydrophobie	II	teilweiser Hydrophobieverlust	III - IV*	gute Hydrophobie	II
S8	gute Hydrophobie	II	gute Hydrophobie	II	gute Hydrophobie	II
S9	gute Hydrophobie	II	gute Hydrophobie	II	gute Hydrophobie	II

Anmerkung: * in Bereichen mit Farbe, Vogelexkrementen und Erde

4.5.2.4.2 Bewertung der Dichtung

Aufgrund der Funktionsrelevanz wurden alle 18 Dichtungen detailliert bewertet. Die Dichtungen bestehen aus zwei Lagen, einem dauerhaft niedrigviskosen Silikongel und einer nach außen orientierten Deckschicht. Das Silikongel hat die primäre Funktion des Abdichtens und wird mit der Deckschicht, die aus Silikongummi besteht, geschützt (s. a. Abschnitt 1.3.3). Alle Dichtungen sind mit einer stark haftenden Fremdschicht bedeckt (Bild 4-54). Erdseitig ist diese Fremdschicht weniger intensiv als hochspannungsseitig. Um die Dichtungen besser zu beurteilen, wurden sie gereinigt (Bild 4-55). Aufgrund der starken Haftung und guten Hydrophobierung wurde ein Lösungsmittel verwendet. Die Haftung der Deckschichten an den Stahlarmaturen sowie den Strunkabschnitten sind intakt. Es konnten keine Ablösungen oder Penetrationen festgestellt werden. Nach Entfernen der Deckschichten an ausgewählten Isolatoren wurde das Silikongel herausgeschält (Bild 4-56) und dabei seine Haftung im Interface und Adhäsion mit neuem Material verglichen. Es war praktisch kein Unterschied feststellbar.

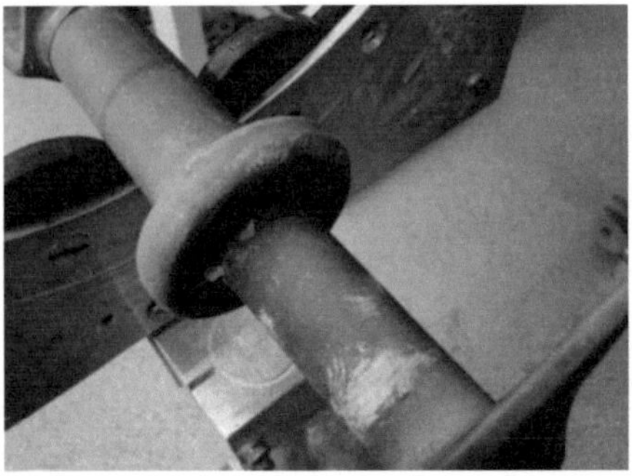

Bild 4-54: Verschmutzung, hochspannungsseitig

Bild 4-55: Nach Reinigung

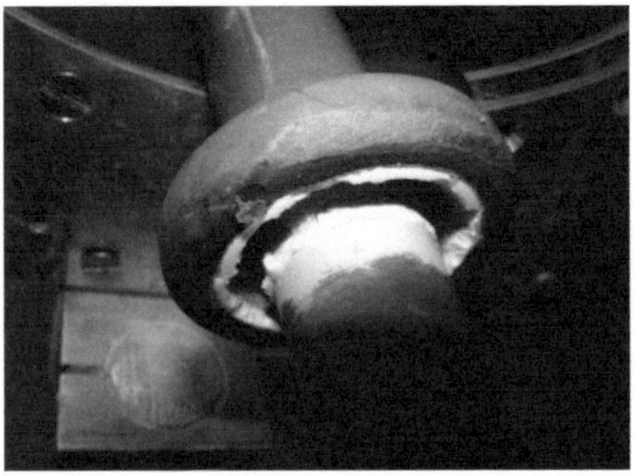

Bild 4-56: Schäl-Haftungsversuch

4.5.2.4.3 Haftungsprüfung

Aus den Isolatoren wurden sechs Proben in einem Winkel von 90° zur Längsachse des Isolators entnommen. Orientierend an der Norm IEC 61109 wurden die Prüflinge für die Dauer von 100 Stunden in einem Behälter aus nichtrostendem Stahl mit siedendem, destilliertem Wasser mit 0,1 Gew.-% NaCl gelagert.

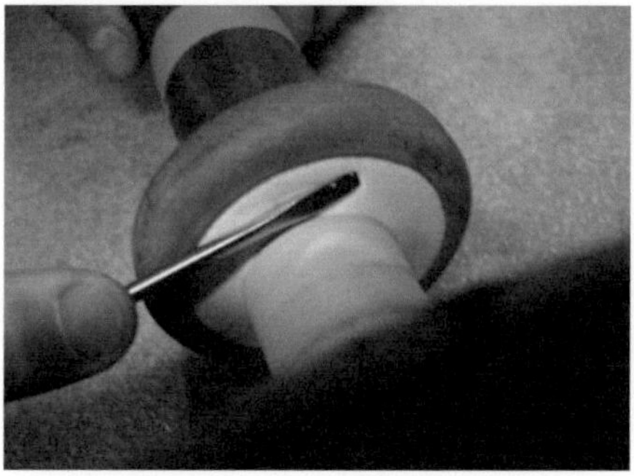

Bild 4-57: Haftungstest an der Deckschicht

Bild 4-58: Scherversuch am Strunk (Schirme entfernt)

Die Haftung der Deckschicht ist auch nach diesem Versuch gegeben. Die Kontrolle erfolgt durch eine punktuelle Druckbelastung, die scherend auf das Interface zur Armatur bzw. zum Strunk wirkt (Bild 4-57). Die Haftung am Strunk wird mit dem freilegenden Einschneiden kleiner Flächen und deren versuchtem Ablösen geprüft (Bild 4-58). Hier war ebenfalls kein Haftungsverlust nachweisbar.

4.5.2.4.4 96-Stunden-Zugbelastung mit 75 % SML und Grenzlastprüfung

Diese Prüfung entspricht der Typprüfung gemäß IEC 61109, allerdings mit einem um 5 % erhöhtem Wert der Zugbelastung. Nach dieser Vorprüfung über 96 Stunden wird die Zugbelastung gleichmäßig ansteigend von Null bis auf 75 % der Nennkraft gesteigert und dann stufenweise in einer Zeit von 30 s bis 90 s bis zur Nennkraft erhöht. Nach dieser Prüfsequenz wird die Zugbelastung bis zum Versagen/Bruch des Isolators erhöht.

Die Ergebnisse gemäß Tabelle 4-10 wurden erreicht. Es konnte somit festgestellt werden, dass die Vorbelastung keinen Einfluss auf die Grenzlast hatte.

Tabelle 4-10: Werte der Grenzlast nach 96 Stunden Vorbelastung bei 75 % SML

Prüfling	Schadensbild	Ausfall bei kN
S4	Armatur ausgezogen	289,2
S5	Armatur ausgezogen	289,2
S6	Armatur ausgezogen	289,0

4.5.2.4.5 Verzinkungsprüfung

Die Verzinkungsprüfung wurde an beiden Endarmaturen aller Isolatoren nach IEC 60383-1 durchgeführt. Es wurden die Werte gemäß Tabelle 4-11 gemessen.

Tabelle 4-11: Werte der Verzinkungsprüfung

Prüfling	Werte in µm							
	Hochspannungsseitige Armatur				Erdseitige Armatur			
S1	156	109	112	94	115	100	99	116
S2	207	209	226	191	93	97	102	113
S3	154	165	94	134	128	164	92	134
S4	112	105	187	128	117	101	124	98
S5	115	121	177	154	111	94	101	87
S6	164	158	134	157	120	162	154	115
S7	135	94	154	112	108	92	157	187
S8	154	105	164	98	96	104	179	136
S9	126	134	94	108	135	99	152	98

Die Werte liegen über der Normvorgabe von 85 µm. Wegen fehlender Messungen im Neuzustand ist eine quantitative Abschätzung des korrosiven Abtrages nicht möglich.

4.5.2.4.6 Farbeindringprüfung (IEC 61109)

Aus einem Isolator wurden neun Proben in einem Winkel von 90° zur Längsachse des Isolators entnommen. Die Proben für diese Prüfung haben eine Länge von 10 mm ± 0,5 mm und bestehen aus dem GFK-Kern und dem peripher aufvulkanisierten Mantelwerkstoff. Es erfolgt die Prüfung des Stabes und die Integrität des Interfaces zwischen Stab und Silikongummimantel.

Es konnte keine Durchdringung durch die Prüfflüssigkeit nachgewiesen werden.

4.5.2.4.7 Grenzlastprüfung ohne Vorbelastung (IEC 61109)

Diese Prüfung entspricht einer 1-min-Standzeitprüfung bei Nennkraft. Nach dieser Prüfsequenz wird die Zugbelastung bis zum Versagen/Bruch des Isolators erhöht. Die Werte (Tabelle 4-12) zeigen eine höhere Schwankung als die nach der 96-stündigen Vorprüfung (Abschnitt 4.5.2.4.4).

Die Werte liegen ebenfalls im Bereich derer, die vor 10 Jahren an den neuen Isolatoren im Rahmen der Stichprobenprüfung gemessen wurden. Die für neue Verbundisolatoren allgemein angewandte Designregel, dass der niedrigste Wert der Grenzkraft mindestens 20 % über der Nennkraft liegen sollte, wird auch nach der Betriebszeit von 10 Jahren eingehalten.

Tabelle 4-12: Werte der Grenzlast ohne Vorbelastung

Prüfling	Schadensbild	Ausfall bei kN
S1	Stab	255,4
S2	Armatur ausgezogen	285,6
S3	Konnte nicht bis zum Versagen belastet werden, da der Bolzen frühzeitig abgeschert wurde und dadurch die Gabel spreizte.	
S7	Armatur ausgezogen	295,4
S8	Armatur ausgezogen	276,7
S9	Armatur ausgezogen	282,4

4.5.2.5 Zusammenfassendes Ergebnis

Die Ergebnisse lassen sich gemäß Tabelle 4-13 darstellen.

Tabelle 4-13: Prüfungen und deren Ergebnisse

Durchgeführte Prüfungen	Zusammengefasste Ergebnisse
Visuelle Bewertung	Alle Isolatoren sind in einem guten, funktionsfähigen Zustand.
Hydrophobie-Bewertung	Die Hydrophobie an der Schirmunterseite und am Strunk ist gut. An den Schirmoberseiten ist teilweise ein Hydrophobie-Verlust zu erkennen.
Bewertung der Dichtung	Bei den Abdichtungen können keine Beschädigungen nachgewiesen werden. Die Abdichtungen sind auch unter der Deckschicht sauber und nach wie vor bestens intakt.
Haftungsprüfung	Es wurden nur die Isolatoren S7 … S9 gekocht. Die Haftungsversuche wurden nach IEC 62217 bestanden.
96-Stunden-Zugbelastung mit 75 % SML und Grenzlastprüfung	Prüfung erfolgte nach IEC 61109, während des 96-h-Tests wurde kein Versagen (Bruch oder Abriss des Kerns oder Bruch der Metallarmatur) festgestellt.
Verzinkungsprüfung	Die Zinkschichtdicken liegen alle über dem Minimalwert von 85 µm.
Farbeindringprüfung	Prüfung erfolgte nach IEC 62217 und wurde bestanden.
Grenzlastprüfung ohne Vorbelastung	Die einzelnen Werte lagen zwischen 255 kN und 296 kN und damit sicher über dem Wert der SML von 210 kN.

4.5.3 Beispiel 3 – 15-kV-Verbundisolator nach 15-jährigem Einsatz im Tunnelbahnbetrieb

4.5.3.1 Prüflinge und Prüfprogramm

Seit dem Jahr 1979 werden in der Schweiz kritische Bahnstreckenbereiche mit Silikonverbundisolatoren ausgestattet /4-44/, /4-45/, /4-63/. Nach 15-jähriger Betriebszeit bestand der Wunsch des Betreibers, die im Tunnel eingesetzten Stützer aus Porzellan, Epoxidharz und die Silikonverbundisolatoren vergleichend und exemplarisch zu prüfen. Historisch ist zu berücksichtigen, dass seit dem Jahr 1913 Porzellanisolatoren eingebaut wurden, die einen spezifischen Kriechweg von ca. 50 mm/kV (Unified Creepage Distance – IEC 60815-1) hatten. Mit zunehmender Zugfrequenz waren mindestens zwei Reinigungszyklen pro Jahr erforderlich. Die

Silikonverbund-Stützisolatoren konnten bei gleicher Bauhöhe mit ca. 80 mm/kV ausgestattet werden, bedingt durch die kleinere Schirmdicke und das anteilige Übergießen der Armaturen. Im Anlieferzustand ins Labor zeigte sich die starke Verschmutzung auf den Isolatoren (Bild 4-59). Aufgrund der geringen Stückzahl waren nur orientierende Versuche möglich. Der Epoxidharz-Stützer musste nach 2 Jahren Betriebszeit ausgetauscht werden, da Entladungen beobachtet wurden und nach Entfernen der Fremdschicht Erosionsspuren nachweisbar waren. Folgende Prüfungen wurden durchgeführt:

- Fremdschichtmessungen,
- Modifizierte Klarnebelprüfung,
- Grenzbiegekraftprüfung.

Bild 4-59: Anlieferzustand der Isolatoren nach 15 Jahren (Silikonverbund-Stützer, links), 2 Jahren (Epoxidharz-Stützer, mittig) und 13 Jahren (Porzellan-Stützer, rechts) Betriebszeit

4.5.3.2 Ergebnisse und Diskussion

4.5.3.2.1 Fremdschichtmessungen

Die Messungen der ESDD und NSDD erfolgten gemäß IEC 60815-1. Der Silikonverbund-Stützisolator weist mit die höchsten Werte auf, ein bestätigtes Phänomen wegen der Hydrophobierung der Fremdschicht (Tabelle 4-14). Dieser Effekt ist auch an der Benetzungsklasse ablesbar. Bei den vergleichsweise niedrigen Werten des Porzellan-Stützers ist zu berücksichtigen, dass der zeitliche Abstand zwischen vorheriger Reinigung und dieser Bewertung maximal 6 Monate betragen kann. Die Silikonverbund- und Epoxidharz-Stützisolatoren wurden im Betrieb nicht gereinigt.

Tabelle 4-14: Ergebnisse der Fremdschichtmessungen

	Silikonverbund-Stützisolator	Epoxidharz-Stützisolator	Porzellan-Stützisolator
ESDD in mg/cm^2	0,56	0,6	0,18
NSDD in mg/cm^2	11,4	7,4	6,1
Benetzungsklasse (WC) nach IEC 62073	1 … 3	7	7

4.5.3.2.2 Modifizierte Klarnebelprüfung

Die Stützer mit der originalen Fremdschicht wurden simultan in einer Nebelkammer mit einem Klarnebel für zwei Stunden befeuchtet. Dann wurde die Betriebsspannung von 15 kV (allerdings mit 50 Hz) an alle Stützer angelegt und der Ableitstrom über 30 min gemessen. Die Höchstwerte sind in Bild 4-60 aufgeführt.

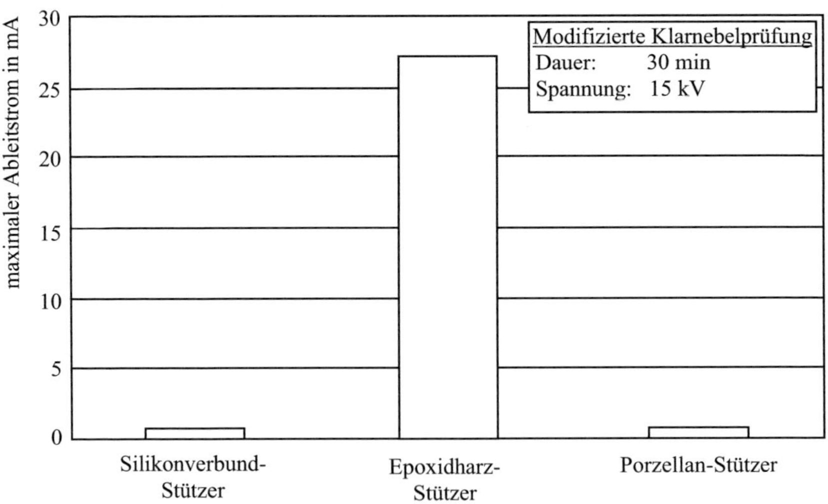

Bild 4-60: Maximale Ableitströme in der modifizierten Klarnebelprüfung

Es ergibt sich bis auf den Porzellan-Stützer das erwartete Ergebnis. Es ist anzunehmen, dass die vorhergehende Befeuchtung zu einer starken Reinigung der Porzellanoberfläche führte. Der Epoxidharz-Stützer hat wegen seines hydrophilen Verhaltens und des größten Durchmessers die höchsten Werte.

Der Silikonverbund-Stützer, als die aktuell alleinige Technik eingesetzt, wurde nach dieser Prüfung gereinigt und die Prüfung gemeinsam mit einem neuen Silikon-Stützisolator sehr ähnlicher Bauart wiederholt (Bild 4-61). Es zeigt sich das erwartete Ergebnis, dass die maximalen Stromwerte des gereinigten und neuen Stützers noch einmal eine Dekade niedriger als mit der hydrophoben Fremdschicht sind. Aus Fremdschichtkennlinien geometrisch ähnlicher Porzellanisolatoren kann der erforderliche Ableitstrom für einen Überschlag bei 80 mm/kV abgeschätzt werden, es ergibt sich ein Wert von ca. 10 A /4-64/, /4-65/. Die Differenz zwischen dem gemessenen Ableitstrom mit hydrophober Verschmutzung und dem Wert von 10 A zeigt die Sicherheitsmarge des gewählten Silikonverbund-Stützerdesigns ohne Reinigung, bestätigt durch die mittlerweile mehr als 30-jährige Betriebszeit ohne Überschlag.

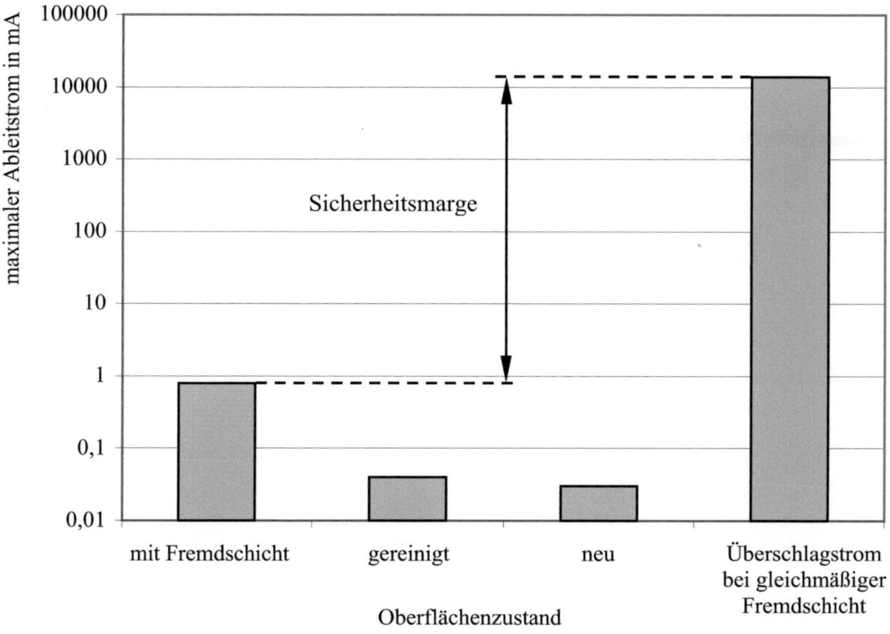

Bild 4-61: Maximaler Ableitstrom des Silikonverbund-Stützisolators

4.5.3.2.3 Grenzbiegekraftprüfung

Diese mechanische Prüfung ist eine zerstörende Prüfung. Die Stützer wurden einzeln mit einer Biegekraft bis zum Bruch belastet (Bild 4-62). Es zeigen sich wesentliche Unterschiede in den Werten wie auch im Ausfallverhalten. Der Silikonverbund-Stützer erreicht den doppelten Wert des Porzellan- bzw. Epoxidharz-Stützers. Dies ist neben der hohen Festigkeit auf ein weiteres Kriterium für diese Anwendung zurückzuführen. Der E-Modul des (GFK-) Stabes ist kleiner als von Porzellan, sodass ein größerer Durchmesser eingesetzt wurde, als aus Sicht der Grenzkraft erforderlich gewesen wäre.

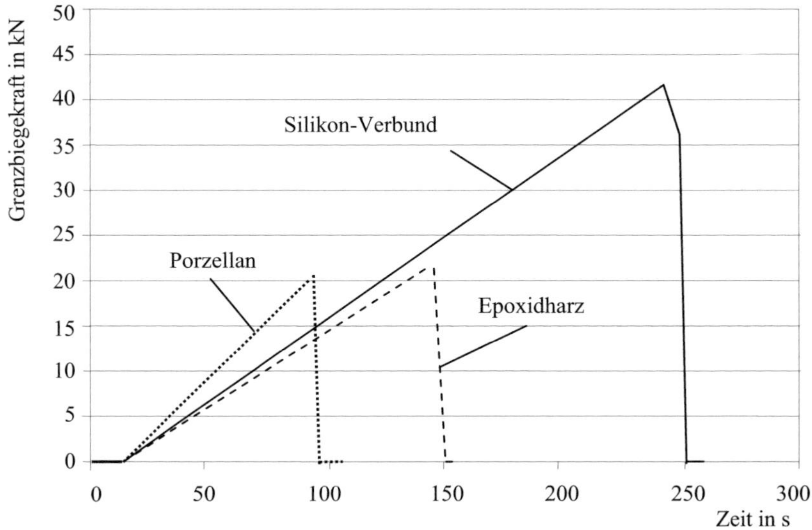

Bild 4-62: Grenzbiegekraft der verschiedenen Stützer

Bild 4-63: Bruchbild des Porzellan-Stützers

Bild 4-64: Bruchbild des Epoxidharz-Stützers

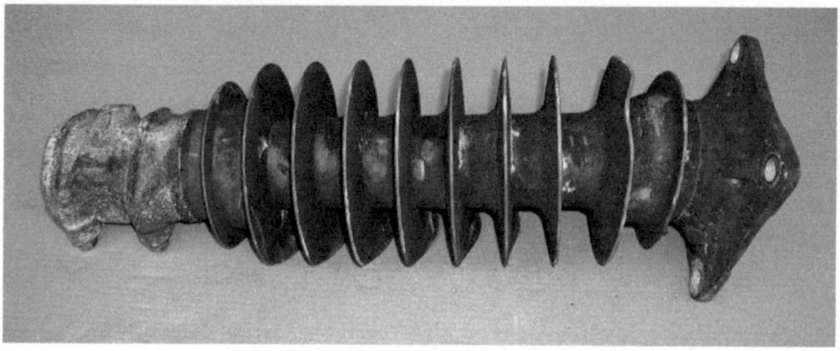

Bild 4-65: „Safe-Failure-Mode“ des Silikonverbund-Stützers

Das Ausfallverhalten zeigt den Vorteil der Verbundtechnologie – während Porzellan und Epoxidharz als spröde Werkstoffe brechen, versagt der Silikonverbund-Stützer in einem sogenannten „Safe-Failure-Mode“ (Bild 4-65). Die verbleibende Restfestigkeit reicht in den meisten Fällen, dass das Leiterseil in der Aufhängung am Mast bleibt.

4.5.3.3 Zusammenfassung

Die Ergebnisse der Prüfungen korrelieren mit der vorliegenden Betriebserfahrung. Es hat sich bei ca. 4000 eingebauten Silikonverbund-Stützisolatoren dieses Typs unter den schwierigen Bedingungen (keine Selbstreinigung) des Tunnelbetriebs gezeigt, dass mit dem Technikwechsel die Zuverlässigkeit bei gleichzeitiger Einstellung von Reinigungsmaßnahmen signifikant erhöht werden konnte.

4.5.4 Beispiel 4 – Analyse von Verzinkungsdicken und Hydrophobiewirkung nach 30-jährigem 15-kV-Tunnelbahnbetrieb

Tunneltragwerke inklusive Isolatoren sind speziellen Bedingungen ausgesetzt. Dies ist auf die Betriebsbedingungen in einem Tunnel zurückzuführen, die zu folgenden Spezialbelastungen führen:

- kontinuierliche Verschmutzungsakkumulation wegen fehlender Selbstreinigung durch Regen,
- gewisse Eigenleitfähigkeit der Verschmutzung (Abrieb der Pantographen und des Leiters),
- Eintrag von korrosiv wirkenden Salzen und deren Akkumulation, wenn im Winter Autotransport stattfindet,

- Bildung kritischer Betauungsmengen in der Nähe der Portale bei Überschreiten des Taupunktes.

Für neue Tunnel-Bahnprojekte war aus Sicht der Spezifikation zu klären, welcher Korrosionsschutz für Stahlteile anzuwenden ist. Folgende Optionen wurden in Betracht gezogen:

- Stahl, feuerverzinkt mit der Standardschichtdicke von mindestens 85 µm,
- Stahl, feuerverzinkt mit der Standardschichtdicke von mindestens 85 µm und mit isolierender Schicht zusätzlich beschichtet (Duplexieren),
- Stahl, feuerverzinkt mit erhöhter Schichtdicke von mindestens 120 µm,
- Edelstahl.

4.5.4.1 Vorgehensweise

Im Schweizer Lötschberg-Scheiteltunnel sind die in Abschnitt 4.5.3 geprüften Silikonverbund-Stützer seit mehr als 30 Jahren im Einsatz. Eine idealere Bewertung des Langzeitverhaltens unter praxisrelevanten Bedingungen ist praktisch nicht möglich. Aus diesem Grund wurden Untersuchungen im Tunnel durchgeführt, mit dem Ziel, die Verschmutzung und Korrosionsneigung von exponierten Bauteilen und Verbundisolatoren aufzunehmen und die vor 30 Jahren angewandten Designregeln zum Korrosionsschutz zu bestätigen oder im Bedarfsfall anzupassen. Die Messungen wurden mit einem jährlich kalibrierten Messgerät des Typs Deltascope MP3 durchgeführt. Vor Beginn der Messung wurde die Oberfläche der Hängesäulen (repräsentativ für exponierte Bauteile) und die Oberfläche der Verbundisolatoren mit destilliertem Wasser gereinigt und die entfernte Fremdschicht für eine Analyse in technisch sauberen, verschließbaren Gefäßen aufbewahrt.

Die Fremdschichten wurden mittels Rasterelektronenmikroskopie in ihrer Zusammensetzung bestimmt. Die im Zusammenhang mit den Zinkschichtdickenmessungen entnommenen Fremdschichten (Reinigung vor Messung) wurden zu diesem Zweck in Pulverform durch Eindampfen überführt. Die Untersuchungen wurden direkt im Portalbereich als auch + 400 m und + 800 m vom Portalbereich im Tunnelinneren durchgeführt.

4.5.4.2 Visuelle Beobachtungen

Die Hängesäulen sind quadratische Hohlprofile und waren innen und außen verschmutzt (Bild 4-66). Die Fremdschicht war mit destilliertem Wasser gut entfernbar. Visuell war kein Verlust der Zinkschicht feststellbar. Die Fremdschichtmenge nahm mit der Distanz vom Portal zu.

Alle Isolatoren wiesen eine durchgängige, haftende Verschmutzung auf (Bild 4-67, Bild 4-68). Auch an den verzinkten Stahlarmaturen war kein Rost (vollkommener Verlust der Zinkschicht) zu erkennen. Vom Isolator in Bild 4-68 wurde im eingebauten Zustand eine Fremdschichtprobe entnommen. Die Fremdschicht war mit destilliertem Wasser und einem Pinsel gut zu entfernen. Die Fremdschicht war hydrophob.

Bild 4-66: Hängesäule im Portalbereich

Bild 4-67: Beispiel für Fremdschichtausprägung

Bild 4-68: Silikonverbund-Stützisolator mit abgetragener Fremdschicht

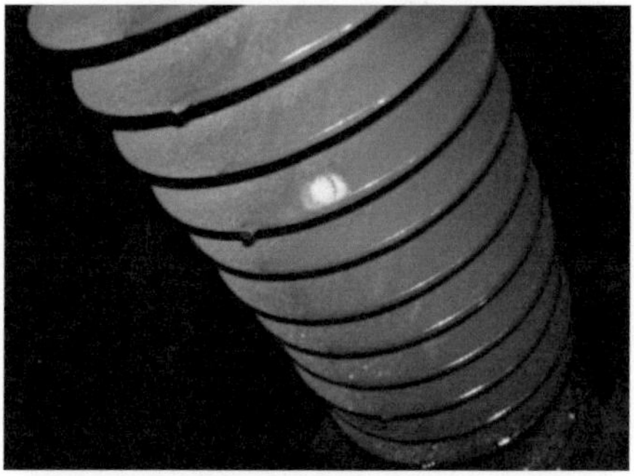

Bild 4-69: Kabelendverschluss der Messschleife, seit 1979 installiert

Ein weiterer eingebauter Isolator wurde visuell bewertet, es handelt sich um eine Messschleife mit Kabelendverschlüssen, die als Referenz und zu Testzwecken mit den ersten Isolatoren im Jahr 1979 eingebaut wurde. Die Fremdschicht war im Vergleich zum Isolator in Bild 4-68 schwerer entfernbar, die Hydrophobie der Fremdschicht schwächer ausgeprägt (Bild 4-69).

An allen Isolatoren wurden keine Spuren von Teilentladungsaktivität festgestellt.

4.5.4.3 Ergebnisse und Diskussion

4.5.4.3.1 Zinkschichtdicke

Die mittleren Werte (arithmetische Mittel) der Einzelmesswerte der Zinkschichtdicken sind in Bild 4-70 vergleichend dargestellt. Referenzwerte des Neuzustandes liegen nicht vor, sodass nur ein gewisser Trend analysiert werden kann.

Unter der Annahme, dass die Hängesäulen der verschiedenen Messpositionen innen und außen eine vergleichbare Zinkschichtdicke im Neuzustand aufwiesen, ist eine Abnahme des korrosiven Abtrages vom Portal zum Tunnelinneren zu verzeichnen. Der geringste Wert der Zinkschichtdicke ergibt sich für die Innenfläche der Hängesäule des Portals. Es ist anzunehmen, dass bei Zugeinfahrten in den Tunnel verstärkt Feuchtigkeit in die von unten offene Hängesäule gedrückt und aufgrund der fehlenden exponierten Oberfläche eine Verdunstung der niedergeschlagenen Feuchtigkeit bzw. des Elektrolyten verzögert wird. Die anderen Messwerte liegen über 150 µm, ein Indiz für die stark abnehmende Feuchtigkeit im Tunnel und den fehlenden Angriff durch hygroskopisch und korrosiv wirkende Salze.

Wenn die Hängesäulen mit dem Ersteinsatz der Silikonverbund-Verbundisolatoren eingebaut wurden, ergibt sich eine Mindestbetriebszeit von mehr als 30 Jahren.

Der Zustand der Isolatorarmaturen entspricht auch nach einer 30-jährigen Betriebszeit den heute üblichen Forderungen der Normen für neue Isolatoren, nahezu alle gemessenen Einzelwerte lagen über dem geforderten Wert (für neue Isolatoren) von 85 µm (Tabelle 4-15, Tabelle 4-16).

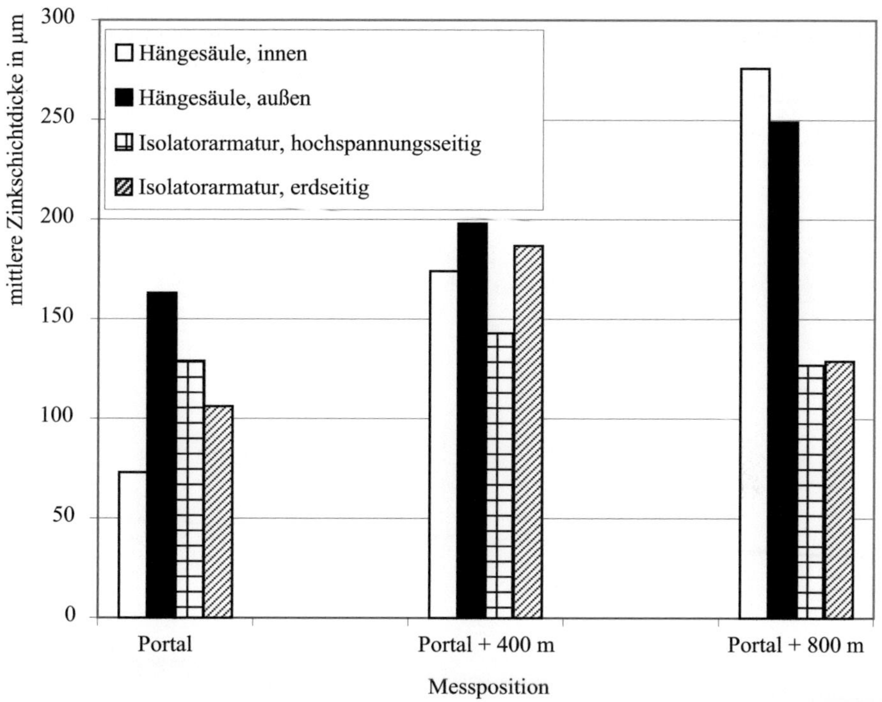

Bild 4-70: Mittlere Zinkschichtdicken an Hängesäulen und Isolatorarmaturen

Tabelle 4-15: Minimalwerte an Isolatorarmaturen

	Minimalwerte der Zinkschichtdicke in µm	
Isolator	Hochspannungsseite	Erdseite
Portal	87	73
+ 400 m	93	166
	81	108
+ 800 m	109	90

Tabelle 4-16: Minimalwerte an Hängesäulen

	Minimalwerte der Zinkschichtdicke in µm	
Hängesäule	innen	außen
Portal	69	119
+ 400 m	159	173
+ 800 m	223	251

4.5.4.3.2 Fremdschichtanalyse

Repräsentativ für die Entnahmeorte Hängesäule und Silikonverbund-Stützisolator sind die Fremdschichtanalysen in Bild 4-71 und Bild 4-72. Die verschiedenen Fremdschichten sind sich sehr ähnlich, sie enthalten ca. 30 % Kohlenstoff- und 70 % Rostbestandteile. Der höhere Siliziumanteil in Bild 4-72 ist darauf zurückzuführen, dass diese Fremdschichten von der Silikonoberfläche der Isolatoren entnommen wurden und aufgrund des Hydrophobie-Transfers die Fremdschicht eine gewisse Anreicherung mit niedermolekularen Silikonverbindungen aufweist.

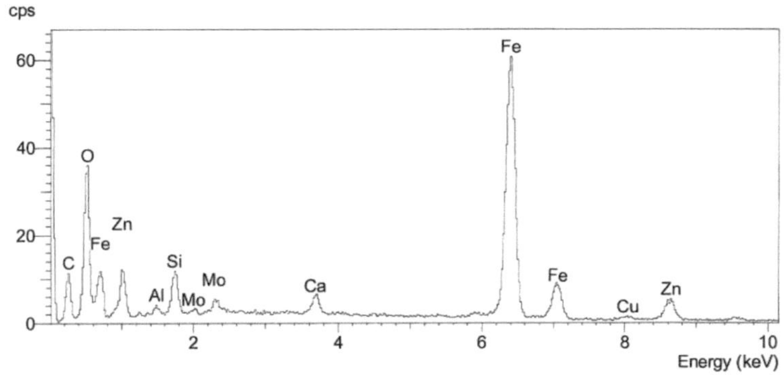

Bild 4-71:Fremdschichtzusammensetzung Hängesäule

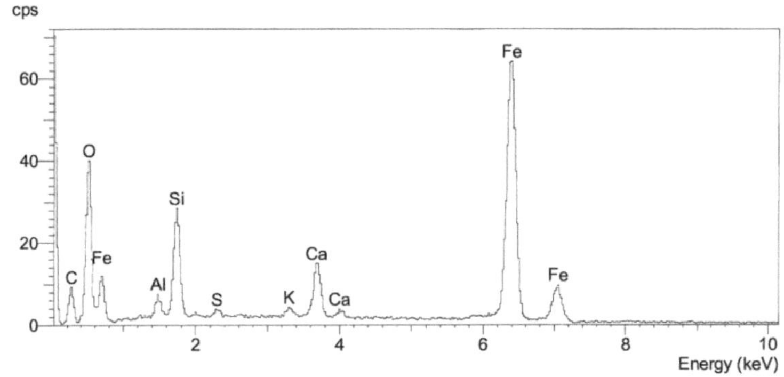

Bild 4-72: Fremdschichtzusammensetzung Silikonverbund-Stützisolators

4.5.4.4 Zusammenfassung

Mit der Messung der Zinkschichtdicken nach 30-jähriger Betriebszeit am Portal und im Tunnel konnte der Nachweis geführt werden, dass der Einsatz von feuerverzinktem Stahl eine ausreichende Korrosionsbeständigkeit unter diesen Einsatzbedingungen gewährleistet. Die mittlerweile verfügbaren größeren Zinkschichtdicken für eine sichere Verkrimpung der Armaturen ohne Delaminierung haben sich in stark korrosiven Umgebungen - wie in Wüsten - bewährt. Aus diesem Grund wurde eine erhöhte Schichtdicke von mindestens 120 µm empfohlen. Krimpversuche mit einer zusätzlichen Duplexschicht waren tendenziell erfolgversprechend, es liegen aber keine Langzeiterfahrungen für Isolatoren vor. Dies gilt insbesondere für die Situation, wenn es zu partiellen Durchschlägen der Duplexschicht kommen kann. Die Verwendung von Edelstahl wurde aus Kostengründen nicht weiter verfolgt.

4.5.5 Beispiel 5 – Bewertung von 123-kV-Isolatoren zur Produktqualifikation

4.5.5.1 Prüflinge

Sechs Typen von Verbundisolatoren von verschiedenen Herstellern wurden zeitraffenden Laboruntersuchungen unterzogen und zusätzlich unter erschwerten Freiluftbedingungen in den Versuchsmast einer 123-kV-Freileitung installiert /4-66/. Die technischen Details der Verbundisolatoren sind wie folgt (Tabelle 4-17):

Tabelle 4-17: Technische Details der Prüflinge /4-66/

Isolator (Hersteller)	Mantel-werkstoff	Länge in mm	Kriechweg in mm	Schirmdurch-messer in mm	Schirmzahl	eingebaut seit
A	Silikongummi	1 200	3160	148	22	1995
B	Silikongummi	1 440	3280	130/95	15/14	1995
C	Silikongummi	1 397	3510	128	24	1995
D	EPDM	1 275	3230	105/90	19/18	1995
E	ESP	1 500	3100	93	32	1995
F	Silikongummi	1 295	2673	110/70	15/14	2000

4.5.5.2 Prüfprogramm

4.5.5.2.1 Inspektion der Verbundisolatoren am Versuchsmast

Die Verbundisolatoren wurden jährlich kontrolliert und folgende Messungen durchgeführt:

- visuelle Bewertung,
- Messung der Oberflächenleitfähigkeit (Sondenmessung nach IEC 60507),
- Hydrophobie-Bewertung (Sprühtest IEC 62073).

Hinsichtlich Zustandsbewertung wurden vier Kategorien definiert, um den Alterungszustand zu beschreiben:

Exzellent:
keine funktionalen Änderungen im Vergleich zu einem neuen Isolator gleichen Typs

Gut:
Isolator mit geringfügigen, nicht funktionsrelevanten Alterungserscheinungen (kosmetisch, oberflächlich wie Auskreidung, Farbumschlag, Oberflächenerosion an den Schirmen, Reduktion der hydrophoben Wirkung usw.)

Akzeptabel:
Isolator mit stärkeren, noch nicht funktionsrelevanten Alterungserscheinungen (starke Auskreidung oder Versprödung, Grabende Erosion ohne Stabexponierung, Kriechspureinsatz, Schirmdurchschlag usw.). In diesem Fall wird das Inspektionsintervall verkürzt und der Verbundisolator bei weiterem Schadenswachstum ausgetauscht.

Ausgefallen:
Der Isolator ist erheblich beschädigt, die Funktion nicht mehr sicher gewährleistet (Stabexponierung, ausgeprägte Kriechspur, Haftungsverlust im Interface Stab-Isoliermantel). Der Isolator ist unverzüglich zu ersetzen.

4.5.5.2.2 Quick-Salznebelprüfung

Die Prüfung wurde mit einem Salzgehalt von 80 g/l durchgeführt, die Nebelerzeugung erfolgte in einer Prüfkammer gemäß IEC 60507. Die Prüfung entsprach der

Beschreibung im Abschnitt 4.4.2.3. Nach jedem Überschlagzyklus wurden die Isolatoren mit Wasser gereinigt. Die Prüfung wurde an den jeweiligen Isolatoren zu folgenden Zeitpunkten durchgeführt:

- Neuzustand,
- nach 1000 Stunden Salznebelprüfung (2,5 g/l),
- nach dem Freilufteinsatz am Versuchsmast nach 6 … 11 Jahren.

4.5.5.2.3 Bewertung des Interface-Isoliervermögens

Die Steilstoßprüfung gemäß IEC 62217 wurde angewandt, allerdings ohne vorgängiges Kochen. Jeder Isolator wurde mit 10 positiven und negativen Spannungsstößen beansprucht.

4.5.5.3 Ergebnisse und Diskussion

4.5.5.3.1 Inspektion am Versuchsmast

Zur Interpretation der Ergebnisse werden folgende Details hervorgehoben. Zwei Isolatorentypen zeigten Oberflächenrisse, wenn die Schirme gebogen wurden (Bild 4-73 und Bild 4-74), ein Isolatortyp zeigte Ablösungserscheinungen im Dichtungsbereich (Bild 4-75).

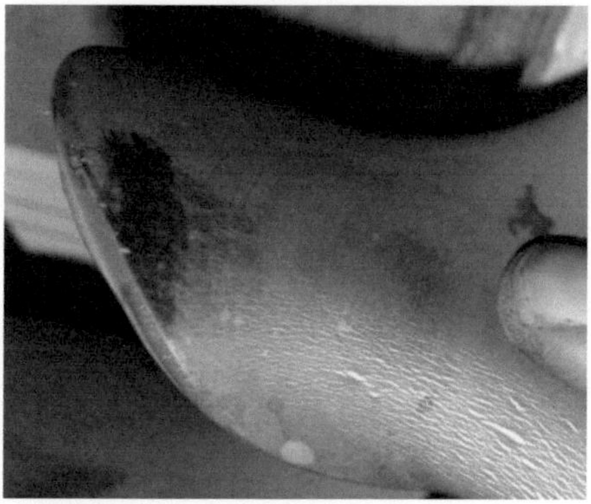

Bild 4-73: Oberflächenrisse bei Isolator A /4-66/

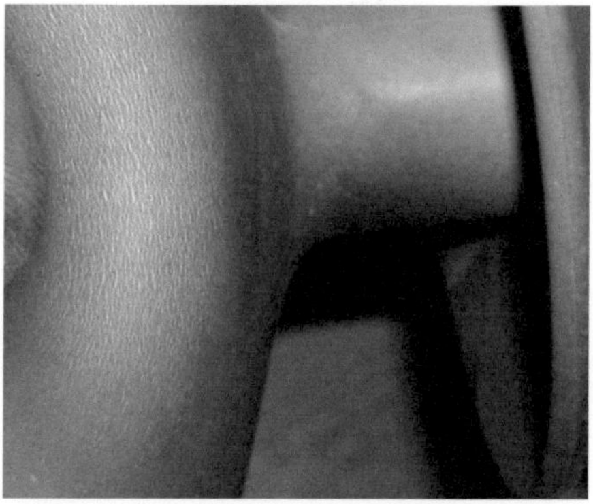

Bild 4-74: Oberflächenrisse bei Isolator B /4-66/

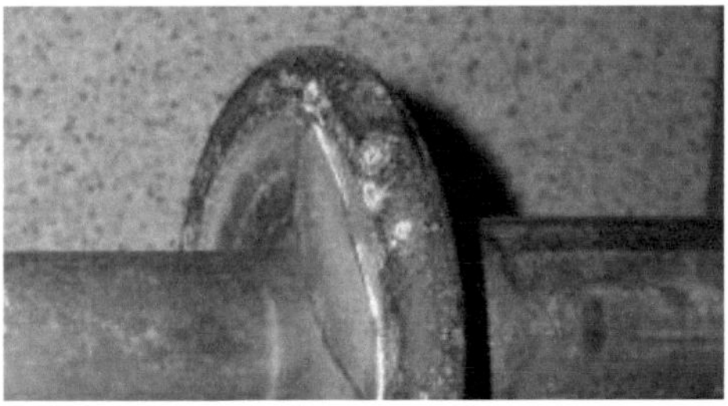

Bild 4-75: Dichtungsablösung bei Isolator C /4-66/

Die Ergebnisse der Mastinspektionen können wie folgt zusammengefasst werden (Tabelle 4-18), es sind nur die Jahre aufgeführt, in denen Veränderungen festgestellt wurden.

Tabelle 4-18: Zusammenfassendes Ergebnis der Inspektion am Versuchsmast /4-66/

Isolator	Effekt in	Veränderung	Zustand
A	1995	keine	exzellent
	2000	Farbumschlag	gut
	2006	Oberflächenrisse*, Anstieg der Härte	gut
B	1995	keine	exzellent
	2000	Farbumschlag	gut
	2006	Farbumschlag, Oberflächenrisse*	gut
C	1995	keine	exzellent
	2000	Farbumschlag, Ablösung der Dichtung **	gut/ausgefallen***
	2006	Farbumschlag, Ablösung der Dichtung **	gut/ausgefallen***
D	1995	keine	exzellent
	2000	Farbumschlag	exzellent/gut
	2006	Farbumschlag	exzellent/gut
E	1995	keine	exzellent
	2000	Auskreidung, Hydrophobie-Verlust	gut
	2006	Auskreidung, Hydrophobie-Verlust	gut
F	2000	keine	exzellent
	2006	Farbumschlag	exzellent/gut

Anmerkung: * wie in Bild 4-73 und Bild 4-74 gezeigt

** wie in Bild 4-75

*** ein Indikator für Lebensdauerende

Nach 11 Jahren Freilufteinsatz waren an 5 von 6 Isolatoren keine kritischen Veränderungen feststellbar. Nur Typ C zeigte ein Schadensbild, das bei weiterer Dichtungsablösung ein Indikator für das Lebensdauerende sein kann. Dies wurde jedoch in der Steilstoßspannungsprüfung noch nicht nachgewiesen.

4.5.5.3.2 Quick-Salznebelprüfung

Der Vergleich der Überschlagspannungen ist in Tabelle 4-19 dargestellt. Der Salzgehalt von 80 g/l wurde gewählt, weil es einen typischen höheren Fremdschichtwert in Europa repräsentiert und empirisch, um allfällige Unterschiede im Verhalten der verschiedenen Isolatoren nicht durch eine zu hohe Salzbelastung zu überlagern.

Tabelle 4-19: Zusammenfassung der Ergebnisse aus der Quick-Salznebelprüfung /4-66/

Isolator	spezifische Überschlagspannung in kV/cm			Reduktion im Vergleich zu Neuzustand in %	
	Neuzustand	nach Alterungsversuch	nach 11 Jahren Betriebszeit	nach Alterungsversuch	nach 11 Jahren Betriebszeit
A	0,41	0,31	0,34	24,4	17,1
B	0,41	0,33	0,37	19,5	9,8
C	0,36	0,34	0,32	5,6	11,1
D	0,39	0,29	0,33	25,6	15,4
E	0,28	0,27	0,28	3,6	0,0
F	0,34	-	0,32	-	5,9*)

Anmerkung: * nach 6 Jahren Betriebszeit

Die Ergebnisse zeigen den Trend, dass die bis zu 11 Jahre Freilufteinsatz zu einer geringeren Alterung führen als die 1000 Stunden Salznebelprüfung. Dies gilt nicht für den Isolatortyp C.

4.5.5.3.3 Interface-Isoliervermögen

Alle Prüflinge (auch Isolatortyp C) haben die Prüfung mit Steilstoßspannung erfolgreich bestanden. Danach wurden alle Isolatoren für 10 s mit dem 50-%-Wert der SML belastet. Diese Prüfung wurde ebenfalls bestanden.

4.5.5.4 Schlussfolgerung

Der Zustand der Verbundisolatoren A, B, D, E, F nach 11 Jahren Betriebszeit kann als gut eingeschätzt werden. Der Verbundisolator C zeigt Ablösungen im Dichtungsbereich, die weiter intensiv beobachtet werden müssen. Er weist auch nach dem Freilufteinsatz eine stärkere Reduktion der Überschlagspannung als nach der zeitraffenden Alterungsprüfung auf. Alle Isolatoren wurden nach der Laborbewertung wieder am Versuchsmast installiert.

4.5.6 Beispiel für die Ableitung von Zuverlässigkeitszahlen

Für das Projekt Gotthard-Basistunnel in der Schweiz war eine Zuverlässigkeitsanalyse zum Verhalten von Silikonverbundisolatoren durchzuführen. „Positiv erschwerend“ war der Umstand, dass es praktisch keine Ausfälle während mehr als 30 Jahren Betriebszeit gab. Aus diesem Grund wurden die Erfahrungen aus weltweit ausgeführten Projekten und von Porzellanisolatoren als Referenz verwendet.

4.5.6.1 Erfahrungswerte

4.5.6.1.1 Betriebserfahrung mit Verbundisolatoren

Folgende Betriebserfahrungen der eigenen Produkte konnten recherchiert werden (Tabelle 4-20, Tabelle 4-21):

Tabelle 4-20: Betriebserfahrungen im Lötschberg-Scheiteltunnel

Einsatzdauer in Jahren *	bis zu 30
Anzahl Isolatoren im Einsatz	4000
Anzahl Ausfälle (elektrisches oder mechanisches Versagen)	nicht bekannt

Anmerkung: * Die Umrüstung erfolgte ab 1979 fortlaufend.

Tabelle 4-21: Betriebserfahrungen mit Projekten in England, Spanien, Malaysia, Holland, Rumänien, Schweiz, Indien, Türkei

Einsatzdauer in Jahren	bis zu 10
Anzahl Isolatoren im Einsatz	160000
Anzahl Ausfälle (elektrisches oder mechanisches Versagen)	1x mechanisch nach 10 Jahren (Spontanbruch nach Seilabriss durch Pantographkontakt), 1x elektrisch nach 2 Jahren (Überbrückung des Isolators durch ein Tier), 1x elektrisch nach 1 Jahr durch Installationsfehler (Torsionsbruch)

4.5.6.1.2 Betriebserfahrung mit Porzellanisolatoren

Mechanisches Versagen

Gemäß der Referenz /4-67/ kam es im Betriebsjahr 1995 im Netz der Deutschen Bahn bzw. Russischen Bahn zu 0,98 bzw. 1,46 Ausfällen pro Jahr und 1000 km Gleislänge.

Elektrisches Versagen

Bezüglich Isolatorenüberschläge sind keine Literaturangaben für Porzellanisolatoren verfügbar.

4.5.6.2 Getroffene Annahmen

Unter Berücksichtigung einer Streckenlänge von 2 x 57 km im Gotthard-Basistunnel würden sich mit diesen Werten 0,11 bzw. 0,17 Ausfälle pro Jahr ergeben. Durch den Einsatz moderner Technik mit Verbundisolatoren reduziert sich gegenüber Porzellanisolatoren das Bruchrisiko signifikant, und der genannte Literaturwert dient als konservative Vergleichsreferenz.

Aufgrund der Erfahrung, dass es im Lötschberg-Scheiteltunnel seit 30 Jahren keine Überschläge an den Silikonverbundisolatoren gab und der Kriechweg im Gotthard-Basistunnel noch um mindestens 8 % erhöht wurde, wird die MTBF (engl. *Mean Time Between Failure*) für das elektrische Versagen auf den doppelten Wert des mechanischen Versagens geschätzt.

4.5.6.3 Statistisch-mathematische Berechnung

Legende und Formeln zu MTBF und der empirischen Ausfallrate /4-68/

Mean Time Between Failure

$$MTBF = \frac{1}{\lambda} \tag{4-1}$$

$$\lambda = \frac{n_a}{n_b \cdot T} \tag{4-2}$$

empirische Ausfallrate

$$\hat{\lambda} = \frac{n_a}{n_E \cdot T} \tag{4-3}$$

n_a: Anzahl der Ausfälle
n_b: Anzahl im Einsatz
T: Einsatzdauer in h
n_E: Anzahl noch im Einsatz

Mit den verfügbaren Informationen zu den Betriebserfahrungen können folgende Werte eingesetzt werden: $n_a = 3$, $n_b = 160000$, $n_E = 159997$, T = 5 Jahre (die Zeit wurde halbiert, da die Projekte und damit die Stückzahl über 10 Jahre realisiert wurden).

Tabelle 4-22: Ergebnisse der MTBF und MTTR-Analyse

Einsatzort	Ausfallart	Anteil der Ausfallart in %	MTBF in h	MTTR in h
Tunnelausführung	Bruch	67	$3{,}49 \cdot 10^9$	2
Tunnelausführung	Überschlag	33	$7{,}08 \cdot 10^9$	2
Freiluftausführung	Bruch	50	$4{,}67 \cdot 10^9$	2
Freiluftausführung	Überschlag	50	$4{,}67 \cdot 10^9$	2

·Es ergeben sich sehr hohe MTBF-Werte (Tabelle 4-22). Die als Planungsgröße oft verwendete MTTR (engl. *Mean Time to Repair*) ist mit 2 Stunden ausreichend bemessen, da aufgrund der Produktstandardisierung eine optimale Lagerhaltung von Ersatzteilen möglich ist. Aufgrund der vorliegenden verfügbaren Betriebserfahrung ergibt sich auch eine sehr niedrige empirische Ausfallrate (Tabelle 4-23).

Tabelle 4-23: Ergebnis der empirischen Ausfallrate

Einsatzort	Ausfallart	Anteil der Ausfallart in %	empirische Ausfallrate in 1/h
Tunnelausführung	Bruch	67	$2{,}87\cdot10^{-10}$
Tunnelausführung	elektrisch	33	$1{,}41\cdot10^{-10}$
Freiluftausführung	Bruch	50	$2{,}14\cdot10^{-10}$
Freiluftausführung	elektrisch	50	$2{,}14\cdot10^{-10}$

Die ermittelten Werte werden üblicherweise in FMEA (engl. *Failure Mode and Effect-Analysis* (Fehler-Möglichkeits- und Einflussanalyse)) und FMECA (engl. *Failure Mode and Effects and Criticality Analysis* - Fehlzustandsart-, -auswirkungs- und -kritizitätsanalyse) weiter verwendet.

4.6 Zusammenfassung

Auch die Bewertung eines Verbundisolators nach einer bestimmten Betriebszeit schließt die Betrachtung verschiedener Themenbereiche von Elektrotechnik, Mechanik, Physik bis zur Chemie ein. Zwei Fakten sind festzustellen: Als erstes hat die Normung bzw. Standardisierung auch unter interaktiver Berücksichtigung von Freilufterfahrungen einen hohen Reifegrad erreicht, mit der Minimalerfordernisse für die Auslegung und Materialauswahl von Verbundisolatoren definiert werden. Als zweites hat die Entwicklung der polymeren Werkstoffe zu vielfältigen individuellen Produktentwicklungen während der vergangenen mehr als dreißig Jahre geführt. Beide Fakten ermöglichen es heute, dass aus den Normen die für das jeweilige Produktdesign sinnvoll anwendbaren Prüfungen zur Zustandbewertung entnommen werden können. In diesem Kapitel wurden diesbezüglich Beispiele für verschiedene Isolatordesigns gezeigt, die als Referenzstruktur für das Ableiten eines Prüfprogramms für ein speziell interessierendes Isolatorendesign anwendbar sind. Aufgrund der Vielfalt von Isolatorendesigns, d. h. Materialien, Fertigungsprozessen usw. ergibt sich auch eine entsprechende Vielfalt von Schadensbildern und deren Einordnung in Schweregrade, die zum Entscheid über einen Weiterbetrieb oder den Austausches beitragen. Aus diesen Gründen kann ein allgemeingültiges Prüfprogramm nicht angegeben, die individuelle Struktur aber aus den vorherigen Abschnitten zusammengestellt werden. Alle genannten Prüfungen wurden bereits für die Bewertung von Verbundisolatoren eingesetzt.

Die wegweisende Rolle der visuellen Bewertung für die Zusammenstellung des Prüfprogramms ist der entscheidende Schritt zu Beginn der Bewertungen und sollte mit hoher Sorgfalt und Sachkenntnis durchgeführt werden.

Der Einsatz von Teststationen ist eine wertvolle Ergänzung, die Ergebnisse von Materialien und Isolatoren, die zeitraffend im Labor geprüft wurden, mit denen unter realen Freiluftbedingungen erhaltenen Resultaten und Trends zu korrelieren und entsprechende Anforderungen für die jeweilige Einsatzspezifikation abzuleiten.

4.7 Formelzeichen und Abkürzungen

ANSI	American National Standards Institute (amerikanische Institution für industrielle Normung)
ASDD	Appartent Salt Desposit Density - scheinbare Salzablagerungsdichte
CEPS	tschechisches Energieversorgungsunternehmen
CIGRE	Forum auf dem Gebiet der elektrischen Energieerzeugung, -übertragung und -verteilung (franz. *Conseil International des Grands Reseaux Électriques*)
DC	Gleichspannung
DSC	Dynamische Differenzkalorimetrie
E-CR/ECR-Fasern	korrosionsbeständige Glasfaser für elektrotechnische Anwendungen
EDS	Every Day Stress, täglich auftretende Belastung
E-Glas	Glasfaser für elektrotechnische Anwendungen
ELECTRA	Fachzeitschrift der CIGRE
EPDM	Äthylen Propylen Dien Monomer (Isolierstoff)
EPRI	Electric Power Research Institute (USA)
ESDD	Equivalent Salt Deposit Density (äquivalente Salzablagerungsdichte)
ESKOM	südafrikanisches Energieversorgungsunternehmen
EVA	Äthylen-Vinylazetat (Isolierstoff)
EVU	Energieversorgungsunternehmen
FMEA	Fehler-Möglichkeits- und Einflussanalyse (Failure Mode and Effects Analysis)
FTIR	Infrarot-Spektroskopie mit Fourier-Transformation
GFK	glasfaserverstärkter Kunststoff
HT	Hydrophobie-Transfer
HTM	Hydrophobie-Transfer-Mechanismus (Transfervorgang)
HTV	hochtemperaturvernetzend
IEC	Internationale Elektrotechnische Kommission (engl. *International Electrotechnical Commission*)
IR	Infrarot
k	Betriebserfahrungsindex (in 1000 Isolatoren/Jahr)
MTBF	Mean Time Between Failure (mittlere Betriebsdauer zwischen Ausfällen)
MTTR	Mean Time To Repair (mittlere Reparaturzeit nach einem Ausfall)

NSDD	Non-Soluble Deposit Density (Ablagerungsdichte nichtleitfähiger Fremdschichtbestandteile)
REM	Rasterelektronenmikroskopie
RTE	französisches Energieversorgungsunternehmen
RTV	raumtemperaturvernetzend
SML	Specified Mechanical Load (Nennkraft eines Isolators)
SR	Silikongummi
T	Einsatzdauer
TE	Teilentladungen
TGA	Thermogravimetrische Analyse
Triton-X	Netzmittel
UV	Ultraviolett
WC 1..7	Benetzungsklasse 1..7 (engl. *Wettability Class*)
XRF	Röntgenfloureszenz (engl. *X-Ray Fluorescence*)
XRD	Röntgenbeugung (engl. *X-Ray Diffraction*)
n_a	Anzahl der Ausfälle
n_b	Anzahl der gesamthaft im Einsatz befindlichen Isolatoren
n_E	Anzahl noch im Einsatz befindlicher Isolatoren
λ	Ausfallrate
$\hat{\lambda}$	empirische Ausfallrate

4.8 Literatur

/4-1/ State of the Art Report On behalf of Study Committees 15 and 33 presented by Working Group 33/15.08: Dielectric diagnosis of electrical equipment for AC applications and its effects on insulation coordination. CIGRE Technical Brochure 059. 1990

/4-2/ F. Schmuck, J. Seifert, I. Gutman, A. Pigini: Assessment of the condition of overhead line composite insulators. CIGRE Session 2012, Paris, Paper D2-214

/4-3/ R. S. Gorur, T. Orbeck: Surface Dielectric Behavior of Polymeric Insulation under HV Outdoor Conditions. IEEE Transactions on Electrical Insulation Vol. 26 No. 5, October 1991

/4-4/ CIGRE Working Group B2.21: Guide For The Assessment Of Composite Insulators In The Laboratory After Their Removal From Service. Technical Brochure 481, 2011

/4-5/ CIGRE Working Group B2.03: Guide for the Assessment of old Cap & Pin and Long-rod Transmission Line Insulators made of Porcelain or Glass: What to do and when to replace. Technical Brochure 306, 2006

/4-6/ K. O. Papailiou: Grenzflächen bei Silikon-Verbundisolatoren. (Bulletin SEV/VSE 21/1999)

/4-7/ S. M. Gubanski, A. Derfalk, J. Andersson, H. Hillborg: Diagnostic Methods for Outdoor Polymeric Insulators. IEEE Transactions on Dielectrics and Electrical Insulation. Vol. 14, No. 5 October 2007

/4-8/ CIGRE Working Group B2.03: Guidance for the establishment of naturally polluted insulator testing stations. Technical Brochure 333, 2007

/4-9/ EPRI Database, presented at the WG-Meeting of CIGRE B2.21 in Winterbach 2008, update in 2011

/4-10/ M. Kuhl: FRP Rods for Brittle Fracture Resistant Composite Insulators. IEEE Transactions on Dielectrics and Electrical Insulation Vol. 8 No. 2, April 2001.

/4-11/ J. Montesinos, R. S. Gorur, B. Mobasher, D. Kingsbury: Mechanism of Brittle Fracture in Nonceramic Insulators. IEEE Transactions on Dielectrics and Electrical Insulation, Vol. 9, No. 2, April 2002

/4-12/ J. Montesinos, R. S. Gorur, B. Mobasher, D. Kingsbury: Brittle Fracture in Nonceramic Insulators: Electrical Aspects of Microscopic Flaws in Glass Reinforced Plastic (GRP) Rods. IEEE Transactions on Dielectrics and Electrical Insulation. Vol. 9, No. 2; April 2002

/4-13/ C. de Tourreil, F. Schmuck on behalf of CIGRE Working Group B2.03: Brittle Fractures of Composite Insulators - Field Experience, Occurrence and Risk Assessment. ELECTRA No. 214 June 2004

/4-14/ C. de Tourreil, F. Schmuck on behalf of CIGRE Working Group B2.03: Brittle Fractures of Composite Insulators – Failure Mode Chemistry, Influence of Resin Variations and Search for a Simple Insulator Core Evaluation Test Method. ELECTRA No. 215 August 2004

/4-15/ A. R. Chughtai, D. M. Smith, L. S. Kumosa, M. Kumosa: FTIR Analysis of Non-ceramic Composite Insulators. IEEE Transactions on Dielectrics and Electrical Insulation Vol. 11, No. 4; August 2004.

/4-16/ M. Kumosa, L. Kumosa, D. Armentrout: Failure Analyses of Nonceramic Insulators Part 1: Brittle Fracture Characteristics. IEEE Electrical Insulation Magazine May/June 2005, Vol. 21, No. 3

/4-17/ M. Kumosa, L. Kumosa, D. Armentrout: Failure Analyses of Nonceramic Insulators: Part 2: The Brittle Fracture Model and Failure Prevention. IEEE Electrical Insulation Magazine July/August 2005 — Vol. 21, No. 4

/4-18/ L. S. Kumosa, M. S. Kumosa, D. L. Armentrout: Resistance to Brittle Fracture of Glass Reinforced Polymer Composites Used in Composite (Nonceramic) Insulators. IEEE Transactions on Power Delivery, Vol. 20, No. 4, October 2005

/4-19/ IEC 62662 Ed. 1: 2008: Guidance for production, testing and diagnostics of polymer insulators with respect to brittle fracture of core materials.

/4-20/ CIGRE SC 22 WG 03.01: Worldwide experience with HV composite insulators. ELECTRA 130, December 1990

/4-21/ CIGRE WG 22.03: Worldwide Service Experience with Composite Insulators. ELECTRA 191, August 2000

/4-22/ R. Bonzano, M. Ricca, E. Garbagnati, G. Marrone, A. Pigini: Experimental Research on the Behaviour of HV Cap and Pin Insulator Strings with Failed Units. European Transactions on Electrical Power Volume 1, Issue 1, January/February 1991

/4-23/ A. P. Mishra , R. S. Gorur , S. Venkataraman, D. Kingsbury: Condition assessment of porcelain and toughened glass insulators from residual strength tests. Annual Report Conference on Electrical Insulation and Dielectric Phenomena 2006

/4-24/ A. Rawat, R. S. Gorur: Electrical Strength Reduction of Porcelain Suspension Insulators on AC Transmission Lines. Annual Report Conference on Electrical Insulation Dielectric Phenomena 2008

/4-25/ G. Zhicheng, W. Xiaoxing, J. Zhidong, Z. Ruobin: Application and Research of Composite Insulator in China. INMR Symposium 2011 in Seoul, South Korea

/4-26/ W. L. Vosloo, R. E. Macey, C. De Tourreil: Outdoor High Voltage

Insulators. Crown Publications, 2004

/4-27/ Field Guide: Visual Inspection of Polymer Insulators. EPRI, Palo Alto, CA: 2009. 1020289

/4-28/ J. Seifert, R. Bärsch: Bewertung des Designs von Silikon-Verbundisolatoren unter dem Aspekt des lsolierstoffoberflächen- und Fremdschichtverhaltens. RCC-Fachtagung "Werkstoffe für Isolatoren, Überspannungsableiter, Kabelgarnituren, Schaltgeräte, Berlin April 2006, Tagungsband S. 113-124

/4-29/ J. Seifert, R. Bärsch: Design Evaluation of Silicone Rubber Composite lnsulators under the Aspect of Surface Pollution Stress, 15. International Symposium on High Voltage Engineering, Ljubljana, Slovenia, August 27-31 2007, proceedings

/4-30/ J. M. Seifert, R. Bärsch, W. L. Vosloo: Dimensioning of the Housing Profile of Silicone Rubber Composite lnsulators for Harsh Marine Pollution Conditions, CIGRE Session 2008, Paris, paper D1 - 303

/4-31/ IEC 61109 Ed. 2: 2008: Composite suspension and tension insulators for a.c. overhead lines with a nominal voltage greater than 1 000 V - Definitions, test methods and acceptance criteria.

/4-32/ ANSI 29.11 1989 (R 1996): For Composite Insulators - Test Methods.

/4-33/ IEC TS 62073 Ed. 1: 2003: Guidance on the measurement of wettability of insulator surfaces.

/4-34/ STRI-Guide 1, 92/1 Hydrophobicity Classification Guide

/4-35/ IEC 60383-1 Ed 4: 1993: Insulators for overhead lines with a nominal voltage above 1000 V - Part 1: Ceramic or glass insulator units for a.c. systems - Definitions, test methods and acceptance criteria

/4-36/ I. Gutman, E. A. Solomonik, V. N. Solomatov, Y. N. Yashin: Operation and Field Tests of Overhead Line Composite Insulators with Silicone Rubber Cover. 8th International Symposium on High Voltage Engineering, Yokohama, Japan, 23-27 August, 1993, 47.13

/4-37/ S. Berlijn, K. Halsan, I. Gutman, A. Dernfalk: Assessing Ten Years of Service Experience with Composite Line Insulators at HVDC. World Congress & Exhibition on Insulators, Arresters & Bushings, Crete, 11-13 May 2009

/4-38/ A. Gayvoronski: The damages of composite insulators and their on-line diagnostics in service. IWD 047-2008. Presented at CIGRE WG Meeting 2008

/4-39/ CIGRE Task Force 33.04.01: Polluted Insulators: A Review of Current Knowledge. Technical Brochure 158, June 2000

/4-40/ IEC 60507 Ed 2: 1991: Artificial pollution tests on high-voltage insulators to be used on a.c. systems

/4-41/ I. Gutman, A. Dernfalk: Pollution tests for polymeric insulators made of hydrophobicity transfer materials. IEEE Transactions on Dielectrics and Electrical Insulation, Vol. 17, Issue 2, pp. 384-393, April 2010

/4-42/ I. Gutman, K. Halsan, J. Seifert, W. Vosloo: Service Experience on Pollution and Ageing of DC Line Composite Insulators: Service/Field Analysis and Laboratory Testing. World Congress & Exhibition on Insulators, Arresters & Bushings, Seoul, Korea, 17-20 April 2011

/4-43/ R. Bärsch, M. Kuhl: Betriebserfahrungen und Untersuchungen an Kunststoffisolatoren in einer 20 kV-Leitung auf der Insel Nordstrand. ETG-Fachbericht 76 (1999), S. 249-257

/4-44/ W. Huiber, K. O. Papailiou, M. Peter, F. Schmuck: Increased Installation Performance and Application Solutions using Composite Insulators – A Manufacturerer`s Philosophy. INMR World Insulator Congress 2001 Shanghai

/4-45/ K. O. Papailiou, M. Peter, W. Fluri, F. Schmuck: A Review of Material Development, recent 420 kV Braced Line Post Designs and Long-term Evaluation of Composite Insulators in Silicone Rubber Technology. INMR Insulator Symposium 2003 Marbella

/4-46/ CIGRE WG C4.03.03: Proposal for the round robin pollution test for polymeric insulators. October 2009

/4-47/ IEC 61621 Ed. 1: 1997: Dry, solid insulating materials - Resistance test to high-voltage, low-current arc discharges

/4-48/ IEC 60587 Ed. 3: 2007: Electrical insulating materials used under severe ambient conditions – Test methods for evaluating resistance to tracking and erosion.

/4-49/ IEC 62217 Ed 1: 2005: Polymeric insulators for indoor and outdoor use with a nominal voltage > 1 000 V - General definitions, test methods and acceptance criteria

/4-50/ ISO 4287 1997: Geometrical Product Specifications (GPS) -- Surface texture: Profile method - Terms, definitions and surface texture parameters.

/4-51/ R. Bärsch: Bewertung der Hydrophobie sowie des Kriechstromverhaltens von Silikonelastomeren für Hochspannungs-Freiluftisolatoren. ETG-Fachbericht 93 (2003), S. 97-108

/4-52/ R. Cervinka, R. Bärsch, F. Exl, J. Kindersberger, H.-J. Winter: Untersuchungen zur Beständigkeit der Hydrophobie von polymeren Isolierstoffoberflächen und ihrer Wiederkehr mit dem Dynamischen Tropfen-Prüfverfahren ETG-Tagung 2008,

/4-53/ CIGRE WG D1.14: Evaluation of Dynamic Hydrophobicity Properties of Polymeric Materials for Non-Ceramic Outdoor Insulation – Retention and Transfer of Hydrophobicity. Technical Brochure 442, December 2010

/4-54/ IEC/TS 60815-1 Ed. 1: 2008: Selection and dimensioning of high-voltage insulators intended for use in polluted conditions - Part 1: Definitions, information and general principles

/4-55/ J. Seifert, T. Zembsch: Long-term In-service Pollution Performance of Composite Insulators in Arid and Coastal Areas. 2007 GCC CIGRE Conference, Dubai, November 2007, U.A.E

/4-56/ T. Hayashi: Pollution Accumulation and Live-line Washing Withstand Voltage Performance of Silicone Rubber Composite Insulators. B3. Preferential Subject PS1, Question 9. CIGRE 2008

/4-57/ J. Kindersberger, M. Kuhl: Effect of Hydrophobicity on Insulator Performance. 6th ISH New Orleans 1989

/4-58/ I. Gutman, H. Wieck, D. Windmar, L. Stenström, D. Gustavsson: Pollution Measurements to Access the Performance of Naturally Exposed Silicone Rubber Composite Insulators, IEEJ Transactions on Fundamentals and Materials, Vol. 127, No. 9, 2007, p.p. 513-518

/4-59/ CIGRE SC 22 WG 22.03: Guide for the Identification of Brittle Fracture of Composite Insulators FRP rod. ELECTRA 143, 1992

/4-60/ IEEE Task Force Report: Brittle Facture in Nonceramic Insulators. IEEE Transactions on Power Delivery, Vol. 17, no. 3, July 2002

/4-61/ S. Ansorge, A. Camendzind, S. E. Pratsinis, M. Ammann, F. Schmuck, K. O. Papailiou: Evaluation of Silicone Rubber Housing Interfaces after Service Exposure and Performance Improvements by Nanofillers enriched Silicone Rubbers. Paper B2-208, CIGRE 2008

/4-62/ F. Schmuck, S. Aitken, K. O. Papailiou: A Proposal for Intensified Inspection and Acceptance Tests of Composite Insulators as an Addition to the Guidelines of IEC 61109 Ed. 2: 2008 and IEC 61952 Ed. 2: 2008. IEEE Transactions on Dielectrics and Electrical Insulation Vol. 17, No. 2; April 2010

/4-63/ M. Kocher: Experience with Silicone Composite Insulators in the Tunnels of BLS Lötschberg. Railway Technology 1993

/4-64/ S. Djafri: Zur getrennten Bewertung der Einflussgrössen auf den Fremdschichtüberschlag von Isolatoren bei Wechselspannung. Dissertation TH Zittau 1995

/4-65/ J. Pilling, L. Berndt: Flashover voltage and flashover current of polluted insulators. 7th ISH Dresden, August 1991, Paper 43.12

/4-66/ V. Sklenicka, I., Zeman: Utilization and service experience with composite insulators in Czech power system. Proceedings of World Congress & Exhibition on Insulators, Arresters & Bushings – Shanghai,

November 2001.

/4-67/ F. Kissling, R. Puschmann, A. Schmieder, P. A. Schmidt: Fahrleitungen elektrischer Bahnen: Planung, Berechnung, Ausführung. (2.Auflage). Vieweg+Teubner: Wiesbaden. 1998

/4-68/ A. Meyna, B. Pauli: Taschenbuch der Zuverlässigkeits- und Sicherheitstechnik – Quantitative Bewertungsverfahren. Hanser Verlag, Praxisreihe Qualitätswissen 2003

Ausblick

Verbundisolatoren für den Freilufteinsatz können nicht wie beispielsweise geschlossene Isoliersysteme im Sinne einer Kompaktbauweise verkürzt werden, da die Luft als umgebendes Isoliermedium eine bestimmte Schlagweite für die gemäß der Isolationskoordination erforderlichen Stehwerte zur Folge hat. Ist damit eine Innovationsgrenze erreicht? Dies ist nicht der Fall und die folgenden Beispiele zeigen Trends für die zukünftige Entwicklung von Freiluft-Verbundisolatoren auf. Diese Beispiele sind eine Momentaufnahme zum Zeitpunkt der Niederschrift, erheben keine Anspruch auf Vollständigkeit, sondern reflektieren einen Kenntnisstand, der sich in enger Wechselwirkung mit wissenschaftlichen Instituten, Publikationen und auch Kundenerfordernissen darstellt.

Fertigungstechnik

Die Fertigungstechnik bestimmt ganz wesentlich die Kosten und die Qualität des konkreten individuellen Produktes. Mit der nachgewiesenen Akzeptanz von Verbundisolatoren und deren Vorteilen sind auftragsbezogene Stückzahlen zu fertigen, die einen hohen Automatisierungsgrad bei simultaner Flexibilität wünschenswert machen. Am Beispiel des automatisierten kontinuierlichen Spritzgießens (ACIM) wurde ein Fertigungsprozess für den Isoliermantel entwickelt und vorgestellt, der diesem Ziel entspricht. Weitere fertigungsrelevante Parameter für die zukünftige Materialentwicklung sind die Primerimplementierung in den Silikongummi oder die Verwendung von Niedrigtemperaturvernetzern für die Festsilikone, heute als HTVs bezeichnet.

Anwendungen

Die Entwicklung von Isoliertraversen für Kompaktbauweisen für 765 kV ist abgeschlossen und mit Verbundisolierungen realisierbar. Isolatorenketten mit einteiligen Verbundisolatoren für 800 kV DC oder 1100 kV AC sind ausgeprüft und in den Netzen einsetzbar.

In bestimmten Gebieten ist der Vogelfraß selbst bei eingeschalteter Betriebsspannung noch ein Thema, was bisher aus Sicht der Materialeigenschaften noch nicht, sondern nur über konstruktive Maßnahmen gelöst ist.

Der Befall durch eine biogene Fremdschicht (Pilze, Algen, Mikroorganismen usw.) ist in den meisten Fällen nicht betriebsrelevant, kann aber z. B. bereits durch unsachgemäße Lagerung auftreten und ist dann zumeist nicht funktionsentscheidend, sondern ästhetisch aus Sicht von Gewährleistungsverpflichtungen oft nicht akzeptiert. Die Verwendung von geeigneten Bewuchsinhibitoren, die den Vernetzungsprozess während der Herstellung nicht negativ beeinflussen, eine breitbandige Langzeitwirkung haben, aber für den Installateur und die Umwelt nicht toxisch wirken, ist noch in einer frühen Projektphase.

Gleichspannungsanwendungen führen zu einer anderen Verteilung der Fremdschicht auf der Isolierstoffoberfläche im Vergleich zu Wechselspannungsnetzen. Geht die Hydrophobie verloren und es entstehen thermoionisierte Teilentladungen, können sich diese wegen dem fehlenden Nulldurchgang und weiteren DC-Effekten so stabilisieren, dass ein Silikongummi, der unter äquivalenten AC-Bedingungen praktisch erosionssicher aus Sicht der Formulierung eingestellt ist, ausfällt. Das Verhalten von Isolierstoffen unter DC und die Frage nach der Übertragbarkeit der Ergebnisse von AC-Prüfverfahren auf DC-Anwendungen sind aktuell wichtige und interessante Themen. Dazu zählt nicht nur das Verhalten der Isolierstoffe aus Sicht der Erosions- und Hydrophobiebeständigkeit, sondern auch die zu erwartenden komplexeren Alterungsmechanismen und das veränderte Brennverhalten einer DC-Teilentladung. Dabei ist auch zu berücksichtigen, dass im Betrieb oft eine Mischbeanspruchung aus hoher Gleichspannung und einer kleinen überlagerten Wechselspannung vorliegen wird. Da zeitraffende Alterungsprüfungen für Materialien und Isolatoren im Allgemeinen an Prüflingen mit kurzen Kriechwegen durchgeführt werden, kann die anodische Elektrodenkorrosion einen starken Einfluss auf die Reproduzierbarkeit der Ergebnisse und deren Übertragbarkeit auf die realen Einsatzbedingungen haben. Entsprechende systematische Untersuchungen, die zu standardisierten Prüfverfahren führen, mit denen auch die kontinuierlich stattfindenen Materialentwicklungen repräsentativ bewertbar sind, gelten als sehr wichtig für Hersteller und Anwender.

Materialentwicklungen

In Freileitungen haben Verbundisolatoren einen kleineren Durchmesser im Vergleich zu konventionellen Isolatoren. Dieses konstruktive Unterscheidungsmerkmal und die hydrophobe Oberflächenwirkung beim Einsatz von Silikongummi führen zu einem besseren Isoliervermögen bei Fremdschichtbelastung. Die Eigenschaft der Hydrophobie kann aber innerhalb von Materialbatches gewissen Schwankungen unterliegen, deren Ursache bisher noch nicht geklärt ist.

Der Einsatz von Nanofüllstoffen hat unter Laborbedingungen interessante Trends gezeigt. Unter Industriebedingungen, z. B. bei Mischern, Knetern für HTV-Silikongummi ist deren Einsatz anspruchsvoll, dies aus Sicht des Gesundheitsschutzes und der Vermeidung von Füllstoffagglomerationen, die eine ungleichmäßige Verteilung im Silikongummi zur Folge haben können und dann aufgrund der lokalen Füllstoffkonzentration, nicht die vom Nanofüllstoff erwünschten Effekte zeigen. Hier könnte sich ein Kompromiss in der Verwendung verschiedener Partikelgrößen bzw. von flüssigen bis hochviskosen Zusätzen abzeichnen.

Die Verwendung von Partikeln, die eine varistorähnliche Steuerung der Silikongummioberfläche zur Folge haben, wurde verschiedentlich untersucht und die positiven Effekte bei Fremdschichtbelastung nachgewiesen. Ein Problem besteht in der Tatsache, dass ein bereits hochwertiges zuverlässiges Produkt, d. h. ein Verbundisolator mit idealerweise nahezu dauerhafter Hydrophobie nochmals verbessert wird. Dies ist aber mit Mehrkosten und Prozesserfordernissen z. B. wegen der Materialviskosität verbunden, die diese Verbesserung momentan nur unter extremen Einsatzbedingungen rechtfertigen.

Isolatorendiagnose

Konventionelle Isolatoren - Porzellanlangstab, Kappen aus Glas oder Porzellan - haben mit ihrem längeren Einsatz in den Verteilungs- und Übertragungsnetzen zu umfassenden Statistiken geführt, die Materialentwicklungen, Definition von Fehlermodi, Generationen usw. begleitet haben. Der Ausfall von Verbundisolatoren ist in den meisten Fällen einer fehlerhaften Auslegung des Isolators oder der gesamten Kette geschuldet. Im „Konflikt" der Technologien, konventioneller Isolator oder Verbundisolator, finden sich im heutigen globalen Kommunikationsfluss mitunter eher plakative Statements, die der positiven Erfahrung mit beiden, für den Einsatzzweck optimal ausgelegten Technologien nicht entsprechen. Ein oft genanntes Argument gegen den Verbundisolator ist die anspruchsvolle Bewertung seines Ist-Zustandes, da er bauartbedingt mehr Interfacebereiche als konventionelle Isolatoren aufweist. Dabei gibt es für die Diagnose von konventionellen Isolatoren und Verbundisolatoren im Netz heute bewährte Konzepte, die gesamtheitlich eine Bewertung einer Freileitung einschließen. Eine fehlerhafte Isolatorenkette, die eigendiagnostisch das Erreichen eines kritischen Zustands anzeigt, gibt es nicht. Dies war mit konventionellen Isolatoren nie erforderlich und gilt auch für Verbundisolatoren, die dem etablierten Qualitätsniveau und der Auslegung für die insitu-Erfordernisse entsprechen. Für das Arbeiten unter Spannung gelten spezielle Regeln und zukünftige Normrevisionen auf diesem Gebiet werden sich auch mit der Inspektion von Verbundisolatoren befassen (z. B. IEC 61472 „Live working – Minimum approach distances for a.c. systems in the voltage range 72,5 kV to 800 kV – A method of calculation").

Die genannten Beispiele zeigen, dass der Verbundisolator trotz einer hohen Produktreife weiterhin interessante Themen für die Forschung bereithalten wird. Es soll aber auch erwähnt werden, dass der Preisdruck und die daraus resultierende geringer werdende Fehlerredundanz zu einer aktuellen Entwicklung führte, dass betriebswirtschaftliche Bewertungen dominieren und das Produkt Verbundisolator als systemische Komponente mit erforderlicher Langzeiterfahrung des Herstellers technisch unterbewertet wird.